Jahrbuch Windenergie
2015

JAHRBUCH WINDENERGIE – BWE MARKTÜBERSICHT

25. Auflage

Impressum

Herausgeber:
Bundesverband WindEnergie e.V.
(BWE), Berlin
Thorsten Paulsen, Hildegard Thüring
V.i.S.d.P.: Hermann Albers

Buchkonzept:
Hildegard Thüring

Redaktion/Autoren:
Ferdinand Eggert, eco-media kommunikation (leitend), Andrea Bittelmeyer, Sascha Rentzing

Lektorat:
Lars Jansen, lektorat-jansen.de

Gestaltung:
Mike Müller, muellerstudio.de

Bildredaktion:
Silke Reents

Druck:
Müller Ditzen AG

Anzeigen:
Sunbeam GmbH
Anzeigenleitung: Kita Schroeter
Tel.: +49 30 726296-367
Fax: +49 30 726296-309
E-Mail: BWE-Marketingservice@sunbeam-communications.com

Bestelladresse:
Bundesverband WindEnergie e.V.
Neustädtische Kirchstraße 6
10117 Berlin
Tel.: +49 30 212341-210
Fax: +49 30 212341-410
E-Mail: bestellung@wind-energie.de
www.bwe-shop.de

Ein Titeldatensatz für diese Publikation ist bei der Deutschen Nationalbibliothek erhältlich.

ISBN: 978-3-942579308
25. Auflage, April 2015

Editorial

Liebe Leser,

hinter der deutschen Windenergie liegt ein erfolgreiches Jahr. 137.800 Menschen sind inzwischen in der Branche beschäftigt und sichern durch ihre engagierte Arbeit die Technologieführerschaft deutscher Unternehmen in internationalen Märkten. Unsere Unternehmen setzen weltweit den Maßstab für Technik, Effizienz und Systemverträglichkeit. Mit einem hohen Export sichert unsere Branche als Teil des deutschen Maschinenbaus verlässlich den volkswirtschaftlichen Wohlstand. In Deutschland tragen wir die Energiewende und sorgen mit einer etablierten und preiswerten Technik an Land dafür, dass Strom für Haushalte, Handwerk, Gewerbe und Industrie bezahlbar bleibt. Mit der Offshore-Windenergie steht zudem eine Technologie bereit, die einen wichtigen Beitrag zur Versorgungssicherheit im künftigen Erneuerbaren Energiemix leisten wird.

Der starke Zubau von 4.750 Megawatt an Land und rund 530 Megawatt in Nord- und Ostsee in 2014 ist ein deutlicher Beleg dafür, dass der Durchbruch bei der Energiewende tatsächlich geschafft ist. Der Systemwechsel von Atom und Kohle zu den Erneuerbaren ist nicht mehr zu stoppen. Deshalb kommt es nun darauf an, dass die Politik einen stabilen gesetzlichen Rahmen für den Strommarkt der Zukunft gestaltet. Die hohen fossilen Überkapazitäten, die den Markt verzerren, müssen Schritt für Schritt aus dem Markt genommen werden. So sinken auch die CO_2-Emissionen. Zugleich gilt es, Flexibilität bei Erzeugung und Verbrauch zu belohnen. Dies wird nochmals zu einem deutlichen Innovationsschub führen, der dem Industriestandort Deutschland helfen wird, seine Stärke zu sichern.

Die mit dem EEG 2014 vorgenommenen erheblichen Vergütungskürzungen auch für die Windenergie wurden bislang in erster Linie durch das niedrige Zinsniveau aufgefangen. Da wir davon ausgehen müssen, dass ab 2016 die verschärfte Degression bei Windenergie an Land greift, sieht sich unsere Branche wieder einmal neuen Herausforderungen gegenüber. Sie erhöhen den Druck, zusätzliche Effizienzsteigerungen bei der Anlagentechnologie insbesondere für Binnenlandstandorte zu realisieren. Für 2017 drohen dann radikale Veränderungen durch die angekündigte Festlegung eines Ausschreibungsmodells. Wir sehen dies angesichts des komplexen deutschen Bau- und Planungsrechts und der Länge der Genehmigungsverfahren äußerst skeptisch.

Es ist richtig, dass die Bundesregierung mit der Branche in einem intensiven Austausch steht. Wir erinnern die Politik daher erneut daran, dass die industrie- und arbeitsmarktpolitischen Chancen der Energiewende im Fokus bleiben müssen. Die Energiewende ist national und international auf Erfolgskurs. Wir sehen dynamisch wachsende Weltmärkte. In Deutschland leistet die Windenergie einen entscheidenden Beitrag, wenn es darum geht, Strom, Mobilität und den Wärmesektor miteinander zu verknüpfen und eine 100-prozentige Versorgung durch Erneuerbare Energien zu erreichen.

Im Bundesverband WindEnergie (BWE) sind deutschlandweit über 20.000 Mitglieder organisiert, darunter 2.100 Betreibergesellschaften, 1.100 Hersteller, Zulieferer und Dienstleister und 15.000 Anleger. Immer mehr Stadtwerke, aber auch regionale Netzbetreiber engagieren sich im BWE. Damit gehören wir weltweit zu den größten Verbänden der Erneuerbaren Energien und vertreten die gesamte Wertschöpfungskette der Branche. In unseren Beiräten und Arbeitskreisen treiben wir die technische Entwicklung voran. Gemeinsam setzen wir uns ein für eine erfolgreiche Energiewende!

Ihr

H. Albers

Hermann Albers, Präsident des BWE e.V.

Inhalt

Windmarkt

WINDENERGIE IN DEUTSCHLAND
Spitzenleistung!

Seite 15 / 2014 war für die Onshore-Windenergie in Deutschland ein absolutes Rekordjahr. 4.750 MW neu installierte Leistung sind ein Spitzenwert, der selbst die ursprünglichen Prognosen übertroffen hat. Für die kommenden zwei Jahre ist die Branche optimistisch, unsicher ist aber die Entwicklung danach.

VERGLEICH EEG 2012 UND EEG 2014
Änderungen für die Branche im neuen EEG

Seite 22

WINDMARKT INTERNATIONAL
Globaler Rekord – ehrgeizige Ziele

Seite 31 / Der weltweite Windenergie-Markt hat laut Global Wind Energy Council (GWEC) im Jahr 2014 ein Rekordniveau erreicht. Erstmals wurden Windkraftanlagen mit einer Leistung von über 50 GW errichtet. China hat sich als absoluter Spitzenreiter vor Deutschland behauptet, die USA blieben hinter den Erwartungen zurück.

Offshore

OFFSHORE
Im Aufwind

Seite 45 / Für die deutsche Offshore-Windenergiebranche war 2014 ein Jahr des Durchbruchs: Zum Jahresende speisten Anlagen mit einer installierten Gesamtleistung von mehr als 1 Gigawatt Strom ein und haben damit einen wichtigen Meilenstein gesetzt. Für die nahe Zukunft kann mit einer weiteren Beschleunigung des Zubaus gerechnet werden.

Technik

TECHNIK
Die goldenen Jahre: Weiterbetrieb über 20 Jahre hinaus

Seite 57 / Der Weiterbetrieb von Windkraftanlagen über die geplante Nutzungsdauer von 20 Jahren hinaus wird wirtschaftlich zunehmend interessant. Damit eine Anlage auch weiterhin Strom erzeugen kann, muss jedoch erneut ihre Standsicherheit nachgewiesen werden.

ANLAGENTECHNOLOGIE
Vielfalt der Anlagentechnologie im Rekordjahr 2014

Seite 61 / Deutschland verzeichnete im Jahr 2014 mit rund 4,75 GW neu installierter Windenergie-Leistung einen Zubau-Rekord, die Exportquote deutscher Hersteller wurde zuletzt auf rund 67 Prozent beziffert. Was aber brachte 2014 Neues im Bereich der Anlagentechnologie?

TABELLE | Aktuell auf dem Markt erhältliche Windenergieanlagen

Seite 68

SCHWERPUNKT

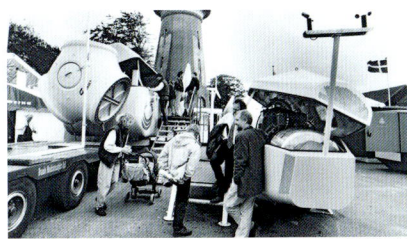

25 JAHRE BWE MARKTÜBERSICHT
Von Windpionieren zu Weltkonzernen

Seite 73 / Seit einem Vierteljahrhundert begleitet die BWE Marktübersicht die Windenergieanlagenhersteller in Deutschland. In diesem Zeitraum haben sich die Unternehmen der Branche von kleinen Garagenfirmen zu international agierenden Konzernen mit Milliardenumsätzen entwickelt. Die Windenergie wurde zur unverzichtbaren Säule der Energiewende.

„Das Innovationspotenzial der Branche ist groß genug"

Seite 82 / **Interview mit BWE-Präsident Hermann Albers** über bescheidene Anfänge, rasante Entwicklungen und die Zukunft der Windenergie.

Blick nach vorn

Seite 88 / 25 Jahre Marktbeobachtung – mit dem festen Blick auf Chancen und Potenziale der Energieform, die zur wichtigsten Energiequelle der Zukunft werden kann. Vertreter großer Anlagenhersteller zeigen auf, welche Entwicklungen sie in den nächsten 25 Jahren erwarten.

Service

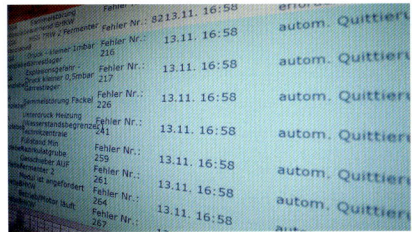

SERVICEMARKT ÜBERBLICK
Wachstumskonstante Servicebranche

Seite 95 / Auch im Jahr 2014 konnten sich die deutschen Anbieter für Wartung und Service nicht über eine zu niedrige Auslastung beklagen. Full-Service und breiter aufgestellte Kompetenzen liegen im Trend – was die Kooperationsbereitschaft in der Branche weiter erhöht.

Serviceunternehmen im Überblick

Seite 102

BWE-SERVICEUMFRAGE
Noch steigerungsfähig

Seite 131 / Die Hersteller bekommen für ihre Leistung bei Wartung und Reparatur in der jüngsten BWE-Serviceumfrage erneut die Note „3+". Um die Betreiber vollends zu überzeugen und den freien Service auf Abstand zu halten, müssen sie sich weiter verbessern.

Direktvermarktung

ÜBERSICHT DIREKTVERMARKTER
Harter Kampf um Marktanteile

Seite 139 / Zu Beginn des Jahres 2015 befanden sich rund 90 Prozent aller deutschen Windenergieanlagen in der Direktvermarktung. Welche Direktvermarkter gibt es? Und auf was sollten Anlagenbetreiber bei der Auswahl achten?

VERSICHERUNGEN
Mit Sicherheit!

Seite 145 / Was ist wirklich wichtig für Betreiber?

ANLAGENDATEN

Erläuterungen zu den Datenblättern

Seite 150

Windenergieanlagen-Datenblätter

Seite 158

Betriebsergebnisse 2014

Seite 208

ADRESSVERZEICHNIS
Hersteller von Windenergieanlagen

Seite 239

Windenergieanlagen sortiert nach **Typenbezeichnung (A – Z)**

Typenbezeichnung	kW	Seite
E-44	900	160
E-48	800	158
E-53	800	159
E-70 E4	2.300	173
E-82 E2	2.000	174
E-82 E2	2.300	164
E-82 E3	3.000	184
E-82 E4	3.000	186
E-92	2.350	186
E-101	3.050	176
E-115	2.500	185
E-126	7.580	207
eno 82	2.050	168
eno 92	2.200	172
eno 100	2.200	171
eno 114	3.500	201
eno 126	3.500	202
GE 2.75-120	2.750	182
GE 2.85-103	2.850	183
Leitwind LTW 70	1.700 – 2.000	163
Leitwind LTW 77	1.000 – 1.500	161
Leitwind LTW 80	1.500 – 1.800	162
Leitwind LTW 86	3.000	188
Leitwind LTW 101	3.000	187
Nordex N90/2500 IEC 1a	2.500	179
Nordex N100/2500 IEC 2a	2.500	178
Nordex N100/3300 IEC 1a	3.300	198
Nordex N117/2400 IEC 3a	2.400	177
Nordex N117/3000 IEC 2a	3.000	189
Nordex N117/3000 IEC 3a	3.000	177
Nordex N131/3000 IEC 3a	3.300	190
Senvion MM82	2.050	169
Senvion MM92	2.050	170
Senvion MM100	2.000	165
Senvion 3.4M104	3.400	199
Senvion 3.2M114	3.200	200
Senvion 3.0M122	3.000	191
Senvion 3.2M114 mit Vortex Generatoren	3.000	195
Senvion 6.2M126	6.150	204
Senvion 6.2M152	6.150	205
Siemens SWT-2.3-108	2.300	175
Siemens SWT-3.0-101	3.000	192
Siemens SWT-3.0/3.2-113	3.000	196
Siemens SWT-3.3-130	3.600	197
Siemens SWT-4.0-130	4.000	203
Siemens SWT-6.0-154	6.000	206
Vensys77	2.000	166
Vensys82	2.000	167
Vensys 100	2.500	193
Vensys 109	2.500	180
Vensys 112	2.500	181
Vensys 112	2.500	162

Windenergieanlagen sortiert nach **Leistung (kW)**

Typenbezeichnung	kW	Seite
E-48	800	158
E-53	800	159
E-44	900	160
Leitwind LTW 77	1.000 – 1.500	161
Leitwind LTW 80	1.500 – 1.800	162
Leitwind LTW 70	1.700 – 2.000	163
E-82 E2	2.000	164
Senvion MM100	2.000	165
Vensys 77	2.000	166
Vensys 82	2.000	167
eno 82	2.050	168
Senvion MM82	2.050	169
Senvion MM92	2.050	170
eno 100	2.200	171
eno 92	2.200	172
E-70 E4	2.300	173
E-82 E2	2.300	174
Siemens SWT-2.3-108	2.300	175
E-92	2.350	176
Nordex N117/2400 IEC 3a	2.400	177
Nordex N100/2500 IEC 2a	2.500	178
Nordex N90/2500 IEC 1a	2.500	179
Vensys 109	2.500	180
Vensys 112	2.500	181
GE 2.75-120	2.750	182
GE 2.85-103	2.850	183
E-82 E3	3.000	184
E-115	2.500	185
E-82 E4	3.000	186
Leitwind LTW 101	3.000	187
Leitwind LTW 86	3.000	188
Nordex N117/3000 IEC 2a	3.000	189
Nordex N117/3000 IEC 3a	3.000	190
Senvion 3.0M122	3.000	191
Siemens SWT-3.0-101	3.000	192
Vensys 100	3.000	193
E-101	3.050	194
Senvion 3.2M114 mit Vortex Generatoren	3.000	195
Siemens SWT-3.0/3.2-113	3.000	196
Siemens SWT-3.3-130	3.300	197
Nordex N100/3300 IEC 1a	3.300	198
Senvion 3.4M104	3.400	199
Senvion 3.4M114	3.400	200
eno 114	3.500	201
eno 126	3.500	202
Siemens SWT-4.0-130	4.000	203
Senvion 6.2M126	6.150	204
Senvion 6.2M152	6.150	205
Siemens SWT-6.0-154	6.000	206
E-126	7.580	207
Senvion 6.2M152	6.150	187
E-126	7.580	188

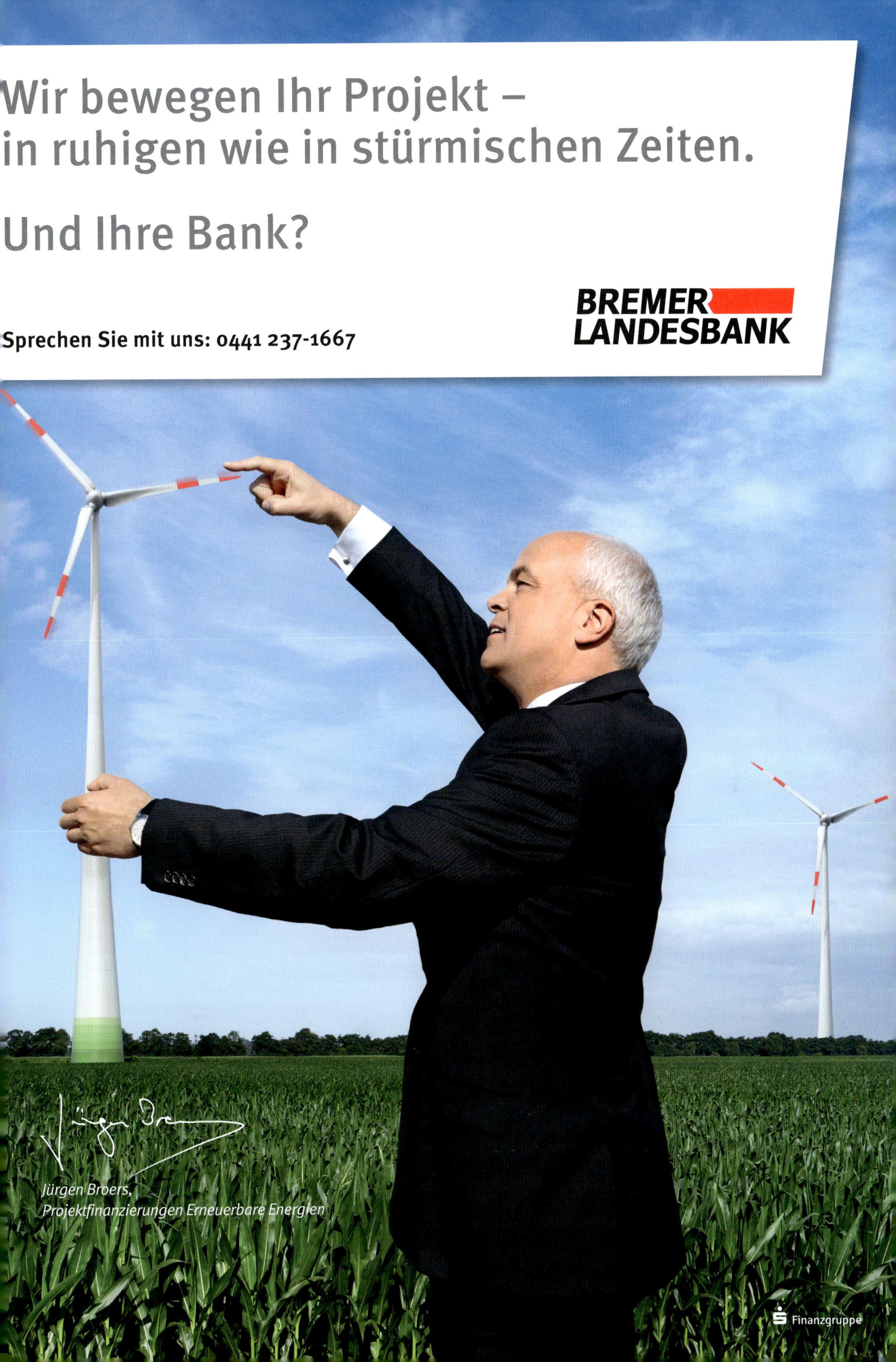
Wir bewegen Ihr Projekt –
in ruhigen wie in stürmischen Zeiten.
Und Ihre Bank?
Sprechen Sie mit uns: 0441 237-1667
BREMER LANDESBANK
Jürgen Broers,
Projektfinanzierungen Erneuerbare Energien
Finanzgruppe

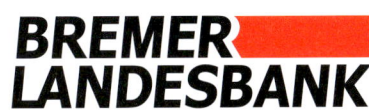

Windmarkt

WINDENERGIE IN DEUTSCHLAND | Spitzenleistung!

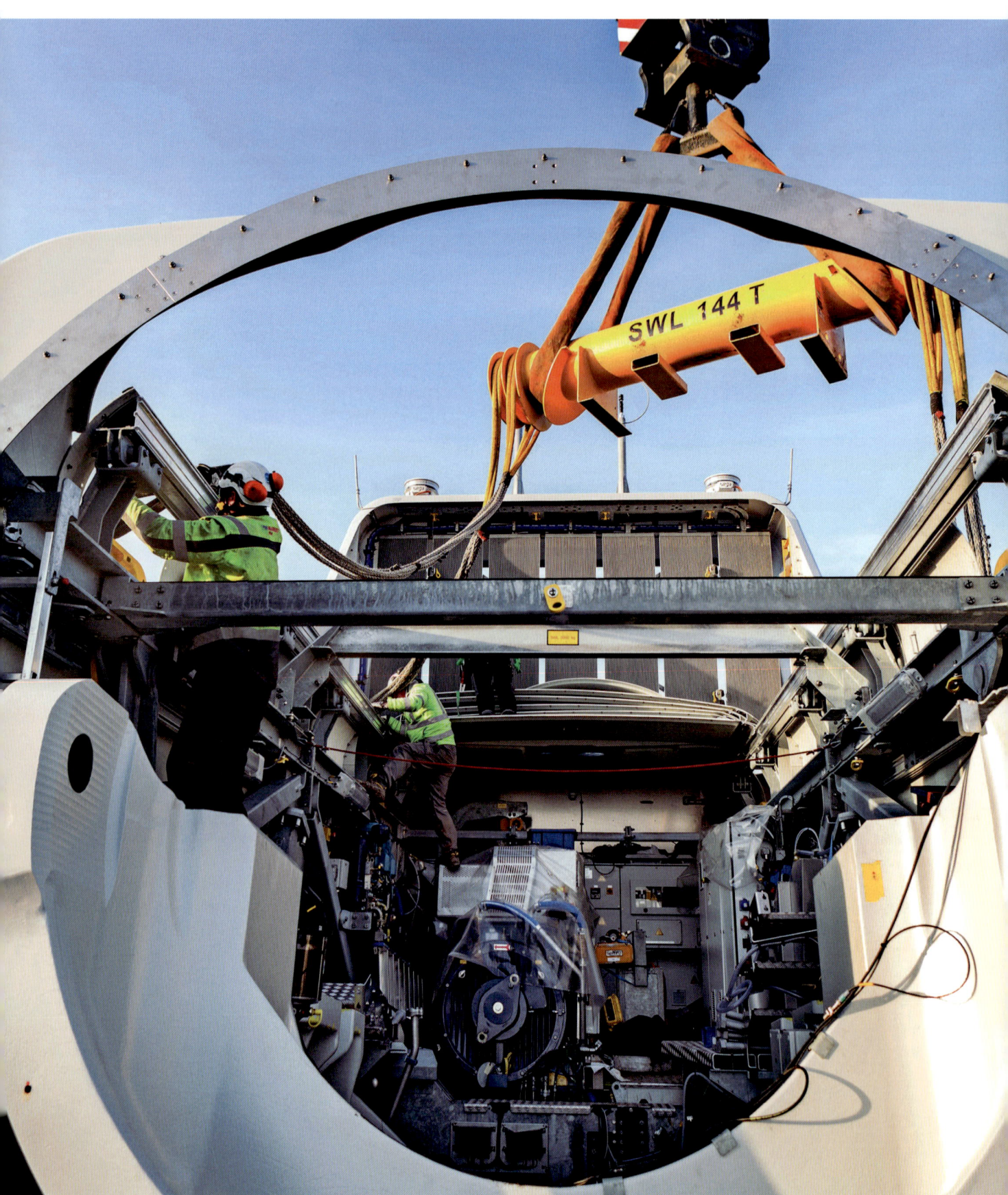

Errichtung einer Vestas V 112 im Windpark Hungerberg. Foto: MVV Energie

WINDENERGIE IN DEUTSCHLAND

Spitzenleistung!

2014 war für die Onshore-Windenergie in Deutschland ein absolutes Rekordjahr. **4.750 MW neu installierte Leistung** sind ein Spitzenwert, der selbst die ursprünglichen **Prognosen übertroffen** hat. Für die kommenden zwei Jahre ist die Branche optimistisch, unsicher ist aber die Entwicklung danach.

Für das Jahr 2014 kann die deutsche Windenergie eine enorme Ausbaudynamik verbuchen: Im Vergleich zum Vorjahr entspricht der Zubau einem Plus von 58 Prozent. Unter Berücksichtigung der abgebauten Anlagen mit 364 Megawatt Leistung liegt der Nettowert bei rund 4.386 Megawatt und somit deutlich über den Zahlen des bisherigen Rekordjahrs 2002 (3.247 MW). Zum Jahreswechsel ermittelte die von BWE und VDMA beauftragte Deutsche Windguard GmbH insgesamt 24.867 Windenergieanlagen, die mit einer Gesamtleistung von rund 38.116 MW ins deutsche Netz einspeisen. Ein neuer Höchstwert wurde auch beim Ausbau der Offshore-Windenergie erreicht: Hier wurde der Zubau des Vorjahres mit knapp 529 Megawatt mehr als verdoppelt und damit erstmals mit einer Leistung von über 1 Gigawatt Strom produziert.

Politische Weichenstellungen und Vorzieheffekte

Der Rekordzubau an Land lässt sich insbesondere durch die Weichenstellungen der Länder in den Jahren zuvor erklären: „Dies war nur möglich, weil Landesregierungen von Bayern bis Mecklenburg-Vorpommern, vom Saarland bis Schleswig-Holstein unter dem Eindruck der Reaktorkatastrophe in Fukushima seit 2011 neue Flächen für die Nutzung der Windenergie an Land ausgewiesen haben", erklärt BWE-Präsident Hermann Albers.

Ein weiterer Grund für die guten Zahlen sei laut Albers die Verunsicherung der Branche, die unter anderem durch die neuen Abstandsregelungen in Bayern und die Debatten um das Erneuerbare-Energien-Gesetz entstanden sei. Insbesondere der angekündigte Systemwechsel hin zu Ausschreibungen habe dazu geführt, dass einige für einen späteren Zeitpunkt geplante Windparkprojekte wohl vorgezogen worden seien. Nichtsdestotrotz ist dieser enorme Sprung in den Ausbauzahlen ein großer Erfolg und ein deutlicher Beleg für die Leistungsfähigkeit der deutschen Windindustrie. Er ist aber gleichfalls mit Tücken für die Entwicklung der Branche verbunden: „Ein kontinuierlicher und weniger sprunghafter Ausbau der Windenergie ist für die Industrie und die Energiewende, bei der Strom, Mobilität und Wärme zusammengedacht werden müssen, unerlässlich", mahnt deshalb der BWE-Präsident.

WINDENERGIE IN DEUTSCHLAND | Spitzenleistung!

Status des Windenergieausbaus an Land im Jahr 2014

	Status des Windenergieausbaus an Land	Leistung (MW)	Anzahl (WEA)
Entwicklung 2014	Zubau im Jahr 2014	4.750,26	1.766
	- davon Repowering (nicht verbindlich)	1.147,88	413
	Abbau im Jahr 2014 (nicht verbindlich)	364,35	544
Kumuliert 2014	Kumulierter WEA-Bestand (Status: 31.12.2014)	38.115,74	24.867

Entwicklung der jährlich installierten und kumulierten Leistung aus Windenergie an Land in Deutschland (Stand 31.12.2014)

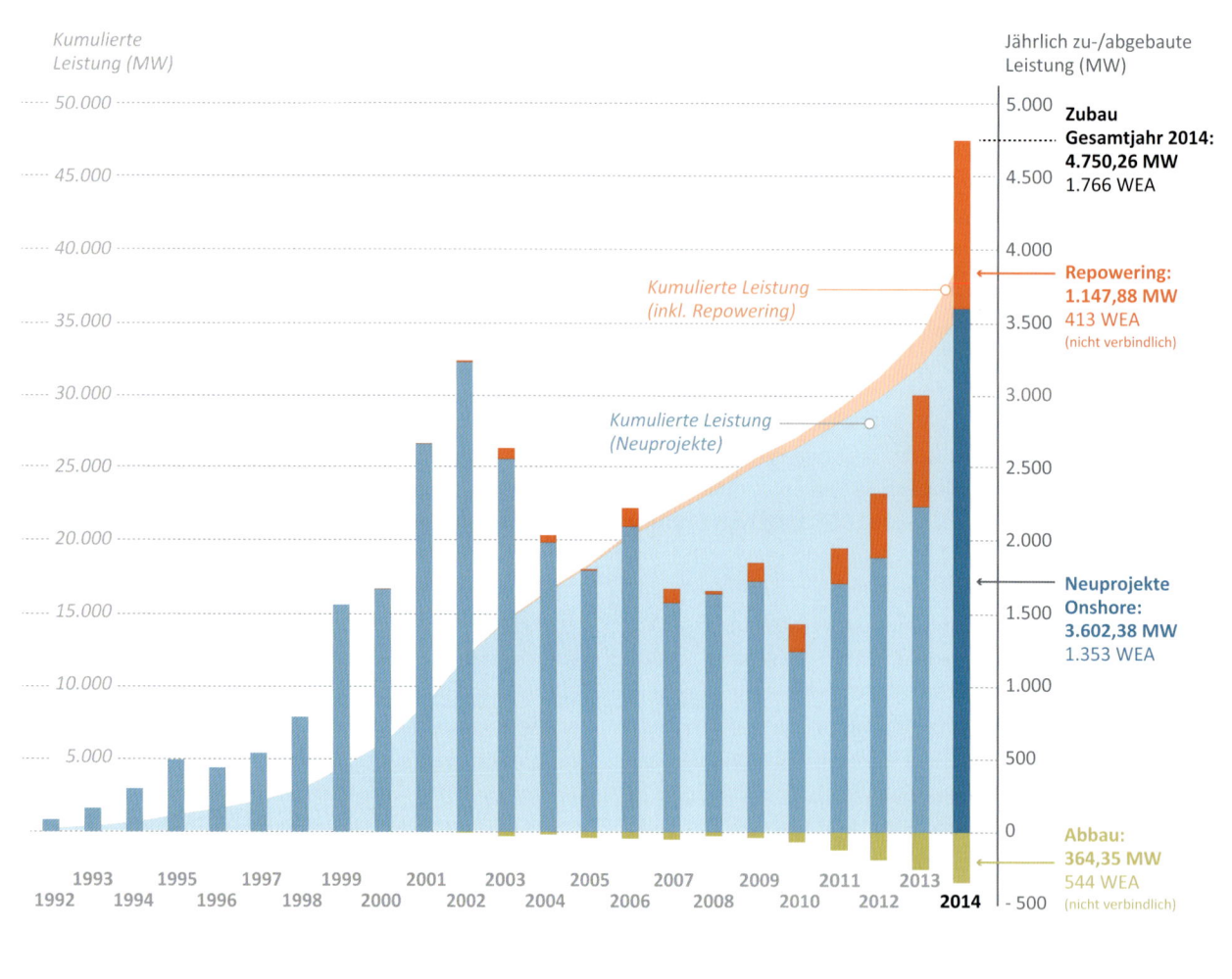

Quelle: 1992–2011: DEWI GmbH / ab 2012: Deutsche WindGuard GmbH

MW=Megawatt, WEA=Windenergieanlagen

Repowering wird zum Milliardenmarkt

Einen Spitzenwert hat 2014 nicht nur der absolute Zubau erreicht, sondern auch der Ersatz älterer Turbinen durch modernste Technik: 544 abgebaute Windenergie- und Ersatzanlagen mit rund 1.148 Megawatt Leistung belegen die zunehmende Bedeutung des Repowering-Marktes, der im Vergleich zum Vorjahr um ein gutes Drittel angewachsen ist: „Damit ist das Repowering ein Milliarden-Euro-Markt geworden", stellt der Vorsitzende des Lenkungsgremiums Windenergie im VDMA, Lars Bondo Krogsgaard, fest. Obwohl es in einigen Ländern noch zu Neuausweisungen für Windenergieanlagen kommen werde, so Krogsgaard weiter, gelte es „in Zukunft einen Fokus auf das Repowering zu legen."

Aktuell beträgt der durchschnittliche Repowering-Faktor ca. 4,1 – die installierte Leistung wurde im Rahmen des Repowering also etwa vervierfacht. Bedenkt man die hohe Zahl neu installierter Anlagen um die Jahrtausendwende und ihren möglichen Ersatz durch moderne und im Vergleich hocheffiziente Windenergieanlagen, so ergibt sich hier nach Meinung Krogsgaards die große Chance, „den Kraftwerkspark der Windenergie noch systemverträglicher und leistungsfähiger zu gestalten".

Bundesländer: Schleswig-Holstein bleibt Spitze

Erstmals wurden 2014 in allen 16 Bundesländern Windenergieanlagen installiert. Wie bereits im Vorjahr steht Schleswig-Holstein auch 2014 an der Spitze der Ausbaustatistik. Der Zubau im nördlichsten Bundesland hat sich im Vergleich zu 2013 mit 1.303 MW mehr als verdreifacht und erreicht damit über ein Viertel der insgesamt neu installierten Leistung in Deutschland. Gemeinsam mit Niedersachsen (627 MW) und Brandenburg (498 MW) entfällt mehr als die Hälfte des bundesdeutschen Zubaus auf

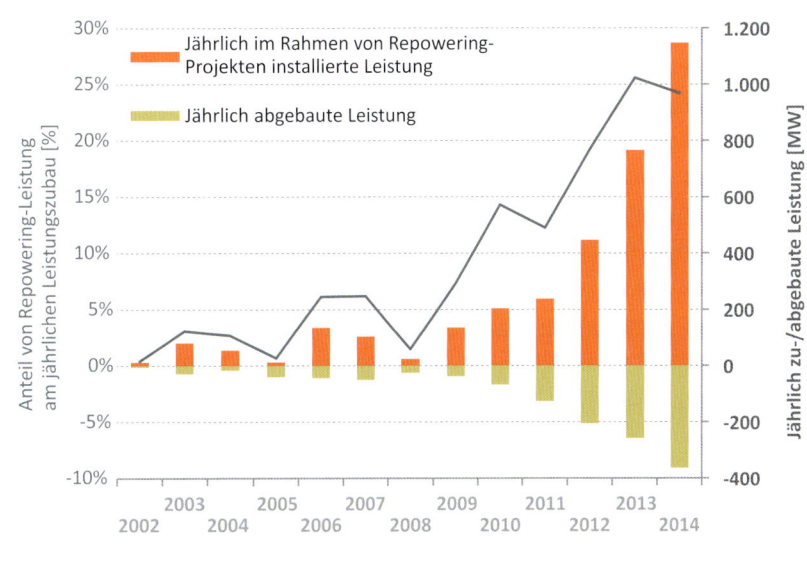

Quelle: 1992–2011: DEWI GmbH / ab 2012: Deutsche WindGuard GmbH

Repowering im Windpark Kirchheilingen. Foto: Jan Oelker

die drei erstplatzierten Bundesländer. Mit Rheinland-Pfalz (463 MW) und Bayern (410 MW) folgen zwei südliche Bundesländer auf den Rängen vier und fünf. Beim Freistaat ist allerdings aufgrund der umstrittenen und im November vom bayerischen Landtag beschlossenen 10h-Abstandsregelung davon auszugehen, dass die vorderen Plätze in der Ausbaustatistik spätestens ab 2016 auf absehbare Zeit unerreichbar bleiben.

Schlusslicht unter den Flächenländern bleibt Baden-Württemberg, das mit acht neu errichteten Turbinen (18,65 MW) etwa denselben Zubau erreicht hat wie der Stadtstaat Bremen (18,60 MW). Damit dürfte der Tiefpunkt in dem Grün-Rot regierten Land allerdings erreicht sein, denn 2014 gab es im Südwesten einen Anstieg der Genehmigungen für neue Windenergieanlagen: Insgesamt 62 Windräder erhielten grünes Licht, also mehr als doppelt so viele wie in den Jahren 2011 – 2013 zusammen. Nach den Worten des baden-württembergischen Umweltministers Franz Untersteller belege diese Entwicklung, „dass die von uns in den vergangenen Jahren eingeleiteten Maßnahmen greifen und dem Ausbau der Windkraft ordentlich Rückenwind gegeben haben".

Trotz der schwachen Zahlen aus dem Ländle haben die vier südlichen Bundesländer den Trend der letzten Jahre fortgesetzt und verfügen 2014 zusammen über 13 Prozent der in Deutschland installierten Windleistung. Auch der Norden konnte seinen Anteil mit 43 Prozent leicht ausbauen, während die Bundesländer in der Mitte (44 Prozent) leicht verloren haben.

Anlagentechnik: Effizienzsteigerung setzt sich fort

Betrachtet man die Anlagenkonfiguration, so ist der fortgesetzte Trend zu größeren Rotordurchmessern und höheren Türmen eindeutig: Im Vergleich zum Vorjahr ist die durchschnitt-

Windenergie-Zubau in den Bundesländern (Stand 31.12.2014)

		BRUTTO-ZUBAU IN 2014			DURCHSCHNITTLICHE ANLAGENKONFIGURATION IN 2014		
Rang	Bundesland / Region	Zubau Leistung (MW)	Zubau Anzahl (WEA)	Anteil der zugebauten Leistung am Gesamtzubau	ø Anlagen-leistung (kW)	ø Rotor-durchmesser (m)	ø Nabenhöhe (m)
1	Schleswig-Holstein	1.303,15	455	27,6%	2.864	98	88
2	Niedersachsen	627,36	227	13,2%	2.764	96	111
3	Brandenburg	498,20	196	10,5%	2.542	99	123
4	Rheinland-Pfalz	462,70	168	9,7%	2.754	107	138
5	Bayern	410,00	154	8,6%	2.662	110	136
6	Meckl.-Vorpommern	373,25	144	7,9%	2.592	96	122
7	Nordrhein-Westfalen	307,20	124	6,5%	2.477	94	119
8	Sachsen-Anhalt	291,40	109	6,1%	2.673	97	124
9	Hessen	214,85	82	4,5%	2.620	107	136
10	Thüringen	148,20	62	3,1%	2.390	96	124
11	Saarland	37,30	15	0,8%	2.487	104	133
12	Sachsen	32,70	13	0,7%	2.515	92	121
13	Baden-Württemberg	18,65	8	0,4%	2.331	89	131
14	Bremen	18,60	6	0,4%	3.100	99	110
15	Hamburg	4,40	2	0,1%	2.200	104	123
16	Berlin	2,30	1	0,0%	2.300	82	138
	Gesamt	4.750,26	1.766	100%	2.690 (2013: 2.598)	99 (2013: 95)	116 (2013: 117)

Quelle: Deutsche WindGuard GmbH

www.vensys.de  **VENSYS**

MEHR ENERGIE FÜR UNSERE ZUKUNFT

Mehr als 19.000 MW* installierte Gesamtleistung weltweit.

Profitieren Sie von mehr als 20 Jahren Erfahrung in der Entwicklung von getriebelosen Windenergieanlagen und den für Sie maßgeschneiderten Lösungen in drei unterschiedlichen Leistungsklassen:

- **Direktantrieb**
- **Permanent Magnet Technologie**
- **VENSYS Pitchsystem**
- **VENSYS Vollumrichtersystem**
- **Luftkühlung**

1,5 MW
70
77
82
87

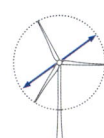
2,5 MW
100
109
112

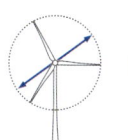
3,0 MW
112
120

*Stand Januar 2015

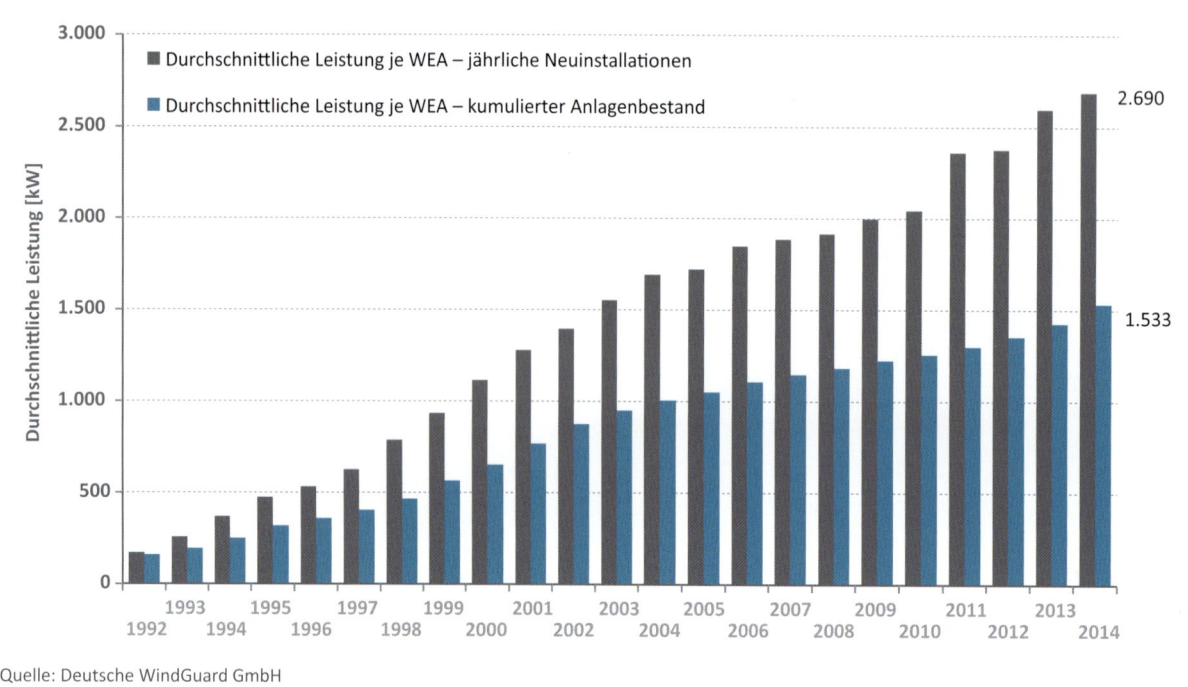

Entwicklung der durchschnittlichen Anlagenleistung der jährlich neu installierten WEA sowie der WEA im bundesweiten Gesamtbestand an Land (Stand 31.12.2014)

Quelle: Deutsche WindGuard GmbH

liche Nabenhöhe um weitere 2 Meter auf 119 Meter gestiegen, die Rotoren haben um weitere 4 Meter auf 99 Meter zugelegt. Auch die spezifische Leistung hat zugenommen und liegt nun bei durchschnittlich 2.690 kW pro Anlage, was einer Steigerung von knapp 100 kW gegenüber 2013 entspricht.

Dass diese Werte im Vergleich zu 2013 moderater ausfallen, hängt mit dem enormen Zubau in Schleswig-Holstein zusammen: Im nördlichsten Bundesland kann aufgrund der vielen küstennahen Standorte niedriger gebaut werden – und trotzdem erreichen die relativ starken Turbinen eine gute Auslastung. In den übrigen Teilen Deutschlands sind Turmhöhe und Rotordurchmesser weiter überproportional zur spezifischen Rotorleistung gewachsen, was ein deutliches Indiz für fortschreitende Effizienzsteigerungen an windschwächeren Binnenstandorten ist.

Welchen Sprung die Effizienz von Windenergieanlagen insgesamt gemacht hat, zeigt sich unter anderem im Vergleich mit dem bisherigen Rekordjahr 2002: Während 2014 mit 1.776 An-

„Alle Erfahrungen im Ausland zeigen, dass sich die drei Ziele der Bundesregierung – Kostensenkung, Akteursvielfalt und Zielerreichung – so sicher nicht erreichen lassen."

lagen 4.750 MW zugebaut wurden, waren 12 Jahre zuvor für rund zwei Drittel der Leistung (3.247 MW) etwa 30 Prozent mehr Turbinen (2.321) notwendig.

Ausschreibungen könnten Entwicklung ab 2017 gefährden

Angesichts einer durchschnittlichen Dauer von fünfeinhalb Jahren, die ein Windenergieprojekt an Land laut einer aktuellen Studie der Fachagentur Wind im Schnitt bis zur Realisierung benötigt, sind auch für dieses und das nächste Jahr gute Wachstumsraten zu erwarten, da voraussichtlich die gleichen Effekte wirksam werden, die 2014 zum Ausbaurekord geführt haben: „Für 2015 erwarten wir in Deutschland einen starken Zubau auf einem Niveau von 3.500 bis 4.000 Megawatt netto. Für 2016 sehen wir einen Marktrückgang, die Branche bleibt aber auf hohem Niveau", erklärt Lars Bondo Krogsgaard. Wie allerdings die Perspektive für 2017 aussehe, so Krogsgaard weiter, hänge entscheidend davon ab, „wann es zu Ausschreibungen kommt und wie diese gestaltet werden".

Der Bundesverband WindEnergie sieht das umstrittene Ausschreibungsmodell, das im Jahr 2017 eingeführt werden soll, kritisch: „Alle Erfahrungen im Ausland zeigen, dass sich die drei Ziele der Bundesregierung – Kostensenkung, Akteursvielfalt und Zielerreichung – so sicher nicht erreichen lassen. Deshalb warnen wir die Bundesregierung vor Experimenten, die zu einer Destabilisierung des für unsere Exporterfolge wichtigen deutschen Marktes führen können. Ohnehin wird es eine enorme Herausforderung, die Besonderheiten des deutschen Planungs- und Baurechts in einem System der Ausschreibungen bei Wind an Land zu berücksichtigen. Und angesichts der Planungszeiten kommt es bereits heute zu massiven Verunsicherungen im Markt", so Hermann Albers.

Neben den geplanten Ausschreibungen spielt auch die Ausgestaltung des künftigen Marktdesigns eine entscheidende Rolle für den Ausbau der Windenergie und der Erneuerbaren insgesamt. Hier komme es vor allem darauf an, das neue Strommarktdesign so auszurichten, dass Flexibilität belohnt werde. Wenn dies umgesetzt werde und die Politik für einen verlässlichen gesetzlichen Rahmen sorge, so Albers, „dann können wir der Bundesregierung das Erreichen ihrer Ausbauziele von 40 – 45 Prozent erneuerbarem Anteil an der Stromversorgung bis zum Jahr 2025 zusichern". ∎

Fazit: Erfolg braucht faire Bedingungen

2014 war ein absolutes Spitzenjahr für die Windindustrie in Deutschland, das bedingt durch den Fukushima-Effekt und die beschriebenen Sondereffekte in den nächsten Jahren wohl kaum übertroffen werden dürfte. Die Windindustrie in Deutschland hat direkte Investitionen in Höhe von über 6 Milliarden Euro realisiert und damit auch wirtschaftlich einen beispiellosen Erfolg erzielt. Ob sich der Ausbau der Windenergie an Land auf mittlere und längere Sicht in der Größenordnung von 3 – 4 Gigawatt pro Jahr verstetigt, hängt vor allem von der Umsetzung des geplanten Ausschreibungsmodells und dem künftigen Strommarktdesign ab. Deshalb ist das Jahr 2015 entscheidend für eine erfolgreiche Energiewende – und für die weitere Entwicklung einer auf den Heimatmarkt angewiesenen Industrie, die weltweit zu den Technologieführern gehört.

VERGLEICH EEG 2012 UND EEG 2014

Änderungen für die Branche im neuen EEG

Foto: Ulrich Mertens

In der Diskussion um das EEG 2014 wurden für die Windenergie an Land viele Änderungen weit im Vorfeld der EEG-Novelle 2014 diskutiert. Schon im Koalitionsvertrag wurden Ziele für die Windenergie an Land festgelegt, die mit dem neuen EEG umgesetzt werden sollten: „Wir setzen uns für einen nachhaltigen, stetigen und bezahlbaren Ausbau der Erneuerbaren ein. Dafür werden wir im EEG einen geregelten Ausbaukorridor festlegen und den Ausbau steuern. (…)

Wind an Land: Wir werden die Fördersätze senken (insbesondere bei windstarken Standorten), um Überförderungen abzubauen und gleichzeitig durch eine Weiterentwicklung des Referenzertragsmodells dafür sorgen, dass bundesweit die guten Standorte mit einem Referenzwert von 75 bis 80 Prozent auch zukünftig wirtschaftlich genutzt werden können (…)."

In vielen Punkten konnte der BWE noch Verbesserungen im Laufe der Diskussion erreichen, die nun im EEG 2014 verabschiedet wurden. Die genauen Begründungen für die Positionierungen des BWE während des Novellierungsprozesses sind in den Stellungnahmen nachzulesen, die der BWE im Rahmen des Gesetzgebungsprozesses einreichte.[1]

Ausbaupfad § 3

Das neue EEG sieht einen Ausbaupfad in Form eines „Atmenden Deckels" vor. Der BWE hatte einen Ausbaupfad für die Windenergie immer abgelehnt. Erreicht hat der Verband allerdings, dass es sich am Ende um einen Deckel von 2.500 MW netto handelt. Damit liegen bei aller Kritik am Instrument „Atmender Deckel", die Ausbauwerte in dem bisher installierten Korridor. Dennoch steht zu befürchten, dass damit die bisherige Ausbaudynamik gebremst wird.

Referenzertrag § 49

Die im Koalitionsvertrag formulierte Zielsetzung zur Kostensenkung bei der Windenergie an Land wurde vom Bundeswirtschaftsministerium anfänglich mit einem Vergütungsvorschlag über die verschiedenen Standortqualitäten hinterlegt, der einen dynamischen Ausbau der Windenergie an Land in Deutschland massiv ausgebremst und an vielen Standorten unmöglich gemacht hätte. Durch die intensive Diskussion mit dem Ministerium erreichte der BWE eine Abflachung der Vergütungskurve zu einer fast linearen Kurve. Dabei war die Vorarbeit, die die vom BWE gemeinsam mit dem VDMA in Auftrag gegebene Kostenstudie[2] der Deutschen WindGuard GmbH leistete, essenziell. Nur durch diese fundierte wissenschaftliche Grundlage konnte ein massiver Ausbaustopp wegen fehlender Wirtschaftlichkeit verhindert werden.

Anteilige Direktvermarktung § 20

Buchstäblich in letzter Minute erreichte der BWE, dass es weiterhin möglich ist, in der Direktvermarktung Anlagen anteilig zu vermarkten. Dies wäre nach den Entwürfen des Gesetzes, die aus dem Ministerium kamen, nicht mehr möglich gewesen.

Fernsteuerbarkeit § 36

Mit dem EEG 2014 ist eine Pflicht zur Fernsteuerbarkeit von Neuanlagen eingeführt worden. Hier konnte der BWE eine Verlängerung der Frist zur Nachrüstung für Bestandsanlagen bis zum 31.3.2015 erreichen.

Technische Vorgaben § 9

Eine Klarstellung der technischen Vorgaben für Erneuerbare-Energien-Anlagen in § 9 Abs. 1 wurde durch den BWE mit initiiert. Hier war nach verwirrender Rechtsprechung auf Basis des EEG 2012 Unsicherheit in die Branche gekommen. In § 9 Abs. 6 konnte erreicht werden, dass für eine Übergangszeit von 2,5 Jahren noch die Systemdienstleistungsverordnung (SDLWIndV) gilt. Diese Übergangsvorschrift war notwendig, da zurzeit die entsprechenden technischen Regelwerke, die die SDLWIndV ablösen sollten, noch nicht abgestimmt sind und sonst große Rechtsunsicherheit die Folge gewesen wäre.

Grünstromprivileg § 95 Nr. 6 weitere Verordnungsermächtigungen

Nach der Abschaffung des Grünstromprivilegs wurde nach Intervention des BWE eine Verordnungsermächtigung für eine Grünstromvermarktung in das Gesetz aufgenommen. Damit wird dem Bundesministerium für Wirtschaft und Energie die Möglichkeit eingeräumt, ein solches Instrument einzuführen.

Ausschreibungen

Der BWE hat mit anderen Akteuren gemeinsam erreicht, dass bei den neu einzuführenden Ausschreibungen ein vollständiges Gesetzesverfahren durchgeführt werden wird. Eine Einführung der Ausschreibungsmechanismen lediglich auf dem Verordnungswege ist damit nicht mehr möglich. Für die Einführung der Ausschreibungen bedarf es entsprechend einer neuen EEG-Novelle, so dass der Bundestag dann über die konkrete Ausgestaltung der Ausschreibung in einem Gesetz entscheiden wird.

Eine Übersicht über die relevanten Punkte ist in der folgenden Tabelle zusammengestellt.

---

1 — wind-energie.de/sites/default/files/download/publication/bwe-stellungnahme-zum-referentenentwurf-zur-ee-reform/20140602_bwe_stellungnahme_eeg.pdf
2 — wind-energie.de/sites/default/files/download/publication/kostensituation-der-windenergie-land-deutschland/20131112_kostensituation_windenergie_land.pdf

EEG 2012 (Inkrafttreten am 1.1.2012)	EEG 2014 (Inkrafttreten am 01.08.2016)
VERGÜTUNG DER WINDENERGIE AN LAND	
	Ausschreibungen
	Die finanzielle Förderung und ihre Höhe sollen für Strom aus erneuerbaren Energien und aus Grubengas bis spätestens 2017 durch Ausschreibungen ermittelt werden. Zu diesem Zweck werden zunächst für Strom aus Freiflächenanlagen Erfahrungen mit einer wettbewerblichen Ermittlung der Höhe der finanziellen Förderung gesammelt. Bei der Umstellung auf Ausschreibungen soll die Akteursvielfalt bei der Stromerzeugung aus erneuerbaren Energien erhalten bleiben. Die Ausschreibungen nach Absatz 5 sollen in einem Umfang von 5 Prozent der jährlich neu installierten Leistung europaweit geöffnet werden.
	Stichtag
	EEG 12 gilt für Anlagen, die vor dem 23. Januar 2014 genehmigt oder zugelassen worden sind. Inbetriebnahme vor 1.1.15
	Ausbaupfad § 3
	Ausbaupfad Windenergie an Land: Zubau von 2.500 MW pro Jahr (netto).
Anfangsvergütung § 29	**Anfangsvergütung § 49**
8,93 ct/kWh in 2012	8,9 ct/kWh ab 1.8.2014
Grundvergütung § 29	**Grundvergütung § 49**
4,87 ct/kWh in 2012	4,95 ct/kWh ab 1.8.2014
Referenzertrag § 29	**Referenzertrag § 49**
Die Anfangsvergütung wird zwischen 5 Jahren (150%-Standort und darüber) und 20 Jahren (82,5%-Standort und darunter) ausgezahlt. Die Berechnung der Anfangsvergütungsdauer für alle weiteren Standorte erfolgt linear (Verlängerung der Frist um zwei Monate je 0,75 % des Referenzertrages, um den der Ertrag der Anlage 150 % des Referenzertrages unterschreitet).	Die Anfangsvergütung wird zwischen 5 Jahren (130%-Standort und darüber) und 20 Jahren (80%-Standort und darunter) ausgezahlt. Die Berechnung der Anfangsvergütungsdauer für alle weiteren Standorte erfolgt nicht linear, sondern mit einem Knick bei 100% (Verlängerung der Frist um einen Monat je 0,36 % des Referenzertrages, um den der Ertrag der Anlage 130 % des Referenzertrages unterschreitet; zusätzlich Verlängerung um einen Monat je 0,48 % des Referenzertrages, um den der Ertrag der Anlage 100 % des Referenzertrages unterschreitet).
Degression § 20	**Degression § 29**
1,5 % ab 2013	Einführung eines „atmenden Deckels": Absenkung der Vergütung um 0,4 % pro Quartal (ab 2016). Wird der jährliche Zielkorridor von 2.400 bis 2.600 MW über- oder unterschritten, erhöht bzw. verringert sich die Degression automatisch. Die Bekanntgabe der Vergütungshöhe für das jeweilige Quartal erfolgt fünf Monate im Voraus. Bezugszeitraum für die Bemessung der Vergütungshöhe sind die 12 Kalendermonate, die diesem Zeitpunkt vorangehen.
Systemdienstleistungsbonus für Neuanlagen § 29	**Systemdienstleistungsbonus**
0,48 ct/kWh zur Anfangsvergütung bei Inbetriebnahme vor dem 1. Januar 2015	entfällt für Neuanlagen ab 1.8.2014
Systemdienstleistungsbonus für Altanlagen § 66	**Systemdienstleistungsbonus für Altanlagen**
Verlängerung des SDL-Bonus für Altanlagen um 0,7 ct/kWh (Inbetriebnahme vor Januar 2009), sofern diese nach 1. Januar 2012 und vor 1. Januar 2016 nachgerüstet werden.	Keine Änderung: weiterhin Bonus bei Nachrüstung von Anlagen mit Inbetriebnahme vor Januar 2009.
Repowering-Bonus § 30	**Repowering-Bonus**
Erhöhung der Anfangsvergütung um 0,5 ct/kWh, wenn: - Inbetriebnahme der ersetzten Anlage vor dem 1. Januar 2002, - die installierte Leistung der neuen Anlage mindestens das Zweifache der ersetzten Anlagen beträgt, - die Anzahl der Repowering-Anlagen nicht die Anzahl der ersetzten Anlagen übersteigt.	entfällt für Neuanlagen ab 1.8.2014

VERGLEICH EEG 2012 UND EEG 2014 | Änderungen für die Branche im neuen EEG

EEG 2012 (Inkrafttreten am 1.1.2012)	EEG 2014 (Inkrafttreten am 01.08.2016)
DIREKTVERMARKTUNG	
	Einführung der verpflichtenden Direktvermarktung § 19
	Anspruch auf finanzielle Förderung besteht nunmehr hauptsächlich in Form der Marktprämie. Eine Einspeisevergütung steht nur noch kleinen Anlagen sowie als Notfalloption für direktvermarktende Anlagen zur Verfügung.
Einführung der Optionalen Marktprämie § 33 g	**Marktprämie § 34; Anlage 1**
Monatliche Wechselmöglichkeit zwischen Festvergütungssystem und Marktprämie. Vergütung: Strommarkterlös plus Marktprämie plus Managementprämie. Höhe der Marktprämie: Differenz zwischen EEG-Vergütung und durchschnittlichem Börsenstrompreis (jeweils rückwirkend berechneter tatsächlicher Monatsmittelwert des energieträgerspezifischen Marktwerts). Höhe der Managementprämie (u. a. für die Börsenzulassung und Handelsanbindung) - im Jahr 2012: 1,20 ct/kWh, - im Jahr 2013: 1,00 ct/kWh, - im Jahr 2014: 0,85 ct/kWh, - ab dem Jahr 2015: 0,70 ct/kWh.	Die Pflicht, dem Netzbetreiber die tatsächlich eingespeiste und abgenomme Strommenge monatlich zu melden, entfällt, da der Monatsmarktwert nunmehr ausschließlich auf Basis der Online-Hochrechnung nach Anlage 1 berechnet wird. Anspruch auf finanzielle Förderung besteht nur, wenn für den Strom kein vermiedenes Netzentgelt in Anspruch genommen wird, die Anlage fernsteuerbar (im Sinne von § 36 Abs. 1) ist und der Strom in einem Bilanz- oder Unterbilanzkreis bilanziert wird. Anspruch auf eine Einspeisevergütung haben nach § 37: Anlagen <500 kW mit Inbetriebnahme vor dem 1.1.2016 und Anlagen, die nach dem 31. Dezember 2015 in Betrieb genommen worden sind und eine installierte Leistung von höchstens 100 KW haben. Für Windenergieanlagen verringert sich in diesem Fall jedoch die Vergütungshöhe nach § 37 um 0,4 ct/kWh (analog zu den kalkulierten Vermarktungskosten). Die Managementprämie entfällt für Neuanlagen.
	Einspeisevergütung in Ausnahmefällen
	In Ausnahmefällen (bei Ausfall des Direktvermarkters) können Anlagenbetreiber eine Einspeisevergütung vom Netzbetreiber verlangen. Die Höhe des anzulegenden Wertes (Einspeisevergütung) verringert sich in diesem Fall um 20 % (§ 38).
Grünstromprivileg	**Grünstromprivileg § 95 Nr. 6 weitere Verordnungsermächtigungen**
Befreiung von der EEG-Umlagezahlung für das gesamte Stromportfolio bei 50-prozentigem Grünstromanteil im Stromportfolio; Deckelung der Umlagebefreiung auf die Höhe der EEG-Umlage bzw. 2 ct/kWh. 20 % fluktuierende Energieträger bezogen auf das gesamte Portfolio.	Es wird eine Verordnungsermächtigung für ein System zur Grünstromvermarktung in das EEG aufgenommen. Eine entsprechende Verordnung kann nur erlassen werden, wenn und soweit die Grünstromvermarktung europarechtlich zulässig ist und die EEG-Umlage für alle anderen Stromverbraucher nicht erhöht wird.
	Verringerung der Förderung bei negativen Preisen § 24
	Bei negativen Preisen von sechs Stunden in Folge können Anlagen von mehr als 3 MW, die nach dem 1.1.2016 ans Netz angeschlossen wurden, entschädigungslos abgeschaltet werden.
Verringerter Vergütungsanspruch § 17	**Verringerung der Förderung § 25**
Wenn Direktvermarkter dem Netzbetreiber den Wechsel in die Festvergütung nicht nach Vorgabe übermittelt haben, verringert sich der EEG-Vergütungsanspruch auf den tatsächlichen Monatsmittelwert bis zum Ablauf des dritten Kalendermonats, der auf die Beendigung der Direktvermarktung folgt.	Verringerung der Förderung auf null bei fehlender und lückenhafter Registrierung der Anlage im Anlagenregister; Reduzierung der Förderung auf den Monatsmarktwert bei Nicht-Einhaltung der in § 25 Abs. 2 genannten Pflichten (u. a. bzgl. technischen Vorgaben, Wechsel zwischen Veräußerungsformen, gemeinsame Messeinrichtungen, Doppelvermarktung).
Anteilige Direktvermarktung § 33f	**Anteilige Direktvermarktung § 20**
Anteilige Direktvermarktung ist möglich, sofern die Prozentsätze dem Netzbetreiber zuvor mitgeteilt und dann eingehalten werden.	Anlagenbetreiber dürfen den in ihren Anlagen erzeugten Strom prozentual auf verschiedene Veräußerungsformen nach Absatz 1 Nummer 1, 2 oder 3 aufteilen. In diesem Fall müssen sie die Prozentsätze nachweislich einhalten.
Weitere Verordnungsermächtigungen § 64f	
für die Berechnung der Managementprämie nach § 33g	Managementprämie entfällt für Neuanlagen zum 1.8.2014

Die nächste Generation – die Windenergie-Anlage FWT 3000.

Über 20 Jahre Erfahrung mit Windenergie stecken in der Entwicklung der neuen Anlagengeneration FWT 3000. Speziell für Binnenlandstandorte konzipiert, überzeugt die FWT 3000 mit einem kompakten Antriebsstrang, einem logistikfreundlichen Hybridturm und dem leistungsstarken HybridDrive, der die Vorteile einer getriebelosen Anlage in einer Anlage mit Getriebe kombiniert.

3 MW Leistung | 120 m Rotor | 140 m Nabenhöhe

www.fwt-energy.com

EEG 2012 (Inkrafttreten am 1.1.2012)	EEG 2014 (Inkrafttreten am 01.08.2016)
NETZANSCHLUSS UND EINSPEISEMANAGEMENT	
	Fernsteuerbarkeit § 36
	Anlagen sind fernsteuerbar im Sinne von § 33 Nummer 2, wenn die Anlagenbetreiber 1. die technischen Einrichtungen vorhalten, die erforderlich sind, damit ein Direktvermarktungsunternehmer oder eine andere Person, an die der Strom veräußert wird, jederzeit a) die jeweilige Ist-Einspeisung abrufen kann und b) die Einspeiseleistung ferngesteuert reduzieren kann, und 2. dem Direktvermarktungsunternehmer oder der anderen Person, an die der Strom veräußert wird, die Befugnis einräumen, jederzeit a) die jeweilige Ist-Einspeisung abzurufen und b) die Einspeiseleistung ferngesteuert in einem Umfang zu reduzieren, der für eine bedarfsgerechte Einspeisung des Stroms erforderlich ist. Satz 1 Nummer 1 ist auch erfüllt, wenn für mehrere Anlagen, die über denselben Verknüpfungspunkt mit dem Netz verbunden sind, gemeinsame technische Einrichtungen vorgehalten werden, mit denen der Direktvermarktungsunternehmer oder die andere Person jederzeit die gesamte Ist-Einspeisung der Anlagen abrufen und die gesamte Einspeiseleistung der Anlagen ferngesteuert reduzieren kann. (2) Für Anlagen, bei denen nach § 21c des Energiewirtschaftsgesetzes Messsysteme im Sinne des § 21d des EnWG einzubauen sind, die die Anforderungen nach § 21e des Energiewirtschaftsgesetzes erfüllen, muss die Abrufung der Ist-Einspeisung und die ferngesteuerte Reduzierung der Einspeiseleistung nach Absatz 1 über das Messsystem erfolgen; § 21g des EnWG ist zu beachten. Solange der Einbau eines Messsystems nicht technisch möglich im Sinne des § 21c Absatz 2 des Energiewirtschaftsgesetzes ist, sind unter Berücksichtigung der einschlägigen Standards und Empfehlungen des Bundesamtes für Sicherheit in der Informationstechnik Übertragungstechniken und Übertragungswege zulässig, die dem Stand der Technik bei Inbetriebnahme der Anlage entsprechen; § 21g des EnWG ist zu beachten. Satz 2 ist entsprechend anzuwenden für Anlagen, bei denen aus sonstigen Gründen keine Pflicht zum Einbau eines Messsystems nach § 21c des Energiewirtschaftsgesetzes besteht. (3) Die Nutzung der technischen Einrichtungen nach Absatz 1 Satz 1 Nummer 1 sowie die Befugnis, die nach Absatz 1 Satz 1 Nummer 2 dem Direktvermarktungsunternehmer oder der anderen Person eingeräumt wird, dürfen das Recht des Netzbetreibers zum Einspeisemanagement nach § 14 nicht beschränken.
Verordnungsermächtigung z. Anlagenregister § 64e	Anlagenregister
	Die Bundesnetzagentur für Elektrizität, Gas, Telekommunikation, Post und Eisenbahnen (Bundesnetzagentur) errichtet und betreibt ein Verzeichnis, in dem Anlagen zu registrieren sind (Anlagenregister). Im Anlagenregister sind die Angaben zu erheben und bereitzustellen, die erforderlich sind, um 1. unverändert, 2. unverändert, 3. die Absenkung der Förderung nach den §§ 28, 29 und 31 umzusetzen, 4. unverändert, 5. unverändert.
Anschluss § 5	Anschluss § 8
Netzbetreiber sind verpflichtet, Anlagen zur Erzeugung von Strom aus Erneuerbaren Energien und aus Grubengas unverzüglich vorrangig an der Stelle an ihr Netz anzuschließen (Verknüpfungspunkt), die im Hinblick auf die Spannungsebene geeignet ist und die eine in der Luftlinie kürzeste Entfernung zum Standort der Anlage aufweist, wenn nicht ein anderes Netz einen technisch und wirtschaftlich günstigeren Verknüpfungspunkt aufweist.	Netzverknüpfungspunkt: Spannungsebene geeignet, Luftlinie kürzeste Entfernung, wenn nicht dieses oder ein anderes Netz einen wirtschaftlich günstigeren Verknüpfungspunkt aufweist. Bei Ermittlung des wirtschaftlich günstigeren sind die unmittelbar durch den Netzanschluss entstehenden Kosten zu berücksichtigen. (2) Wahlrecht, es sei denn die Mehrkosten des Netzbetreibers sind nicht unerheblich.

EEG 2012 (Inkrafttreten am 1.1.2012)	EEG 2014 (Inkrafttreten am 01.08.2016)
Technische und betriebliche Vorgaben § 6	**Technische Vorgaben § 9**
AnlagenbetreiberInnen sowie BetreiberInnen von KWK-Anlagen müssen ihre Anlagen mit einer installierten Leistung über 100 kW mit einer technischen Einrichtung ausstatten, mit der der Netzbetreiber jederzeit 1. die Einspeiseleistung bei Netzüberlastung ferngesteuert reduzieren kann und 2. die jeweilige Ist-Einspeisung abrufen kann.	Dem Absatz 1 wird folgender Satz 2 angefügt: a) „Die Pflicht nach Satz 1 gilt als erfüllt, wenn mehrere Anlagen, die über denselben Verknüpfungspunkt mit dem Netz verbunden sind, mit einer gemeinsamen technischen Einrichtung ausgestattet sind, mit der der Netzbetreiber 1. die gesamte Einspeiseleistung bei Netzüberlastung ferngesteuert reduzieren und 2. die gesamte Ist-Einspeisung der Anlagen abrufen kann." (6) Betreiber von Windenergieanlagen an Land, die vor dem 1. Januar 2017 in Betrieb genommen worden sind, müssen sicherstellen, dass am Verknüpfungspunkt ihrer Anlage mit dem Netz die Anforderungen der Systemdienstleistungsverordnung erfüllt werden.
Einspeisemanagement § 11	**Einspeisemanagement § 14**
Wahrung des Vorrangs für Strom aus EE, Grubengas und KWK, soweit nicht sonstige Anlagen zur Stromerzeugung am Netz bleiben müssen aus Gründen der Systemsicherheit und Zuverlässigkeit. Pflicht der Netzbetreiber zur Unterrichtung spätestens am Vortag, ansonsten unverzüglich über zu erwartenden Zeitpunkt, Umfang und Dauer der Regelung. Pflicht der Netzbetreiber zur Unterrichtung bei Einspeisemanagement (EinsMan) Betroffenen unverzüglich über die tatsächlichen Zeitpunkte, Umfang, Dauer und Gründe der Abregelung – Nachweise innerhalb von 4 Wochen.	Keine Änderungen
Härtefallregelung § 12	**Härtefallregelung**
Vom EinsMan betroffene Betreiber für 95 % der entgangenen Einnahmen zuzgl. der zusätzlichen Aufwendungen und abzgl. der ersparten Aufwendungen zu entschädigen. Mehr als 1 %/Jahr: ab diesem Zeitpunkt zu 100 % Entschädigung. Die Neuregelung des § 12 gilt nur für neue Anlagen (d. h. Inbetriebnahme ab 1.1.2012), nicht für Bestandsanlagen (bis 31.12.2011).	Keine Änderungen

WINDMARKT INTERNATIONAL | Globaler Rekord – ehrgeizige Ziele

Servicetechniker in der Haouma Windfarm in Marokko. Foto: Paul-Langrock.de

WINDMARKT INTERNATIONAL

Globaler Rekord – ehrgeizige Ziele

Der weltweite Windenergie-Markt hat laut Global Wind Energy Council (GWEC) im Jahr 2014 ein Rekordniveau erreicht. Erstmals wurden Windkraftanlagen mit einer Leistung von über 50 GW errichtet. China hat sich als absoluter Spitzenreiter vor Deutschland behauptet, die USA blieben hinter den Erwartungen zurück.

Im Wettlauf um die weltweiten Ausbauzahlen gab es im Jahr 2014 erneut einen klaren Sieger: In China wurden über 23 GW Windenergie-Leistung neu installiert. Damit repräsentiert der unangefochtene Spitzenreiter 31 Prozent des weltweiten Marktes. Insgesamt ist in China eine Leistung von knapp 115 GW installiert. Mit dem Zubau im vergangenen Jahr hat das Land seinen bisherigen Rekord übertroffen und die Marktbeobachter überrascht: „Mit dieser hohen Zahl wurden die optimistischsten Erwartungen übertroffen", kommentiert Dr. Klaus Rave, Präsident des Global Wind Energy Council (GWEC), die chinesische Entwicklung. Der internationale Verband veröffentlichte Anfang Februar 2015 die Zahlen für das vergangene Jahr.

Neuinstallationen: 50-GW-Marke geknackt

Laut aktueller Statistik des GWEC hat nicht nur China, sondern die gesamte globale Windindustrie im Jahr 2014 einen neuen Rekord aufgestellt: Erstmals wurde dabei die 50-GW-Marke geknackt. Mit insgesamt 51,5 MW neuer Windenergiekapazität konnte der Wert des Vorjahrs um 44 Prozent übertroffen werden. Ende 2014 waren somit weltweit rund 370 GW Windenergieleistung installiert, und 90 Staaten zeigten teils erheblich verstärkte Aktivitäten im Bereich Windenergie. 23 Länder haben die vom GWEC definierte kritische Hürde von 1 GW inzwischen überschritten, 16 Länder haben insgesamt mehr als 3 GW installiert. Auf über 20 GW installierte Leistung kommen fünf Staaten: **China, USA, Deutschland, Spanien und Indien.** Was den Zubau betrifft, wurde die bisherige Bestmarke aus dem Jahr 2012 übertroffen, als ein Kapazitätszuwachs von 44,6 GW erzielt wurde. Im Jahr 2013 hingegen war das Marktwachstum um 28 Prozent eingebrochen, der Zubau betrug nur 35 GW. „Nach dem Einbruch von 2013 ist die weltweite Windenergie wieder auf ihren Erfolgskurs zurückgekehrt", freut sich Hermann Albers, Präsident des Bundesverband WindEnergie e.V.

> „Mit dieser hohen Zahl wurden die optimistischsten Erwartungen übertroffen."

WINDMARKT INTERNATIONAL | Globaler Rekord – ehrgeizige Ziele

Spitzenreiter China: Mehr als 200 GW bis 2020

Die hohen Ausbauzahlen des Spitzenreiters **China** stehen für sich und markieren laut Klaus Rave einen starken Trend in der globalen Entwicklung der Windkraft. „Die chinesische Regierung ist fest entschlossen, die Windkraft auszubauen. Sie will auch konsequent gegen die hohe Luftverschmutzung vorgehen, die bereits entsetzliche Ausmaße angenommen hat und immer weiter zunimmt", so Rave. Windenergie als saubere Stromerzeugungsquelle sei darauf eine starke Antwort. So hat die chinesische Regierung folgerichtig angekündigt, bis 2020 mehr als 200 GW Windleistung erzeugen zu wollen. Dieses ehrgeizige Ausbauziel wird Rave zufolge Stück für Stück realisiert. Insgesamt steht für den GWEC-Präsidenten fest: „Erfolg haben diejenigen Nationen, in denen ein hohes politisches Commitment vorherrscht und es ein gutes Zusammenspiel zwischen klaren politischen Zielen und einer ordentlichen Verwaltungspraxis gibt."

Auf Platz 2 im globalen Ranking mit einer neu installierten Leistung von 5,3 GW steht wie im Vorjahr **Deutschland**. Zugutekommt der Bundesrepublik dabei nicht nur die bemerkenswerte Leistung der eigenen Branche, sondern auch die weiterhin schwache Performance der **USA**. Zwar wurden hier nach den katastrophalen 1 GW im Jahr 2013 wieder 4,9 GW Windenergieleistung errichtet. „Die USA sind jedoch erneut hinter den Erwartungen geblieben", konstatiert Rave.

USA: Noch immer Unsicherheiten bei den Steuervergünstigungen

Der Grund hierfür seien – wie bereits im Vorjahr – die anhaltenden Diskussionen um die Production Tax Credits (PTC). Zwar habe die Obama-Regierung mittlerweile eine dauerhafte Lösung vorgeschlagen. Die Wirtschaft wisse jedoch, dass die republikanische Mehrheit im Senat nicht dahinterstehe. Immerhin: Für das Jahr 2014 belegen die USA im weltweiten Ranking wieder Platz 3, nachdem sie 2013 hinter Deutschland, Großbritannien, Indien und Kanada zurückgefallen waren. Im Jahr 2012 hingegen lie-

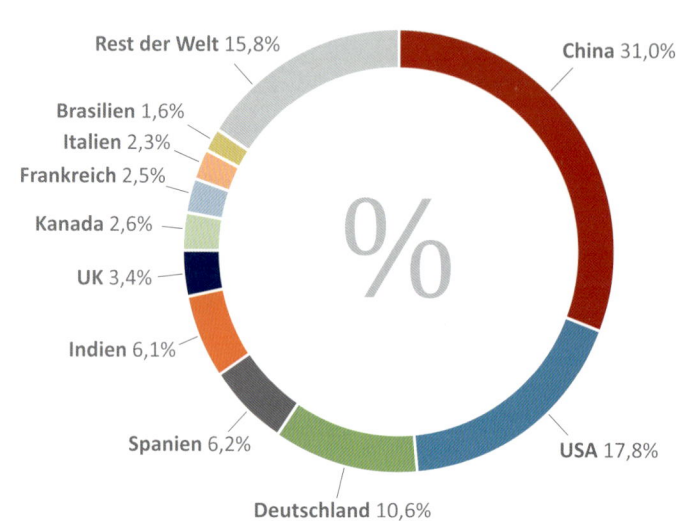

TOP 10 weltweit **gesamt installierte Windleistung** (Stand Dez. 2014)

LAND	MW	%
China	114.763	31,0
USA	65.879	17,8
Deutschland	39.165	10,6
Spanien	22.987	6,2
Indien	22.465	6,1
UK	12.440	3,4
Kanada	9.694	2,6
Frankreich	9.285	2,5
Italien	8.663	2,3
Brasilien	5.939	1,6
Rest der Welt	58.275	15,8
Summe Top 10	311.279	84,2
Welt gesamt	369.553	100

Quelle: GWEC

TOP 10 weltweit **neu installierte** Windleistung 2014

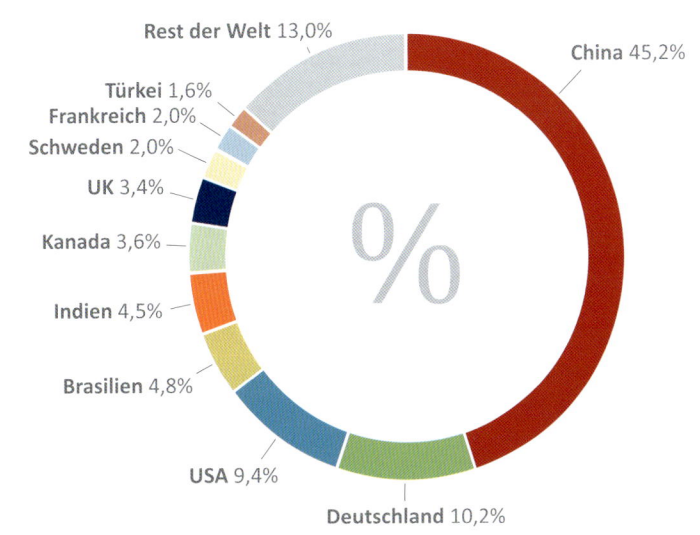

LAND	MW	%
China	23.351	45,2
Deutschland	5.279	10,2
USA	4.854	9,4
Brasilien	2.472	4,8
Indien	2.315	4,5
Kanada	1.871	3,6
UK	1.736	3,4
Schweden	1.050	2,0
Frankreich	1.042	2,0
Türkei	804	1,6
Rest der Welt	6.702	13,0
Summe Top 10	44.775	87,0
Welt gesamt	51.477	100

Quelle: GWEC

ferten sich die Vereinigten Staaten noch ein Kopf-an-Kopf-Rennen mit China und installierten damals 13,1 GW. Das ständige Auf und Ab in den USA mit ihren insgesamt ca. 66 GW installierter Leistung sei besonders schädlich, erklärt Branchenkenner Rave. „Für die Wirtschaft in den USA wäre eine moderate, aber stetige Entwicklung der sinnvollere Weg."

Als weitere Gewinner des Jahres 2014 nennt Rave daher neben China und Deutschland vor allem Indien und Brasilien. **Brasilien** überzeugte im vergangenen Jahr mit knapp 2,5 GW neu installierter Leistung und verfügt nun über insgesamt rund 6 GW. Bemerkenswert daran: Der Zubau blieb trotz wirtschaftlicher Schwäche des Landes und unsicheren Wahlkampfzeiten stark. Rave: „Das zeigt, dass die Windkraft in Brasilien parteiübergreifend ihren Platz gefunden hat." Der besonders große Sprung im Vergleich zum Vorjahr (953 MW) sei jedoch auch den geltenden Ausschreibungsverfahren und den damit einhergehenden Verzögerungseffekten geschuldet.

Nicht weniger bestimmt wird die Entwicklung in Brasilien auch von der sogenannten Local-Content-Regelung. So schreibt die staatliche Entwicklungsbank vor, dass bei einem Windpark mindestens 60 Prozent der Wertschöpfung in Brasilien erzielt werden müssen. Dabei ist die staatliche Entwicklungsbank unverzichtbar für die Finanzierung von Windparks. Zu dieser auch in anderen Ländern verbreiteten Praxis erklärt Rave: „Es ist natürlich wünschenswert, dass die Wirtschaft vor Ort von der Entwicklung der Windkraft profitiert." Dennoch hätten die Local-Content-Anforderungen weltweite Überkapazitäten zur Folge, die auch im Rekordjahr 2014 zu verzeichnen waren. „Jedes Land möchte gerne Fabriken einweihen, um sichtbare Erfolge vorzuweisen", erklärt Rave weiter. Wirtschaftlich sei dies jedoch nicht immer sinnvoll. Die betreffenden Staaten sollten auch daran denken, dass die Windenergie von der Bauphase bis zum Service dauerhaft Beschäftigung bringt. Rave: „Um vom Erfolg der Windenergie zu profitieren, muss also nicht immer eine Fabrik errichtet werden."

WINDMARKT INTERNATIONAL | Globaler Rekord – ehrgeizige Ziele

Hoffnungsträger Indien:
Bis zu 10 GW jährlicher Zubau geplant

In **Indien** seien laut Rave die im Jahr 2014 zugebauten 2,3 GW eine überaus bemerkenswerte Leistung. Zudem erwartet der GWEC hier auch in den kommenden Jahren ein starkes Wachstum. Dies liege zum einen an der erstarkten indischen Wirtschaft, habe doch Indien beim BIP-Wachstum China fast eingeholt. Die beiden bevölkerungsstärksten Länder liegen nun nahezu gleichauf bei ca. 7,5 Prozent. Zum anderen habe sich auch Indien für den Ausbau der Windenergie ehrgeizige Ziele gesetzt: „Das Land will in den kommenden Jahren bis zu 10 GW jährlich zubauen", berichtet Rave.

Spitzenreiter in Afrika ist die **Republik Südafrika** mit insgesamt 570 installierten MW, von denen 560 MW im vergangenen Jahr aufgestellt wurden. „Diese Entwicklung hatte einen langen Vorlauf und wird sich hoffentlich noch beschleunigen", kommentiert Rave. Denn Bevölkerung und Wirtschaft litten immer noch unter Stromrationierungen und systematischer Stromabschaltung. Die Zeichen für einen weiteren Ausbau stehen tatsächlich gut: Im Februar 2015 verkündete der Anlagenhersteller Siemens, dass er Turbinen für drei neue Windparks in Südafrika mit einer Gesamtleistung von 360 MW liefern werde. Die Installation der Anlagen beginnt laut Siemens im August 2015. Ihren Betrieb werden die drei Projekte voraussichtlich zwischen Anfang 2016 und Ende 2017 aufnehmen. Die Türme werden hauptsächlich südafrikanische Hersteller liefern. Der Auftrag unterstreicht laut Siemens, dass Südafrika mit seinem REIPPP-Programm (Renewable Energy Independent Power Producer Procurement Programme) zum Ausbau der Erneuerbaren Energien einen erfolgversprechenden Weg eingeschlagen hat, um das Regierungsziel von zukünftig 3.725 MW an Erneuerbaren Energien zu erreichen. Insgesamt kommt der gesamte afrikanische Kontinent auf eine installierte Leistung von 934 MW. Davon wurden im vergangenen Jahr allein 300 MW in **Marokko** aufgestellt.

In Südamerika haben im Jahr 2014 neben Brasilien vor allem **Chile** (506 MW) und **Uruguay** (405 MW) aufmerken lassen. In beiden Ländern war für diese Entwicklung laut Rave ein entsprechender Vorlauf vonnöten. So habe es in Chile recht lange

Haouma Windfarm in Marokko. Foto: Paul-Langrock.de

gedauert, bis der internationale Projektentwickler Mainstream die Früchte seiner Arbeit ernten konnte. Auch Uruguay zeige schon seit Jahren Interesse an der Windenergie.

Türkei: 20 GW bis zum Jahr 2023

Auch in zwei anderen Staaten hat sich etwas getan, die der GWEC bislang allerdings noch nicht auf dem Plan hatte: auf den Philippinen und in Pakistan. So haben die **Philippinen** mit 150 MW installierter Leistung einen beachtlichen Überraschungserfolg erzielt. Dies nähre Rave zufolge die Hoffnung, dass auch der schlafende Riese **Indonesien** bald erwacht. Auf **Pakistan**, wo ebenfalls 150 MW installiert wurden, habe der Erfolg der Türkei ausgestrahlt. Als langjähriger EU-Anwärter hat die **Türkei** 2014 800 MW neu installiert, sie kann damit insgesamt ca. 3,8 GW installierte Leistung vorweisen. Und auch hier gibt es ehrgeizige Ziele: Bis zum 100. Jubiläum der Republik im Jahr 2023 will die Türkei insgesamt 20 GW aufgestellt haben. Dieses starke Wachstum greift laut Rave auf die östliche Nachbarschaft über, die hinsichtlich der Windenergie großes Potenzial hat. Neben Pakistan zählen hierzu auch **Afghanistan** und der **Iran**.

EU bleibt hinter dem Rekord von 2012 zurück

Die Zahlen in der Europäischen Union hingegen spiegeln den globalen Rekord von 2014 nicht vollständig wider, sie blieben knapp hinter den Ergebnissen von 2012 zurück. Damals wurden 12 GW installiert, im Jahr 2014 waren es 11,8 GW. Insgesamt sind in der EU nun 128,8 GW installiert, das bedeutet ein Wachstum von 9,7 Prozent. Mittlerweile gibt es 15 EU-Länder, die bei der installierten Leistung die 1-GW-Grenze zum Teil weit überschritten haben – darunter mit **Polen** (3,8 GW) und **Rumänien** (3 GW) auch zwei neue EU-Länder. Acht EU-Länder haben bereits mehr als 4 GW Leistung installiert: **Deutschland, Spanien, Großbritannien, Frankreich, Italien, Schweden, Portugal und Dänemark**. Positiv bei den Neuinstallationen hervorzuheben: **Schweden** und Frankreich überschritten erstmals die 1-GW-Grenze.

Schattenseiten in der EU

In der EU zeigten sich jedoch auch Schattenseiten, die bereits für den Rückgang der Neuinstallationen im Jahr 2013 verantwortlich waren. So erklärte EWEA-Geschäftsführer Thomas Becker

Prototyp der Windenergieanlage Siemens SWT-6.0-154 im Hunterston Offshore-Testfeld, Schottland. Foto: Jan Oelker

Von Anfang an gemeinsam im Aufwind.

Die BayWa r.e. gratuliert zur 25. Ausgabe Jahrbuch Windenergie.

r.e.sponsible for your success.

Marktanteile der EU-Mitgliedsstaaten an den neu installierten Kapazitäten im Jahr 2014

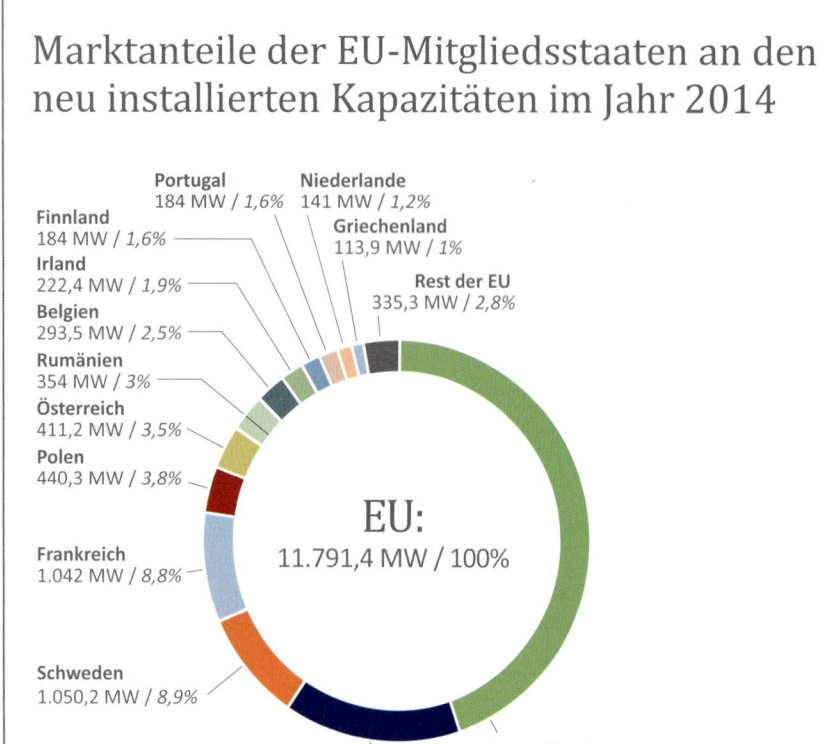

Portugal 184 MW / 1,6%
Finnland 184 MW / 1,6%
Irland 222,4 MW / 1,9%
Belgien 293,5 MW / 2,5%
Rumänien 354 MW / 3%
Österreich 411,2 MW / 3,5%
Polen 440,3 MW / 3,8%
Frankreich 1.042 MW / 8,8%
Schweden 1.050,2 MW / 8,9%
UK 1.736,4 MW / 14,7%
Deutschland 5.279,2 MW / 44,8%
Niederlande 141 MW / 1,2%
Griechenland 113,9 MW / 1%
Rest der EU 335,3 MW / 2,8%

EU: 11.791,4 MW / 100%

Quelle: EWEA

zur Veröffentlichung des Jahresberichts: „Die Zahlen sind kein Grund für Selbstgefälligkeit." Zu stark würden Unsicherheiten über die regulatorischen Rahmenbedingungen auf dem Energiesektor die europaweite Energiewende bedrohen. Gezeigt habe sich in der EU eine Konzentration auf die Schlüsselländer Deutschland und Großbritannien, während sich auf Märkten in Ost- und Südeuropa unberechenbare und harte Eingriffe vonseiten der Politik fortgesetzt hätten. Die EWEA erwartet, dass sich diese Entwicklung auch in 2015 fortschreiben wird.

> „Die EU kann ihre Klimaziele nur erreichen, wenn alle Mitgliedsstaaten mitziehen."

Jährliche On- und Offshore-Installationen in der EU

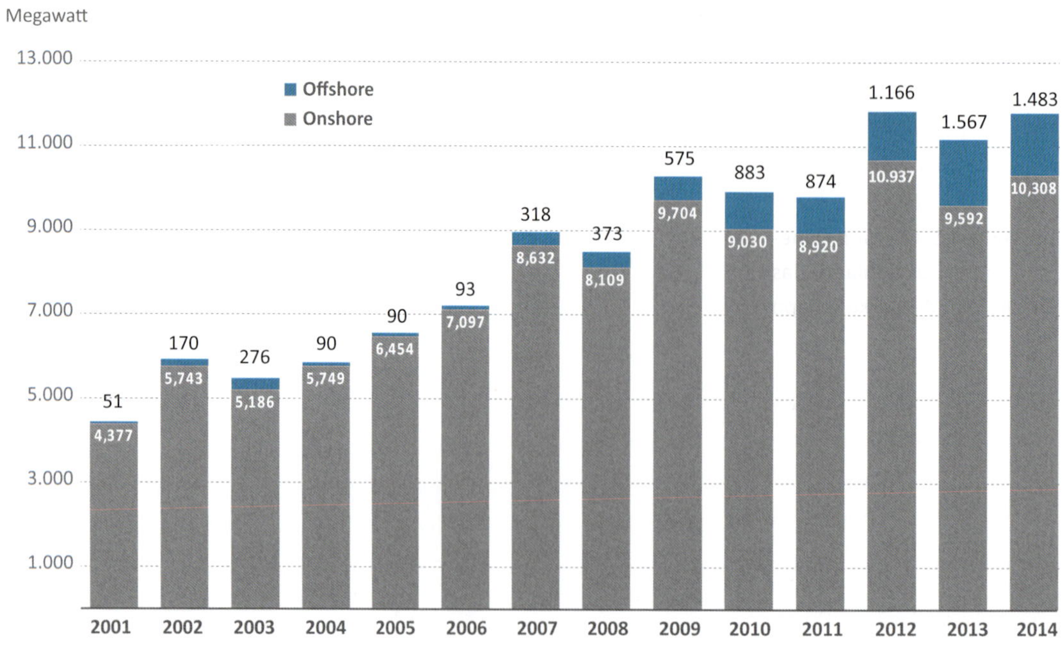

Megawatt

Jahr	Onshore	Offshore
2001	4.377	51
2002	5.743	170
2003	5.186	276
2004	5.749	90
2005	6.454	90
2006	7.097	93
2007	8.632	318
2008	8.109	373
2009	9.704	575
2010	9.030	883
2011	8.920	874
2012	10.937	1.166
2013	9.592	1.567
2014	10.308	1.483

Quelle: EWEA

Im Jahr 2014 sanken etwa die Neuinstallationen in **Spanien** und **Italien** um 84,3 bzw. 75,4 Prozent im Vergleich zum Vorjahr. In Spanien hatte die Regierung bereits im Jahr 2013 die bestehende Einspeisevergütung gestrichen und sogar rückwirkend in die Fördermodalitäten eingegriffen. Die Folge: Hier wurden 2013 statt der 1,1 GW aus dem Jahr 2012 nur noch 175 MW aufgestellt. „Das ist das reinste Gift für die Wirtschaft", mahnt Hermann Albers vom Bundesverband WindEnergie. „Die EU kann ihre Klimaziele nur erreichen, wenn alle Mitgliedsstaaten mitziehen."

Auch im Windpionierland **Dänemark** gingen die Installationen im Jahr 2014 um 90,4 Prozent zurück. Dies wertet Rave jedoch als Ausnahme. „In Dänemark gehen wir im Unterschied zu den südeuropäischen Ländern von einer Verschnaufpause aus. Denn auf die dänische Regierung ist Verlass", erklärt der GWEC-Präsident. Tatsächlich zeigte sich die dänische Regierung zum Jahresbeginn 2015 überzeugt, dass das Land sein Ziel von 50 Prozent Windenergie bis 2020 erreichen wird.

Die Offshore-Windenergie verzeichnete in Europa einen Zuwachs von 1,5 GW, die vollständig an das Netz angeschlossen wurden. In **Großbritannien** wurden 810 MW angeschlossen, in **Deutschland** waren es 530 MW und in **Belgien** 140 MW. Bei der insgesamt installierten Offshore-Leistung führt Großbritannien mit rund 4,5 GW vor Dänemark mit 1,3 GW und Deutschland, das im Jahr 2014 die 1-GW-Marke knapp überschritten hat. Von den insgesamt installierten Kapazitäten stehen 63 Prozent in der **Nordsee**, 22,5 Prozent im **Atlantik** und 14,2 Prozent in der **Ostsee**.

Offshore: Stabiler Marktausblick

Insgesamt wurden im vergangenen Jahr 5,3 Prozent weniger Offshore-Windenergie zugebaut als 2013. Offshore-Installationen machten somit 12,6 Prozent des Windmarktes in der EU aus (2013:

Zukunft braucht Erfahrung.

Es sind unsere Erfahrungen und das Know-how aus über 25 Jahren Windenergie, die wir täglich nutzen, um unseren Kunden beste Anlagen und einen maßgeschneiderten Service zu bieten. Mit unseren umfassenden Wartungspaketen und kompetenter Anlagenoptimierung halten wir Ihren Windpark mit Sicherheit am Netz.

Triebstrangservice | Rotorblattservice | Getriebeinspektion | 24/7-Online-Überwachung | Retrofits | Remote Control | Präventivkonzepte | Teilebeschaffung

www.fwt-service.com

FWT

WINDMARKT INTERNATIONAL | Globaler Rekord – ehrgeizige Ziele

14 Prozent). Dennoch bleiben die Experten positiv gestimmt: „Der Marktausblick für 2015 bleibt stabil", erklärt die EWEA in ihrem Bericht. Die europäische Windenergie-Organisation erwartet, dass Deutschland das Vereinigte Königreich im kommenden Jahr bei den Neuinstallationen überholen wird. Auch Klaus Rave erklärt: „Es gibt einen auf wenige Länder begrenzten, aber stabilen Offshore-Markt." Dieser solle in Ruhe und ganz ohne Hektik betrachtet werden. So sei Offshore weltweit auch erst als zweite Phase anzusehen, der erste Schritt sei ein vernünftiger Binnenausbau. Dennoch denke auch ein Land wie Indien bereits intensiv über Offshore-Lösungen nach. Dies mache deutlich, dass auch Schwellenländer an ehrgeizigen technologischen Entwicklungen teilhaben wollen. ■

Fazit

Insgesamt erwartet Rave für das Jahr 2015 für die Windenergiebranche eine Konsolidierung auf dem hohen Niveau von 2014. China bleibt seiner Einschätzung nach auch künftig der Top-Favorit auf dem Weltmarkt. Während hier der Markt bis auf wenige Ausnahmen fest in der Hand chinesischer Hersteller sei, biete das weltweite Wachstum insgesamt jedoch weiterhin gute Chancen für deutsche und europäische Hersteller. Ihr Know-how und ihre Kompetenz seien nach wie vor stark gefragt.

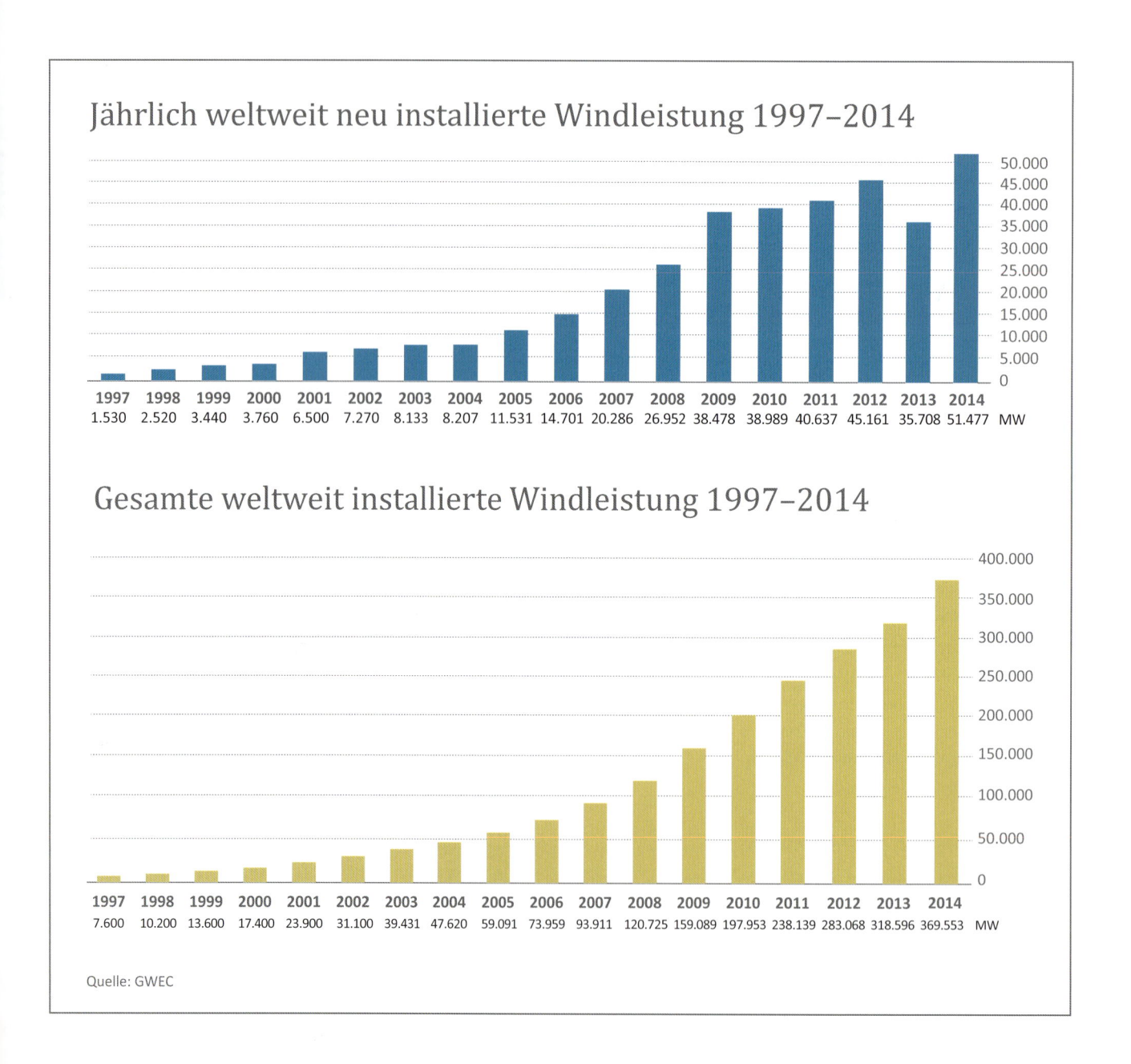

Jährlich weltweit neu installierte Windleistung 1997–2014

Jahr	1997	1998	1999	2000	2001	2002	2003	2004	2005	2006	2007	2008	2009	2010	2011	2012	2013	2014
MW	1.530	2.520	3.440	3.760	6.500	7.270	8.133	8.207	11.531	14.701	20.286	26.952	38.478	38.989	40.637	45.161	35.708	51.477

Gesamte weltweit installierte Windleistung 1997–2014

Jahr	1997	1998	1999	2000	2001	2002	2003	2004	2005	2006	2007	2008	2009	2010	2011	2012	2013	2014
MW	7.600	10.200	13.600	17.400	23.900	31.100	39.431	47.620	59.091	73.959	93.911	120.725	159.089	197.953	238.139	283.068	318.596	369.553

Quelle: GWEC

SIEMENS

Die treibende Kraft für Ihre Windenergieanlagen

Creating the most from wind – mit Wind-Equipment von Siemens

Das grenzenlose Potenzial von Wind optimal nutzen – mit Wind-Equipment von Siemens

Wie holen Ihre Anlagen mehr aus Wind heraus? Mit den richtigen Komponenten aus einer Hand – und effizienter Unterstützung. Von Siemens bekommen Sie alles, was Sie für hochverfügbare Windenergieanlagen brauchen. Unsere industriebewährten Produkte und Systeme sind perfekt aufeinander abgestimmt und reichen bis zu integrierten Plattformen wie Totally Integrated Automation und Totally Integrated Power. Zudem können Sie beim Engineering, bei der Fertigung und beim Betrieb Ihrer Windenergieanlagen auf uns zählen.

Profitieren Sie von maximaler Anlagenverfügbarkeit bei minimalen Lebenszykluskosten – und sichern Sie sich die Zutaten für eine optimierte Serienfertigung. Bereits 12 von 15 führenden Herstellern von Windenergieanlagen nutzen das Windequipment von Siemens als treibende Kraft für ihre Turbinen.

Wir sind Ihr Partner, wenn sich alles um eines dreht: **Creating the most from wind.**

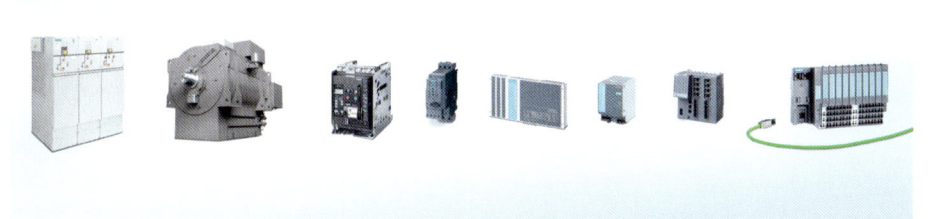

Alles für Ihre Turbinen – Energieverteilung und Generatoren, Pitch-, Yaw- und Hilfssysteme, Automation und Kommunikation

siemens.de/wind-equipment

Offshore

OFFSHORE | Im Aufwind

DanTysk Offshore-Windpark. Foto: Paul-Langrock.de

OFFSHORE

Im Aufwind

Für die deutsche Offshore-Windenergiebranche war 2014 ein Jahr des Durchbruchs: Zum Jahresende speisten Anlagen mit einer installierten Gesamtleistung von mehr als 1 Gigawatt Strom ein und haben damit einen wichtigen Meilenstein gesetzt. Für die nahe Zukunft kann mit einer weiteren Beschleunigung des Zubaus gerechnet werden.

Das vergangene Jahr endete für die deutsche Offshore-Windenergie mit einem wichtigen Resultat: Zum 31. Dezember 2014 speisten in der deutschen Nord- und Ostsee insgesamt 258 Windkraftanlagen mit einer Gesamtleistung von rund 1.050 Megawatt Strom ein. Mit Riffgat und Meerwind Süd/Ost sind im vergangenen Jahr zwei Windparks vollständig ans Netz gegangen, mit Dan Tysk, Global Tech 1 und Nordsee Ost haben zum Jahreswechsel drei weitere Parks mit einem Teil ihrer Anlagen bereits Strom eingespeist. Die komplette Inbetriebnahme dieser Parks ist im Frühjahr 2015 geplant.

Damit wurde nicht nur eine wichtige Zielmarke der Branche erreicht, diese Zahlen sind auch ein Hinweis auf die schnell wachsende Dynamik: Im Vergleich zu 2013 hat sich der Zubau in Nord- und Ostsee mehr als verdoppelt, hinzu kommen weitere 268 Anlagen mit über 1,2 Gigawatt Leistung, die 2014 bereits vollständig erreichtet wurden, aber noch nicht ins Netz einspeisen. Zudem stehen 220 Fundamente bereit, auf denen in nächster Zukunft weitere Anlagen installiert werden.

„Nachdem wir in den Vorjahren mit teilweise erheblichen Verzögerungen zurechtkommen mussten, war 2014 ein gutes Jahr für die Offshore-Windenergie."

„Nachdem wir in den Vorjahren mit teilweise erheblichen Verzögerungen zurechtkommen mussten, war 2014 ein gutes Jahr für die Offshore-Windenergie", fasst Andreas Wagner, Geschäftsführer der Stiftung OFFSHORE-WINDENERGIE zusammen. „Das liegt aber nicht nur an den Ausbauzahlen, die ja nicht überraschend kommen", so Wagner weiter, „sondern auch daran, dass für die kommenden Jahre verlässliche Rahmenbedingungen geschaffen wurden".

EEG-Novelle stärkt Planungssicherheit

In der Tat war vor allem das im August verabschiedete EEG 2014 der Türöffner, mit dem sich die Verunsicherung der Investoren bezüglich der Planung weiterer Windparks gelöst hat. Ein zentraler Punkt war dabei die Verlängerung des Stauchungsmodells bis 2019, durch die in den Vorjahren entstandene Verzögerungen beim Netzausbau kompensiert werden können. Mit dem Stauchungsmodell können Betreiber die Option nutzen, in den ersten acht Jahren der Laufzeit ihres

Netzregime

Soll mehr Planungssicherheit beim Netzanschluss schaffen: das neue Netzregime

Altes Regime

Schritt	Zuständig
OWP-Planung/-Genehmigung	OWP BSH
Unverbindliche Netzzusage	ÜNB
Verbindliche Netzanschlusszusage (30 Monate bis Netzanschlussverfügbarkeit)	ÜNB

Neues Regime

Schritt	Zuständig
Szenariorahmen	BNetzA ÜNB
Bundesfachplan Offshore	BSH ÜNB
O-NEP	BNetzA ÜNB
Kapazitätszuweisungsverfahren	BNetzA
Bekanntgabe Fertigstellungstermin Netzanbindung	ÜNB
Terminverbindlichkeit (30 Monate vor Fertigstellungstermin)	ÜNB OWP

Quelle: Deutsche WindGuard 2015

Windparks eine erhöhte Anfangsvergütung von 19,4 ct/kWh zu erhalten, um damit die hohen finanziellen Belastungen zu reduzieren, die vor allem zu Beginn des Betriebs entstehen. „Für die Branche war das ein sehr wichtiges und positives Signal, das die Investitionsentscheidungen für kommende Projekte erheblich erleichtert hat", stellt Wagner fest.

Parallel zur EEG-Novelle wurde auch ein neues Netzregime eingeführt, das im September vergangenen Jahres mit dem ersten Kapazitätszuweisungsverfahren der Bundesnetzagentur Anwendung gefunden hat. Damit ist nun ein Großteil der bis 2020 zuteilbaren Kapazitäten (max. 7,7 GW) zugewiesen, für weitere Zuweisungen verbleiben bis dahin nur rund 206 MW.

Investitionen fließen wieder

Die Auswirkungen der EEG-Novelle auf die Investitionsbereitschaft haben sich schnell gezeigt: Unter anderem hat im August 2014 die Karlsruher EnBW den Entscheidungsprozess um das 2012 auf Eis gelegte Projekt „Hohe See" wieder aufgenommen und verkündet, dass mit „He Dreiht" ein weiterer Windpark in Planung sei. Ebenfalls kurz nach der Verabschiedung des neuen EEG haben der schwedische Energiekonzern Vattenfall und die Stadtwerke München ihre finale Investitionsentscheidung für den Bau des Windparks Sandbank bekanntgegeben, der bis 2017 am Netz sein soll: „Wir haben mit unserer Investitionsentscheidung für Sandbank auf die Verabschiedung des neuen EEG gewartet, weil wir erst dadurch die Sicherheit für unsere Planung gesehen haben, die bei einem Projekt in dieser Größe notwendig ist", erläutert Gunnar Groebler, Leiter der Geschäftseinheit Windenergie beim Vattenfall-Konzern.

Auch beim Stadtwerksverbund Trianel haben die neuen Regelungen die endgültige Entscheidung für den zweiten Bauabschnitt des Trianel Windparks Borkum (ehem. Borkum West II) erleichtert, nach-

OFFSHORE | Im Aufwind

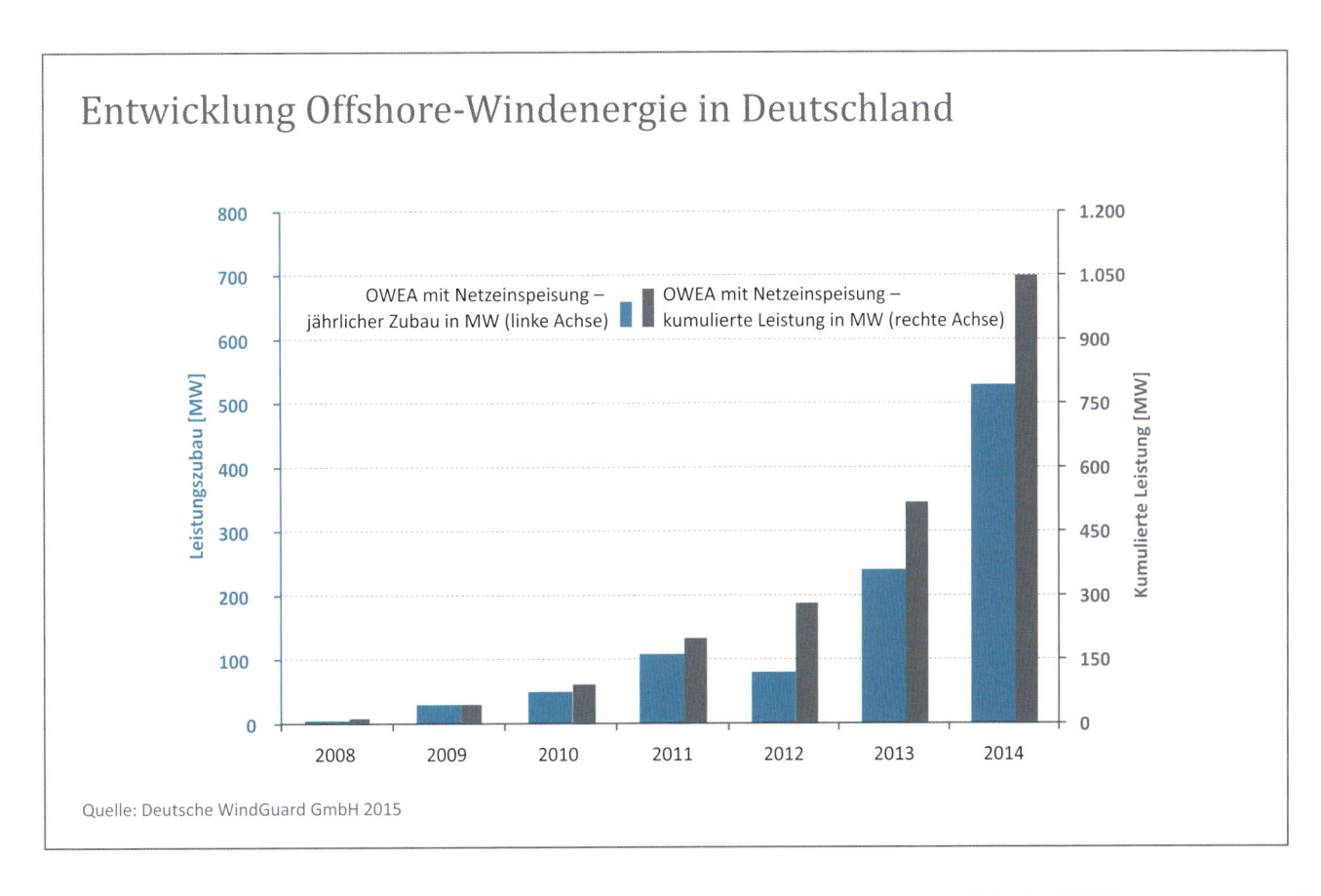

Entwicklung Offshore-Windenergie in Deutschland

Quelle: Deutsche WindGuard GmbH 2015

dem im Sommer der erste Bauabschnitt mit 40 Anlagen fertiggestellt wurde: „Die Projektentwicklung läuft bereits und wir beginnen jetzt damit, potenzielle Investoren anzusprechen. Waren beim ersten Bauabschnitt der schleppende Netzausbau und eine schlechte Verfügbarkeit von Kapital erhebliche Showstopper, so haben sich diese Schwierigkeiten mittlerweile gelöst. Deshalb sind wir für den zweiten Abschnitt sehr optimistisch, dass wir spätestens 2017 mit dem Bau beginnen können", sagt Klaus Horstick, Geschäftsführer der Trianel Windpark Borkum GmbH.

Im Dezember letzten Jahres wurde auch bekannt, dass der spanische Energieversorger Iberdrola mit dem Hersteller Areva die Lieferung, Errichtung und Wartung von 70 M5000-Turbinen für den Windpark Wikinger vereinbart hat, der 2017 in Betrieb gehen soll. Der Auftrag hat ein Volumen von 620 Mio. Euro und ist damit der bislang größte, den Iberdrola im Bereich der Erneuerbaren Energien vergeben hat. „Für die Windindustrie an der Küste, die ja eine eher

Installation des Umspannwerks im Windpark Dan Tysk. Foto: Vattenfall

OFFSHORE | Im Aufwind

schwierige Phase durchgemacht hat, ist das eine sehr gute Nachricht", sagt Ronny Meyer, Geschäftsführer der Windenergieagentur WAB. „Davon brauchen wir mehr", so Meyer weiter, „denn eine solche Investition sichert nicht nur Arbeitsplätze bei Areva, sie zieht auch weitere Investments in der Region nach sich. Man sollte bei den Diskussionen, denen die Offshore-Windenergie in der Vergangenheit ausgesetzt war, auch nicht vergessen, dass mit ihrem Erfolg eine regionale Wertschöpfung im Milliardenmaßstab verbunden ist."

Lerneffekte senken Kosten

Die jetzt bestehenden Rahmenbedingungen zeigen, dass auch seitens der Regulierung und Förderung der Offshore-Windenergie eine Lernkurve vollzogen wurde. Was den Bau der Parks betrifft, so sind für die kommenden Projekte ebenfalls Lerneffekte zu erwarten, die die Kosten der Offshore-Windenergie insgesamt senken werden. Klaus Horstick berichtet: „Als wir mit Borkum West II im Jahr 2008 gestartet sind, haben wir uns nicht träumen lassen, dass es so schwierig werden kann: mehrmalige Verzögerungen beim Netzanschluss, Probleme bei der Lieferung von Komponenten, Auflagen für die Baugenehmigung oder die Herausforderungen beim Schallschutz für die Rammarbeiten: In vielen Fällen konnten wir uns noch nicht auf bestehende Erfahrungen stützen und haben dabei einiges an Lehrgeld bezahlt. Darauf können wir jetzt zurückgreifen und sind für die zweite Phase sehr gut aufgestellt. Nicht zuletzt, weil auch die Infrastruktur dafür bereits steht."

Welche Potenziale bei den kommenden Projekten zu heben sind, wird am Beispiel der Installationslogistik deutlich: „Ein Installationsschiff kostet je nach Schiff zwischen 150.000 und 170.000 Euro pro Tag", berichtet Gunnar Groebler von Vattenfall. „Nach den Erfahrungen mit Dan Tysk", so Groebler weiter, „können wir bei Sandbank die Installationslogistik durch bessere Abstimmung mit den anderen Gewerken stark optimieren und dabei die Einsatzzeit des Schiffs erheblich reduzieren:

Anlagenerrichtung im Trianel Windpark Borkum. Foto: Trianel

Ausbaustatus an Nord- und Ostsee

Offshore-Windpark	Inhaber Genehmigung	Leistung	Baubeginn	Inbetriebnahme
■ IN BETRIEB				
alpha ventus	Stiftung OFFSHORE-WINDENERGIE	60 MW	08/2007	04/2010
EnBW Windpark Baltic 1	EnBW Erneuerbare Energien GmbH	48 MW	07/2009	04/2011
BARD Offshore 1	BARD Holding GmbH	400 MW	03/2010	09/2013
Riffgat	Offshore-Windpark Riffgat GmbH & Co. KG	108 MW	06/2012	Q1/2014
Trianel Windpark Borkum*	Trianel Windpark Borkum GmbH & Co. KG	200 MW**	09/2011	2015
Meerwind Süd/Ost	WindMW GmbH	288 MW	09/2012	2014
Global Tech 1*	Global Tech 1 Offshore Wind GmbH	400 MW	09/2012	2015
Nordsee Ost*	RWE Innogy GmbH	295 MW	12/2012	2015
Dan Tysk*	Vattenfall Europe Windkraft GmbH	288 MW	02/2013	2014
Borkum Riffgrund 1*	Borkum Riffgrund 1 Windpark A/S GmbH & Co. oHG	277 MW	08/2013	2015
Butendiek*	OWP Butendiek GmbH & Co. KG	288 MW	2014	2015
■ IM BAU				
Amrumbank West	E.ON Kraftwerke GmbH	288 MW	01/2014	2015
EnBW Windpark Baltic 2	EnBW Baltic 2 GmbH	288 MW	08/2013	2015
■ GENEHMIGT MIT INVESTITIONSENTSCHEIDUNG				
Gode Wind 1	Gode Wind 1 GmbH	330 MW	2015	2016
Gode Wind 2	Gode Wind 2 GmbH	252 MW	2015	2016
Sandbank	Sandbank Offshore Wind GmbH	288 MW	2015	2017
Wikinger	Iberdrola Renovables Offshore Deutschland GmbH	400 MW	2016	2017
Nordergründe	Windpark Nordergründe GmbH & Co. KG	110 MW	2016	2016

* Erste Einspeisung erfolgt, komplette Inbetriebnahme in Kürze
** erste Ausbaustufe

Total: 4.608 MW
Weitere genehmigte Projekte: 6.680 MW

Stand: März 2015

Quelle: Stiftung OFFSHORE-WINDENERGIE

Da kommt schnell eine größere Summe zusammen, die eingespart werden kann."

Pragmatische Zusammenarbeit auf See

Kostensenkende Lerneffekte sind aber nicht nur beim Bau der Parks zu erwarten, sondern auch durch eine bessere Zusammenarbeit der verschiedenen Akteure innerhalb eines Clusters. Die gemeinsame Lösung von Aufgaben benachbarter Parks wie Rettungskonzepte oder Standortstudien sind hier ein Anfang, Synergien sind auch bei der Logistik zu erwarten: „Gerade bei der Logistik für Service, Wartung und Versorgung der Parks wird es in nächster Zukunft sicher zu einigen Kooperationen kommen, denn das liegt einfach nahe", berichtet Matthias Brandt. Sein Unternehmen, die Deutsche Windtechnik AG, arbeitet unter anderem für die Parks von RWE, Vattenfall und WPD vor Helgoland und Sylt und nutzt dabei auch die Schiffslogistik seiner Partner. „Vor Ort auf hoher See", so Brandt, „herrscht ohnehin Pragmatismus vor, was die Zusammenarbeit mit den anderen Akteuren betrifft. Hier ist man auch ein Stück weit voneinander abhängig. Das lässt sich allerdings noch an einigen Stellen optimieren, z. B. was die Lagerhaltung von Betreibern, Herstellern und Dienstleistern oder auch den Betrieb der Stützpunkte an Land betrifft. Aber", so Brandts Resümee zu diesem Thema, „wir stehen auch hier noch am Beginn einer vielversprechenden Entwicklung".

Optimierte Abläufe und bessere Abstimmung beim Bau und Betrieb, eine hohe Kooperationsbereitschaft der Offshore-Akteure und die aktuellen Entwicklungen bei der Anlagentechnik (vergleiche Artikel auf Seite 61) zeigen also, dass die Offshore-Windkraft auf einem gute Weg ist, nicht zuletzt was die von der Politik geforderte Kostenoptimierung betrifft.

OFFSHORE | Im Aufwind

NORDSEE

- 288 MW
- 980 MW
- 2.604 MW

3.872 MW

Windparks

- **Sandbank** — 288 MW
- **Dan Tysk*** — 288 MW
- **Butendiek*** — 288 MW
- **Amrumbank West** — 288 MW
- **Nordsee Ost*** — 295 MW
- **Meerwind Süd/Ost** — 288 MW
- **Global Tech 1*** — 400 MW
- **BARD Offshore 1** — 400 MW
- **alpha ventus** — 60 MW
- **Gode Wind 2** — 252 MW
- **Gode Wind 1** — 330 MW
- **Trianel Windpark Borkum*** — 200 MW
- **Borkum Riffgrund 1*** — 277 MW
- **Nordergründe** — 110 MW
- **Riffgat** — 108 MW

Karte

- Dänemark
- Niederlande
- Flensburg, Schlesw..., Büsum, Brunsbütt..., Cuxhaven, Bremerhaven, Stade, Bremen, Nordenham, Wilhelmshaven, Norddeich, Emden, Helgoland
- AWZ / 12-Seemeilenzone

Legende

- Deutsches Hoheitsgebiet und AWZ
- Ausbauzone Offshore-Windenergie
- Grenze 12-Seemeilenzone/AWZ
- In Betrieb
- Im Bau
- Genehmigt mit Investitionsentscheidung (Baubeginn 2016)
- △ Service-Hafen
- ○ Komponenten-Hafen
- □ Basis-Hafen

* = Erste Einspeisung erfolgt, komplette Inbetriebnahme in Kürze

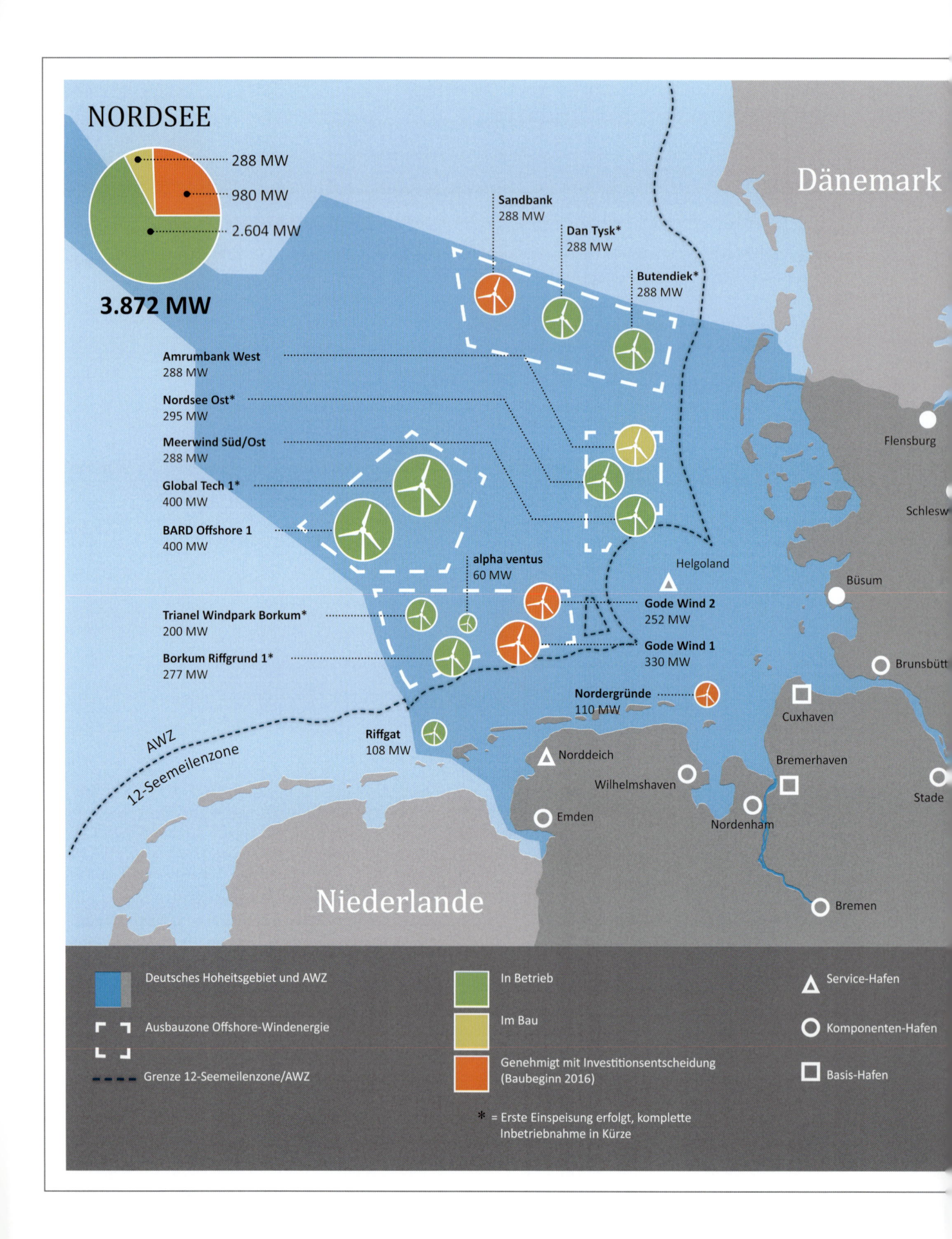

OFFSHORE | Im Aufwind

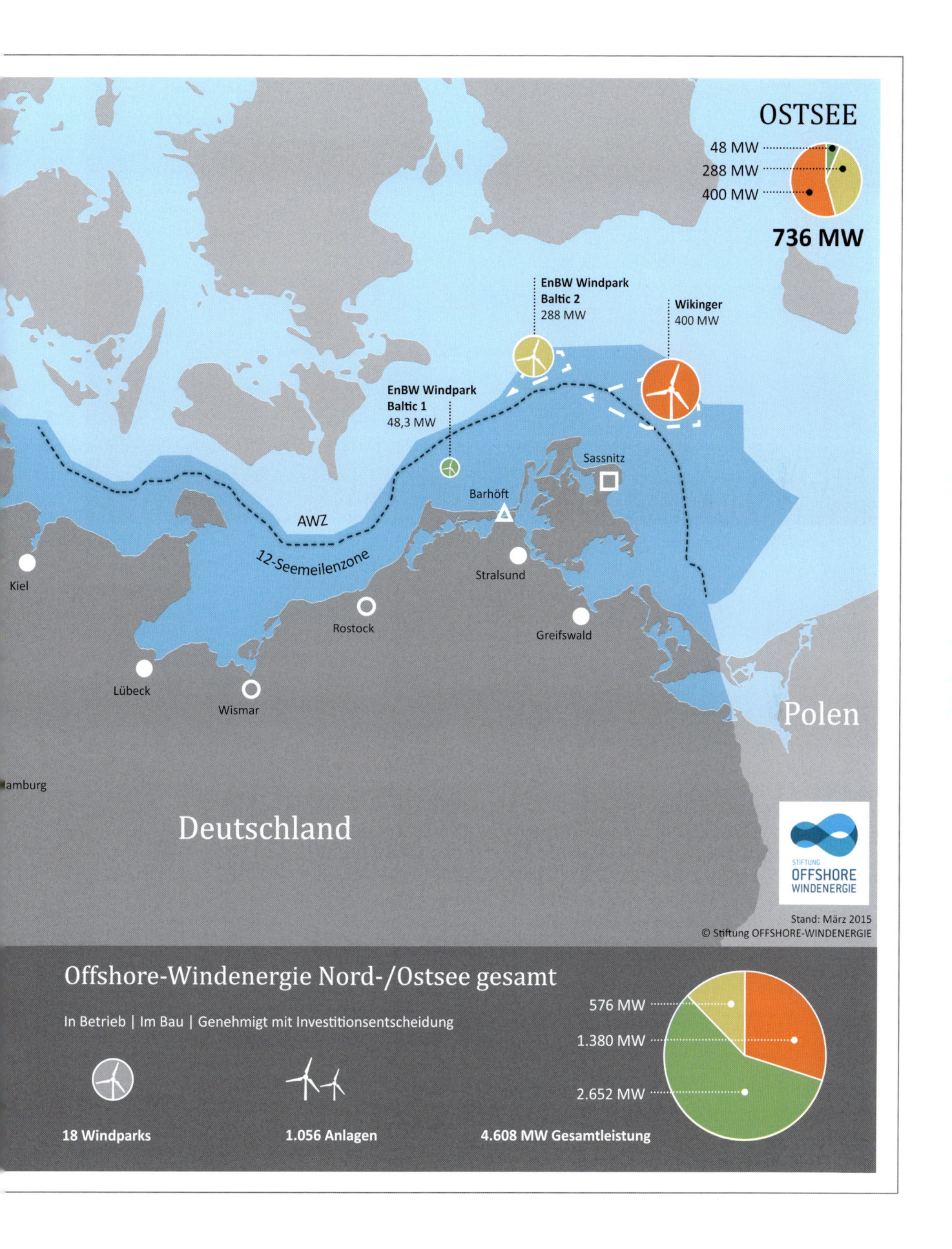

OSTSEE

- 48 MW
- 288 MW
- 400 MW

736 MW

EnBW Windpark Baltic 2
288 MW

Wikinger
400 MW

EnBW Windpark Baltic 1
48,3 MW

Sassnitz
Barhöft
AWZ
12-Seemeilenzone
Stralsund
Kiel
Rostock
Greifswald
Lübeck
Wismar
Hamburg

Polen

Deutschland

STIFTUNG OFFSHORE WINDENERGIE

Stand: März 2015
© Stiftung OFFSHORE-WINDENERGIE

Offshore-Windenergie Nord-/Ostsee gesamt

In Betrieb | Im Bau | Genehmigt mit Investitionsentscheidung

- 576 MW
- 1.380 MW
- 2.652 MW

18 Windparks | **1.056 Anlagen** | **4.608 MW Gesamtleistung**

Jahrbuch Windenergie 2015 | BWE Marktübersicht

OFFSHORE | Im Aufwind

Baustelle Offshore-Windpark Butendiek. Foto: Paul-Langrock.de

Alles im grünen Bereich?

Für die kommenden Jahre deutet in der Offshore-Windenergie alles darauf hin, dass das im EEG formulierte Ausbauziel von 6,5 Gigawatt bis 2020 erreicht wird. Allein die derzeit fertiggestellten und entstehenden Windparks lassen bis zum Jahresende eine Verdreifachung der installierten Leistung erwarten: „So wie es momentan aussieht, werden wir bis Ende 2015 eine Einspeiseleistung von 3 Gigawatt melden können", ist sich Andreas Wagner von der Offshore-Stiftung sicher. „Vorausgesetzt, die Installations- und Netzanschlussarbeiten verlaufen nach Plan."

Tatsächlich ist der Netzanschluss nach wie vor die größte Hürde: Drei der im letzten Sommer fertiggestellten Windparks mussten für ihre Inbetriebnahme längere Wartezeiten hinnehmen und konnten bzw. können erst mit deutlicher Verspätung ans Netz. „Hier handelt es sich allerdings um Altlasten, für die der Systemwechsel beim Netzanschluss noch nicht gegriffen hat", erklärt Wagner und betont: „Um den Ausbau der Offshore-Windenergie kontinuierlich weiterführen zu können, brauchen die Unternehmen langfristig Sicherheit für eine ausreichende Netzkapazität, denn Offshore-Projekte sind durch lange Planungszeiträume und hohe Investitionssummen geprägt. Die Stiftung und mit ihr die Offshore-Windindustrie halten daher die Umsetzung des Startnetzes für zwingend erforderlich."

Auch für den weiteren Ausbau nach 2020 könnte das Netz zum Engpass werden, denn das aktuelle Energiewirtschaftsgesetz sieht ab 2020 lediglich einen jährlichen Ausbaukorridor von 800 Megawatt vor. Dies steht zum aktuellen Zeitpunkt zwar im Einklang mit den Ausbauzielen des EEG (insgesamt 15 GW bis 2030), wirkt aber angesichts der momentanen Aufbruchstimmung und des zu erwartenden Fortschritts in der Anlagentechnik, mit Turbinen von 8 Megawatt und mehr, recht restriktiv: „Mir ist es völlig unverständlich", sagt Ronny Meyer von der WAB, „wie die Ausbauziele nach 2020 so stark gedrosselt werden konnten, gerade vor dem Hintergrund, dass die Kosten für Offshore-Wind in den nächsten fünf Jahren stark sinken werden. Dann eine Deckelung einzuführen, die die weitere Ausbaudynamik ausbremst, halte ich für kontraproduktiv."

Fazit: Weiterdenken erforderlich!

Insgesamt hat die Offshore-Windindustrie 2014 also einen entscheidenden Schritt nach vorne getan, nicht nur bezüglich des konkreten Ausbaus in Nord- und Ostsee, sondern auch aufgrund der Investorensicherheit, die durch die neuen Regelungen im EEG und im EnWG verbessert wurde. Entsprechend optimistisch blickt die Offshore-Industrie in die nächste Zukunft und wird die Ausbauziele bis 2020 aller Voraussicht nach voll erfüllen. „Für die Zeit nach 2020", fordert Andreas Wagner, „sollten die gegenwärtigen Regelungen allerdings noch einmal überdacht werden." ■

Mit uns dreht sich der Wind in eine leistungsstarke Richtung.

Ob an Land oder weit draußen auf dem Meer, ob wenig Wind oder viel, ob kaltes Klima oder große Hitze – Senvion bietet für jeden Bedarf die richtige Turbine.

In den 25 Jahren Unternehmensgeschichte haben wir eine breite Palette an On- und Offshore-Turbinen für alle Windklassen mit vielen unterschiedlichen Turmhöhen geschaffen. Wir haben Erfahrung im großen Maßstab, wie auch im Kleinen und entwickeln, produzieren und vertreiben Windenergieanlagen für nahezu jeden Standort – mit Nennleistungen von 2 bis 6,15 Megawatt und Rotordurchmessern von 82 bis 152 Metern. Darüber hinaus bieten wir projektspezifische Lösungen in den Bereichen Turnkey, Service und Wartung, Transport und Installation sowie Fundamentplanung und -bau. Weltweit haben wir bislang Anlagen mit einer Gesamtleistung von mehr als 10 Gigawatt errichtet.

Mit uns dreht sich der Wind in eine leistungsstarke Richtung.

www.senvion.com

SENVION
wind energy solutions

Foto: Roland Horn

Technik

TECHNIK | Die goldenen Jahre: Weiterbetrieb über 20 Jahre hinaus

Foto: agenda/Michael Kottmeier

TECHNIK

Die goldenen Jahre: Weiterbetrieb über 20 Jahre hinaus

Der Weiterbetrieb von Windkraftanlagen über die geplante Nutzungsdauer von 20 Jahren hinaus wird wirtschaftlich zunehmend interessant. Damit eine Anlage auch weiterhin Strom erzeugen kann, muss jedoch erneut ihre Standsicherheit nachgewiesen werden.

Bei den Stadtwerken Hannover war es bereits im Jahr 2010 so weit: Die Windenergieanlage in Hannover Kronsberg, eine der ersten Binnenland-Anlagen in Deutschland, hatte ihre geplante Nutzungsdauer von 20 Jahren erreicht. Dem Betreiber stellte sich die Frage: Wie soll es mit der Enercon E 32 mit 300 kW elektrischer Leistung weitergehen? „Da ein Repowering aufgrund eines angrenzenden Neubaugebiets nicht genehmigt wurde, haben wir eine Laufzeitverlängerung angestrebt", berichtet Jörg-Henner Horst von den Stadtwerken Hannover. Ein zu diesem Zweck erstelltes Gutachten und die Prüfung der Genehmigungsbehörde ergaben, dass der Weiterbetrieb der Anlage bis zum Ende des Jahres 2020 möglich ist. Danach muss erneut ein Standsicherheitsnachweis erbracht werden. Damit war klar: Die Anlage kann mindestens zehn weitere Jahre Strom für etwa 200 Privathaushalte liefern.

Gefährliche Grauzone

Jürgen Holzmüller, stellvertretender Sprecher des Arbeitskreises Weiterbetrieb beim BWE, erklärt: „Die geplante Nutzungsdauer einer Windenergieanlage beträgt in Deutschland in der Regel 20 Jahre. Das bedeutet: Jede Anlage, die älter ist, befindet sich im sogenannten Weiterbetrieb." Da die Bedingungen für den Weiterbetrieb jedoch – anders als bei dem Beispiel aus Hannover – bei älteren Anlagen oftmals nicht geregelt sind, entsteht laut dem Experten eine gefährliche Grauzone. Holzmüller: „In den Neunzigerjahren hat man über diesen Punkt schlicht und einfach nicht nachgedacht. Es gibt keine grundsätzlichen Regelungen, wie hier zu verfahren ist." Erst die neueren Baugenehmigungen enthielten eine Auflage, mit der nach Ablauf der geplanten Nutzungsdauer ein Standsicherheitsnachweis geführt werden muss.

Auch ohne behördliche Anordnung hält der BWE die erneute Standsicherheitsprüfung für unumgänglich. „Der Betreiber ist für den Betrieb der Windenergieanlage verantwortlich. Vernachlässigt er seine Pflichten und entstehen daraus Folge- oder gar Personenschäden, wird er sich dafür verantworten müssen", erklärt Holzmüller. Der Geschäftsführer des Ingenieurbüros 8.2 in Aurich hat als Sachverständiger für Windenergieanlagen auch das Gutachten für die Anlage der Stadtwerke Hannover erstellt. Seinen Erfahrungen zufolge haben sich viele Anlagenbetreiber mit dieser Frage in Bezug auf den Weiterbetrieb noch gar nicht beschäftigt. Schon in naher Zukunft jedoch werden sie dazu gezwungen sein. Denn laut DEWI waren in Deutschland zum Jahresende 2000 rund 9.400 Windenergieanlagen in Betrieb. Viele davon liefen bereits seit den Neunzigerjahren.

> „In den Neunzigerjahren hat man über diesen Punkt schlicht und einfach nicht nachgedacht."

TECHNIK | Die goldenen Jahre: Weiterbetrieb über 20 Jahre hinaus

Enercon E-32 Prototyp in Manslagt-Pilsum. Foto: Jan Oelker

Ohne Gutachten kein Weiterbetrieb

Um den möglichen Weiterbetrieb dieser Anlagen einheitlich zu regeln, hat der BWE-Arbeitskreis im Frühjahr 2014 eine Richtlinie veröffentlicht, die im Grundsatz besagt: Soll eine Anlage weiterbetrieben werden, muss zuvor eine Bewertung und Prüfung für den Weiterbetrieb von Windkraftanlagen – kurz BPW – erfolgen. Diese soll dann den Qualitätskriterien des BWE entsprechen. „Wir fordern einen analytischen und einen praktischen Nachweis", sagt Holzmüller. Das bedeutet, es erfolgt sowohl eine rechnerische Bestimmung der Restnutzungsdauer als auch eine Inspektion vor Ort. Bei der rechnerischen Bestimmung wird die beim Bau der Anlage angenommene Last mit der tatsächlich aufgetretenen Last verglichen. Ist die aufgetretene Last geringer, kann die Anlage weiterlaufen. „Jede Anlage hat ihre individuelle Nutzungsdauer. Selbst wenn in einem Windpark zehn Anlagen stehen, kann sich für jede dieser Anlagen eine andere Restnutzungsdauer ergeben", weiß der Experte. Um dennoch einen Anhaltspunkt für eine mögliche Restlaufzeit zu geben, führt er seine Erfahrung an: „Aus den bislang von uns erstellten Gutachten hat sich eine Restnutzungsdauer zwischen 4 und 22 Jahren ergeben." Dabei kann die Verlängerung der Laufzeit auch mit bestimmten Auflagen versehen werden. Holzmüller: „Bei einer Anlage haben wir zum Beispiel festgestellt, dass die Verschraubung der Rotorblätter in ihrer Lebensdauer begrenzt war. Um die Restlaufzeit zu verlängern, musste dieses Bauteil erneuert werden."

Weiterbetrieb wird attraktiver

Anzustreben ist der Weiterbetrieb einer Windkraftanlage im Sinne der Nachhaltigkeit: „Man hat die Anlage aufgestellt und dabei Kapital und Material eingesetzt. Je mehr Energie diese Anlage nun produziert, desto erfolgreicher ist das gesamte Projekt – vorausgesetzt natürlich, der Weiterbetrieb der Anlage lohnt sich auch finanziell", erklärt Holzmüller. Was die Wirtschaftlichkeit betrifft, gewinnt der Weiterbetrieb im Vergleich zum Repowering an Attraktivität. So war in den vergangenen beiden Jahren Repowering ein großes Thema, weil es dafür einen Bonus gab. Mit dem neuen EEG, das im Jahr 2014 verabschiedet wurde, ist dieser Vorteil jedoch entfallen. Hinzu kommt: Je leistungsstärker die bestehende Anlage ist, desto weniger rechnet sich das Repowering, da der Unterschied zwischen alter und neuer Anlage kleiner wird. Holzmüller: „In den nächsten drei

Viel Potenzial für den Weiterbetrieb: Anzahl der jährlich neu installierten Windenergieanlagen von 1995 bis 2000

Jahr	Anzahl neu installierter WEA	neu installierte MW
1995	1.070	505
1996	806	428
1997	849	534
1998	1.010	793
1999	1.676	1.568
2000	1.495	1.665

Quelle: Jährliche Erhebungen zur Windenergienutzung in Deutschland des DEWI

Jahren werden wir Generationen von Windenergieanlagen haben, die vor 20 Jahren in hohen Stückzahlen und auch mit relevanten Größen von 1 – 2 Megawatt aufgebaut wurden und mit denen der Standort bereits gut genutzt wird."

„Diese Fälle werden massiv auf uns zukommen", bestätigt Maik Haas, Leiter des Product Modernisation Center bei Nordex, einem erfahrenen Hersteller von Windenergieanlagen. Auch er ist ganz strikt, was das vorgeschaltete Gutachten für die Laufzeitverlängerung angeht: „Wir schicken schon allein aus Sicherheitsgründen keinen Monteur auf eine Anlage, für die kein von Nordex anerkanntes und qualifiziertes Gutachten für den Weiterbetrieb vorliegt." Sein Unternehmen ist in dem entsprechenden Arbeitskreis des BWE vertreten und arbeitet auch intern an einem Konzept für den Weiterbetrieb. Für Jörg-Henner Horst von den Stadtwerken Hannover ist ein Weiterbetrieb gleichfalls nur mit entsprechenden Nachweisen zu verantworten. Über die zusätzliche Laufzeit der Anlage in Kronsberg freut er sich. „Das sind jetzt die goldenen Jahre der Anlage", sagt er. ∎

Fazit

Insgesamt zeigt sich: Der Weiterbetrieb einer Anlage über die geplanten 20 Jahre hinaus ist zunehmend als lohnende Möglichkeit zu betrachten. Ein erneuter Standsicherheitsnachweis sollte jedoch auf jeden Fall erfolgen. Für den Betreiber ist darüber hinaus eine Wirtschaftlichkeitsberechnung sinnvoll.

ANLAGENTECHNOLOGIE | Vielfalt der Anlagentechnologie im Rekordjahr 2014

Aufbau einer Nordex N117-3000 3MW mit Hybridturm in Hamburg. Foto: Jörg Böthling

ANLAGENTECHNOLOGIE

Vielfalt der Anlagentechnologie im Rekordjahr 2014

Deutschland verzeichnete im Jahr 2014 mit rund 4,75 GW neu installierter Windenergie-Leistung einen Zubau-Rekord. Auch das internationale Geschäft läuft weiter gut, die Exportquote deutscher Hersteller wurde zuletzt auf rund 67 Prozent beziffert. Deutschland setzt damit weiterhin Maßstäbe auf dem weltweiten Windenergiemarkt und prägt die Technologieentwicklung entscheidend. Was aber brachte das Rekordjahr 2014 Neues im Bereich der Anlagentechnologie? Welche besonderen Meilensteine konnten erreicht werden?

Auffällig ist zunächst die große Variantenvielfalt im Bereich der neu installierten Anlagentechnologie. Dies belegt eine entsprechende Auswertung der Statistikdaten der Deutschen WindGuard zu den aktuell errichteten Anlagen: Im Jahr 2014 wurden in Deutschland 49 verschiedene Anlagentypen errichtet, 2013 waren es noch 39. Gründe hierfür sind die wachsende Zahl von Anlagenherstellern und insbesondere die Verbreiterung ihrer Portfolios am deutschen Markt sowie die zunehmende Spezifizierung der Anlagen für spezielle Standortanforderungen.

Im Jahr 2014 wurde in Deutschland erstmals eine Anlage der 3-MW-Klasse am häufigsten errichtet: die Enercon E-101. Auch an zweiter Stelle folgt mit der V112 von Vestas eine 3-MW-Anlage. Diese beiden Anlagentypen werden vom Norden bis in den Süden Deutschlands errichtet. Sie verdrängen Enercons Kassenschlager E-82 (2,3 MW), der hauptsächlich im Norden und in der Mitte Deutschlands installiert wird, von der Pole-Position auf nun Platz 3. Auf Platz 4 der Rangliste befindet sich mit der E-70 eine weitere Anlage aus dem Hause Enercon. Platz 5 wird von Senvions 3.2M114 belegt. Beide Anlagentypen werden besonders häufig in Norddeutschland installiert. Mit der N117 von Nordex und der GE 2.5-120 liegen typische Schwachwindanlagen, die sich durch große Rotordurchmesser bei eher niedriger Leistung auszeichnen, auf den Plätzen 6 und 8.

ANLAGENTECHNOLOGIE | Vielfalt der Anlagentechnologie im Rekordjahr 2014

In der Liste der Top 10 tummeln sich damit sowohl altbekannte Anlagentypen, wie z. B. die E-70 von Enercon und die V90 von Vestas, als auch einige neuere, wie z. B. das Schwachwind-Modell GE 2.5-120, das 2013 erstmals errichtet wurde. Dies zeigt, dass der deutsche Markt neue Technologie-Entwicklungen relativ schnell annimmt.

Die vier stärksten Hersteller auf dem deutschen Onshore-Markt waren im Jahr 2014 erneut Enercon, Vestas, Senvion und Nordex. Sie stellen gemeinsam über 90 Prozent des Marktes. Enercon dominiert mit rund 43 Prozent weiterhin, aber nicht mehr so stark wie in vergangenen Jahren. Rund 10 Prozent der zugebauten Leistung wurden durch neun weitere Hersteller installiert, wobei fünf davon sich unterhalb von 1 Prozent Marktanteil bewegen. Erwähnenswert ist noch, dass GE seinen Marktanteil 2014 deutlich von rund 1 Prozent auf 5 Prozent steigern konnte, was hauptsächlich auf dem Erfolg des neuen Schwachwindmodells beruht.

Anlagenkonfiguration und Auslegung

2014 war ein Rekordjahr hinsichtlich des Leistungszubaus, aber nicht in Bezug auf die Anzahl der zugebauten Windenergieanlagen. In dieser Hinsicht war das Jahr 2014 vergleichbar mit dem Zubau bspw. in den Jahren 1999 und 2003. Die Anlagen sind somit deutlich leistungsstärker geworden. Tatsächlich hat sich die durchschnittliche Nennleistung der am deutschen Markt angebotenen Windenergieanlagentypen seit 2000 verdoppelt: Sie betrug bei den Neuinstallationen 2014 rund 2,7 MW pro Anlage. Der durchschnittliche Rotordurchmesser lag 2014 bei 99 Meter und ist damit gegenüber 2013 erneut um 5 Meter gewachsen. Die durchschnittliche Nabenhöhe lag bei 116 Meter. Hier ist gegenüber 2013 scheinbar kein Zuwachs zu verzeichnen. Allerdings errichtet Schleswig-Holstein im Vergleich zum bundesweiten Durchschnitt eher geringe Nabenhöhen. Dieses Bundesland stellt aber rund 25 Prozent des Gesamtzubaus in 2014 und hat somit großen Einfluss auf den bundesweiten Durchschnittswert.

Die folgende Tabelle veranschaulicht die durchschnittliche Anlagentechnologie, die 2014 in den Regionen Nord/Mitte/Süd eingesetzt wurde. Wie zu erwarten, wurden aufgrund der höheren Geländerauigkeit und der schwächeren Windverhältnisse in der Mitte und im Süden deutlich höhere Anlagen errichtet. Im Süden sind auch die Rotordurchmesser im Durchschnitt rund 10 Prozent größer.

Spitzenreiter: Enercon E-101 im Wald-Windpark „Fasanerie".
Foto: Herbert Grabe/Ostwind

Top 10 der am häufigsten errichteten Anlagen in Deutschland 2014

Rang	Hersteller	Anlage	Trend (Rang im Vergleich zum Jahr 2013)
1	Enercon	E-101 / 3,05 MW	↗
2	Vestas	V112 / 3,0 MW	↗
3	Enercon	E-82 / 2,3 MW	↘
4	Enercon	E-70 / 2,3 MW	→
5	Senvion	3.2M114 / 3,2 MW	↗
6	Nordex	N117 / 2,4 MW	↘
7	Vestas	V112 / 3,3 MW	↗
8	GE	GE 2.5-120 / 2,5 MW	↗
9	Enercon	E-92 / 2,35 MW	↘
10	Vestas	V90 / 2,0 MW	↗

ANLAGENTECHNOLOGIE | Vielfalt der Anlagentechnologie im Rekordjahr 2014

Durchschnittliche Anlagentechnologie in Deutschland 2014

	Nord	Mitte	Süd
Leistung	2.790 kW	2.547 kW	2.692 kW
Rotordurchmesser	97 m	98 m	108 m
Nabenhöhe	101 m	124 m	137 m
Spezifische Flächenleistung	394 W/m²	347 W/m²	304 W/m²

In den vergangenen Jahren war im Marktangebot ein deutlicher Trend zu mehr getriebelosen Anlagen zu beobachten: Dieser lag zwischen 2000 und 2009 relativ konstant bei ca. 10 Prozent – im Jahr 2014 betrug der Anteil getriebeloser Anlagen rund 35 Prozent.

Bei den Generatortypen geht die Entwicklung zunehmend von Asynchron- hin zu Synchrongeneratoren. Nachdem der Anteil von Synchrongeneratoren im Jahr 2000 nur knapp 10 Prozent betrug, stieg er in den letzten Jahren stetig. So sind etwa 50 Prozent der 2014 am Markt verfügbaren Anlagentypen mit einem Synchrongenerator ausgestattet.

Nutzungsgrad moderner Anlagen steigt enorm

In den letzten Jahren wurde der Nutzungsgrad von Windenergieanlagen durch eine Optimierung der Leistungskennlinien erheblich gesteigert. Gerhard Gerdes, Geschäftsführer der Deutschen WindGuard, erklärt: „Eine beispielhafte Auswertung der Leistungsdauerlinien unterschiedlicher Anlagen am Referenzstandort zeigt: Moderne Anlagen erreichen deutlich häufiger Volllast und in etwa 40 Prozent der Zeit mehr als halbe Last. Ältere Windenergieanlagen hingegen erreichten extrem selten ihre Nennlast; und auch mit mehr als halber Last liefen sie nur in etwa 18 Prozent der Jahresstunden."

Entscheidend für diese Entwicklung war in erster Linie die erhebliche Vergrößerung der Rotordurchmesser. Das Verhältnis

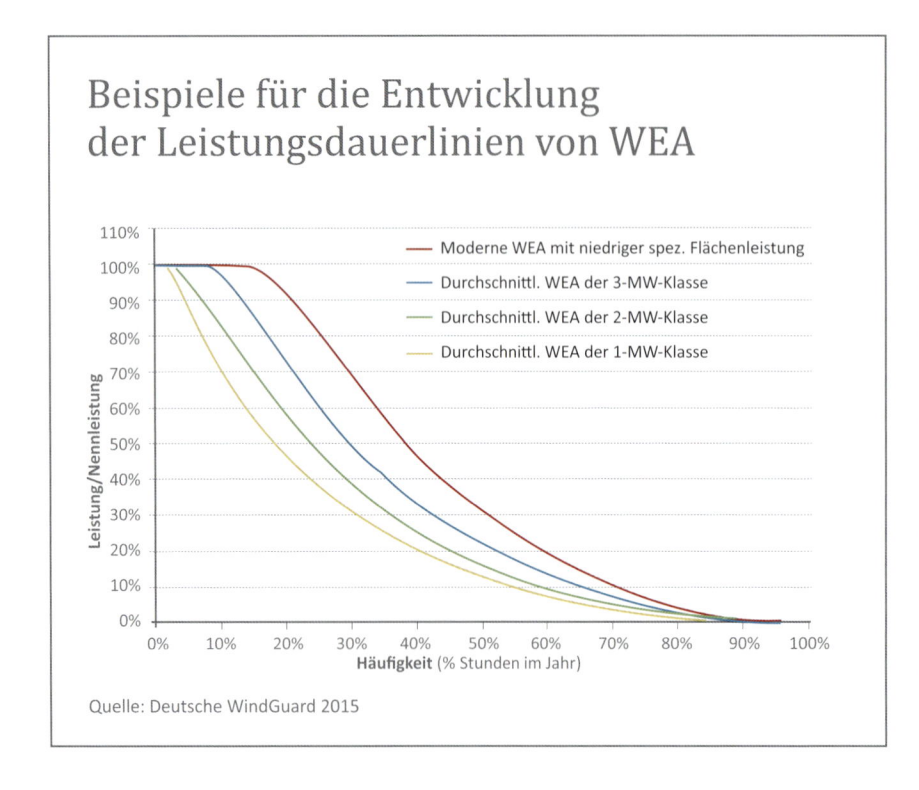

Beispiele für die Entwicklung der Leistungsdauerlinien von WEA

Quelle: Deutsche WindGuard 2015

zwischen Generatorleistung und Rotorkreisfläche wird hierbei immer kleiner, was durch die Kennzahl der spezifischen Flächenleistung ausgedrückt wird. Moderne Schwachwindanlagen verfügen über eine spezifische Flächenleistung von ca. 220 – 270 W/m². Wie die folgende Abbildung zeigt, wird die Verringerung der spezifischen Flächenleistung auch im Bundesdurchschnitt der Neuinstallationen zunehmend deutlich: 2014 lag diese bei rund 360 W/m².

Die gezeigte Entwicklung hin zu einem verbesserten Nutzungsgrad von Windenergieanlagen ist vor allem für windschwächere Binnenlandstandorte wichtig. Wie die Grafik verdeutlicht, beträgt in Binnenbundesländern die spezifische Flächenleistung mittlerweile durchschnittlich rund 330 W/m² (in Küstenbundesländern hingegen rund 390 W/m²).

Errichtung einer Vestas V 112 im Windpark Hungerberg. Foto: MVV Energie Gruppe

ANLAGENTECHNOLOGIE | Vielfalt der Anlagentechnologie im Rekordjahr 2014

Entwicklung der spezifischen Flächenleistung von install. WEA in Deutschland

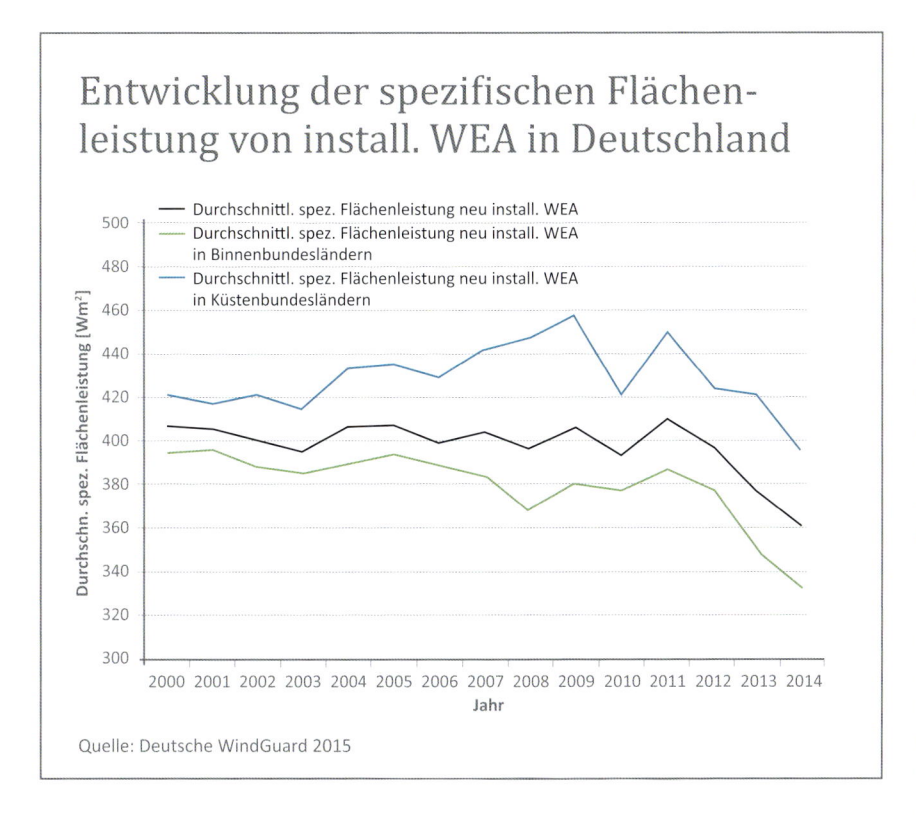

Quelle: Deutsche WindGuard 2015

Neue Technologien machen Schwachwindstandorte wirtschaftlich

Das Team Markets & Politics der Deutschen WindGuard hat die Effekte der verringerten spezifischen Flächenleistung auf die Wirtschaftlichkeit von Schwachwindstandorten näher untersucht. Die folgende Grafik vergleicht die Ertragspotenziale einer herkömmlichen Anlagentechnologie mit jenen einer auf Schwachwindstandorte optimierten Anlagentechnologie an einem 70-Prozent-Standort.

Die Leistungskurve der Schwachwindanlage mit sehr großem Rotordurchmesser ist in Richtung der niedrigen Windgeschwindigkeiten „verschoben". Durch Einsatz der modernen Schwachwindtechnologie steigen im betrachteten Beispiel die Erträge um rund 50 Prozent. Die damit einhergehende Verringerung der Stromgestehungskosten beträgt hier rund 16 Prozent. Die Effekte auf die Wirtschaftlichkeit sind damit enorm.

Weitere Verbreitung des Anlagenportfolios

Der Windenergieausbau fand 2014 erstmals in allen 16 Bundesländern statt und umfasst damit eine große Bandbreite an Standorten mit unterschiedlichen Windverhältnissen. Dies begünstigte die beispiellose Vielfalt an Anlagentypen im deutschen Markt. In diesem Zusammenhang lohnt sich ein Blick auf die aktuellen Neuentwicklungen der Hersteller. Für den Onshore-Markt wollen diese ihr Portfolio weiter verbreitern. Enercon kündigte im April 2014 neue Varianten der E-82 sowie der E-101 an, die für Starkwindstandorte ausgelegt sind. Die Anlagen sollen 2015 bzw. 2016 auf den Markt kommen. Vestas hat einen neuen 137 Meter hohen Turm für die V117-3.3 MW und die V126-3.3 MW entwickelt. Senvion stellte im Herbst 2014 die 3.4M114 vor. Das bereits Ende 2013 von Nordex präsentierte neue Mitglied der Delta-Generation, die N131/3000, soll im Sommer 2015 in Serie gehen. GE stellte seine 2.75-120 Windenergieanlage als Nachfolger der GE 2.5-120 vor, die kurz- bzw. langfristige Möglichkeiten zur Energiespeicherung bietet. Siemens präsentierte im Herbst mit der SWT-3.3-130 die neue Generation der direkt angetriebenen D3-Produktplattform für Schwachwindstandorte. Die mit 130 Metern Rotordurchmesser ausgestatteten Anlagen sollen ab 2017 lieferbar sein.

Vergleich der Ertragspotenziale: Schwachwind-WEA vs. nicht optimierte WEA

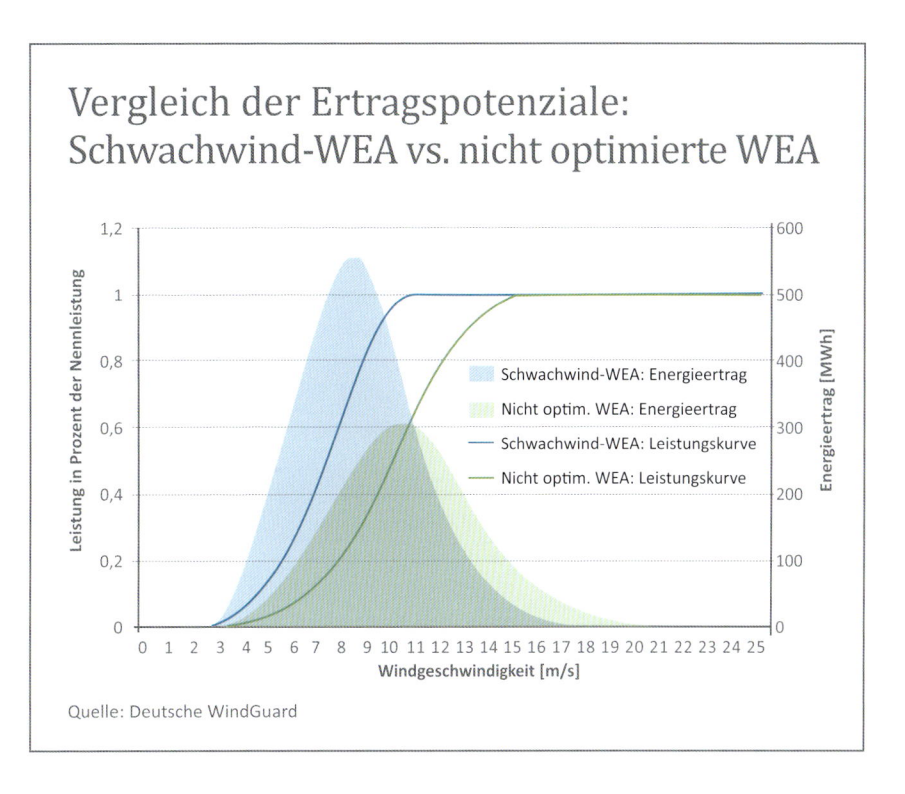

Quelle: Deutsche WindGuard

ANLAGENTECHNOLOGIE | Vielfalt der Anlagentechnologie im Rekordjahr 2014

„Insgesamt wird es keine vergleichbar großen Technologiesprünge wie bei der Einführung von Schwachwindanlagen vor einigen Jahren geben", so Axel Albers, Geschäftsführer der Deutsche WindGuard Consulting GmbH. Betrachtet man den Verlauf der in den Installationen abgebildeten Technologieentwicklung in der Vergangenheit, so zeichnet sich ein Wechsel von Entwicklungs- und Konsolidierungsphasen ab. Dies gilt sowohl für die Nennleistung als auch für Rotordurchmesser und Nabenhöhen. Beispielsweise stieg die durchschnittliche Nennleistung von in Deutschland installierten Windenergieanlagen zwischen 2000 und 2005 um rund 40 Prozent und damit sehr stark, während zwischen 2005 und 2009 nur eine sehr geringe Steigerung um rund 7 Prozent verzeichnet wurde. Im Folgezeitraum bis 2014 wurden erneut große Leistungssteigerungen um rund 33 Prozent erreicht.

Dr.-Ing. Knud Rehfeldt, Geschäftsführer der Deutsche WindGuard GmbH erläutert: „Bei Fortführung des gezeigten Trends wäre in den nächsten Jahren eher eine erneute Konsolidierungsphase zu erwarten, bevor die nächste Anlagengeneration in den Installationen abgebildet wird." ∎

Entwicklungsphasen von installierten WEA in Deutschland

Quelle: Deutsche WindGuard

Autorin

Anna-Kathrin Wallasch (M.A.), Jahrgang 1983, Abteilungsleiterin Markets & Politics bei der Deutsche WindGuard GmbH. Studium der Wirtschaftswissenschaften sowie Literaturwissenschaft an der Universität Oldenburg mit Abschluss 2008. Im Anschluss absolvierte sie das berufsbegleitende Studium Windenergietechnik und Management. Seit 2006 ist Frau Wallasch bei der Deutsche WindGuard GmbH tätig und leitet seit 2013 die Abteilung Markets & Politics. Kernthemen sind Markt- und Potenzialanalysen sowie Kosten- und Wirtschaftlichkeitsbetrachtungen für Wirtschaft und Politik.

Aktuelle Themen in Forschung & Entwicklung

Grundsätzlich werden im Onshore-Markt die Entwicklung optimierter Anlagen für spezielle Standortgegebenheiten und die Steigerung des Nutzungsgrades der Anlagen weiterhin zentrale Themen sein. Ein besonderer Fokus aktueller Forschungsprojekte liegt auf der Steigerung der Kosteneffizienz der Anlagen. Vor dem Hintergrund der politischen und öffentlichen Diskussionen und der Ausgestaltung des Vergütungssystems steigt der Kostendruck kontinuierlich. Neben verschiedenen Ansätzen, die Hauptinvestitionskosten von Windenergieprojekten zu senken, kann eine verbesserte Kostensituation auch über die Erhöhung der Energieerträge erreicht werden. Hier sind große Rotordurchmesser ein mögliches Mittel; weitere vielversprechende Optimierungsmöglichkeiten werden im Feld der Regelungskonzepte gesehen. Innovative Forschungsprojekte beschäftigen sich beispielsweise mit der Entwicklung von Parksteuerungen zur Ertragsoptimierung von Windparks mit vielen nahe beieinander stehenden Anlagen sowie mit der Nutzung von aktiver und passiver Blattverstellung zur optimalen Anpassung der Rotorblätter an lokale Windverhältnisse.

Die deutsche Windenergiebranche wird sich demnach treu bleiben und innovative Konzepte auf den Markt bringen, um im Bereich der Technologieentwicklung weiterhin die Nase vorn zu haben.

greenwind
operations

mit der kraft des windes

Wir geben volle Unterstützung in technischer und kaufmännischer Betriebsführung von Windenergieanlagen. Wir bieten frisches Wind-Wissen und einen großen Erfahrungsschatz. Wir garantieren zuverlässige Betreuung und direkte Problemlösungen vor Ort. Wir zeigen ganzen Einsatz für unsere Kunden und gerne auch unsere Referenzen überall in Deutschland.

Verbünden Sie sich
mit der kraft des windes
und der energie von greenwind.

Green Wind Operations GmbH | Schiffbauerdamm 12 | D-10117 Berlin | Telefon: +49 (0)30 351 28 86 30
Fax: +49 (0)30 351 28 86 33 | berlin@greenwindenergy.de | www.greenwindenergy.de

Aktuelle Windenergieanlagen

Hersteller	WEA-Typ	Nennleistung kW	Rotor-ø m	Rotorfläche m²	spez. Leistung W/m²	IEC Windklasse
Enercon	E-48	800	48	1.810	442	II A
	E-53	800	52,9	2.198	364	III S
	E-70	2.300	71	3.959	581	I A / II A
	E-82 E2	2.000	82	5.281	379	II A
	E-82 E2	2.300	82	5.281	436	II A
	E-82 E3	3.000	82	5.281	568	I A / II A
	E-92	2.350	92	6.648	354	II A
	E-101	3.050	101	8.012	381	II A
	E-115	3.000	115,7	10.514	285	II A
	E-126	7.580	127	12.668	598	I A
eno	eno 82	2.050	82,4	5.333	384	II A
	eno 92	2.200	92,8	6.764	325	III A
	eno 100	2.200	100,5	7.933	277	III A
	eno 114	3.500	114,9	10.369	338	II S
	eno 126	3.500	126	12.469	281	III S
FWT	FWT 2500	2.500	90	6.362	393	II A / III A
	FWT 2000	2.050	93,2	6.822	300	II A / III A
	FWT 2000	2.050	100	7.854	261	II A / III A
	FWT 2500	2.500	100	7.854	318	II A / III A
	FWT 2500	2.500	104	8.495	294	II A / III A
	FWT 3000	3.000	120,6	11.423	263	II A
Gamesa	G80-2.0 MW	2.000	80	5.027	398	I A
	G87-2.0 MW	2.000	87	5.945	336	I A / II A
	G90-2.0 MW	2.000	90	6.362	314	I A / II A
	G97-2.0 MW	2.000	97	7.390	271	II A / III A
	G106-2.5 MW	2.500	106	8.825	283	I A
	G114-2.0 MW	2.000	114	10.207	196	II A / III A
	G114-2.5 MW	2.500	114	10.207	245	II A
GE	GE 2.3-107	2.300	107	8.992	256	II S
	GE 2.5-120	2.500	120	11.310	221	III S
	GE 2.75-103	2.750	103	8.332	330	
	GE 2.75-120	2.750	120	11.310	243	III S
	GE 2.85-103	2.850	103	8.332	342	II B / III A

ANLAGENTECHNOLOGIE | Aktuelle Windenergieanlagen

Hersteller	WEA-Typ	Nennleistung kW	Rotor-ø m	Rotorfläche m²	spez. Leistung W/m²	IEC Windklasse
Nordex	N90/2500	2.500	90	6.362	393	I A
	N100/2500	2.500	99,8	7.823	320	II A
	N100/3300	3.300	99,8	7.823	422	I A
	N117/2400	2.400	116,8	10.715	224	III A
	N117/3000	3.000	116,8	10.715	280	II A / III A
	N131/3000	3.000	131	13.478	223	III A
Schütz	VT 110	3.200	110	9.503	337	
Senvion	MM82	2.050	82	5.281	388	I A
	MM92	2.050	92,5	6.720	305	II A
	MM100	2.000	100	7.854	255	II B / III A
	3.4M104	3.400	104	8.495	400	II A
	3.2M114	3.200	114	10.207	314	II A / III A
	3.4M114	3.400	114	10.207	333	II A / III A
	3.0M122	3.000	122	11.690	257	III A
	6.2M126	6.150	126	12.469	493	I B
	6.2M152	6.150	152	18.146	339	I B
Siemens	SWT-2.3-101	2.300	101	8.012	287	II B
	SWT-2.3-108	2.300	108	9.161	251	II B
	SWT-3.0-108	3.000	108	9.161	327	I A
	SWT-3.2-108	3.200	108	9.161	349	I A
	SWT-3.0-113	3.000	113	10.029	299	II A
	SWT-3.2-113	3.200	113	10.029	319	II A
Vensys	100	2.500	99,8	7.823	320	III A
	109	2.500	108,9	9.314	268	II A
	112	3.000	111,4	9.750	308	II A
	112	2.500	112,5	9.940	252	III A
	120	3.000	119,9	11.291	266	III A
Vestas	V90-2.0 MW	2.000	90	6.362	314	III A
	V112-3.0 MW	3.000	112	9.852	305	II A / III A
	V112-3.3 MW	3.300	112	9.852	335	I B / II A
	V117-3.3 MW	3.300	117	10.751	307	II A
	V126-3.3 MW	3.300	126	12.469	265	III A

Quelle: DEWI, Stand Januar 2015

HusumWind 1995
Foto: Andreas Birresborn

SCHWERPUNKT

25 Jahre BWE Marktübersicht

25 JAHRE BWE MARKTÜBERSICHT | Von Windpionieren zu Weltkonzernen

25 Jahre BWE Marktübersicht

25 JAHRE BWE MARKTÜBERSICHT –
25 JAHRE WINDENERGIEANLAGENHERSTELLER

Von Windpionieren zu Weltkonzernen

Seit einem Vierteljahrhundert begleitet die BWE Marktübersicht die Windenergieanlagenhersteller in Deutschland. In diesem Zeitraum haben sich die Unternehmen der Branche von kleinen Garagenfirmen zu international agierenden Konzernen mit Milliardenumsätzen entwickelt. Die Windenergie wurde zur unverzichtbaren Säule der Energiewende.

HusumWind 1993:
Die Halle wird erstmals geheizt.
Foto: Andreas Birresborn

25 JAHRE BWE MARKTÜBERSICHT | Von Windpionieren zu Weltkonzernen

Eine dieser Erfolgsgeschichten der deutschen Windenergie begann in einem Schuppen im ostfriesischen Aurich. Hier bastelte bereits vor 30 Jahren ein engagierter Elektrotechniker namens Aloys Wobben mit nur wenigen Angestellten seiner 1984 gegründeten Firma Enercon an seiner ersten Windkraftanlage. Damit legte der visionäre und geschäftstüchtige Tüftler den Grundstein für die rasante Entwicklung seines Unternehmens – von der Garagenfirma zum kleinen Mittelständler und schließlich zum international erfolgreichen Konzern. So meldete Enercon im Jahr 2013 einen Umsatz von 4,1 Milliarden Euro. In Deutschland ist das Unternehmen seit vielen Jahren unangefochtener Marktführer. Und auch auf dem internationalen Markt spielt es eine bedeutende Rolle. Inzwischen ist Wobben aus dem Unternehmen ausgeschieden, die Unabhängigkeit von Enercon sicherte er zuvor mit einer Stiftung.

Enercon-Gründer Aloys Wobben
Foto: Jörg-Rainer Zimmermann

Die Entwicklung des Auricher Unternehmens ist durchaus typisch für die vergleichsweise junge Windenergiebranche. So erinnert sich Hans-Dieter Kettwig, heutiger Geschäftsführer von Enercon, der 1988 als Verantwortlicher für alle kaufmännischen Tätigkeiten in das Unternehmen kam: „Die Anfangsjahre waren geprägt von kleinen Firmen – gegründet von Pionieren, die aus tiefer Überzeugung unbeirrt ihre Ideen von einer alternativen und umweltfreundlichen Energieerzeugung verfolgten." Oftmals seien sie von Vertretern des konventionellen Energiesektors belächelt worden. Kettwig: „Von deren Seite hat damals niemand damit gerechnet, dass sich die Onshore-Windenergie zu einer derartigen Erfolgsgeschichte entwickelt."

20 Aussteller in der Husumer Viehauktionshalle

Als sich die Pioniere 1989 in der Husumer Viehauktionshalle zur ersten Windmesse trafen, galt die Windenergie als Randerscheinung. Lediglich 20 Aussteller präsentierten sich damals. „Alle trugen Jeans und Pullover", erinnert sich Heinz Otto von der BWE-Landesgeschäftsstelle in Hamburg, der die Anfänge der Branche als ehrenamtlicher Förderer hautnah miterlebt hat. Vier Jahre später jedoch wurde die Messe bereits professionell betrieben und wuchs kontinuierlich. Im Jahr 2012 versammelten sich bei der zu diesem Zeitpunkt weltweit größten Windmesse dann 1.171 Aussteller und 36.000 Fachbesucher aus rund 90 Ländern. Seit 2014 findet die internationale Leitmesse in Hamburg statt. In Husum eröffnet im September 2015 erstmals eine ergänzende Messe mit dem Schwerpunkt Deutschland.

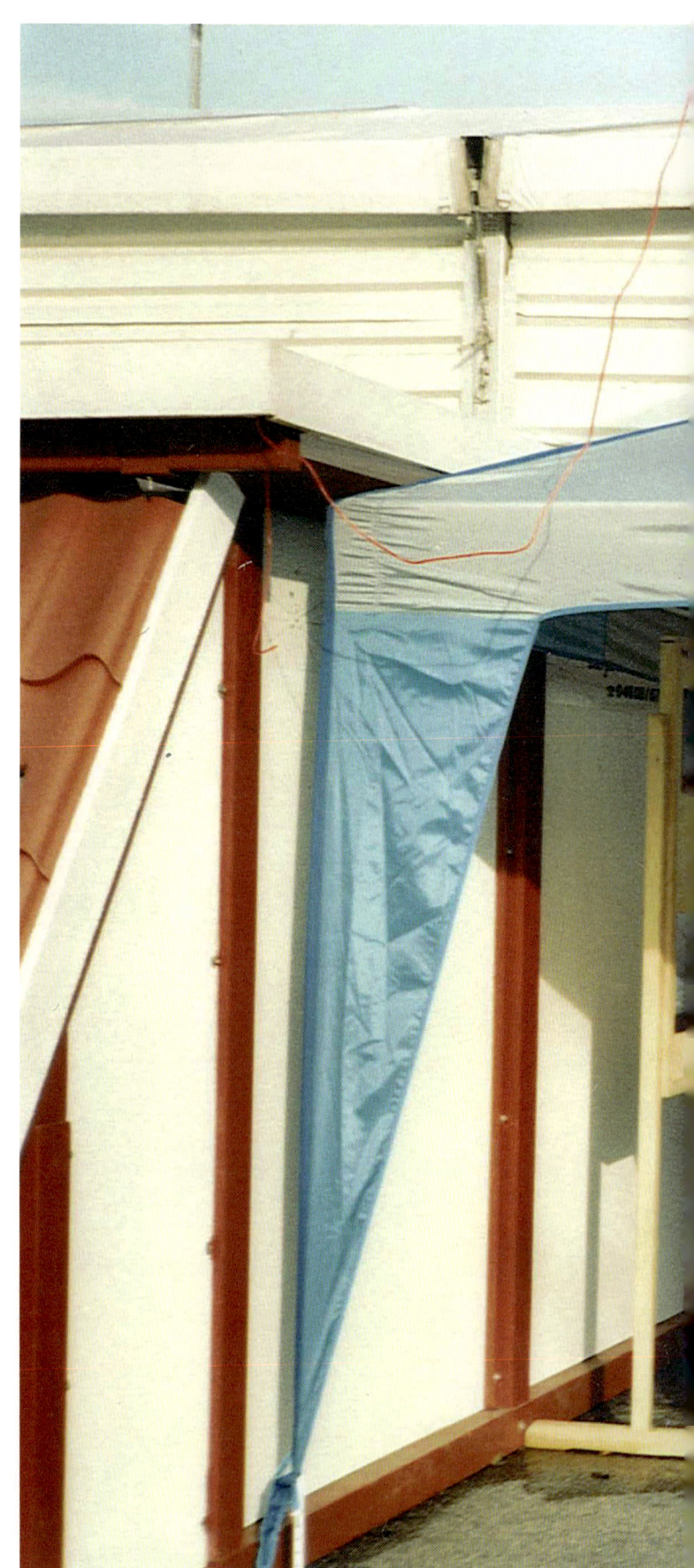

25 JAHRE BWE MARKTÜBERSICHT | Von Windpionieren zu Weltkonzernen

Informationsstand des Interessenverbandes Windkraft Binnenland e.V., einer Vorgängerorganisation des BWE, auf der Messe Husum 1993.

25 JAHRE BWE MARKTÜBERSICHT | Von Windpionieren zu Weltkonzernen

Windmesse in Husum:
Auch 1991 trafen sich die Windpioniere in der Husumer Viehauktionshalle, die bereits durch ein Zelt erweitert worden war. Im Jahr 2012 kamen 36.000 Fachbesucher aus rund 90 Ländern.

25 JAHRE BWE MARKTÜBERSICHT | Von Windpionieren zu Weltkonzernen

HusumWind 1991. Foto: Andreas Birresborn

Auch die jährlichen Marktübersichten – anfangs herausgegeben vom Interessenverband Windkraft Binnenland e.V., einer Vorgängerorganisation des BWE, und seit 1997 vom BWE selbst – zeichnen diese spannende Entwicklung der Windenergiebranche nach. Sie zeigen: Anfang der Neunzigerjahre umfasste der Bestand in Deutschland nur etwa 200 Windenergieanlagen mit einer Gesamtleistung von ca. 20 MW. Das zum Jahresbeginn 1991 in Kraft getretene Stromeinspeisegesetz beschleunigte den Ausbau dann erheblich: Bis zur Jahrtausendwende wurden insgesamt 9.400 Windenergieanlagen mit einer Leistung von 6.000 MW errichtet. Für einen kompletten Paradigmenwechsel in der Energiewirtschaft sorgte allerdings erst die Verabschiedung des EEG im Jahr 2000. Denn in dessen Folge erlebte die Windenergie rosige Jahre, wuchs die Zahl der aufgestellten Anlagen mit atemberaubender Geschwindigkeit. Hinsichtlich der neu installierten Leistung an Land wurde das Jahr 2002, in dem 2.321 Anlagen mit 3.240 MW aufgestellt wurden, erst wieder von dem absoluten Rekordjahr 2014 (4.750 MW/1.766 Anlagen) übertroffen.

Wachstum, Insolvenzen, Firmenkäufe

Dieser Aufschwung vollzog sich nicht ohne Auswirkungen auf die Hersteller: Waren in der Branche noch bis Mitte der Neunzigerjahre vornehmlich mittelständische Unternehmen aktiv, entstanden ab der zweiten Jahrzehnthälfte auch große Konzerne bzw. stiegen diese in das Windgeschäft ein. Auch Enercon wuchs in dieser Zeit zum international operierenden Unternehmen mit zahlreichen ausländischen Produktionsstätten heran. Andere Pionierunternehmen, die nicht zuletzt durch ihr schnelles Wachstum in Schwierigkeiten gerieten, wurden von großen Konzernen aufgekauft. So musste im Jahr 1997 die Tacke Windtechnik GmbH, damals zweitgrößter deutscher Windkraftanlagenhersteller mit 200 Mitarbeitern, einen Insolvenzantrag stellen. Das Unternehmen wurde vom US-Stromriesen Enron übernommen. Nach der Enron-Insolvenz im Jahr 2002 ging die Windsparte des Unternehmens dann an General Electric. Die dänische Firma AN Bonus wurde im Jahr 2004 von Siemens aufgekauft und bildete damit den Ausgangspunkt für die Windenergieaktivitäten des deutschen Elektronikkonzerns, der hiernach im Offshore-Bereich zum Weltmarktführer avancierte.

Ebenfalls bezeichnend für die Windenergiebranche ist die Geschichte des deutschen Windenergieanlagenherstellers Fuhrländer: Aus einer ehemaligen Dorfschmiede entwickelte sich die kleine Firma ab Mitte der Achtzigerjahre durch die Visionen und das Engagement der Brüder Joachim und Jürgen Fuhrländer kontinuierlich zu einem international agierenden Windenergieanlagenhersteller. 2012 trafen das Unternehmen jedoch die Nachwirkungen der Weltwirtschaftskrise: Aufträge aus dem Ausland brachen weg, die Banken entzogen dem bis dahin stetig gewachsenen Unternehmen die Unterstützung. Der zu spät eingeleitete Sanierungskurs führte Ende 2012 zum Aus der Firma. Um ehemalige Kunden und Fuhrländer-Lizenznehmer weiter mit Komponenten beliefern zu können, gründeten Anfang 2013 zwei ehemalige Fuhrländer-Mitarbeiter gemeinsam mit dem Siegerländer Unternehmer Bernd Gieseler die FWT Trade GmbH als Handelsunternehmen. „Im Fe-

Bis 1997 war Tacke einer der großen Player auf dem deutschen Windmarkt. Nach der Insolvenz wurde das Unternehmen von Enron aufgekauft. Nach der Enron-Insolvenz wurde die Windsparte von General Electric übernommen. Foto: Jan Oelker

HusumWind 1991 – Uwe Thomas Carstensen (DGW, links im Bild) im Gespräch mit prominenten Messegästen aus dem Wirtschaftsministerium des Landes Schleswig-Holstein und dem Bundesforschungsministerium. Foto: Andreas Birresborn

bruar 2013 folgte als zweiter Geschäftsbereich der herstellerunabhängige Service, um auch Wartung und Engineering von Fuhrländer-Windparks und Anlagen anderer Hersteller zu übernehmen", erklärt Henning Zint, Mitglied der FWT-Geschäftsleitung.

Anlagentechnik aus Dänemark

Auch andere Hersteller bekamen die Wirtschaftskrise zu spüren: So meldeten etwa Vestas und Nordex Verluste und konnten erst in jüngster Zeit wieder deutlich verbesserte Zahlen präsentieren. Zudem stehen die beiden Unternehmen für einen weiteren wichtigen Punkt bei der Entwicklung der Windenergie in Deutschland. Denn gerade in den Anfangszeiten beeinflussten dänische Hersteller den deutschen Markt nachhaltig. Zahlreiche kleine Unternehmen bauten Vertrieb, Service und Fertigung für die Anlagen in Deutschland auf. Windpionier Dieter Fries brachte 1989 die Maschinen des dänischen Turbinenherstellers Micon auf den deutschen Markt. Klaus Burmeister, der ebenfalls bis heute in der Branche tätig ist, begann

> „Natürlich streben die großen, oftmals auch börsennotierten Firmen im Windenergiesektor nach Profit. Aber der Idealismus von früher ist geblieben."
>
> Heinz Otto

1985 mit einem Vertriebsbüro für Vestas. 2004 fusionierte das Unternehmen Vestas, das heute Weltmarktführer ist, mit dem Konkurrenten NEG Micon.

Der Idealismus ist geblieben

Laut Branchenkenner Heinz Otto zeigt sich in der Windenergiebranche – besonders deutlich auf den wichtigen Messen – heute ein ganz anderes Bild als vor 25 Jahren. Doch hat sich seiner Ansicht nach längst nicht alles verändert: „Natürlich streben die großen, oftmals auch börsennotierten Firmen im Windenergiesektor nach Profit. Aber der Idealismus von früher ist geblieben." Und auch Enercon-Geschäftsführer Hans-Dieter Kettwig ist längst nicht nur am wirtschaftlichen Erfolg seines Unternehmens interessiert: „Mich hat von Anfang fasziniert, dass wir mit der Windenergie eine umweltfreundliche Energiequelle haben, die uns unendlich und kostengünstig zur Verfügung steht. Heute fasziniert mich zudem, wie rasant die Onshore-Windenergie zusammen mit den anderen Erneuerbaren Energien die Energiewende vorantreibt." ■

HusumWind 1991 – Energieminister Günter Jansen ist beeindruckt von der Fernüberwachung der Windkraftanlagen.
Foto: Andreas Birresborn

25 Jahre BWE Marktübersicht

Bewegte Jahre:
Die Entwicklung wichtiger Unternehmen auf dem deutschen Markt

Areva Wind
Im Jahr 2010 übernahm der französische Atomkonzern Areva den gesamten deutschen Offshore-Anlagen-Spezialisten Multibrid, nachdem er zweieinhalb Jahre zuvor bereits mit 51 Prozent eingestiegen war. Der Name des Unternehmens lautet seitdem Areva Wind. Sitz des Unternehmens ist Bremerhaven. Das Vorgängerunternehmen Multibrid wurde im Jahr 2000 gegründet. Anlagen von Multibrid und Senvion (damals REpower) wurden im ersten deutschen Offshore-Windpark alpha ventus aufgestellt, der 2010 offiziell in Betrieb genommen wurde.

Enercon
Der deutsche Marktführer Enercon wurde 1984 im ostfriesischen Aurich gegründet. Unter Führung von Aloys Wobben wuchs das Unternehmen zum international agierenden Konzern heran. 2012 schied Wobben aus dem Unternehmen aus. Seitdem sichert eine Stiftung das unabhängige Fortbestehen von Enercon. Mit getriebelosen Anlagen hat das Unternehmen Standards in der Branche gesetzt. Enercon baut ausschließlich auf den Bereich Onshore-Windenergie und macht Umsätze in Milliardenhöhe.

GE Wind Energy
Die Tacke Windtechnik GmbH, ehemals zweitgrößter deutscher Windkraftanlagenhersteller mit 200 Mitarbeitern, musste im Jahr 1997 einen Insolvenzantrag stellen. Das Unternehmen wurde vom US-Stromriesen Enron aufgekauft. Nach der Enron-Insolvenz wurde die Windsparte des Unternehmens im Juni 2002 von General Electric übernommen. Der Hauptsitz von GE Wind Energy ist im niedersächsischen Salzbergen.

Nordex
Das Unternehmen Nordex wurde 1985 in Dänemark gegründet. Die Aktivitäten in Deutschland begannen 1991 mit dem Vertrieb durch das Tochterunternehmen Nordex Energieanlagen GmbH. Später übernahm die deutsche Babcock-Borsig AG das Unternehmen, brachte es im Jahr 2001 an die Börse und verkaufte den Rest seiner Anteile. Im Jahr 2003 geriet Nordex in eine Krise, die erhebliche Umstrukturierungen erforderte und das Unternehmen in den letzten Jahren auf die Erfolgsspur zurückbrachte. Die Anlagefirma Skion/Momentum Capital von BMW-Großaktionärin Susanne Klatten hält knapp 23 Prozent der Aktien von Nordex. Nordex hat seine Zentrale in Rostock, der Verwaltungssitz ist in Hamburg.

Senvion

Senvion entstand unter dem Namen REpower Systems im Jahr 2001 aus dem Zusammenschluss der Unternehmen Jacobs Energie, BWU und pro + pro Energiesysteme. Im Jahr 2002 erfolgte der Börsengang. 2007 machte der indische Windkraftanlagenhersteller Suzlon zusammen mit der portugiesischen Martifer-Gruppe ein erfolgreiches Übernahmeangebot für REpower. Seit 2012 wird REpower vollständig von Suzlon kontrolliert. Im Jahr 2014 änderte REpower Systems seinen Namen in Senvion, da die Lizenz für die Nutzung des bisherigen Namens auslief. 2013 belief sich der Jahresumsatz des Unternehmens auf rund 1,8 Mrd. Euro. Im Januar 2015 wurde bekannt, dass der Suzlon-Konzern Senvion an den US-Investmentfonds Centerbridge verkaufen will. Die Firmenzentrale ist in Hamburg.

Siemens Wind Power

Die dänische Firma ANBonus wurde im Jahr 2004 von Siemens übernommen und bildete den Ausgangspunkt für die Windenergieaktivitäten des Elektronikkonzerns, der im Offshore-Bereich inzwischen zum Weltmarktführer avanciert ist. In Deutschland sind Siemens-Windkraftanlagen z. B. bei den Offshore-Windparks „Riffgat", „Meerwind" und „Borkum Riffgrund" im Einsatz. Der Hauptsitz von Siemens Wind Power ist in Hamburg.

Vestas Wind Systems

1970 während der Ölkrise kam der dänische Unternehmer Peder Handen, Gründer von Vestas, auf eine neue Geschäftsidee: Erneuerbare Energien. 1980 startete dann die erste Serienproduktion von Windkraftanlagen. 1987 wurde das Unternehmen Vestas Wind Systems gegründet, 1989 die Vestas Deutschland GmbH (heute: Vestas Central Europe) in Husum. Im Jahr 2004 fusionierte Vestas mit dem Unternehmen NEG Micon, einem weiteren führenden dänischen Windkraftanlagenhersteller. 2013 war Vestas Wind Systems mit einem Umsatz von 6,1 Mrd. Euro größter Windenergieanlagenhersteller weltweit. Nach überwundener Krise meldete das Unternehmen im Jahr 2014 wieder Gewinne.

DEZENTRALE ENERGIESYSTEME
DUE DILIGENCE
FORSCHUNG & ENTWICKLUNG
MANAGEMENT CONSULTING
UMWELT ASSESSMENT
PLANUNG & PROJEKTMANAGEMENT
WIND ASSESSMENT

CUBE Engineering GmbH

WINDMESSUNG MIT LiDAR-TECHNIK

DAkkS
Deutsche Akkreditierungsstelle
D-PL-11038-01-00

CUBE Engineering gehört seit über 20 Jahren zu den führenden Unternehmen bei der Entwicklung nachhaltiger regenerativer Energiekonzepte. In diesem Segment ist schon viel erreicht. Aber bei Weitem nicht genug! Die nächste Stufe der Energiewende orientiert sich an einer am tatsächlichen Bedarf orientierten Produktion aus Strom und Wärme. Daran arbeitet das Expertenteam von CUBE mit Pioniergeist und Erfahrung. LiDAR ist ein kompaktes und flexibles Messsystem, das aufwendige, kostenintensive Mastmessungen in großen Höhen ersetzt. Als Ergebnis erhalten Sie sehr detaillierte Informationen zu den Windverhältnissen an Ihrem Standort. Fragen Sie uns nach einer Kampagne.

www.cube-engineering.com

25 Jahre BWE Marktübersicht

„Das Innovationspotenzial der Branche ist groß genug"

Interview mit BWE-Präsident Hermann Albers über bescheidene Anfänge, rasante Entwicklungen und die Zukunft der Windenergie.

Herr Albers, Sie sind seit 1989 für die Windenergie aktiv und betreiben seit 1993 Windenergieanlagen auf Ihrem eigenen Stück Land. Was war Ihre Motivation für den Einstieg zu diesem recht frühen Zeitpunkt?
Hermann Albers: Als ich 1981 den elterlichen Betrieb übernahm, war ich bereits sehr sensibilisiert, was Fragen des Klimaschutzes betraf. Dazu gehört, dass meine Heimatgemeinde Simonsberg in der Vergangenheit bereits zweimal nach Sturmfluten untergegangen war und hiernach wieder aufgebaut wurde. Die Gemeinde liegt einen Meter über dem Meer und ist – wie große Teile der europäischen Küstenregionen – extrem gefährdet, wenn der Meeresspiegel steigt. Die Gefahren des Klimawandels sind bis heute meine Kernmotivation, Klimapolitik zu gestalten, aber auch nachhaltig zu wirtschaften.

Das war auch der Grund für mein Interesse an der Windenergie. Als 1989 die Beschlüsse zum Stromeinspeisungsgesetz getroffen wurden, war endlich auch ein wirtschaftlicher Rahmen geschaffen. Das war für mich der Startschuss zum Einstieg in die Planung, zunächst für die Versorgung des eigenen Hofs mit zwei 250-kW-Anlagen. Im Verlauf des Planungsprozesses, der ja unter Einbindung der Kommune stattfand, sind daraus dann aber elf 500-kW-Anlagen geworden, die wir 1993 errichteten.

1993 gehörten 500-kW-Anlagen zu den größten Turbinen, die erhältlich waren.
Albers: Das war schon der Sprung in die modernste Technik. Die Enercon E 40, die wir installierten, kamen damals gerade auf den Markt. Und wir gehörten zu den Ersten, die Erfahrungen mit diesen neu entwickelten Maschinen machten. Sie liefen nicht von Anfang an störungsfrei, was uns einiges an Lehrgeld gekostet hat. Das war natürlich riskant, und es war nicht immer klar, ob wir das unternehmerisch durchhalten. Aber letztlich haben wir gemeinsam mit dem Hersteller gute Lösungen gefunden, und das Projekt war in der Rückschau sehr erfolgreich.

War das Risiko, 1993 einen Windpark zu errichten, höher als heute?
Albers: Die Einspeisevergütung lag bei 16,3 Pfennig pro kWh, was ohne weitere Fördermittel für einen wirtschaftlichen Betrieb nicht ausgereicht hätte. Das Zinsniveau lag mit rund 6 Prozent ungleich höher als heute, auch die Anlagentechnik war noch nicht ganz so

25 JAHRE BWE MARKTÜBERSICHT | „Das Innovationspotenzial der Branche ist groß genug"

Foto: Hanna Boussouar

„Die Einspeisevergütung lag 1993 bei 16,3 Pfennig pro kWh, was ohne weitere Fördermittel für einen wirtschaftlichen Betrieb nicht ausgereicht hätte."

zuverlässig. Zudem hatte das Einspeisegesetz keine garantierte Laufzeit und keinen Bestandsschutz. Es hätte also durch einen Bundestagsbeschluss jederzeit wieder abgeschafft werden können. Das Risiko war also schon enorm, schließlich waren die meisten der ersten Betreiber Landwirte, die für die Windenergie Haus und Hof verschuldeten.

Die anfangs eher belächelte Windenergie erfreut sich heute einer breiten gesellschaftlichen Akzeptanz, die Branche beschäftigt mittlerweile fast 140.000 Menschen. Was waren aus Ihrer Sicht die Meilensteine, die zum Durchbruch verholfen haben?
Albers: Den ersten Schub gab sicher das Stromeinspeisungsgesetz und nicht zuletzt das Forschungsprogramm „250 MW Wind" des Bundesforschungsministeriums, das 1989 startete.
Technisch war die Entstehung der Anlagenklassen ab 500 kW und hin zu 1 Megawatt ein wichtiger Schritt, der Mitte der Neunzigerjahre geschafft war. Vor allem aber die Entwicklung zur 2-MW-Klasse, so um das Jahr 2000, war ein ganz entscheidender Punkt, denn damit kam die Windenergie in eine Effizienzklasse, mit der eine Anlage mehrere tausend Haushalte mit Strom versorgen konnte. Das hat wesentlich zum Durchbruch beigetragen.

Also war der technische Fortschritt mindestens so wichtig wie die politischen Weichenstellungen?
Albers: Die technische Entwicklung hat dafür gesorgt, dass man die Windenergie ernst nehmen musste. Durch die stetigen Innovationen sind wir gegenüber

der Politik belastbarer geworden. Die Strompreisdebatte hat uns ja schon immer begleitet. Und wenn man bedenkt, dass die Degression der Gestehungskosten bis heute 65 Prozent erreicht hat, ist das ein gewaltiger Erfolg – und die Lernkurve ist noch lange nicht zu Ende. Wichtig war aber auch das zunehmende Bewusstsein für Klima- und Umweltschutz: Spätestens mit dem Einzug der Grünen in die Bundesregierung 1998 hat sich gezeigt, dass diese Themen Wahlen entscheiden können. Insofern war der Aufstieg der Umweltpolitik ein zentraler Punkt, der den Erneuerbaren insgesamt und damit auch der Windenergie einen wichtigen Schub gebracht hat.

In der Folge wurde im Jahr 2000 das Erneuerbare-Energien-Gesetz verabschiedet. War das EEG der endgültige Durchbruch für die Erneuerbaren?

Albers: Ja! Das EEG hat mit der 20-jährigen Laufzeit der Einspeisevergütung eine enorme Sicherheit für die Branche geschaffen. Das war vor allem wichtig für die Banken, weil dadurch eine nachhaltige wirtschaftliche Betrachtungsweise möglich war, die die Finanzierung erheblich erleichterte. Außerdem hat das EEG mit der Vorrangregelung für Grünstrom und der Netzanschlusspflicht auch verlässliche Kriterien für den Netzzugang geschaffen. Der war bis dahin immer einer der kritischsten Punkte für die Betreiber. Man kann sagen, dass die Windenergie spätestens ab 2000 auch dank des EEG zu einer wirtschaftlich erfolgreichen und wirtschaftspolitisch bedeutsamen Branche wurde.

> „Das EEG hat mit der 20-jährigen Laufzeit der Einspeisevergütung eine enorme Sicherheit für die Branche geschaffen."

Gab es Situationen, in denen dieser Erfolg in Gefahr war?

Albers: In den Neunzigerjahren war es der beständige Kampf, den Windstrom ins Netz zu bekommen. Da gab es seitens der Energiekonzerne, die ja noch nicht entflochten waren und auch die Netze betrieben, immer wieder Versuche, Windparks vom Netz fernzuhalten, obwohl diese zum Teil schon fertiggestellt waren.

Ein Rückschlag drohte den Erneuerbaren im Jahr 1997: Damals wurde im Bundestag ernsthaft darüber debattiert, das Stromeinspeisungsgesetz abzuschaffen. Der BWE war gerade ein Jahr zuvor gegründet worden und stand bereits vor der ersten Kraftprobe, dem Bestreben der Gegner Erneuerbarer Energien ein kraftvolles Signal entgegenzusetzen. Der Herbst 1997 war aber auch der Zeitpunkt, an dem sich die damals noch junge Branche zusammenfand und sichtbar formierte. Wir riefen zu einer Großdemonstration in Bonn auf, an der sich Betreiber, Hersteller und die komplette Branche beteiligten. Wir zogen dann mit 5.000 Menschen und einigen großen Exponaten durch Bonn. Die Politik nahm dadurch vermutlich

Modernste Technik 1993: E 40 mit 500 kW Nennleistung im Windpark Simonsberg.
Foto: Tim Riediger / nordpool

erstmals wahr, wie gut sich die Branche organisieren kann und wie groß sie bereits war. Das Stromeinspeisungsgesetz wurde schließlich mit einer Stimme Mehrheit im Bundestag bestätigt. Das war eine sehr weise Entscheidung, denn die heute so erfolgreiche Branche wäre ansonsten wohl vor dem Aus gestanden und ein großer Teil der Betreiber hätte vermutlich Insolvenz anmelden müssen.

Die Durchschnittsleistung neu errichteter Anlagen hat sich in Deutschland seit 1990 von 172 kW auf über 2,6 MW in 2014 gut verfünfzehnfacht, die Türme und Rotoren sind heute im Schnitt etwa viermal so groß wie vor 25 Jahren. Haben die heutigen Windenergieanlagen an Land mittlerweile die optimale Größe erreicht?
Albers: In der Vergangenheit wurde lange eine immer größere spezifische Leistung gefordert, also mehr Megawatt und möglichst viele Kilowattstunden zu einem günstigen Preis. Mittlerweile sind die Anforderungen etwas breiter geworden, zum Beispiel bezüglich Netzintegration, und -stützung, weiterer Kostensenkung und Flächennutzbarkeit im Binnenland.
Die spezifische Leistung der Anlagen ist immer stärker gewachsen und wächst jetzt weiter. Allerdings wird sich die Entwicklung auch auf mehr Volllaststunden konzentrieren, denn die Energieversorgung in Deutschland verlangt ganz klar, dass wir kontinuierlicher Strom produzieren und am Netz sind. Wir brauchen also im neuen Marktdesign – mit der Zielsetzung der Versorgungssicherheit im Zusammenwirken mit den anderen Erneuerbaren – mehr Systemsicherheit. Auf längere Sicht sollten wir auch im Binnenland von 2.500 auf 3.000, 4.000 oder mehr Volllaststunden im Jahr kommen. An der Küste ist das bereits machbar, wenn die Anlage entsprechend konfiguriert ist. Die Innovationskraft der Hersteller hat sich hier deutlich gezeigt: Früher brauchten wir noch eine Windgeschwindigkeit von 13 Meter pro Sekunde, um auf Volllast zu kommen, heute schaffen wir das bereits mit 10,5 – 11 Meter pro Sekunde. Ich prognostiziere, dass wir in Deutschland 3.000 – 5.500 Volllaststunden erreichen und damit die Energieausbeute im Vergleich zu heute um weitere 30 Prozent steigern können. Und diesen Weg sollten wir auch gehen, denn es werden sich weltweit immer mehr windschwächere Standorte der Windkraft öffnen.

„Was wir tun müssen, ist: die Innovationsstrategie fortsetzen, die Anlagen leistungsfähiger machen, ihre Verfügbarkeit weiter erhöhen und die Gestehungskosten weiter senken."

Die deutsche Windindustrie gehört mit einer Exportquote von 67 Prozent zu den Technologie- und Marktführern weltweit. Was müssen die Unternehmen tun und was muss die Politik dazu beitragen, dass das auch in Zukunft so bleibt?
Albers: Was wir tun müssen, ist: die Innovationsstrategie fortsetzen, die Anlagen leistungsfähiger machen, ihre Verfügbarkeit weiter erhöhen und die Gestehungskosten weiter senken.

Industriepolitisch sollten wir vor allem dafür sorgen, dass es nicht noch einmal zu einer solch dramatischen Entwicklung kommt, wie sie die Solarindustrie durchgemacht hat. Hier wurde mit der EEG-Novelle 2012 ein radikaler Schnitt vollzogen, der gut 70 Prozent der bis dahin aufgebauten Solarindustrie zerstörte – und übrigens auch 50.000 Arbeitsplätze kostete.

Deshalb zeige ich in der industriepolitischen Debatte auf, was es für die Branche in Deutschland und Europa bedeuten kann, wenn sie durch einen abrupten Systemwechsel, wie ihn auch das geplante Ausschreibungsmodell darstellen kann, in eine Schwächephase gedrängt wird. Ich bin mir sicher, dass unsere chinesischen Wettbewerber diese Entwicklung sehr genau beobachten und die Chancen erneut zu nutzen wüssten, die sich daraus für sie ergeben könnten.

Es wäre wirklich naiv, wenn Europa diese Frage nicht in einer fairen Wettbewerbsdebatte mit China klärt. Ich will damit nicht über Zölle reden oder Abwehrbollwerke gegen einen fairen Wettbewerb aufbauen. Aber wir sollten auch nicht zulassen, dass die eine Volkswirtschaft ihre Industrie durch massive Förderung auf den Weltmärkten stärkt, während die andere ihre Branche durch die Einführung neuer Instrumente hemmt. Einer solchen Situation kann auch die beste aller Industrien nicht standhalten. Deshalb muss Europa die industriepolitische Bedeutung der Erneuerbaren noch stärker in den Fokus rücken.

Vor uns liegt nach wie vor ein gigantischer Weltmarkt, das Wachstum wird weiter zunehmen, und wir haben alle Chancen, weltweit die Nummer eins zu sein. Das Innovationspotenzial der Branche ist jedenfalls groß genug. Aber hierfür müssen wir eine deutsche und europäische industriepolitische Strategie für die Erneuerbaren und insbesondere für die Windenergie aufbauen!

> „Deshalb muss Europa die industriepolitische Bedeutung der Erneuerbaren noch stärker in den Fokus rücken."

Repowering in Simonsberg: Enercon E 40 (500 kW) Anlagen werden durch vier Vestas V112 (3 MW) Anlagen ersetzt.
Foto: Tim Riediger / nordpool

Wo sehen Sie in näherer Zukunft die Hauptkonfliktlinien für den weiteren Ausbau der Windenergie in Deutschland? Worauf sollte sich der BWE in erster Linie konzentrieren?

Albers: Verbände wie der BWE, aber auch der BEE, brauchen Strukturreformen, denn die Zeit der Preisverhandlungen im EEG als Kernaufgabe geht zu Ende. Es kommt jetzt mehr und mehr darauf an, dass wir die Themen Markttransformation, Versorgungssicherheit und Integration der Erneuerbaren klar fokussieren. Wir werden also künftig nicht mehr nur spezifische Windthemen diskutieren, sondern die Erneuerbaren Energien insgesamt und die Frage der Versorgung stärker ins Zentrum unserer Arbeit rücken müssen.

Damit will ich nicht sagen, dass das EEG nicht mehr das richtige Instrument wäre, aber wir dürfen uns nicht mehr allein darauf konzentrieren. Und ob wir wollen oder nicht: Das EEG wird auf Dauer auch mehr Markt brauchen, darauf müssen wir uns einstellen. Dabei müssen wir aber auch den Begriff „Markt" neu definieren. Denn es reicht nicht, wenn die Politik sagt, die Erneuerbaren müssen in den Markt, wenn kein fairer Marktplatz vorhanden ist.

Wir können nicht erfolgreich an der Börse agieren, wenn wir gegen längst abgeschriebene Kohlekraftwerke konkurrieren, die außer dem Brennstoff keine weiteren Kosten kalkulieren müssen. Wir bringen moderne und zukunftsfähige Kraftwerke ein, deren Finanzierung in der Regel nicht abgeschlossen ist.

Wir brauchen also einen Marktplatz, auf dem neue Kraftwerke miteinander im Wettbewerb stehen und auf dem externe Kosten wie der CO_2-Ausstoß realistisch bewertet werden. Wenn die Politik dazu nicht in der Lage ist und die externen Kosten nicht in die Märkte einfließen, dann haben die Erneuerbaren keine Chance. Ein neues Marktdesign ist eine der ganz großen Herausforderungen, an der wir in nächster Zukunft hart arbeiten werden.

Ihre Vision für 2040: Wo steht die Windenergie in 25 Jahren?

Albers: Unter der Annahme, dass wir nichts Besseres finden werden als Erneuerbare Energien, werden diese in 25 Jahren die wichtigste Säule der Energieversorgung sein. Im Jahr 2040 wird die Windenergie zusammen mit der Photovoltaik, flankiert von Wasserkraft und Bioenergie, 100 Prozent des Strombedarfs decken – daran habe ich keine Zweifel. Und das werden die Erneuerbaren zu äußerst geringen Kosten tun, es wird keine Kostendebatte mehr geben.

> „Die deutsche Windindustrie wird auf absehbare Zeit so bedeutsam sein wie die deutsche Automobilindustrie – wenn nicht gar bedeutsamer."

Ich wünsche mir, dass die Windkraft bis dahin auch der Hauptenergielieferant für Mobilität und Wärme ist. Auch das gehört zu meiner Zukunftsvision in 25 Jahren. Und ich hoffe, dass wir auch in 25 Jahren noch eine Gesellschaft sind, die nicht von Großkonzernen dominiert wird, sondern in der mündige Bürger ihre Energieversorgung weiter selbst in die Hand nehmen können.

Und davon bin ich fest überzeugt: Die deutsche Windindustrie, auch mit ihren wachsenden Exporterfolgen, wird auf absehbare Zeit so bedeutsam sein wie die deutsche Automobilindustrie – wenn nicht gar bedeutsamer. ∎

Hermann Albers

ist seit der Gründung im Jahr 1996 im Vorstand des Bundesverband WindEnergie e.V. und seit 2007 dessen Präsident. Der gelernte Landwirt gehört zu den Pionieren der Windenergie und hat 1993 seinen ersten Windpark auf eigener Fläche errichtet. Der BWE-Präsident ist an verschiedenen Windparkprojekten beteiligt und als Geschäftsführer mehrerer Bürgerwindparks aktiv. Neben seinem Engagement für die Windenergie setzt sich Hermann Albers auch für die Verbreitung der Elektromobilität ein und ist seit vier Jahren Gesellschafter des Start-up „Lautlos durch Deutschland".

Blick nach *vorn*

> 25 Jahre BWE Marktübersicht

25 Jahre BWE Marktübersicht bedeutet auch 25 Jahre Marktbeobachtung – mit dem festen Blick auf Chancen und Potenziale der Energieform, die zur wichtigsten Energiequelle der Zukunft werden kann. Doch wie realistisch ist diese Vision und wie wird der Weg bis dahin aussehen? Vertreter großer Anlagenhersteller zeigen auf, welche Entwicklungen sie in den nächsten 25 Jahren erwarten.

Vollversorgung ist machbar

In der Technologieentwicklung sind 25 Jahre – der Zeitraum, in dem die vorliegende Jahrespublikation bereits erscheint – eine lange Zeit. Zudem durchläuft unsere Energieversorgung momentan eine gewaltige Transformation. Erdölbohrungen in Meerestiefen über 2.000 Meter und aufwendig gewonnenes Schiefergas sind deutliche Indikatoren, dass das Zeitalter der fossilen Energien endet. In den kommenden 25 Jahren gilt es daher, die Erneuerbaren Energien konsequent auszubauen.

Siemens hat vor einem Vierteljahrhundert seine ersten Offshore-Windparks gebaut. Heute ist die Technik ausgereift und kann bei weiterem Ausbau in großem Kraftwerksmaßstab die Grundlast abdecken. Onshore entstanden vor allem an den Küsten so viele Windenergieanlagen, dass sie heute fast ein Zehntel des deutschen Energiebedarfs decken. Doch unser Energiesystem fußt noch immer auf der minutenschnellen Verfügbarkeit von Energiequellen. Stabilität in den Netzen setzt Kraftwerke voraus, deren Leistung sich je nach Bedarf regeln oder zuschalten lässt. Technologien, die Produktion und Bedarf aufeinander abstimmen, sind die Herausforderung der nächsten Jahre.

Leistungsfähigere Anlagen, eine stärkere Industrialisierung bei der Herstellung, höhere Türme sowie verbesserte Logistik- und Servicekonzepte machen Windenergie künftig auch für Standorte mit schwachen bis mittleren Windstärken wirtschaftlich. So werden neben dem gewaltigen Potenzial der Windenergie auf See auch bislang unerschlossene Regionen Deutschlands und Europas zum Ausbau der Erzeugungskapazitäten beitragen. Doch wir müssen den Blick weiten: Intelligente Netzelemente, kurz- und langfristige Speicherkonzepte werden uns in den kommenden Jahren beschäftigen – von Akkumulatoren über Windgas bis hin zu thermischen Speichern. Sportlich klingen die Pläne der Bundesregierung, bis 2050 die 80-Prozent-Marke beim Anteil Erneuerbarer Energien zu überschreiten. Aber sie sind machbar. Elektrische Energie wird darüber hinaus in weiteren Bereichen fossile Energieträger ablösen – so beispielsweise bei Fahrzeugantrieben oder zur Beheizung unserer Gebäude.

Thomas Richterich, CEO Onshore, Siemens Wind Power and Renewables Division

Intelligente Lösungen sind gefragt

Die Frage nach der Rolle der Windenergie in 25 Jahren ist spannend, aber sie ist fast unmöglich zu beantworten. Gerade heute sehen wir in Nordeuropa eine sich mit hoher Dynamik verändernde Branche.

Wer zurückdenkt, dem wird das deutlich: Vor 30 Jahren – zur Gründung unseres Unternehmens – hätten wir die Realität von heute wohl als Utopie verbucht. Windenergie ist keine kleine Beimischung im Energiemix mehr, sondern hat sich zu einer tragenden Säule des Strommarkts entwickelt. In Deutschland hat die Regierung Windenergie zum Rückgrat der Energiewende ausgerufen. Und das ist möglich, weil unsere Turbinen sogar im Binnenland Strom fast auf Marktpreisniveau produzieren.

Den Weg in die volle Netzparität sehen wir als klares Ziel für die Zukunft. Wir haben die eindeutige Chance, mit im Markt etablierten und erfahrenen Akteuren Modelle für eine bezahlbare und sichere Energieversorgung durch die Erneuerbaren Energien zu demonstrieren. Hier spielt das reine Größenwachstum der Anlagen keine entscheidende Rolle mehr. Heute geht es darum, die mit der Kapazität steigenden Lasten zu reduzieren. Intelligente Lösungen sind also gefragt, mit Stahl allein bewältigen wir die technischen Anforderungen der Zukunft sicher nicht. Das bezieht clevere Lösungen für den Windpark mit ein.

Zudem müssen wir die Herausforderungen annehmen, die bei einem Versorgungsanteil von 60 Prozent aus Erneuerbaren Energien auf uns zukommen. Konkret: Die Erneuerbaren müssen in Zukunft mehr Verantwortung für die Versorgungssicherheit übernehmen. Unsere Anlagen werden einen Kapazitätsfaktor von über 40 Prozent leisten, sie sind integraler Bestandteil eines flexiblen Kraftwerkparks mit dezentralen, modernen und regelbaren Kraftwerken sowie Speichern. Und alle Produzenten sind in der Lage, auf die digitalen Signale der mit ihnen vernetzten Verbraucher zu reagieren.

Deutschland kommt in diesem Szenario als Leitmarkt eine hohe Bedeutung zu. Das gilt in gleicher Weise für die etablierten Akteure im Markt. Die technischen Anforderungen verlangen umfangreiche Erfahrungen im Umgang mit Erneuerbare-Energien-Kraftwerken und in der Entwicklung dieser Anlagen.

Dr. Jürgen Zeschky, *CEO Nordex SE*

Eines ist sicher: Wind wird wehen

Die Kompetenz unseres Unternehmens in der Windenergie reicht ein Vierteljahrhundert zurück. In der Rückschau ist klar: Niemand hätte vor 25 Jahren erwartet, dass die Windenergie heute da steht, wo sie ist. Und ich bin mir ziemlich sicher, dass dies in 25 Jahren auch so sein wird. Märkte verändern sich, Produkte werden weiterentwickelt, die Herstellungsverfahren ändern sich, eine zunehmende Anzahl von Zulieferern stellt weltweit Komponenten zur Verfügung. Die Produkte können durch technische Verbesserungen kostengünstiger angeboten werden und generieren gleichzeitig mehr Ertrag.

Die Anlagenkonzepte werden sich weiterentwickeln: Größere Rotoren und intelligente Technik im Antriebsstrang sorgen schon heute dafür, dass die Stromerzeugung wirtschaftlicher wird – an Land ebenso wie auf See. Und ein Ende dieser Entwicklung ist nicht absehbar.

Die ersten 25 Jahre unserer Branche und ihr rasantes Wachstum haben gezeigt, wie viel Potenzial die Windenergie birgt. Es wäre vermessen zu glauben, wir würden unsere technischen Möglichkeiten bereits voll ausschöpfen. Als Hersteller ist es unsere Verantwortung, für eine möglichst effiziente und zuverlässige Nutzung der Windenergie zu sorgen – jetzt und in Zukunft. Wir wissen, wie wir die Stromgestehungskosten senken und gleichzeitig für mehr Ertrag sorgen. Durch höhere Zuverlässigkeit und intelligentere Steuerung unserer Anlagen werden wir dem Anspruch gerecht, jederzeit ein State-of-the-Art-Produkt zu liefern, welches mit dem besten Preis-Leistungs-Verhältnis passend für den jeweiligen Markt angeboten wird.

Das kann nur erreicht werden, wenn wir als Anbieter auf Märkte treffen, in denen der gesellschaftliche Wille formuliert ist und durch die Politik die gesetzlichen Möglichkeiten geschaffen wurden, sich die Energie des Windes zunutze zu machen. Denn auch ohne Glaskugel ist eines absolut sicher: Wind wird wehen in 2040. Wir Menschen müssen und sollten ihn uns in einem intelligenten Energiemix zu Wasser und an Land dienstbar machen, wenn wir auch morgen noch den Energiebedarf der Welt mit sauberem Strom decken wollen.

Russell B. Stoddart, *Corporate Technical Officer Senvion SE*

Nachhaltiger Reifeprozess der Industrie erwünscht

In den nächsten 25 Jahren wird die Windenergie wachsen – global vor allem in Indien, Brasilien und Afrika und in Europa vor allem in etablierten Märkten wie Deutschland und Benelux. Sie wird vermutlich langsamer wachsen, als wir es uns wünschen. Denn Größe und Geschwindigkeit des Wachstums hängen nicht allein von der Herstellung effizienter und hochmoderner Windenergieanlagen ab, sondern auch von der Verlässlichkeit und Tragfähigkeit politischer Rahmenbedingungen, von der Wettbewerbsfähigkeit der Windenergie als festem Bestandteil des Energiemix und von innovativen und effizienten Produktionsprozessen. Diese Faktoren sind die tragenden Säulen des nachhaltigen Ausbaus der Windenergie und müssen gleichermaßen stabil sein.

Deutschland wird in Europa nach wie vor die Vorreiterrolle einnehmen und dieser auch gerecht werden müssen. Nur wenn wir global denken und lokal agieren, die Materialentwicklung stetig verbessern, große Nabenhöhen, Leistungsfähigkeit, Größe und Gewicht der Windenergieanlagen bei steigender Standardisierung der Produkte unter wirtschaftlichen Gesichtspunkten in den Fokus stellen, können wir die Windenergie über die nächsten Jahrzehnte erfolgreich vorantreiben und positive Skaleneffekte erzielen.

Mein Wunsch für die nächsten Jahre ist ein nachhaltiger Reifeprozess unserer Industrie. Wind ist nicht länger nur alternative Energie, sondern fester Bestandteil des Energiemix. Um die europäischen Ziele von mindestens 27 Prozent Erneuerbarer Energie im europäischen Stromverbrauch zu erreichen, müssen wir Windenergieanlagen-Hersteller uns unserer Verantwortung, mit der wir zu dem laufenden Reifeprozess beitragen, bewusst sein.

Über die Entwicklung hocheffizienter Anlagen hinaus gestalten wir unsere zukünftigen Strommärkte mit, um nicht nur die Einspeisung hoher Mengen variablen Windstroms zu ermöglichen, sondern auch langfristig die Windenergie unabhängig von Subventionen zu machen.

Schon heute ist Windstrom in Deutschland und in vielen anderen Ländern kostengünstiger als Strom aus neuen Gas- oder Kohlekraftwerken. Und wir arbeiten kontinuierlich an der weiteren Senkung der Stromgestehungskosten – durch Erhöhung der Stromausbeute bei gleichzeitiger Senkung der Kosten, durch Optimierung, Standardisierung und Industrialisierung unserer Produkte und Produktionsprozesse.

Dr. Christoph Vogel, *President of Vestas Central Europe*

Rückenwind für die dezentrale Energieerzeugung

Alle Zeichen stehen auf Veränderung. Der Wandel zum Strommarkt der Zukunft ist unaufhaltsam, und er wird maßgeblich durch den weiteren Ausbau der Onshore-Windenergie vorangetrieben, die eine zentrale Rolle bei der Umsetzung der Energiewende spielt. Sie hat bereits heute den größten Anteil an der Stromerzeugung aus Erneuerbaren Energien und wird aufgrund ihrer Kosteneffizienz auch in Zukunft den maßgeblichen Anteil im Mix sowie im Verhältnis zur Offshore-Windenergie stellen.

Mit wachsender Wirtschaftlichkeit, Wettbewerbsfähigkeit und Nachfrage nach Erneuerbaren Energien wird die Windenergie immer mehr zu einer rentablen und stabilen Energiequelle. Laut World Energy Outlook 2014 der International Energy Agency (IEA) könnte der globale Energiebedarf bis zum Jahr 2040 um 37 Prozent wachsen, wobei die Erneuerbaren Energien 33 Prozent der weltweiten Stromerzeugung übernehmen könnten. Die jährlich neu installierte Leistung in den Industrie- und Schwellenländern Asiens, Afrikas und Lateinamerikas wird dann größer sein als in den heute etablierten Märkten.

In Deutschland wird die Stromerzeugung im Jahr 2040 sogar weitestgehend aus Erneuerbaren Energien gespeist. Die wichtigsten Themen der Windbranche werden sein: Lebensdauerverlängerung von Anlagen, flexible Energiespeicherkonzepte und Betriebskostenoptimierung – maßgeblich vorangetrieben durch Maßnahmen zur Steigerung von Effizienz und Leistung wie beispielsweise durch das Repowering.

Mehr noch: Durch intelligente Hochleistungs-Windenergieanlagen wird der Anteil dezentraler Energieerzeugungskapazitäten auch in Schwachwindregionen zunehmen. Bei den Anlagen der Zukunft werden weniger die Größe und Leistungsfähigkeit zunehmen. Vielmehr werden neuartige Materialien zur optimalen Lastaufnahme und kreative Turmkonzepte den Unterschied machen und neue Maßstäbe setzen.

Über die weiterentwickelte Hardware hinaus wird vor allem die Software im Windbereich weiter an Bedeutung gewinnen: durch intelligentere Windprognosen und -messungen, die Vernetzung von Windparks untereinander als virtuelles Kraftwerk und durch die Synchronisierung von Erzeugungs- und Verbrauchseinheiten.

Immer wichtiger wird es auch, die gesellschaftliche Akzeptanz gegenüber der Windenergie durch einen verbesserten Naturschutz und eine geringere Geräuschentwicklung zu erhöhen. Auch das Recycling von Anlagen wird eine größere Rolle spielen.

Andreas von Bobart, *General Manager GE Renewable Energy in Deutschland*

Onshore-Windenergie wird die Energieversorgung sichern

Die Erneuerbaren Energien, insbesondere die Onshore-Windenergie, haben eine bemerkenswerte Entwicklung vollzogen. Innerhalb weniger Jahre stieg allein in Deutschland die installierte Leistung der Onshore-Windenergie auf über 35 Gigawatt. Bei einer Erzeugungskapazität aller Energieträger von rund 198 Gigawatt entspricht das einem Anteil von mehr als 17 Prozent. 28 Prozent des Strombedarfs in Deutschland werden inzwischen durch die Erneuerbaren gedeckt – deutlich mehr als noch vor kurzem prognostiziert. Den größten Anteil davon liefert mit über 8 Prozent die Onshore-Windenergie.

Unter der Voraussetzung, dass die Energiewende konsequent weiter umgesetzt wird, werden die Erneuerbaren schon im Jahr 2020 rund die Hälfte des Strombedarfs in Deutschland decken und auch danach ihren Anteil rasant weiter ausbauen. Schon heute ist die Onshore-Windenergie das Rückgrat der Energiewende. Wir gehen davon aus, dass sie in Zukunft der wesentliche Eckpfeiler der Energieerzeugung in Deutschland sein wird.

Wir als Hersteller haben daher die Aufgabe, unsere Anlagentechnologie im Hinblick auf die kommenden Herausforderungen konsequent weiterzuentwickeln. Wesentliche Ansatzpunkte sind dabei die Steigerung von Effizienz und Ertrag sowie die weitere Förderung der Akzeptanz für schallkritische Standorte. Durch technologischen Vorsprung wollen wir weiterhin Marktführer bleiben. Mit unseren neuen WEA-Plattformkonzepten erfolgt eine Anlagenoptimierung unter Fertigungs-, Logistik- und Aufbaugesichtspunkten. Durch die weltweite Einhaltung der Transmission Codes und der daraus erforderlichen Netzeigenschaften der Windenergieanlagen wird die Netzstabilität und damit die Versorgungssicherheit gewährleistet.

Als Hersteller ist es unsere Aufgabe, die technologischen Voraussetzungen dafür zu schaffen, dass die Stromerzeugungskosten weiter sinken. Unser Ziel ist es, dass die Onshore-Windenergie auch unter den sich im Wandel befindlichen Rahmenbedingungen weiter konkurrenzfähig ist und eine der effizientesten Energieerzeugungsformen bleibt.

Nicole Fritsch-Nehring, Geschäftsführerin Enercon GmbH

Wir gratulieren zum gemeinsamen
25-JÄHRIGEN JUBILÄUM!

Als Mikael Blomqvist sein Unternehmen 1990 in einer Garage im schwedischen Karlskrona gründete, ahnte er noch nicht, dass Roxtec 25 Jahre später in 70 Ländern der Welt präsent sein würde.

Heute sind unsere modularen Dichtungssysteme für Kabel- und Rohrdurchführungen in nahezu allen On- und Offshore-Windparks weltweit verbaut. Unsere Experten tüfteln nicht mehr in der Garage, sondern in großen Labors, um optimal auf Ihre Bedürfnisse eingehen zu können.

Was sich in 25 Jahren jedoch nicht geändert hat, sind unsere Werte: die schnelle Entwicklung flexibler und kundenspezifischer Lösungen sowie der langfristige Aufbau und Erhalt vertrauensvoller Kundenbeziehungen ergänzt durch Service und Unterstützung weltweit, wo immer Sie sie brauchen.

www.roxtec.com

Roxtec

BGA Wanzleben	Sammelstörung warnend BHKW	Fehler Nr.: 251
BGA Wanzleben	MSS TRW 2 Fermenter	Fehler Nr.: 821
BGA Wanzleben	Druck - kleiner 1mbar Gärrestlager	Fehler Nr.: 216
BGA Wanzleben	Explosionsgefahr - Druck kleiner 0,5mbar Gärrestlager	Fehler Nr.: 217
BGA Wanzleben	Sammelstörung Fackel	Fehler Nr.: 226
BGA Wanzleben	Unterdruck Heizung (Wasserstandsbegrenzer) Technikzentrale	Fehler Nr.: 241
BGA Wanzleben	Füllstand Min Rezirkulatgrube	Fehler Nr.: 259
BGA Wanzleben	Gasschieber AUF Fermenter 2	Fehler Nr.: 261
BGA Wanzleben	Modul ist angefordert BHKW	Fehler Nr.: 264
BGA Wanzleben	Betrieb/Motor läuft BHKW	Fehler Nr.: 267

Service

Haouma Windfarm in Marokko: Servicetechniker kontrolliert Hindernisfeuer. Foto: Paul-Langrock.de

SERVICEMARKT ÜBERBLICK

Wachstumskonstante Servicebranche

Auch im Jahr 2014 konnten sich die deutschen Anbieter für Wartung und Service nicht über eine zu niedrige Auslastung beklagen. Full-Service und breiter aufgestellte Kompetenzen liegen im Trend – was die Kooperationsbereitschaft in der Branche weiter erhöht.

Dass der Markt für die Wartungs- und Serviceanbieter in Deutschland auch 2014 kontinuierlich gewachsen ist, lässt sich bereits anhand der Zahlen aus der Serviceübersicht (siehe Seite 102) ablesen: Danach haben sich im vergangenen Jahr allein die Mitarbeiterzahlen bei den unabhängigen Anbietern um über 300 Servicekräfte erhöht, auch die Zahl der von ihnen betreuten Anlagen stieg um weit über 1.000 WEA.

Ein Teil davon wurde durch Zukäufe im europäischen Ausland realisiert – wie beispielsweise bei der Deutschen Windtechnik, die im November den spanischen Serviceanbieter GPS übernahm. Der größere Anteil lässt sich aber auf das organische Wachstum des Binnenmarktes zurückführen: So betreute die deutsche Windtechnik knapp 200 Anlagen mehr als im Vorjahr und stellte in Deutschland rund 100 neue Mitarbeiter ein. Auch Availon, die Nummer zwei auf dem freien Servicemarkt, konnte im letzten Jahr um gut 20 Prozent zulegen. „Nicht nur für uns ist das Jahr sehr gut gelaufen", bestätigt Availon-Geschäftsführer Ulrich Schomakers. „So wie der Markt mit jeder neuen Anlage zunächst für den Herstellerservice wächst, wächst er auch für die Unabhängigen. Und zwar teilweise schon nach Ablauf der Gewährleistung, was vor allem bei größeren Projektentwicklern der Fall sein kann. Spätestens aber", so Schomakers weiter, „wenn die Turbinen ein gewisses Alter erreicht haben und der erste Vollwartungsvertrag abgelaufen ist, sind die unabhängigen Anbieter für die Betreiber oft erste Wahl."

Mehr Vollwartung im Angebot

Vollwartung ist vor allem bei neu installierten Anlagen eher ein Markt für den Herstellerservice, der oft bereits beim Verkauf der Anlagen die entsprechenden Verträge mit einer Laufzeit von meist zehn Jahren bereithält. Das ist aber nicht immer so, und darüber hinaus setzen Betreiber auch bei älteren Anlagen zunehmend auf Full-Service. Mittlerweile sind in Deutschland über drei Viertel aller Anlagen in der Vollwartung, was sich auch in den Angeboten der freien Anbieter widerspiegelt: Von ihnen bieten rund 20 Prozent laut Selbstauskunft (siehe Serviceübersicht) Vollwartung an.

SERVICEMARKT ÜBERBLICK | Wachstumskonstante Servicebranche

Serviceteam auf einer Gondel. Foto: SeebaWind

"Der Trend zu Full-Service-Angeboten ist bei den unabhängigen Anbietern voll und ganz angekommen", resümiert Uwe Herzig vom BWE-Betriebsführerbeirat. „Allerdings", so der Geschäftsführer der ibE Betriebsgesellschaft mbH, „wird der Begriff Full-Service oder Vollwartung sehr inflationär gebraucht, da sich die meisten derartigen Verträge ausschließlich auf die Anlagen beziehen und wichtige Themen wie z. B. die Sicherheitstechnik oder die Schaltanlagen oft ausgenommen sind."

Mehr Transparenz gefordert

Herzig sieht diese Entwicklung auch vor einem anderen, längst bekannten Hintergrund eher kritisch: „Bei manchen Herstellern ist der Informationsfluss an die Betreiber als Projektverantwortliche hinsichtlich der Dokumentation der Anlage und der Wartungsarbeiten nicht immer ausreichend. Dann wird es schwer, ihren Zustand vernünftig zu erfassen. Das kann am Ende der Vertragslaufzeit zu Problemen führen, wenn es um den Weiterbetrieb der Anlage und um neue Wartungsverträge geht."

Dass eine gute und hinreichende Dokumentation immer wichtiger wird, zeigt sich gerade bei älteren Anlagen, z. B. wenn Komponenten getauscht werden müssen, die nicht mehr hergestellt werden: Um diese durch vergleichbare Bauteile zu ersetzen, muss ihre Wirkungsweise genau beurteilt werden können. Und nicht zuletzt müssen auch für die regelmäßig wiederkehrenden Prüfungen zur Sicherheit elektrischer Anlagen nach DGUV Vorschrift 3 (ehemals BGV A3) ausreichend elektrotechnische Unterlagen vorliegen. Das ist laut Herzig aber allzu oft nicht der Fall: „Ich empfehle daher, beim Kauf einer Windkraftanlage einen detaillierten Dokumentationsumfang mit dem Hersteller zu vereinbaren. Schließlich sind die Betreiber für die Sicherheit ihrer Anlagen verantwortlich."

Eine Lösung für die Wartungsdokumentation ist mit dem im letzten Jahr von der FGW verabschiedeten globalen Serviceprotokoll GSP in Sichtweite. „Es wird aber dauern, bis sich das durchgesetzt hat. Momentan ist der Leidensdruck seitens der beteiligten Akteure noch nicht groß genug", schätzt Herzig.

Größere Einheiten für größere Ansprüche?

Vollwartung, aber auch gestiegene Anforderungen bezüglich Normen, Netzstabilität oder Direktvermarktung erfordern von mittelständischen Anbietern eine Verbreiterung ihrer Kompetenzen. Um dies zu erreichen, ist es auch im vergangenen Jahr zu Zusammenschlüssen in der Branche gekommen: Seit September ist bekannt, dass die MMM Windtechnik aus Crimmitschau vom Projektentwickler Greenbridge übernommen wurde, der bereits eng mit den Berliner Unternehmen Eolit-Tec und Acero-Tec zusammenarbeitet. Greenbridge verfolgt

---

REETEC

**ON- UND OFFSHORE:
MIT SICHERHEIT ANDERS!**

_Elektrotechnische Planung, Netzanbindung

_Elektrische Montage

_Mechanische Montage

_Service und Wartung

_Rotorblatt-Service

_Hinderniskennzeichnungen

_Qualifizierung und Training

Inspired by the wind!

REETEC GmbH
Konsul-Smidt-Str. 71
28217 Bremen, Germany
+49 (0) 4 21 - 3 99 87-0
www.reetec.eu

Hartmut Witte
Servicetechniker
(Availon GmbH)

STÖRUNGS-FORTZAUBERER

Mit Know-how und Leidenschaft.

Ich bin Hartmut Witte, Servicetechniker aus Leidenschaft. Meine Einsätze sind sehr abwechslungsreich, aber eines gilt für mich immer: Die Anlage muss laufen, nicht die Uhr im Hinterkopf. Darum habe ich auch keine Scheu vor Überstunden. Meine Motivation den Fehler zu beheben? Die Vorstellung, es wäre meine eigene WEA. Und das gespürte Lächeln des Kunden am Telefon, wenn ich mich erfolgreich zurückmelde. Für mehr Einblick sorge ich unter: **www.availon.eu**

AVAILON
UNITED WIND SERVICE

WIR HABEN VERSTANDEN.

SERVICE-LÖSUNGEN

SERVICEMARKT ÜBERBLICK | Wachstumskonstante Servicebranche

Servicetechniker arbeiten im offenen Maschinenhaus.
Foto: Paul-Langrock.de

mit der Übernahme das Ziel, als „One-Stop-Shop" für kaufmännische und technische Dienstleistungen zu agieren.

Den deutschen und skandinavischen Markt im Visier hat das dänische Unternehmen DMP Mølleservice, das nach Windservice NF im letzten Jahr auch die schwedische Triventus Service übernommen hat und seit Sommer 2014 als Connected Windservice firmiert.

Die Osnabrücker Service4Wind GmbH & Co KG wurde zu Jahresbeginn vom langjährigen Netzwerkpartner Seebawind übernommen. Beide Unternehmen haben bereits im Rahmen der Kooperation „Windnetwork 360°" eng zusammengearbeitet. Die Fusion ist für Thomas Schinke, Generalbevollmächtigter von Service4Wind, nur konsequent: „Der Servicemarkt erfordert zunehmend größere und flexiblere Serviceangebote, unter anderem den Tausch von Großkomponenten, Vollwartungskonzepte sowie immer schnellere Reaktionszeiten. Diesen Ansprüchen können wir zusammen mit Seebawind noch besser gerecht werden. Zudem", so Schinke, „ist die entscheidende Frage: Wie stellt man sich in Zukunft breiter auf? Dass das mit einer größeren Einheit besser funktioniert, liegt auf der Hand!"

Gemeinsam stärker sein

Ebenfalls lässt sich beobachten, dass die Branche auch außerhalb von Fusionen und Übernahmen enger zusammenrückt. Ein gutes Beispiel hierfür liefert Availon, das mit kleineren, regional aufgestellten Spezialfirmen oder auch Anbietern mit anderen Schwerpunkten als den eigenen zusammenarbeitet. „Für uns", stellt Ulrich Schomakers fest, „ist es ein klarer Trend, dass die Unabhängigen stärker zusammenrücken. Schließlich verbreitert sich damit das Leistungsangebot, und es lassen sich durch die Einbindung weiterer Spezialisten meist auch bessere wirtschaftliche Ergebnisse erzielen."

Eine ähnliche Strategie verfolgt auch der Projektentwickler ABO-Wind, der sein Service-Geschäft in nächster Zukunft außerhalb der eigenen Projekte verstärken will. Während dafür bislang hauptsächlich Spezial-Serviceprodukte wie Triebstrang-Inspektionen, BGV A3-Prüfungen oder das Retrofit von Einzelbauteilen angeboten wurden, „werden wir uns künftig in der Wartung und Instandhaltung engagieren und eigene Teilwartungsverträge anbieten", so Alexander Koffka, Unternehmenssprecher von ABO-Wind. „Um dies erfolgreich umzusetzen", so Koffka weiter, „sind wir derzeit auf der Suche nach geeigneten Kooperationspartnern und führen erste Gespräche – nicht nur mit unabhängigen Serviceunternehmen, sondern auch mit Herstellern".

Wachstum auch beim Herstellerservice

Wartung und Service gewinnen auch für die Hersteller weiter an Bedeutung, was angesichts ihres Zukunftspotenzials nicht verwundert: Während 2010 noch 86 Prozent der weltweiten Umsätze der Windenergiebranche auf das Geschäft mit Neuanlagen entfielen, wird dieser Anteil nach einer Studie der Unternehmensberatung Oliver Nymann bis 2020 in Europa auf 25 Prozent sinken. 75 Prozent der Umsätze werden danach mit Wartung, Service und Instandhaltung generiert. Auch deshalb haben einige Hersteller ihr Personal deutlich aufgestockt. Hierzu gehören unter anderem Siemens und Senvion, die ihre Belegschaften im Vergleich zum Vorjahr um rund 30 Prozent vergrößert haben.

Dies hängt ebenso mit der zunehmenden Zahl der betreuten Anlagen zusammen wie mit den steigenden Anforderungen: „Neben der Wartung und Instandhaltung wächst der Bedarf an Themen wie der Anlagenoptimierung, z. B. mit SDL-Upgrades oder hinsichtlich der energetischen Verfügbarkeit. Hier wollen wir unseren Kunden optimale Lösungen anbieten – und auch dafür schaffen wir die entsprechenden Ressourcen", erläutert Kai Froböse, Geschäftsführer von Senvion Deutschland.

Die Optimierung der Anlagen und der Wartungsprozesse stand bei Siemens 2014 klar im Vordergrund: Der Konzern hat im vergangenen Sommer sein neues Ferndiagnosezentrum im dänischen Brande eröffnet, in dem Daten von weltweit über

SERVICEMARKT ÜBERBLICK | Wachstumskonstante Servicebranche

8.000 Siemens-Turbinen gesammelt werden. „Damit können wir nicht nur 85 Prozent der Anlagen per Fernsteuerung wieder ans Netz bringen, wenn sie stillstehen", erklärt Matthias Wolf, Leiter Service Operations Deutschland, „sondern auch die Arbeitsabläufe vorbereiten. Das erleichtert den Technikern vor Ort die Einsatzplanung und erhöht die Effizienz der Wartungseinsätze." Davon profitiert laut Wolf auch der Kunde, der beispielsweise beim Tausch von Großkomponenten weniger Krantage buchen muss.

Gutes Personal bleibt knapp

Auch der Herstellerservice muss mit dem nach wie vor akuten Personalmangel zurechtkommen: „Die Branche wird älter und damit auch die Anlagen. Eine älter werdende Flotte bringt natürlich auch einen steigenden Servicebedarf mit sich, den müssen wir abdecken. Gut ausgebildete Fachkräfte und insbesondere Elektriker werden bei uns immer offene Stellenausschreibungen finden", berichtet Kai Froböse.

Bei Siemens ist die Personalsituation ebenso angespannt: Qualifizierte Service-Mitarbeiter sind gerade für die neuen Offshore-Projekte vor der deutschen Küste gefragt. Siemens bildet eigene Servicetechniker im Bremer Trainingszentrum aus und setzt auf Synergien mit anderen Servicebereichen im Konzern. Dennoch wird für bestimmte Wartungsarbeiten auf externe Dienstleister zurückgegriffen. „Allerdings", so Wolf, „bevorzugen wir internationale Partner, die nicht direkt an Endkunden herantreten. Und wir beschränken uns dabei auf Standardarbeiten und kleinere Reparaturen." Komplexere Aufgaben werden auch bei Senvion ausschließlich inhouse betreut, denn „das geht nicht ohne das Know-how unserer gut geschulten Mitarbeiter", so Froböse.

Dass diese an allen Ecken und Enden fehlen, ist ein zentrales Problem der gesamten Branche. „Gutes Personal ist im Windenergie-Service überall knapp. Und weder die Hersteller noch die Unabhängigen werden künftig daran vorbeikommen, mehr in die Ausbildung ihrer eigenen Fachkräfte zu investieren, wenn sie auch künftig gute Servicequalität liefern wollen", fasst Alexander Koffka die derzeitige Personalsituation in der Branche zusammen. ∎

SERVICEMARKT ÜBERBLICK | Wachstumskonstante Servicebranche

Fazit: Spannend bei guten Zukunftsaussichten

Der Bedarf an größeren, flexibleren und komplexeren Serviceleistungen, eine weiter wachsende Anlagenflotte und der nach wie vor große Personalmangel sind die zentralen Themen, mit denen sich die Branche in den vergangenen zwölf Monaten auseinandergesetzt hat. Die meisten Unternehmen blicken dabei auf ein sehr erfolgreiches Jahr 2014 zurück. Insbesondere unabhängige Anbieter haben durch den verstärkten Trend zu mehr Kooperationen und Zusammenschlüssen einen Weg eingeschlagen, der zukunftsweisend und gut für den Wettbewerb im Servicemarkt sein dürfte.

Uwe Herzig vom BWE ist überzeugt: „Wir werden auch weiterhin eine unabhängige Servicestruktur im Markt haben. Mit größeren Anbietern, die weiter wachsen und neue Dienstleistungen entwickeln, und mit kleineren Anbietern, die ihre Kompetenzen bündeln und so ihre Wettbewerbsfähigkeit erhalten. Größere Kundennähe und Flexibilität sind dabei entscheidende Merkmale. Hinzu kommen die Hersteller, die ebenfalls große Anstrengungen unternehmen, um ihre Servicequalität zu steigern, und große Betreiber, die mehr und mehr eigene Kompetenzen aufbauen. Der Markt entwickelt sich also weiter dynamisch und bleibt spannend – bei sehr guten Zukunftsaussichten."

Schneller. Effizienter. Besser.

Durch die Visualisierung, Analyse, Organisation und Optimierung Ihrer Anlagen mit Energy Studio Pro® erreichen Sie höchste Effizienz und sparen wertvolle Zeit.

Energy Studio Pro® integriert Anlagen verschiedener Hersteller und unterschiedlicher Technologien in einem System. Profitieren auch Sie von einer auf Ihre Bedürfnisse abgestimmte und maßgeschneiderte Lösung - für Überwachung, Analyse, Management, Reporting und darüber hinaus.

Energy Studio Pro® - Designed to improve
www.baxenergy.com

BAX ENERGY

Serviceunternehmen im Überblick

Firma	Zahl der Anlagen im Service	Zahl der Techniker und Ingenieure in Deutschland	Einsatzgebiet	Leistungsangebot Onshore/Offshore	Servicenetz und Ersatzteilbeschaffung	Anlagentypen
ABO WIND ABO Wind AG www.abo-wind.de	Betriebsführung: Deutschland: 280 Ausland: 95	Ingenieure: 10 Techniker: 26	Betriebsführung in Deutschland, Frankreich, Großbritannien, Irland, Bulgarien, Finnland. Wartung und Service in Deutschland.	nur Onshore	Zentrale Fernüberwachung und Betriebsführung in Heidesheim, lokale Betriebsführung in Großbritannien und Irland, Frankreich und Bulgarien. Internationaler Vertrieb von Produkten (Dienstleistungen, Upgrades und Optimierungen) und technische Unterstützung zentralisiert in Deutschland. Darüber hinaus 2 eigene Serviceteams am Standort Heidesheim und 2 Serviceteams am Standort Göttingen.	DeWind: D60, D62 Enercon: E53, E82, E2; GE: 1,5sl, 1,5s, 2.5 Nordex: S77, N54, N60, N80, N90, N100, N117 Senvion: MD77, MM92;3.X SeeBa/Nx N43 Siemens: AN Bonus; Vestas: NM1000, V80, V82, V90 Gamesa 5MW
AEROCONCEPT AEROCONCEPT Ingenieurgesellschaft für Luftfahrttechnik und Faserverbundtechnologie mbH www.aeroconcept.de	ca. 200 Anlagen/Jahr im Einzelauftrag europaweit.	Ingenieure: 7 Composite-Techniker: 22	Europa, Türkei weltweit auf Anfrage (z.B. USA).	Onshore und Offshore	Zentrale Beschaffung, Ingenieursupport und Disposition der Teams. Temporäre, auftragsbezogene Stützpunkte der Teams.	Instandsetzung und Service aller gängigen Rotorblattserien.
AVAILON UNITED WIND SERVICE Availon GmbH www.availon.eu	ca. 1450 WEA	>210 in Deutschland	Weltweit mit Fokus auf Deutschland, Österreich, Italien, Spanien, Polen, Portugal, sonstige europäische Länder und USA.	Onshore	Zentrale Fernüberwachung in Deutschland und USA, Datenanalyse und technische Beratung mit eigenen Ingenieuren, dezentrale Servicetechniker in den Regionen, zentrales Ersatzteillager mit Bevorratung aller für Wartung und Reparatur benötigter Materialien inklusive Großkomponenten. Dezentrale Ersatzteillager mit wichtigsten Ersatzteilen.	GE Vestas Gamesa DeWind

Austausch von Großkomponenten	Angebotene Verträge	Preisgestaltung	Vertragslaufzeiten	Leistungen	Verfügbarkeitsgarantie	Gewährleistete Reaktionszeiten	Geplante Neuerungen in 2013
Nein	Standardpakete für technische und kaufmännische Betriebsführung. 7 unterschiedliche Module, z.B. incl. oder ohne Inspektionen, Preisvereinbarung für Extra-Dienstleistungen. Koperationsverträge mit Servicedienstleistern. Wartungs- und Serviceverträge mit Betreibern GE 1.5 und MD77-Baureihe.	Betriebsführung: Vergütung nach Jahresumsatz aus Stromverkauf oder Fixpreis, je nach Anlagentyp und -alter. Im Servicebereich nach Vereinbarung.	Betriebsführung: In der Regel fünf Jahre, auch individuell gestaltbar. Im Servicebereich nach Vereinbarung.	Technische u. kaufmännische Betriebsführung, Inspektion und technische Zustandsprüfung, Fernüberwachung, Upgrades, Optimierungen, Wartung von Transformator- und Übergabestation, Kabelmantel- und BGV-A3-Überprüfungen, Prüfung der Sicherheitseinrichtungen. Wartung von Befahranlagen, Rotorblattinspektionen, Triebstrangendoskopien. Darüber hinaus eigene Service- und Wartungsleistungen GE1.5 und MD77	Nein	Betriebsführung: Beauftragung zur Beseitigung von Betriebsstörungen binnen 6 h nach deren Feststellung. Reaktionszeit der externen Service-Unternehmen wird kontrolliert.	Ausbau des Wartungs- und Serviceangebots.
Nein	Individuelle Angebote, Rahmenverträge mit festen Konditionen.	Individuelle Angebote auf Basis der nachgefragten Leistungen, Festpreise sind möglich.	Individuell	Komplette Instandhaltung von der Inspektion bis zur komplexen Strukturreparatur der Rotorblätter sowohl bei montiertem Rotor als auch in unserer Werkhalle. Schwingungsanalyse und -optimierung des Rotors. Lärmoptimierung Rotor. Entwicklung von Wartungskonzepten und Reparaturmethoden. Durchführung von Entwicklungsprojekten im Rotorblattbereich (turn key). Consulting im Asset Management von Rotorblättern. Entwicklung von seilgestützten Zugangstechnologien auf Basis unserer patentierten AEROCLIMB Arbeitsbühnen.	Nein	Je nach Verfügbarkeit und Region.	Weiterentwicklung Servicekonzepte, Anpassung unserer patentierten AEROCLIMB Arbeitsbühnentechnologie für zusätzliche Anlagentypen und Größenklassen, Ausbau Consulting. Optimierung Inspektionstechnologie mit Robotik.
Ja	Modulares, auf Kunden individuell zugeschnittenes Leistungsangebot. Von der Wartung bis hin zum vollumfänglichen Vollwartungs- und Instandsetzungsvertrag inklusive Gewährleistung der Verfügbarkeit und Großkomponenten.	Projektbezogene Fixpreise nach WEA- und Vertragstyp, beim Vollwartungsvertrag auch in Cent je kWh.	Flexibel verhandelbar.	Fernüberwachung rund um die Uhr, Fehleranalyse und -behebung, vorbeugende und zustandsorientierte Wartung und Instandhaltung für SF6 und Trafoeinrichtung, Ersatzteil-Management inklusive Hauptkomponenten und Verschleißteile, technische Beratung, Entwicklung und Implementierung von Upgrades/Optimierungen, Rotorblattservice, Triebstrang-Analyse per Videoendoskopie u. Offlineschwingungsanalyse, Prüfung der Sicherheitstechnik (u.a. BGVA3), zerstörungsfreie Materialuntersuchung Stahl- u. Beton, Havariemanagement, Abbau von WEA.	Ja. Im Regelfall >97 % Verfügbarkeit.	Ja, Fernüberwachung reguliert umgehend, binnen max. 60 Minuten, Fehlerbehebung vor Ort innerhalb 24 Stunden nach Fehlermeldung, individuell auch geringere Reaktionszeit.	Neuentwicklung von zusätzlichen Optimierungsmodulen, regionale Erweiterung von Teams und Lagern, Ausbau des WEA-Typen-Portfolios. Vermarktung der neuen Leistungen der Availon Energy Management.

Firma	Zahl der Anlagen im Service	Zahl der Techniker und Ingenieure in Deutschland	Einsatzgebiet	Leistungsangebot Onshore/ Offshore	Servicenetz und Ersatzteilbeschaffung	Anlagentypen
baju energy GmbH www.bajuenergy.de	300 Anlagen weltweit.	Techniker: 25 Ingenieure: 2	Weltweit mit Focus auf Deutschland.	Onshore	Zentrale Beschaffung, Ingenieursupport und Disposition der Teams / Temporäre, auftragsbezogene Stützpunkte der Teams.	Alle WEA-Typen von Repower, Vensys, Siemens, Nordex, Fuhrländer, Powerwind.
BayWa r.e. Operation Services GmbH www.baywa-re.com	Wind und Photovoltaik über 1,1 GW.	35	DE, UK, ES, IT, FR, GR, PL, SE	Onshore	Eigener Vor-Ort-Service, zentral wie auch dezentral.	Alle gängigen WEA-Hersteller und Wechselrichter in PV.
BayWa r.e. Rotor Service GmbH www.baywa-re.com	Deutschland: ca. 1.800, Ausland: ca. 250	Ingenieure: 3 Techniker: 65	Europaweit	Onshore	Ersatzteile, Materialien und Komponenten bei ausgesuchten Fachhändlern und vom Hersteller kurzfristig verfügbar.	Rotorblätter aller am Markt verfügbaren Anlagentypen und GfK-Komponenten.

SERVICEMARKT ÜBERBLICK | Serviceunternehmen im Überblick

Austausch von Großkomponenten	Angebotene Verträge	Preisgestaltung	Vertragslaufzeiten	Leistungen	Verfügbarkeitsgarantie	Gewährleistete Reaktionszeiten	Geplante Neuerungen in 2013
Ja	Rahmenverträge, individuelle Angebote von Basisservice bis Vollwartungsvertrag, separate für Gutachten, Sachkundeprüfung, Rotorblätter.	Individuell, abhängig nach Projekt, Leistung und Umfang.	Individuell auf Anfrage.	Herstellerunabhängiger Service, Wartung, Reparatur - Rotorblattservice, -wartung, -reparatur mit Seil- und Bühnentechnik - Sachkundeprüfungen an prüfpflichtigen Ausrüstungen - Wartung, Service, Kalibrierung von Hydraulik- und Elektroschraubtechnik - Wartung, Reparatur und Einbau von Befahranlagen - Anlagenerrichtung und Inbetriebnahmefertigstellung - Bereitschafts- und Störungsdienst - Technische Betriebsführung Abarbeitung von: - Wartungstechnischen Anweisungen (WTA) - Sicherheitsanwendung (SiSa) - Technischer Order (TO) - Technischen Instruktionen (TI) - Ausbildung für Fremdfirmen - Seilunterstütztes Arbeiten (zertifiziert über Fisat) - Service von Sicherheitsequipment (Skylotec Fachhändler)	–	Ortsabhängig, projektabhängig, leistungsabhängig.	Aufbau des Geschäftsbereiches technische Betriebsführung, Ausbau der Serviceaktivitäten weiterer Anlagentypen.
Nein (nur Kontrolle)	Technische Betriebsführung / TCMA	Nach Vereinbarung	Nach Vereinbarung	Technische Betriebsführung Wind und Photovoltaik.	Nein	Durch unsere Leitstelle im Dreischichtbetrieb gewährleisten wir eine unverzügliche Reaktion.	Erweiterung des Geschäftsbetriebes auf weitere europäische und außereuropäische Länder, im Bereich Wind und auch auch Photovoltaik.
Nein	Ja, individueller Vollwartungsvertrag für Rotorblätter.	Die Berechnung ergibt sich aus jeweils gewünschtem individuellen Umfang der Serviceleistung.	Individuell	DIN ISO 9001 und GL zertifiziert. Rotorblattüberprüfung (ZOP/WKP/zum Ende der Gewährleistung/nach Fertigung/vor Montage), Wartung, Pflege, GFK-Reparaturen vor Ort/im Werk, Turm- und Maschinenhausreinigung und Korrosionsschutz. Vermarktung, Einlagerung von Komponenten, Entsorgung von Rotorblättern. Schwertransporte und Logistik. Entwicklung von Rotorblattoptimierung.	Für diverse WEA-Typen stehen Rotorblatt-tauschsätze zur Verfügung.	In Notfällen innerhalb von 24 Stunden.	- HSE-Zertifizierung - Einsatz neuer Techniken bei der Turmreinigung - Erweiterung des Produktportfolios für Rotorblattoptimierungen - Erstellung von Bewertungen der Komponente „Rotorblatt" für die Laufzeitverlängerung einer WEA.

Jahrbuch Windenergie 2015 | BWE Marktübersicht

SERVICEMARKT ÜBERBLICK | Serviceunternehmen im Überblick

Firma	Zahl der Anlagen im Service	Zahl der Techniker und Ingenieure in Deutschland	Einsatzgebiet	Leistungsangebot Onshore/ Offshore	Servicenetz und Ersatzteilbeschaffung	Anlagentypen
Rexroth Bosch Group Bosch Rexroth AG - Service Renewable Energies www.boschrexroth.de		Techniker: 20 (EU) Ingenieure: ca. 20 (DE)	Weltweit	Onshore / Offshore	Internationaler Vertrieb von Ersatzteilen, Neuteilen, Fieldservice und Austauschgetrieben.	E.N.O. Energy (E.N.O. 82), Gamesa (G47, G52, G58, G80, G87, G90, G94, G97), Nordex (N80, N90), Alstom, Ecotecnica (ECO 70/80), GE Energy (GE 1.5, GE 2.X), Repower (MM82/92) Enercon (E30, E40, E58, E66, E112), Kenersys (K100), Vestas (V47, V52, V66, V80, V90, V112, V164).
BRAUER Maschinentechnik AG BRAUER Maschinentechnik AG www.brauer-getriebe.de		50 Mitarbeiter, inkl. Ingenieure und Techniker.	Europaweit	Onshore / Offshore	Unabhängige eigene Ersatzteilbeschaffung und umfangreiche Bevorratung.	Getriebeinstandsetzung für alle Anlagentypen und Größen.
C&D ÖLSERVICE C&D Ölservice GmbH www.oelservice-gmbh.de	Deutschland: ca. 1.700 Ausland: ca. 650	Techniker: 16 Ingenieure: 1	Deutschland sowie alle EU-Länder.	Onshore / Offshore	Zentrale Organisation von Oldenswort aus.	Ölwechsel an allen WEA mit Getriebe; Ölwechsel an Pitch-Hydraulik und an Azimut- und Pitch-Getriebemotoren bis 145 Meter Nabenhöhe.
CONNECTED WIND SERVICES Connected Wind Services Deutschland GmbH www.connectedwind.com	250 Windkraftanlagen unter Wartungsvertrag in Deutschland. Insgesamt 1.700 WKA unter Wartungsvertrag innerhalb der Gruppe.	35+ in Deutschland, 190 in der Gruppe.	Dänemark, Schweden und Deutschland. Einzelprojekte innerhalb Europas. Ersatzteilhandel weltweit.	Onshore	Deutschland, Dänemark und Schweden. Großes Ersatzteilager auch für ältere und/oder exotische Anlagen im eigenen Haus. Neue und instandgesetzte Hauptkomponenten. Eigene herstellerübergreifende Getriebeinstandsetzung für ca. 300 Getriebe/a im Haus.	Vestas, NEG Micon, Micon, Nordtank, Senvion, Siemens, Gamesa, Kenersys, Suzlon, Fuhrländer, WinWorld.

Austausch von Großkomponenten	Angebotene Verträge	Preisgestaltung	Vertragslaufzeiten	Leistungen	Verfügbarkeitsgarantie	Gewährleistete Reaktionszeiten	Geplante Neuerungen in 2013
Ja	Wir bieten Ihnen das individuell auf Sie zugeschnittene Servicepaket.	Auf Anfrage	Auf Anfrage	Ersatzteile (Austauschgetriebe), Neuteile, Fieldservice (Inspektionen, Wartung, Getriebeausrichtung), Trainings, Condition Monitoring.	-	Geringe Reaktionszeiten.	Standardisierte Serviceverträge; Getriebeaustausch Uptower; Uptower Instandsetzungen; Ausbau Field Service-Network; laufende Erweiterungen des Field Service-Portfolios.
An die 100 Austauschgetriebe verfügbar.	Bedarfsgerechte individuelle Angebote.	Projektbezogen	Individuell nach Kundenwunsch.	Instandsetzung und Optimierung von Getrieben	-	Austauschgetriebe u.V. sofort verfügbar, bestmögliche Lieferzeiten.	
	Angebot zu Pauschalfestpreisen.	Pauschalpreise inklusive Öl, Filter, Anreise, Entsorgung von Altöl und Dienstleistung.	Ohne. Aber teils auch zwei- bis dreijährige Rahmenverträge mit WEA-Herstellern, die i.d.R. auch Wartungen machen.	Ölwechsel an allen WEA-Typen mit Getriebe; Ölwechsel an Pitchhydraulik und an Azimut- und Pitchgetriebemotoren bis 145 Meter Nabenhöhe.	Trifft nicht zu.	Normale Reaktionszeit vier bis acht Wochen, im Schadensfall innerhalb weniger Tage.	Planung einer ausändischen Servicegesellschaft.
Austausch und/oder Reparatur aller Großkomponenten möglich.	Geplante Wartung, Störung und Reparaturdienst nach Aufwand. Störungs- und Reparaturpauschale für ausgesuchte Anlage und zusätzlich individuelle Ergänzungen gemäß Kundenanforderung.	Wahlweise nach Aufwand oder pauschal gemäß Vertragsmodul. Stets erst nach erbrachter Leistung.	Individuell	Service, Getriebe, Ersatzteile, Projekte ... sind Service & Wartung, neue und instandgesetzte Hauptkomponenten, Betriebssupport, Ersatzteile und Service-Projekte.	Nein	Mit DFÜ innerhalb von 2 Stunden, Störungseinsätze innerhalb von 24 Stunden.	Erweiterung in Deutschland und Zentraleuropa, Servicenetz, Stützpunkte, Kooperationspartner, Einsatzgebiete, Leistungsumfang und Anlagenportfolio.

SERVICEMARKT ÜBERBLICK | Serviceunternehmen im Überblick

Firma	Zahl der Anlagen im Service	Zahl der Techniker und Ingenieure in Deutschland	Einsatzgebiet	Leistungsangebot Onshore/ Offshore	Servicenetz und Ersatzteilbeschaffung	Anlagentypen
cp.max Rotortechnik GmbH & Co. KG www.cpmax.com	Deutschland: ca. 450 Ausland: ca. 150	Ingenieure: 11 Techniker: 35	Weltweit	Rotorblätter On- und Offshore	zentral	Alle Hersteller und Anlagentypen.
Deutsche Windtechnik AG www.deutsche-windtechnik.de	Feste Wartungsverträge für über 2.100 WEA, davon über 550 WEA in Vollwartung; 56 Umspannwerke unter Vertrag; zusätzlich Rotorblätter, Reparaturen, Begutachtung, Sicherheitsüberprüfungen u.v.m. für weitere rund 1.500 Anlagen.	500 Mitarbeiter gesamt, inkl. Techniker und Ingenieure.	Vor allem Deutschland und europäisches Ausland (Polen, Spanien, UK); Ersatzteilhandel und Repowering weltweit.	On- und Offshore	Flächendeckendes, dezentrales Servicenetz in Deutschland mit 47 Standorten plus Hauptsitz und Zweigniederlassungen; 2 Stützpunkte in Polen; 6 in Spanien, 1 in UK.	Fokus bei Wartung und Instandhaltung auf alle WEA von Vestas®, NEG Micon®, SIEMENS®, AN BONUS®. Rotorblatt- und Ölservice, Begutachtungen, Inspektionen, Sicherheitstechnik, Consulting sowie Leistungen in den Bereichen Fundament, Turm, Umspannwerke, Steuerung sowie beim Repowering für alle Anlagentypen. Offshoreinstandhaltung für Umspannwerke und diverse Anlagentypen sowie Nebengewerke.
Dirk Hansen Elektro- und Windtechnik GmbH www.hansen-wind-technik.de	Ca. 180 WEA weltweit.	21 Techniker und Ingenieure.	Deutschland und Europa	Onshore	Netzwerk mit Herstellern mit Großkomponenten-Service, eigene Großkomponenten im Bestand.	Vestas V27 – V66, Tacke / GE TW 60 – 1,5 MW; DeWind: D4/D6; Nordex: N54; Südwind: MD-Serie.

Austausch von Großkomponenten	Angebotene Verträge	Preisgestaltung	Vertragslaufzeiten	Leistungen	Verfügbarkeitsgarantie	Gewährleistete Reaktionszeiten	Geplante Neuerungen in 2013
	Rahmenverträge mit festen Stundensätzen. Individuelle Angebote auf Anfrage.	Nach Aufwand, Stundensatz für Reparaturteams, Grundlage der Kalkulation sind Rotorblattgutachten. Fixpreise, wenn Kunde es wünscht.	Individuell von 12 bis 120 Monate.	Wartung, Inspektion, Reparatur von Rotorblättern, Vermessung und Optimierung der Blattwinkelstellung, Schwingungsanalyse und Auswuchten von Rotoren, spezielle Optimierungskonzepte, GFK-Reparaturen vor Ort / im Werk, Forschung & Entwicklung	Nein	Bei Anlagenstillstand aufgrund Rotorblattschaden innerhalb von ein bis zwei Tagen.	Entwicklung eines Verfahrens zur Ausführung von GFK-Reparaturen bei tiefen Temperaturen.
Ja	Individuelles, bedarfsgerechtes und modulares Leistungsangebot vom Basisservice bis Vollwartungsvertrag, der auch äußere Schäden inklusive Großkomponenten beinhaltet. Alle Leistungen frei kombinierbar. Ggf. separate Verträge für Gutachten, Sicherheitsprüfungen, Rotorblätter etc.	Wahlweise pauschal, nach Stundensätzen oder auch leistungsbezogen.	Frei gestaltbar, größtmögliche Individualität.	Komplette Servicepakete für die technische Instandhaltung von WEA aus einer Hand, onshore und offshore: Wartung, Instandhaltung, Optimierung, Steuerung, Leistungselektronik samt Reparaturen, Analyse und Optimierung, Rotorblattservice, Turm und Fundament (Prüfung, Sanierung, Korrosionsschutz, Reinigung und Abdichtung), Ölservice, Umspannwerke (Wartung, Überwachung rund um die Uhr), Sicherheitstechnik, Gutachten On- und Offshore (UVV, TÜV), Repowering: Ankauf, Abbau, Logistik, Beratung, Planung, Vermittlung, Überholung, Lagerung.	Vollwartungsvertrag: Garantie für bis zu 97 % techn. Verfügbarkeit. Gewährleistungen für sämtliche Leistungen, Garantieerweiterung individuell möglich.	Verschiedene Reaktionszeiten in Abhängigkeit von Projekten und Wünschen. In der Regel per DatenfernÜbertragung Reaktionszeiten unter 60 Minuten. Technische Reaktion und Initierung eines Einsatzes binnen 4 Std. Beheben von Störungen vor Ort binnen 24 Stunden.	Weiterer Ausbau des Servicenetzes und Personalaufbau; Verstärkung in allen Bereichen: Service, Steuerung, Rotorblätter, Umspannwerke und Sicherheit. Neuentwicklungen zur WEA-Optimierung (Retrofits). Ausbildung und Qualifizierung wird weiter forciert (u.a. Trainee on the job), Internationalisierung ist weiter stark nachgefragt. Offshore ist ebenfalls stark im Ausbau. Zusätzlich sind individuelle Kundenlösungen stark in Verhandlung.
Ja	Wartungsverträge / Wartung gemäß Herstellervorgaben.	Feste Wartungsbeträge je nach Anlagentypen, auf Anfrage AnlagenCheck nach WEA-Typ und Aufwand.	2 Jahre, modularer Aufbau.	Service, Reparaturen, Wartung; Großkomponententausch von Getriebe über Generatoren bis Rotorblätter. Fernüberwachung rund um die Uhr. Reparaturen von Steuerungselektronik (Mita, DanControl, Sentic, CT-Module); Re- und Demontage, Repowering und Austausch v. Großkomponenten im globalen Einsatz; Vermittlung von Sachverständigen-Gutachten.	Auf Großkomponenten bis zu zwei Jahre, auch Versicherung für eine Erweiterung möglich.	Störungsbeseitigung binnen maximal 24h.	Ausbau der Steuerungstechnik für Frequenzumrichter und Effektelektronik sowie des Netzwerks für Großkomponenten, um künftig noch schneller reagieren zu können. Langfristig: Ausbau der Service-Aktivitäten in Deutschland mit neuen Standorten. Planung für Service sowie technische Schulung in der Region Mittelamerika.

SERVICEMARKT ÜBERBLICK | Serviceunternehmen im Überblick

Firma	Zahl der Anlagen im Service	Zahl der Techniker und Ingenieure in Deutschland	Einsatzgebiet	Leistungsangebot Onshore/ Offshore	Servicenetz und Ersatzteilbeschaffung	Anlagentypen
EEGST EEG Service & Technik GmbH www.eegst.de	Inland: 46	Ingenieure: 2 Techniker: 4	Schleswig-Holstein	Ausschließlich Onshore	Komplett über Einkaufsgemeinschaften mit unseren Kunden.	Südwind: S70/77 oder baugleiche WEA von Fuhrländer, Repower; NORDEX: N80/90; Repower: MD und MM Baureihen.
ENERCON ENERCON GmbH www.enercon.de	22.000 ENERCON Anlagen weltweit.		ENERCON Vertriebsgebiete		Weltweites dezentrales Servicenetz mit einem Hauptsitz und mehreren Zweigniederlassungen und Servicestationen, zusätzliches Zentrallager Gotha.	Alle ENERCON Anlagentypen.

PLANUNGSBÜRO FÜR REGENERATIVE ENERGIESYSTEME
Für Kommunen, Stadtwerke, Bürgerwindparks und private Betreiber

Planung und Projektierung von Windenergieanlagen bis zur schlüsselfertigen Übergabe an den Betreiber z. B. Hamburg Energie

Dr. Augustin Umwelttechnik

Planungsbüro für Umwelttechnik, Umweltschutz und Prospektion
Straßenbahnring 13 • 20251 Hamburg

Fon: +49 (0) 40 - 45 46 81
Fax: +49 (0) 40 - 45 46 91
info@augustin-windenergie.de
www.augustin-windenergie.de

SERVICEMARKT ÜBERBLICK | Serviceunternehmen im Überblick

Austausch von Großkomponenten	Angebotene Verträge	Preisgestaltung	Vertragslaufzeiten	Leistungen	Verfügbarkeitsgarantie	Gewährleistete Reaktionszeiten	Geplante Neuerungen in 2013
Ja, zusammen mit Partnerunternehmen.	Ausschließlich Serviceverträge als Full-Service-Paket inklusive Wartung, Fernüberwachung, Störungsdienst zum Pauschalpreis. Abgrenzung bei Spezialreparaturen wie Austausch von Getrieben oder Reparaturen am Generator, für die Spezialfirmen hinzugezogen werden müssen.	Fixpreise, Details auf Nachfrage.	Individuell	Full-Service mit Ersatzteilen und Großkomponenten (Bezug über Einkaufsgemeinschaften). Fernüberwachung; daneben Sonderaufgaben wie Austausch v. Großkomponenten. Arbeiten an Rotorblättern, Getrieben und anderen Großkomponenten in Kooperation mit Spezialisten.	Nicht generell, kann aber individuell vereinbart werden.	Ja, individuell abhängig vom Standort zu vereinbaren.	Neue Vorhaben sind abhängig von möglichen Neukunden. Langfristig wird der Markt mehr Full-Service-Optionen fordern.
	Vollwartungsverträge (EPK) und Wartungsverträge.	Variable Preisgestaltung nach Energieertrag mit einem Mindestentgelt.	Variable Vertragslaufzeiten bis 15 Jahre mit Option auf Anschlussvertrag mit Vertragsabdeckung bis zum 20. Betriebsjahr und Servicekonzepte ab dem 20. Betriebsjahr.	Vierteljährliche Wartungen, 24/7-Fernüberwachung mittels ENERCON SCADA inklusive Remote Reset und automatischer Einsatzplanung, technischer Support; geplante und korrektive Instandhaltung einschließlich Bereitstellung qualifizierter Arbeitskräfte, aller Ersatzteile, Hauptkomponenten und Verbrauchsmaterialien inklusive deren Beschaffung, Transport, Einbau und fachgerechter Entsorgung ausgebauter Materialien. Bereitstellung der erforderlichen Arbeitsgeräte und Ausrüstung einschließlich Krane, Beaufsichtigung und Abwicklung aller im Rahmen der Vertragserfüllung notwendigen Aktivitäten im Windpark; Dokumentation der Serviceaktivitäten, Software-Updates der WEA-Steuerung und des SCADA-Systems, telefonischer Kundensupport, Verfügbarkeitsgarantie über die gesamte Laufzeit des Vollwartungsvertrages sowie Online-Berichterstattung.	Bei Vollwartungsverträgen für die gesamte Vertragsdauer.		Weiterentwicklung der Serviceprodukte und Servicekonzepte, Unterstützung bei der Umsetzung der gesetzlichen Richtlinien und Regelungen in der Windenergiebranche, Ausbau des Servicenetzes.

Qualifizierter Service für Ihre Rotorblätter
Inspektion – Wartung – Reparatur
Optimierung – Auswuchten – fotometrische Vermessungen

cp.max Rotortechnik GmbH & Co. KG, Fon +49 (0) 351.85 89 34 - 50, Fax -77
www.cpmax.com, info@cpmax.com

Firma	Zahl der Anlagen im Service	Zahl der Techniker und Ingenieure in Deutschland	Einsatzgebiet	Leistungsangebot Onshore/ Offshore	Servicenetz und Ersatzteilbeschaffung	Anlagentypen
ENERTRAG Service www.enertrag.com	Deutschland: ca. 750 Ausland: ca. 250	80 Servicetechniker, 25 Mitarbeiter im Innendienst.	Bundesweit, Benelux, Frankreich, Österreich, Polen, Resteuropa auf Anfrage.	Onshore	Dezentrale Servicestützpunkte an 22 Standorten, Regionalcenter Osnabrück und Lübeck, zentrales Ersatzteillager, Belieferung der dezentralen Standorte „just in time", Großkomponenten im Zentrallager oder ab Zulieferer.	DeWind: D4, D6-1000, D6-1250, D8; Tacke/GE bis 2,5MW; NEG-Micon bis NM64; Repower: MD70/77; Fuhrländer: FL70/77, FL2,5 EV2500; Nordex: N70/77; Südwind: S70/77; Kenersys alle Typen.
eno energy systems GmbH www.eno-energy.com	>70	15	Deutschlandweit / Europaweit	Onshore	Ersatzteilbevorratung und Verteilung über Zentrallager. Wartungsmaterial erfolgt über Kommissionsware.	eno 82, eno 92, eno 100, eno 114, eno 126.
FWT Trade GmbH www.fwt-trade.de	210	75	Service u. Wartung, Handel m. Ersatzteilen u. Komponenten, Fernüberwachung, Schwingungsüberwachung, Großkomponententausche, Anlagenrückbau, Engineeringleistungen für Altanlagen oder spezielle Problemstellungen, Lastmessungen an Komponenten, Netzmessungen.	Nur Onshore	Produktions-, Service- und Überwachungszentrale in Waigandshain im Westerwald. Zudem ist in Waigandshain das Engineering und die Entwicklung angesiedelt. Es existieren zudem mehrere Servicestützpunkte und Außenläger zur Sicherstellung der sachgerechten Materialversorgung der Kunden aus Handelsparte und Service.	FL30/100/250 PWE 650, FL800, FL1000, FL1250, FL2500 FWT2000, FWT2500, FWT3000 FL2000, FL2500 MD70/77, S70/77 WWD3 PWE 1500 EV2000

Austausch von Großkomponenten	Angebotene Verträge	Preisgestaltung	Vertragslaufzeiten	Leistungen	Verfügbarkeitsgarantie	Gewährleistete Reaktionszeiten	Geplante Neuerungen in 2013
Präventives Antriebskonzept. Instandhaltung (Überwachen) bis zur Instandsetzung, Lageraustausch auf der WEA.	Die Serviceverträge sind modular aufgebaut und können nach Bedarf individuell zusammengestellt werden. Seit 2012 werden Vollwartungsverträge angeboten.	Je nach Leistungsumfang, Anlagenstandort und Vertragsdauer.	Nach individueller Vereinbarung.	24/7-Datenfernüberwachung, Wartungen und Inspektion gemäß Vorgaben der Hersteller, Instandsetzung, Technischer Support, Ersatzteil-Management mit Onlineverkauf, Wartungen von Umrichtern und Trafostationen, Triebstrang-Analyse per Videoendoskopie und Schwingungsmessung, Ölwechselservice, Sachkunde-Prüfungen, Rotorblattservice (Inspektionen/Reparaturen), Großkomponententausch, Retrofit-Maßnahmen.	Verfügbarkeitsgarantie für Windparks wird angeboten	Schadensanalyse und ggf. sofortige Reparatur werktags von 6:00 bis 18:00 Uhr binnen sechs Stunden, sonst binnen 12 Stunden. Bei Störmeldungen, die bis 12:00 Uhr eingehen, erfolgt der Einsatz noch am selben Tag. Störmeldungen, die ab 12:00 Uhr eingehen spätestens um 10:00 Uhr des Folgetages.	Kontinuierliche Prozessoptimierungen im operativen und administrativen Bereich zur Verbesserung der Servicequalität (QMS). Unterstützung der Serviceeinsätze durch technischen Support mit Ziel der Effizienzsteigerung. Festinstalliertes Mitarbeiterqualifizierungsprogramm. Festpreisreparaturen. Übernahme von Anlagenverantwortlichkeit. Erweiterung der Serviceeinsätze bis 22.00 Uhr.
Abhängigkeit Vertrag	Complete Care / Advanced Care	Nach Vereinbarung	5 bis 20 Jahre.		97%	3 Stunden	
Ja	Standard-Wartungsvertrag Erweiterter Wartungsvertrag Vollwartungsvertrag Supportverträge Rahmenlieferverträge Standard-Werkverträge Standard-Dienstleistungsverträge	Unterschiedlich, richtet sich nach dem Kundenwusch: - Festpreis / Pauschalpreis - Abrechnung nach Aufwand - Ertragsabhängige Vergütung	1 – 15 Jahre, optional 20 Jahre.	Regelwartungen, Fernüberwachung, Umrichterwartungen, Schallvermessungen, Anlagenoptimierung, Blattwartungen, Blattreparaturen, Komponententausche, elektrische- und mechanische Reparaturen, Software Updates, Einrichtung kundenspezifischer Datenschnittstellen, Lieferung von Ersatzeilen und Großkomponenten, Dienstleistungen im Logistkbereich.	97%	Ja, 2h für alle via Fernüberwachung behebbaren Fehler. 30 Min. - 24 h. für den physischen Einsatz vor Ort, je nach Vertrag.	Aufnahme weiterer Anlagentypen. Erforschung neuer Optimierungsansätze. Erweiterung Errichtung Neumaschinen.

Firma	Zahl der Anlagen im Service	Zahl der Techniker und Ingenieure in Deutschland	Einsatzgebiet	Leistungsangebot Onshore/ Offshore	Servicenetz und Ersatzteilbeschaffung	Anlagentypen
GE Wind Energy www.ge-renewable-energy.com	Deutschland: ca. 1.100 Europa: ca. 3.200 Weltweit: Mehr als 25.000 installiert.	Ingenieure: ca.150 Techniker: ca. 150	In 35 Ländern weltweit.		Dezentrale Standorte weltweit. Deutschland: acht Servicestandorte und mehrere Stützpunkte, von denen Techniker 95 % aller Anlagen in weniger als 60 Minuten erreichen. Servicefahrzeuge sind mit oft benötigten Ersatzteilen bestückt. Zentrales Ersatzteillager zur Belieferung der dezentralen Standorte „just-in-time" (von Routinewartungs-Kits über kleinere Ersatzteile bis hin zu Großkomponenten).	Alle von Tacke, Enron und GE Wind jemals gelieferten WEA-Typen. Triebstrangreparaturen auch für ausgewählte Fremdfabrikate.
GREENBRIDGE Solutions GmbH www.greenbridge-solutions.de / .com	Deutschland & Europa: 90+	Projektmanager: 4, Techniker/Ing.: 2. Alle Arbeiten auf der Baustelle werden durch die Tochterunternehmen ausgeführt, z. B. MMM-Windtechnik.	Weltweit	Onshore / Offshore		Vestas, Nordex, Fuhrländer, Kenersys, GE, Gamesa, Seewind, NEG Micon, Siemens, AN Bonus, Tacke, Südwind.
juwi Operations & Maintenance GmbH www.juwi.de	Im Rahmen von technischen und/ oder kaufmännischen Betriebsführungsverträgen und/oder Serviceverträgen betreute Anlagen: 472.	29 MitarbeiterInnen im Bereich Wind Service (vom Mechatroniker bis zum Dipl.-Ing.); Anzahl der Mitarbeiter insgesamt: ca. 120 (standort-, technologie- und funktionsübergreifend).	Deutschland	Onshore	Servicestützpunkt am Firmensitz in Wörrstadt sowie dezentrales Servicenetz in Zusammenarbeit mit qualifizierten Servicepartnern; Ersatzteilbereitstellung aus eigenem Lager am Firmensitz sowie über Rahmenverträge mit Herstellern.	Im Rahmen von technischen und/ oder kaufmännischen Betriebsführungsverträgen und/oder Serviceverträgen betreute Anlagen folgender Hersteller: Vestas, Kenersys, GE, Fuhrländer, NEG Micon, Nordex, RePower, DeWind, Enercon.

Austausch von Großkomponenten	Angebotene Verträge	Preisgestaltung	Vertragslaufzeiten	Leistungen	Verfügbarkeitsgarantie	Gewährleistete Reaktionszeiten	Geplante Neuerungen in 2013
Ja	Kunden können Module für Service und Betrieb buchen. Von einfacher technischer Beratung bis hin zum Vollwartungsvertrag (auch Betrieb, Fernüberwachung und geplante Instandhaltungen, Instandsetzungen, Leistungsreports, Störungsbeseitigung).	Preise ergeben sich aus Leistungsumfang und den projektspezifischen Kosten.	Individuell: das Gros der Verträge läuft über 5 bis 15 Jahre.	Fernüberwachung und Fehler-Behebung rund um die Uhr, Wartungen, Instandhaltung und Kleinreparaturen, manuelle Neustarts, Frequenzumrichter- und Transformator-Wartung, Wartung Sonderausstattung, Ersatzteilversorgung, Condition-Monitoring-Systeme inklusive Datenanalyse und Auswertung, manuelle Triebstranganalyse, Umrüstung zur Erhaltung bzw. Steigerung der Verfügbarkeit, Umrüstungen zur Erfüllung von Netzanschlussbedingungen, Verfügbarkeitsgewährleistung, Instandsetzungen, Großkomponentenreparatur und -tausch, Blattwartung. Leistungssteigernde Software und Hardware Upgrades.	Ja, sofern gewisser Wartungsumfang auch bei GE Wind beauftragt wurde. Als Basiswert gilt 97% Verfügbarkeit. Projektspezifisch auch Angebot zeitlicher und energetischer Verfügbarkeitsgarantie.	Ja. Details sind verhandelbar.	Kontinuierliche Verbesserung des Energieertrages des Kunden durch technische Software und Hardware Upgrades (z.B. Reduktion der Geräuschemissionen, Optimierung der Pitcheinstellung). Kontinuierliche Reduzierung der Betriebskosten der Anlage über die Lebensdauer der Anlage, z.B. durch Reparaturen in der Nacelle (uptower), konsequente Fehlerauswertung als Grundlage für proaktive Wartung (Pulsepoint), regelmäßige Upgrades der Steuerungssoftware etc.; Maßnahmen zur Lebensdauerverlängerung.
Getriebewechsel (Haupt- und Drehgetriebe) Generatortausch.	Wartungsverträge bis Vollwartungsverträge. Flexible Vertragsgestaltung!	Festpreise, gem. Aufwand je nach Auftrag.	1–10 Jahre.	Wartung und Reparatur, Ölwechsel, Kranprüfung, Prüfen von Steigschutz, Gutachten, WKP, ZOP, EOW etc. Großprojekte, IBN, Repowering.		Über Fernüberwachung oder innerhalb von 24 Stunden vor Ort	Ausbau des Serviceangebotes
-	juwi bietet für Windenergieanlagen folgende Vertragstypen an: technischer Betriebsführungsvertrag, kaufmännischer Betriebsführungvertrag, Wartungsvertrag oder eine Kombination der vorgenannten Leistungsbausteine; zudem bieten wir Verträge mit individuellem Leistungsumfang auf Anfrage an.	I.d.R. Grundvergütung und erfolgsabhängige Bonuszahlung bezogen auf die energetische Verfügbarkeit des betreuten Windparks.	Individuell	Instandhaltung (Inspektion, Wartung, Instandsetzung & Verbesserung); Geländepflege sowie technische und kaufmännische Betriebsführung für Wind-, Photovoltaik- und Bioenergieanlagen.		Kurze Reaktionszeiten vor Ort im Störungsfall.	Echtzeitdatenübertragung; verstärkter Einsatz von Condition Monitoring und Eiserkennungs- und -vermeidungssystemen.

SERVICEMARKT ÜBERBLICK | Serviceunternehmen im Überblick

Firma	Zahl der Anlagen im Service	Zahl der Techniker und Ingenieure in Deutschland	Einsatzgebiet	Leistungsangebot Onshore/Offshore	Servicenetz und Ersatzteilbeschaffung	Anlagentypen
LTB Rotortech GmbH www.ltb-rotortech.de	Deutschland: ca. 1.000 Ausland: ca. 300	Rund 40	Bundes- und Europaweit	Onshore	Bevorzugt über Hersteller und im freien Handel.	Alle WEA-Typen >> Rotorblätter und weitere Faserverbund-Bauteile aller Art.
MMM-Windtechnik GmbH www.mmm-wind-technik.de	Deutschland & Europa: 90+	Techniker: 15 / Ingenieure: 2	Weltweit	Onshore / Offshore	Datenfernüberwachung und Analyse sowie Behebung von der Ferne oder vor Ort	Vestas, Nordex, Fuhrländer, Kenersys, GE, Gamesa, Seewind, NEG Micon, Siemens, AN Bonus, Tacke, Südwind.
N.T.E.S. GmbH www.ntes-service.de	Deutschland: 300	Techniker: 28	Deutschland	Onshore	Zentrale Fernüberwachung und Einsatzsteuerung in Bremervörde. Servicestation in Hohenhameln. Zentrale Ersatzteilbeschaffung.	Bonus/Siemens 150KW-2,3MW.

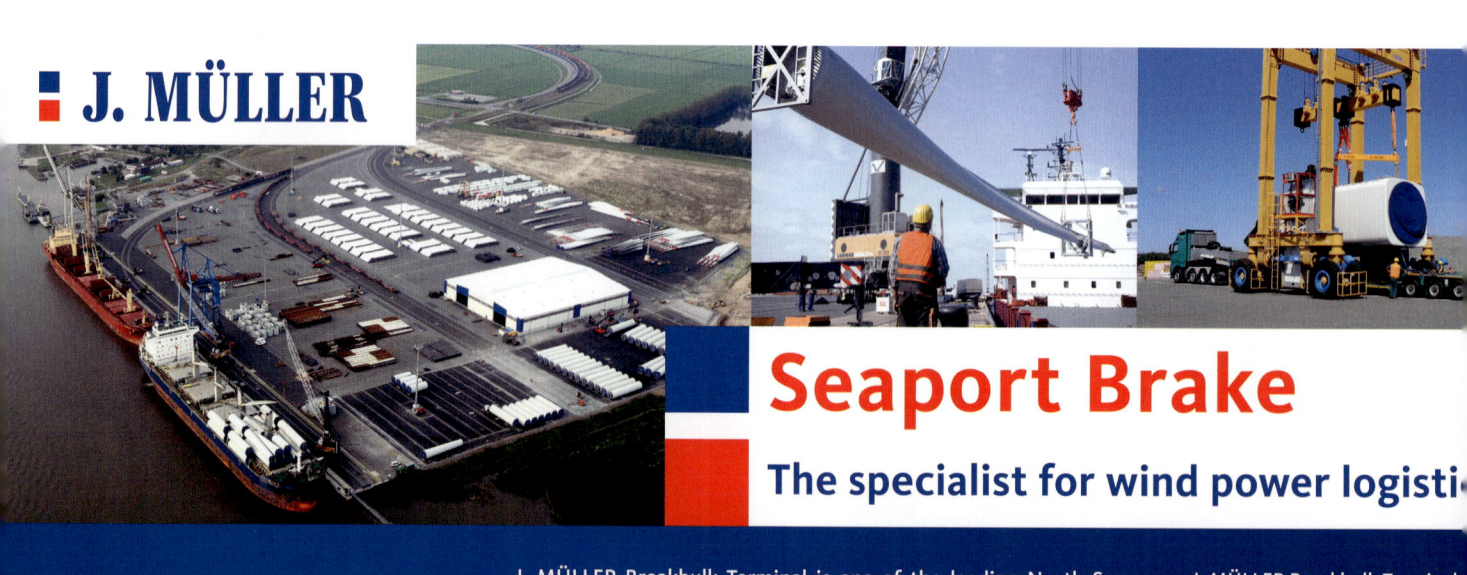

J. MÜLLER

Seaport Brake

The specialist for wind power logistics

J. MÜLLER Breakbulk Terminal is one of the leading North Sea logistics locations for the wind power industry, handling worldwide imports and exports for a large number of component manufacturers. At our extensive terminal and warehouse sites of well over 300,000 m², we have special handling equipment to ensure the safe transhipment, storage, trucking and technical supervision of components ranging from XS to XXL.

J. MÜLLER Breakbulk Terminal GmbH & Co. KG
Nordstr. 2 · 26919 Brake, Germany

phone +49 (0) 44 01/914-423
fax +49 (0) 44 01/914-409
wind@jmueller.de

www.jmueller.de

Austausch von Groß-komponenten	Angebotene Verträge	Preis-gestaltung	Vertrags-laufzeiten	Leistungen	Verfüg-barkeits-garantie	Gewährleistete Reaktionszeiten	Geplante Neuerungen in 2013
	Individuelle Betreuung abhängig vom Schadensbild, Erstellung von Reparaturkonzepten, auf Wunsch mit Begleitung eines Zertifizierers (etwa Germanischer Lloyd).	Individuell auf Anfrage.	Auf Anfrage und von Aufgabe abhängig.	Rotorblatt-Instandsetzung in Vakuum- und Infusions-Laminattechnik bei Schadenklassen aller Art und Faserverbundtechnik allgemein. Zugangstechnik: selbstfahrende Arbeitsbühnen, Werkhalle 2.200 m², mobile Werkstatt für Groß-Reparaturen vor Ort.	Individuell auf Anfrage, jeweils abhängig vom Aufgabenbereich.	Ab 24 h nach Anfrage je nach Schadensfall, individuell.	Erweiterung der Kapazitäten für Bühneneinsätze, weiterer Ausbau der Kapazitäten für europaweite Einsätze.
Getriebewechsel (Haupt- und Drehgetriebe) Generatortausch.	Wartungsverträge bis Vollwartungsverträge. Flexible Vertragsgestaltung!	Festpreise, gem. Aufwand je nach Auftrag.	1–10 Jahre.	Wartung und Reparatur, Ölwechsel, Kranprüfung, Prüfen von Steigschutz.	97%. Behebung von Störungen an Wochentagen, Wochenenden und an Feiertagen.	Über Fernüberwachung oder innerhalb von 24 Stunden vor Ort	Februar - Zusammenschluss der MMM-Wintechnik und der GREEN-BRIDGE Solutions. Ausbau des Serviceangebotes, Neuerungen und Anpassung im Kommunikationsbereich.
Getriebe, Generatoren, Hauptwellen, Getriebelager, Generatorlager.	Verträge für Wartungen individuell nach Aufwand oder pauschal. Verträge für Reparatur und Entstörung nach Aufwand.	Preis je nach WEA- und Vertragstyp.	1 Jahr oder nach Kundenwunsch.	Wartungen und Reparaturen, Großkomponententausch, Fernüberwachung, Tech. Prüfungen, Anlagenabbau.	Nein	Durch Fernüberwachung und Störungsmeldung per SMS Reaktionszeit 1 Std., Fehlerbehebung innerhalb von 24 Std. oder individuell nach Abstimmung.	Entwicklung kostengünstiger Reparaturverfahren. Ausbau des Servicenetzes. Erweiterung von Teams und Lagern, Weiterentwicklungen zur WEA-Optimierung, Ausbau des Kundennetzes.

Windkraft-Getriebe...

- NM60, NM48
- N60, N54, N43, N29, N27
- V80, V66, V52, V47, V44, V42, V39
- AN1300, AN600, AN450, AN150
- W5200, W4100, W2700
- TW600(e), TW300
- NTK500, NTK150
- M1500, S46, GET41, HSW250
- Teile f. GE1.5, D6, F56, F48, Jacobs, ...

... und weitere verfügbar!
Alle anderen Typen mit besten Lieferzeiten

Instandsetzung und Optimierung

Alle Größen und Fabrikate

Austauschgetriebe auf Wunsch

BRAUER
Maschinentechnik AG

Tel.: +49 (0)2871/7033   www.brauer-getriebe.de   Raiffeisenring 25, D-46395 Bocholt

Firma	Zahl der Anlagen im Service	Zahl der Techniker und Ingenieure in Deutschland	Einsatzgebiet	Leistungsangebot Onshore/ Offshore	Servicenetz und Ersatzteilbeschaffung	Anlagentypen
Nordex SE www.nordex-online.com	Weltweit mehr als 5.600 Anlagen, auf Deutschland entfallen davon über 1.800 Anlagen.	Ca. 150 Techniker und Ingenieure im Service in Deutschland.	In Deutschland bundesweit sowie weltweit in den Regionen Europa, Nord- und Südamerika, Mittlerer Osten, Afrika, Asien/ Pazifik.	Nordex konzentriert sich ausschließlich auf das Onshore-Geschäft und bietet hier sämtliche geschilderten Leistungen an.	Das Nordex Servicenetz besteht in Deutschland aus über 30 Servicestützpunkten (160 weltweit). Über diese wird in Zusammenarbeit mit dem Logistik-Zentrum in Rostock die Ersatzteilversorgung der Nordex-Windparks sichergestellt. In der Unternehmenszentrale in Hamburg und am Standort Rostock befinden sich die 24/7-Fernüberwachung sowie der technische Support.	Das gesamte Nordex Produktportfolio (N27-N131) sowie das ehemalige Südwind -Portfolio (S46-S77).
psm GmbH & Co. KG www.psm-service.com	500 im techn. Service, insgesamt 244 mit Wartungsvertrag.	53.	Europaweit mit Schwerpunkt, Deutschland, Frankreich, Italien, Portugal.	Onshore	Größere Komponenten werden im Zentrallager in Erkelenz gelagert. Für Standardkomponenten gibt es diverse Regionallager. Kleinkomponenten sind in Servicefahrzeugen vorrätig. Großkomponenten werden ebenfalls gelagert.	Fuhrländer, Senvion/Repower, Nordex, (MD-Reihe); DeWind; NEG Micon; WindWorld.

SERVICEMARKT ÜBERBLICK | Serviceunternehmen im Überblick

Austausch von Großkomponenten	Angebotene Verträge	Preisgestaltung	Vertragslaufzeiten	Leistungen	Verfügbarkeitsgarantie	Gewährleistete Reaktionszeiten	Geplante Neuerungen in 2013
Im Premium-Vertrag ist der Austausch von Großkomponenten inkludiert. Bei allen anderen Vertragskonzepten kann der Austausch auf Grundlage individueller Beauftragungen erfolgen.	Vier Vertragskonzepte mit unterschiedlichen Laufzeiten und Inhalten: Basic: Regelmäßige Wartungsarbeiten sowie 24/7-Fernüberwachung; Extended: Zusätzliche Verfügbarkeitsgewährleistung und regelmäßiges Berichtswesen; Premium: Deckt zusätzlich alle Kosten für Wartungen, Reparaturen und Ersatzteillieferungen ab; Premium Light: Umfasst die Leistungen des Premium-Vertrags bis auf den Autausch ausgewählter Komponenten. Betreiber können ihre Risikoabdeckung damit kostengünstiger gestalten und noch individueller ihren Bedürfnissen anpassen. Diese Vertragspakete können durch optionale Dienstleistungen erweitert werden (z.B. Condition-Monitoring-Systeme, Inspektion der Sicherheitsausrüstung und vieles mehr).	Preise auf Anfrage. Es werden neben der Anlagenklasse und dem Vertragskonzept viele Faktoren berücksichtigt. Hierzu gehören u.a. die Laufzeit des Vertrages, der Standort der Anlagen (Entfernung zu Service Points, lokale Windbedingungen wie Windgeschwindigkeiten und Turbulenzen, erwartete Jahresproduktion in kWh) und die Höhe der gewährleisteten Verfügbarkeit.	Die Vertragslaufzeiten variieren je nach Vertragskonzept: Der Basic-Vertrag hat eine Mindestlaufzeit von drei Jahren, der Extended-Vertrag hat eine Laufzeit von fünf bis zehn Jahren und der Premium/Premium Light-Vertrag hat eine Laufzeit von fünfzehn Jahren. Projekt- und länderspezifische Konditionen können abweichen.	Nordex bietet alle Serviceleistungen von der Basis-Lösung bis zum Rundum-Sorglos-Paket. Dazu gehören in modularer Weise und je nach Vertragsmodell u.a. die 24h-Fernüberwachung inkl. Erreichbarkeit und Fehlerdiagnose, eine Verfügbarkeitsgewährleistung, Reparaturen bis zum Großkomponententausch, Ersatzteilversorgung, CMS, Rotorblattservice, Modernisierungen und Upgrades.	Ja, in Extended-, Premium Light- und Premium-Verträgen.	Reaktionszeiten und Ersatzteilverfügbarkeit sind im Rahmen von Premium-, Premium Light- und Extended-Verträgen indirekt durch die Verfügbarkeitsgewährleistung abgedeckt.	Eröffnung weiterer Regionalbüros im Süden Deutschlands sowie weiterer Servicestützpunkte bundesweit. Zusätzlich überproportionale Einstellung neuer Servicetechniker. Verstärkte Einbindung von proaktiver Datenanalyse (mit einem dedizierten Team) in die Anlagenüberwachung und deren Support. Nordex plant die Umrüstung weiterer Bestandsanlagen vom Typ S70/S77 mit SEG-Hauptumrichter, um deren Anforderungen für den SDL-Bonus zu erfüllen. Die Zertifizierung läuft aktuell.
ja	Jede Leistung kann im Einzelnen oder im Paket individuell vereinbart werden.	Wartungspreise individuell je Anlagentyp und Standort. Kalkulationsgrundlagen sind die jeweiligen Wartungsleistungen. Spezialdienstleistungen (z. B. Getriebevideoskopie, Umrichterservice) werden pauschal bzw. als Rahmenvereinbarung angeboten.	Flexibel, auch einzelne Wartungen können beauftragt werden.	Wartung & Service, Technisches Management, Kaufmännisches Management, Repowering (Anlagenaufbau/-abbau), Großkomponententausch, Komplettservice für Frequenzumrichter, Getriebevideoskopie, Spezial-Service für Transformatorenservice, Consulting.	Nach individueller Absprache. Für alle Komponenten gelten grundsätzlich Gewährleistungen nach gesetzlicher Vorschrift. Verlängerungen möglich.	Innerhalb von 12 Stunden Reaktion auf die Störung. Innerhalb von 24 Stunden ist ein Serviceteam garantiert vor Ort.	

SERVICEMARKT ÜBERBLICK | Serviceunternehmen im Überblick

Firma	Zahl der Anlagen im Service	Zahl der Techniker und Ingenieure in Deutschland	Einsatzgebiet	Leistungsangebot Onshore/ Offshore	Servicenetz und Ersatzteilbeschaffung	Anlagentypen
Renertec GmbH www.renertec-gmbh.com	83	4	Deutschland	Onshore	Zentrale Fernüberwachung und Betriebsführung in Brachttal	GE 1,5 sl; Fuhrländer MD 77; Senvion MD 70, MD77; Enercon E 82; Vestas V90, V 112
REWITEC GmbH www.rewitec.com	Deutschland: ca. 200 Ausland: ca. 50	Techniker: 1 Ingenieure: 2	Weltweit	Vorrangig Onshore	Serviceeinsätze zur REWITEC-Anwendung und Oberflächenanalyse werden zentral von der Firmenzentrale in Lahnau (i.d. Mitte Deutschlands gelegen) organisiert.	Alle Getriebe und Lager aller Hersteller.
RoSch Industrieservice GmbH www.rosch-industrieservice.de		Ca. 80 Servicetechniker.	Weltweit mit Fokus auf Europa.	On- und Offshore		Hersteller- und typenunabhängig.
Rotor Control GmbH www.rotor-control.de	Reparaturen und Begutachtungen für ca. 400 Anlagen.	17 Mitarbeiter, davon 12 Techniker.	Bundesweit und angrenzendes Ausland, Begutachtung per Seilzugangstechnik EU, USA und Kanada.	Onshore/ Offshore	Zentral	Alle Hersteller und Anlagentypen.

Austausch von Großkomponenten	Angebotene Verträge	Preisgestaltung	Vertragslaufzeiten	Leistungen	Verfügbarkeitsgarantie	Gewährleistete Reaktionszeiten	Geplante Neuerungen in 2013
	Standardpakete für technische und Kaufmännische Betriebsführung. Verträge je nach Anforderung.	Vergütung in Abhängigkeit des Jahresumsatzes aus Stromverkauf oder Fixpreise	Individuell	Technische und kaufmännische Betriebsführung, Inspektion und technische Zustandsprüfung, Fernüberwachung, Upgrades, Optimierungen, Wartung von Transformator- und Übergabestation.	Nein	Maßnahmen zur Beseitigung von Fehlern umgehend nach der Störmeldung	Geplanter Bau und Inbetriebnahme von 27 WEA á 3MW, ges. 81 MW.
Nein	Service- und Finanzierungsverträge über 1-5 Jahre.	Preise abhängig von WEA-Leistung bzw. eingesetzten Schmierstoffmengen. Die Beschichtung für ein 1,5-MW-Getriebe kostet 6.000 Euro. Beschichtungsfett kostet 400 Euro/kg.	Finanzierungen: zwei Jahre Serviceverträge: fünf Jahre	Verschleißschutzbeschichtung für Getriebe; Spezialfette für Verzahnungen und Lager; Oberflächenanalysen der Verzahnungen.	Nein	Nein	Erweiterte Service-Dienstleistungen, Erweiterung des Service-Netzes im Ausland, weitergehende Produktoptimierung, Internationale Marken- und Patentsicherung.
Ja	Individuelle Angebote und Rahmenverträge mit festen Konditionen.	Festpreise sowie individuelle Angebote auf Basis der gewünschten Leistung.	Individuell	Service- und Wartungsarbeiten, mechanische und elektrische Montage von Teilkomponenten, Reparatur von dynamisch belastbaren Bauteilen, Spezialentwicklungen und Sonderlösungen, Inspektion, Gutachtenerstellung.	Nein	Abhängig von Region und Verfügbarkeit.	Ausbau und Weiterentwicklung der Offshoredienstleistungen.
Nein	Rahmenverträge zum Festpreis, individuelle Angebote auf Anfrage.	Nach Aufwand auf Stundenbasis für Reparaturen aufgrund Rotorblattgutachten, Begutachtung per Seilzugangstechnik zum Fixpreis, wenn vom Kunden gewünscht.	Flexibel verhandelbar.	Rotorblattreparaturen- und Instandsetzung mit eigenen Seil-Arbeitsbühnen, Zustandsüberprüfung per Seilzugangstechnik.	Nein	Ja, individuell vom Standort abhängig.	Testphase einer neu entwickelten multifunktionalen Befahranlage, die auch den Einsatz bei WEA ermöglicht, die sich nicht lotrecht arretieren lassen bzw. den Zugang bis zur Nabe ermöglicht und eine Auslage bis 14 Meter für große WEA hat. Sie ist aufgrund ihrer Kompaktheit auch für Offshore-Anlagen geeignet.

SERVICEMARKT ÜBERBLICK | Serviceunternehmen im Überblick

Firma	Zahl der Anlagen im Service	Zahl der Techniker und Ingenieure in Deutschland	Einsatz-gebiet	Leistungs-angebot Onshore/ Offshore	Servicenetz und Ersatzteilbeschaffung	Anlagentypen
seebaWIND Service GmbH www.seebawind.de	Über 600 Anlagen im In- und Ausland.	75 Mitarbeiter gesamt inkl. Techniker und Ingenieure.	Deutschland, Polen, Frankreich, Benelux, Norwegen	Onshore	Dezentrales Servicenetz mit 12 Servicestützpunkten und mehreren Regionalcentern in Deutschland sowie weiteren Stützpunkten im Ausland. Gründungsmitglied von Wind-network 360° (das Kompetenznetzwerk für herstellerunabhängigen Service) mit mehr als 22 Servicestützpunkten. Im Januar 2015 Übernahme des Netzwerkpartners Service-4Wind mit allen Mitarbeitern und den Standorten in Osnabrück und Mücke. Zentrallager in Osnabrück und weitere kleinere Lagerstandorte an den Regionalcentren sowie Stützpunkten. Verwaltung mehrerer Ersatzteilpools (WEA spezifisch) im Eigentum der Betreiber und Ansprechpartner für Beteiligung an diesen Ersatzteilpools.	Spezialisierung auf Nordex N43, N50/52/54, N60/62, S 70/77, N 80/90/100/117, Fuhrländer FL MD 70/77, FL 2500, REpower MD 70/77, MM 70/82/92, Dewind D 4 und D 6.
Seilpartner Windkraft GmbH www.seilpartner.com	Ca. 750 im Inland und 600 im Ausland.	2 Ingenieure 25 Techniker	Weltweit	On- und Offshore: Wartungs-konzepte für Gründungs-strukturen, Instand-setzungs-arbeiten Rotorblätter und Türme.	Zentrale Arbeitskoordination vom Hauptsitz Berlin Ersatzteilbeschaffung direkt vom Hersteller oder Zulieferer.	Rotorblätter, FVK-Bauteile und Anlagentürme aller Hersteller.

Austausch von Großkomponenten	Angebotene Verträge	Preisgestaltung	Vertragslaufzeiten	Leistungen	Verfügbarkeitsgarantie	Gewährleistete Reaktionszeiten	Geplante Neuerungen in 2013
Austausch mit entsprechendem Spezialwerkzeug für alle genannten Anlagentypen. Für diese hält seebaWIND Großkomponenten im Lager vor. Schneller und fachmännischer Wechsel der Großkomponenten. Bei einem Getriebewechsel arbeitet das Team mit einer Traverse an der Hauptwelle, um den Rotor zu halten. Dieses Verfahren ermöglicht den Tausch ohne die zeitaufwändige Demontage des Rotors.	Modular aufgebaut mit einer Vielzahl von Optionen; jedes Paket selbstverständlich individualisierbar. Die Verträge reichen in ihren Leistungen von der Grundversorgung über die Teilwartung bis zur Vollwartung. Seit 2013 arbeitet seebaWIND im Rahmen der Vollwartungsverträge mit Maintenance Partners, einer 100%igen Tochterfirma des japanischen Industriekonzerns Mitsubishi Hitachi Power Systems, zusammen. Als zusätzliche Leistungen umfassen die Vollwartungsverträge den Tausch von Großkomponenten sowie den Einsatz des intelligenten Datenmanagementsystems WINTELL®, das Störungen und Ausfälle frühzeitig vorhersagen kann.	Die Preise orientieren sich an dem Projekt und der vereinbarten Leistung.	Individuell – auch bis 20 Jahre und darüber hinaus: Unter dem Motto „Service zu Ende gedacht" bietet seebaWIND auch ein Paket für den Weiterbetrieb über die üblichen 20 Jahre hinaus.	Service 360°: 24h/7 Tage Fernüberwachung, Service, Vollwartung, Wartung und Instandsetzung, Großkomponententausch, Engineering, Optimierung und Upgrades, Demontage und Inbetriebnahmen, Rotorblattservice, Turmservice, Getriebevideoendoskopien, Sachkundigenprüfungen, technische Betriebsführung, Beteiligungen an Einkaufsgemeinschaften (Ersatzteilpools), Thermographie und Standortoptimierung.	Je nach Servicepaket garantiert seebaWIND eine technische Verfügbarkeit von 97%	In jedem Servicepaket 1h bei der Fernüberwachung und 24h für einen Vor-Ort-Service.	Optimierung von Windkraftanlagen im Hinblick auf den SDL-Bonus. Dazu kooperiert seebaWIND u.a. mit dem dänischen Hersteller Mita-Teknik. Derzeit arbeiten die beiden Unternehmen an einem neuen Anlagenrechner mit neuer herstellerunabhängiger Software. Während Betreiber und Servicedienstleister nicht auf alle Funktionen bisheriger Anlagenrechner zugreifen konnten, erlaubt die neue Software, gewünschte Sonderfunktionen zu integrieren. seebaWIND sorgt dafür, dass die Software stets auf dem neuesten Stand ist und auch für ältere Anlagentypen weiterentwickelt wird. So kann das Team flexibel auf neue Gegebenheiten im Betrieb oder auf eventuelle Änderungen der Gesetzgebung reagieren.
	Flexibel gemäß Art und Weise der auszuführenden Tätigkeiten. Einzel-, Paket-, Pauschal- und Wartungsangebote möglich.	Festpreise für Inspektions- und Reparaturarbeiten. Freie Preisgestaltung bei Wartungsverträgen.	Individuelle Gestaltung. Wartungsverträge 6 Jahre in Abhängigkeit von Ort und WEA-Anzahl.	Zustandsprüfungen Rotorblatt und Turm, Rotorblattreparaturen, FVK-Reparaturen, Korrosionsschutzarbeiten, Drehmomentenprüfungen und Montagen mittels Seilzugangs- und Positionierungstechnik sowie Arbeitsbühne möglich. On- und Offshoreleistungen.	24 Monate auf FVK-Reparatur- und Korrosionsschutzarbeiten.	Entsprechend Dringlichkeit.	Kooperation mit Forschungsinstituten, Entwicklung eines Erosionsteststandes.

SERVICEMARKT ÜBERBLICK | Serviceunternehmen im Überblick

Firma	Zahl der Anlagen im Service	Zahl der Techniker und Ingenieure in Deutschland	Einsatz-gebiet	Leistungs-angebot Onshore/ Offshore	Servicenetz und Ersatzteilbeschaffung	Anlagentypen
SENVION wind energy solutions Senvion Deutschland GmbH / Hub Central Europe 2015 www.senvion.com	Deutschland: 1380 WEA (onshore) Ausland: 207 WEA	Bereich "Operations" (Wartung und Reparatur): 173 Techniker und 15 Meister.	Im Bereich Senvion Service CE	Onshore	In Deutschland 20 Service-stützpunkte mit Materiallager. In Polen 4 Servicestützpunkte + 6 Servicefahrzeuge und Österreich 1 Stützpunkt + 2 Servicefahrzeuge mit Lager. Zudem 104 Servicewagen mit Material, die bei Bedarf mit Ersatzteilen aus den Service-Lagern versorgt werden. Reibungsloser Serviceablauf wird mit dem neu implementierten Lagerverwaltungssystem (SAP-gesteuerten, projekt-spezifischen Ersatzteillisten) gewährleistet.	Senvion: alle WEA im aktuellen Portfolio und Altanlagen der Serien HSW und MD (soweit aktuelle Sicherheits-anforderungen erfüllt sind); zusätzlich Verträge für bautypenähnli-che Fremdanlagen.
SIEMENS Siemens Wind Power www.siemens.com	Weltweit mehr als 7.600 Anlagen mit rund 18 GW in der Gewährleistung und im Service.	Weltweit etwa 3.300 Service-Mitarbeiter.	4 Regionen, 20 Länder weltweit.	Service-Programme für Onshore- und Offshore Windkraft-werke.	4 regionale Service-Niederlas-sungen und Training Center (UK, DK, DE, US), Ersatzteillager für Europa Tinglev (DK), Lagerfläche 35.000 m², sowie lokale und regionale Lager.	Alle Siemens Wind-energieanlagen.

SERVICEMARKT ÜBERBLICK | Serviceunternehmen im Überblick

Austausch von Großkomponenten	Angebotene Verträge	Preisgestaltung	Vertragslaufzeiten	Leistungen	Verfügbarkeitsgarantie	Gewährleistete Reaktionszeiten	Geplante Neuerungen in 2013
Der Großkomponententausch wird firmenintern über eigenständige, spezialisierte Serviceeinheit abgewickelt.	Vollwartungsvertrag (Integrated Service Package - ISP): sämtliche Leistungen inklusive der Großkomponenten. ISP wird jeweils an Projekt-, Kunden- oder Standort-Anforderungen angepasst und ist für neu errichtete Windparks konzipiert. Standardwartungsvertrag: modular aufgebauter Vertrag mit individuellen Leistungen; Für übrige Windparks individuelle Servicelösungen. Zudem gibt es für Offshore-Windparks eigene Service-Konditionen, die für die Bedingungen auf See zugeschnitten sind.	ISP: Konditionen abhängig vom Projekt. Preise werden in teilweise fixer, teilweise leistungsabhängiger, jährlicher Vergütung berechnet. Standardwartungsvertrag: Fixpreise je nach WEA-Typ und Leistungsumfang.	Vollwartungsvertrag: bis 15 Jahre, um 5 Jahre verlängerbar. Standardwartung: ab 5 Jahre aufwärts, jährlich verlängerbar.	Das Leistungsspektrum umfasst regelmäßige Standardwartung und Reparaturen sowie ein breites Angebot an individuellen Servicepaketen, in denen von Fernüberwachung bis Spezialinspektionen alle anlagenrelevanten Leistungen angeboten werden (mindestens ein Jahr Gewährleistung für die Leistungen).	Der ISP garantiert feste zeitlich basierte Anlagenverfügbarkeit oder energetische Verfügbarkeit (Produktionsgarantie) für die Vertragslaufzeit. Der Schadenersatz für Nichterreichen der garantierten Verfügbarkeit entspricht den tatsächlich entgangenen Einkünften aus der Einspeisung.	Nicht standardmäßig. Anstelle von festen Reaktionszeiten garantieren wir Anlagenverfügbarkeit im Rahmen unserer ISP-Verträge	Zusätzlich zu den angebotenen Verträgen bieten wir stärker als in der Vergangenheit gezielte Windpark spezifische Upgrades und Retrofits an, um Verfügbarkeit und Leistung der Anlagen weiter zu steigern.
Im Umfang von Verträgen mit Gewährleistung enthalten oder separat angeboten.	Service-Programme: SWPS-100B (Basic), SWPS-200A (Availability), SWPS-300W (Warranty), SWPS-420O (Offshore Availability), SWPS-430O (Offshore Warranty) Zusätzlich flexibel wählbare Service-Leistungen: Remote Diagnostics, Training, Mods&Upgrades, Erweiterte Gewährleistung, Turn Key etc.	Nach Leistungsumfang und projektspezifisch.	Onshore bis 20 Jahre Offshore bis 15 Jahre	Wartung- und Instandsetzung, Technischer Support, 24/7-Fernüberwachung, TCM, SCADA, Ferndiagnostik, Verfügbarkeitsgarantie, Ersatzteilkonzept, Gewährleistung auf Ersatzteile, Großkomponententausch, Offshore Service, Logistikkonzepte Offshore, Produkt- und Sicherheitsschulung, Optimierung und Upgrades, Rotorblattservice, Turn Key Service.	In allen Service-Programmen enthalten, außer SWPS-100B Basic	Für Standard-Wartungsarbeiten Start der Arbeiten innerhalb von 24 Stunden, Reaktionszeiten in Bezug auf Hauptkomponenten abhängig von Vertragstyp und individueller Vereinbarung.	Ausweitung der Fernüberwachungs- und Ferndiagnostik-Kompetenzen, Fertigstellung erster speziell für den Offshore-Einsatz entwickelter Schiffe, Weiterer Roll-Out und Ausbau des Siemens Kundenportals.

Firma	Zahl der Anlagen im Service	Zahl der Techniker und Ingenieure in Deutschland	Einsatzgebiet	Leistungsangebot Onshore/ Offshore	Servicenetz und Ersatzteilbeschaffung	Anlagentypen
SKF GmbH www.skf.com	Auftragsbezogen auf Einzelanlage.	Servicetechniker: 6 Ingenieure: 35 (in Deutschland)	Weltweit auf Anfrage, Fokus Deutschland, Dänemark, Spanien, UK, USA, China, Indien.	Ja	Ersatzteile weltweit, zentrale Service-Standorte in ausgewählten Ländern. Auf Anfrage weltweit verfügbar.	Angebote für alle gängigen Windkraftanlagen. Angebotsumfang variiert je nach Anlagentyp. Details auf Anfrage.
Speedwind GmbH www.speedwind.de	Deutschland: 56	Techniker: 6	Regionen Bundesweit	ab 2015 Offshore-Ölwechsel	Ersatzteile über Zulieferer (Hersteller der Teile) und ggf. WEA-Hersteller. Großkomponenten werden fremdvergeben.	Nordex: N27 bis N62 Südwind: S70/77 NEG Micon: NM1000 Siemens, ANBonus: AN 1300, SWT2000; Vestas: V47, V80/90; Windworld WW 750; Technische Überwachung E82.
UTW Dienstleistungs GmbH www.utw-gmbh.de	ca. 550	30	Europa	Onshore	k.A.	GE, Nordex, Gamesa, Vestas, u.a.
Vestas Central Europe www.vestas.com	Im Geschäftsgebiet von Vestas Zentraleuropa betreuen wir mehr als 7.500 von den weltweit durch Vestas insgesamt betreuten 25.000 Windenergieanlagen.		Weltweit in mehr als 70 Ländern.	Sowohl Onshore als auch Offshore (MHI Vestas Offshore Wind).	Generell dezentrale Servicestruktur; Sicherung der Ersatzteilverfügbarkeit im jeweiligen Markt.	Alle Vestas-Anlagentypen sowie Anlagen von NEG Micon.

Austausch von Großkomponenten	Angebotene Verträge	Preisgestaltung	Vertragslaufzeiten	Leistungen	Verfügbarkeitsgarantie	Gewährleistete Reaktionszeiten	Geplante Neuerungen in 2013
Nein	Ersatzeilmanagement mit garantierten Verfügbarkeiten, Services auch vertraglich regelbar.	Preise ergeben sich aus Leistungsumfang und den projektspezifischen Kosten.	Individuell	Ersatzteilmanagement, Condition-Monitoring-Systeme inkl. Online-Zustandsüberwachung (auch Schwingungsanalyse vor Ort), kleine Instandsetzungen an Windturbinen, einzelne Großkomponentenreparatur.	Nein	Ja, bei Online-Überwachung mit Condition-Monitoring-Systemen.	Ausbau des Ersatzteilmanagements und Aufbau strategischer Stock, um schnelle Verfügbarkeiten am Markt zu gewährleisten, Upgrades für unterschiedliche Produkte, optimierte Lösungen für den Hauptlagertausch.
	Individuelle Verträge nach Absprache mit dem Kunden, Basic, Basic + und All-in-Verträge.	Preise nach Aufwand und Entfernung (individuell auf Anlagentyp bezogen).	Individuell	Wartung, Reparatur, Ölwechsel, Fernüberwachung rund um die Uhr (24 Std. DFÜ-System); Techn. Abnahme (Leiter, Kran, Übergabe Trafostation, Feuerlöscher etc.); Begehung von WEA; Flügelwartung und Großkomponentenwechsel mithilfe von Partnerunternehmen!	Nach Absprache	12 bis 24 Stunden.	Offshore-Ölwechsel.
Nein	- Sachkunde-Prüfungen aller sicherheitsrelevanten Elemente einer WEA - BGV-A3 Prüfung	k.A.	Gemäß Kundenwunsch (im Regelfall 6 Jahre).	1. Sachkundeprüfung aller sicherheitsrelevanter Elemente einer WEA: Leiter/Steigschutz, Seilwinde/Kran, Befahranlage, PSA etc. 2. Mängelbeseitigung nach Sachkundeprüfung 3. BGV A3-Prüfungen WEA 4. Reinigungen z.B. nach Ölschaden 5. Beseitung v. Korrosionsschäden 6. Flanschsanierungen 7. Trafostationswartung u.v.m	k.A.	k.A.	Gefährdungsbeurteilungen für Windenergieanlagen
Für alle Vestas-Anlagentypen sowie Anlagen von NEG Micon.	Vollumfängliche Serviceverträge (AOM 4000/5000), Serviceverträge inkl. Instandsetzung (AOM 3000), reine Wartungsverträge (AOM 2000), sowie Serviceleistungen auf individueller Angebotsbasis.	Variabler, produktionsabhängiger Preis in Kombination mit einem Mindestpreis in Abhängigkeit von Anlagentyp und Standort.	Je nach Kundenwunsch. Vollumfängliche Serviceverträge (AOM 4000/5000) können ab Inbetriebnahme der Windenergieanlage mit einer initialen Laufzeit von bis zu 15, in individuellen Fällen mit einer Erweiterung bis zu 20 Jahren Laufzeit ausgestattet werden.	Komplette Instandhaltung von Windenergieanlagen, Lieferung und Einbau von Verbrauchsmaterialien, Ersatzteilen und Großkomponenten, Fernüberwachung, Inspektionen (z.B. Getriebeendoskopie, Sicherheitsüberprüfung, BGV A3), Produktverbesserung durch die Entwicklung und Implementierung von Anlagenmodifikationen und Software-Updates, Berichtswesen, Verfügbarkeitsgarantien und Kundenbetreuung.	Bei vollumfänglichen Serviceverträgen über die gesamte Vertragslaufzeit; Technische Verfügbarkeitsgarantie (AOM 4000) oder energiebasierte Verfügbarkeitsgarantie (AOM 5000).		Höhere Serviceeffizienz, gesteigerte Kunden- und Anlagennähe durch Straffung der Prozesse und regionalen Ausbau der Serviceorganisation. Verstärkter Fokus auf After-Sales-Produkte.

SERVICEMARKT ÜBERBLICK | Serviceunternehmen im Überblick

Firma	Zahl der Anlagen im Service	Zahl der Techniker und Ingenieure in Deutschland	Einsatz-gebiet	Leistungs-angebot Onshore/ Offshore	Servicenetz und Ersatzteilbeschaffung	Anlagentypen
Windigo GmbH www.windigo.de	ca. 500 WEA	35 Techniker und Ingenieure.	Weltweit	Onshore & Offshore	Service-Stationen: Berlin, Hamburg, Erfurt.	Alle WEA- und alle Blatt-Typen; Spezialist für LM-Blätter.
WKA Sachsen Service GmbH 3 Energy Service-group www.3energy.eu		23	Weltweit	Onshore	Zentrale Beschaffung, Netzwerk mit Herstellern und Lieferanten, temporäre auf-tragsbezogene Stützpunkte.	Tacke, Enron, GE, Nordex, Vestas, DeWind, Vensys, Kenersys, MD Serie.
ZF Friedrichshafen AG, ZF Services www.zf.com	Nicht relevant (ca. 26.000 eigene Hauptgetriebe geliefert)	25 / 35 (EU)	Global	Onshore / Offshore	Lokale Service-Niederlassun-gen in allen Windkraftmärkten (D, E, UK, I, BEL, CHI, USA, IND); weltweites Vertriebs-netz.	Diverse (Fokus: Vestas/NEG in allen Plattformen und GE 1.5 MW, Nordex S70/77 und äquivalent, Repower MM Serie), weitere auf Anfrage.
ZOPF Energieanlagen GmbH www.zopf-gmbh.de	k.a	Techniker: 6 Ingenieure: 4	Bundesweit		Zentraler Lagerbestand, Ersatz-teilversorgung vorzugsweise im Ringtauschverfahren, General-überholung von Leistungsmo-dulen div. Frequenzumrichter als Werkstattleistung.	GE, Nordex, Sen-vion, Fuhrländer, Tacke, Dewind, Südwind.

Wollen Sie ein kompetentes, qualitativ hochwertiges und sicheres Training? Dann melden Sie sich an!

Falck Safety Services ist ein führender Anbieter von Sicherheitstraining mit Niederlassungen in 18 Ländern auf 5 Kontinenten. Wir bieten Offshore-Sicherheitskurse für die Windindustrie, Öl- und Gasindustrie sowie maritime Sicherheitskurse. Falck Safety Services steht für Kompetenz bei Prävention, Bewältigung von und Lernen aus kritischen Situationen/Ereignissen. Dies geschieht durch Training und Beratung. Mit mehr als 40 Jahren Erfahrung aus der Öl- und maritimen Industrie verfügt Falck Safety Services über umfassende Kompetenzen, die sowohl national wie international nachgefragt werden.

Kontakt: 0471 483436-0
Falck Safety Services · Am Handelshafen 8 · 27570 Bremerhaven · www.falcksafety.com/de · info@de.falcksafety.com

Austausch von Groß-komponenten	Angebotene Verträge	Preis-gestaltung	Vertrags-laufzeiten	Leistungen	Verfüg-barkeits-garantie	Gewährleistete Reaktionszeiten	Geplante Neuerungen in 2013
Nein	Rotorblattprüfung und -instandhaltung; Inspektionsmodule, die alle extern geforderten Prüfungen abdecken (WKP, ZOP, Sicherheit).	Festpreise für Inspektionen; Reparaturen i.d.R. nach Aufwand; Priorisierung der erforderlichen Arbeiten nach Budget möglich.	Individuell; Angebote auf Anfrage.	Service für Rotorblatt, Turm und Aufstieg: Gutachten, Inspektion, Wartung und Reparatur (onshore & offshore); Zertifizierung: GL, ISO 9001, SCC**; Abwicklung von Hersteller-Projekten; Rotorblatt Training & Seminare; Bühnen und Seilzugangstechnik; Dokument	Nein	Bei Rotorblatt bedingtem Anlagenstillstand oder drohender Stilllegung i.d.R. 1-2 Tage; schadens- und ortsabhängig.	Thermografie-Scans
Ja	Individuelle Angebote, Rahmenverträge mit festen Konditionen.	Individuelle Angebote auf Basis der nach-gefragten Leistungen, Festpreise möglich.	Individuell	Errichtung, Wartung, Reparaturen, Upgrades, Service, Sonderlösungen, Großkomponententausch, Trafostationswartungen, Demontagen.	Nein	Ja, vereinbar. Individuell abhängig vom Standort	
Lieferung v. Ersatz und Neugetrieben: V66, V80/90 (1.8/2.0); V90 (3.0), V82; Repower (MM ab 2.0 MW); Suzlon (1.5 & 2.1 MW); G8x/G9x; SWT 93-101	Individuelle Lösungen.	auf Anfrage		Multimarken Hauptgetriebe- und Hauptlagerreparaturen, Yaw-Getriebereparaturen, Feldreparaturen and Inspektionen von Hauptgetrieben, Ersatzteile, Neu- und Austauschgetriebe (Hauptgetriebe).	Vereinbarung möglich	in der Regel kleiner 48h.	Stetige Neuerung des Portfolios, ausgerichtet an den Marktbedarf.
	Keine Vertragsbindung notwendig.			Ersatzteil-/Reparaturservice für SEG-Umrichter 310-311-313 Rac's (Semikron), Eupec (Infineon), Alstom Phasenmodule für MD2000 Umrichter und diverse andere.	12 Monate	Lieferung binnen 24 Stunden Direktanfahrt am selben Tag möglich.	Laufende Erweiterung des Ersatzteilpools.

Wenn Windparks Ihre Herausforderung sind, dann sind wir die Lösung.

OWS

Sie benötigen technischen Betrieb und Wartung / Support bei Montage und/oder Instandsetzung / logistische Dienstleistungen / Monitoring?

Wir bieten Ihnen erfahrenes und qualifiziertes Personal / eigene Leitwarte / Ingenieursdienstleistungen / Fertigungs- und Reparaturflächen / eigene Schiffe / Lagerflächen.

OWS Off-Shore Wind Solutions GmbH
Am Freihafen 1
26725 Emden

Telefon: +49 (0)4921-3944 100
Internet: www.offshore-wind-solutions.de
E-Mail: info@offshore-wind-solutions.de

BWE-SERVICEUMFRAGE | Noch steigerungsfähig

Servicetechniker im Maschinenhaus. Foto: Roland Horn

BWE-SERVICEUMFRAGE

Noch steigerungsfähig

Die Hersteller bekommen für ihre Leistung bei Wartung und Reparatur in der jüngsten BWE-Serviceumfrage erneut die Note „3+". Um die Betreiber vollends zu überzeugen und den freien Service auf Abstand zu halten, müssen sie sich weiter verbessern.

VON SASCHA RENTZING

Die Windbranche erlebt derzeit ein Wechselbad der Gefühle: Während die Umstellung der Erneuerbaren-Förderung auf Ausschreibungen auf Kritik stößt, meldet der Bundesverband WindEnergie (BWE) den stärksten Zubau aller Zeiten: Turbinen mit 4.750 Megawatt Gesamtleistung wurden 2014 in Deutschland aufgestellt (2013: 2.998 MW). Die große Nachfrage bescherte den Herstellern Rekordaufträge. So versiebenfachte beispielsweise GE Wind Energy seine in Deutschland errichtete Windleistung von 34 Megawatt aus dem Vorjahr auf nunmehr 233 Megawatt.

Obwohl ihr Neuanlagengeschäft brummt, haben die Hersteller bei Service und Wartung einen relativ guten Job gemacht. Mit der Note 2,81 erreicht die Riege der Turbinenbauer in der aktuellen BWE-Serviceumfrage ein voll befriedigendes Ergebnis (2013: 2,73). Auch der starke Rücklauf von 3.542 bewerteten Anlagen (2013: 3.357) spricht für eine recht hohe Zufriedenheit der Betreiber. Mit dieser Konstanz war allerdings nicht unbedingt zu rechnen. Denn früher ließ der Herstellerservice in Boom-Zeiten oftmals zu wünschen übrig, weshalb viele Betreiber zu den freien Wartungsfirmen abwanderten. Dass das nicht mehr so ist, zeigt: Die Hersteller haben ihren Kundendienst nachhaltig verbessert.

> „Die freien Anbieter haben ihre Lücken gefüllt und Personal aufgestockt."

Die eigentliche Überraschung ist aber das gute Abschneiden der „Freien" in der BWE-Umfrage. Mit einer Gesamtnote von 1,92 haben sie sich auf hohem Niveau gefestigt, nachdem es im Vorjahr so schien, als würden ihnen viele Betreiber wieder den Rücken zukehren: Nur 760 frei gewartete Turbinen wurden in der Umfrage 2013 bewertet, halb so viele wie 2012. Die aktuelle Erhebung zeigt jedoch keinerlei Anzeichen mehr für eine Krise. 1.112 meist gute bis sehr gute Bewertungen lassen vielmehr auf eine hohe Zufriedenheit der Betreiber mit den „Freien" schließen.

Diese Einschätzung teilt auch Angelo Bargel, Sprecher des BWE-Forums für unabhängige Servicefirmen: „Die freien Anbieter haben ihre Lücken gefüllt und Personal aufgestockt." Außerdem böten sie den Herstellern inzwischen auch im Vollwartungsgeschäft erfolgreich Paroli. „Die Unternehmen haben viel Know-how aufgebaut und sind heute sehr gut in der Lage, die Wartung der Windenergieanlagen nach der Garantiezeit zu übernehmen", so Bargel. „Full Service" liegt voll im Trend, denn damit können Betreiber finanzierenden Banken mehr Sicherheiten bieten und ihr Investment besser absichern.

Hersteller

		Enercon		GE Energy		Nordex		Senvion		Siemens		Vestas		Ø
Gesamturteil	100 %	**2.07**	(1.94)***	**2.78**	(2.49)***	**2.79**	(2.87)	**2.74**	(3.00)*	**3.10**	(2.86)	**3.40**	(3.24)	**2.81**
Datengrundlage Fragebögen		401	(404)	39	(48)	33	(33)	75	(46)	20	(25)	153	(133)	120.17
Anlagenanzahl		2062	(1886)	230	(290)	135	(100)	252	(299)	100	(108)	763	(674)	590.33
Wechselbereitschaft in Prozent		1.84	(1.24)	0.00	(4.26)	21.88	(18.18)	13.70	(13.04)	20.00	(24.00)	18.75	(23.85)	12.70
Regelmäßige Wartungsarbeiten	33.3 %	2.23	(2.09)***	2.55	(2.27)**	2.61	(2.80)	2.73	(2.94)	2.85	(2.55)	3.35	(3.00)***	2.72
Absprache und Einhaltung der Wartungstermine		2.12	(1.91)***	2.18	(1.96)*	2.45	(2.61)	2.74	(2.82)	2.75	(2.32)*	3.28	(2.98)**	2.59
Qualität der durchgeführten Arbeiten		1.79	(1.69)**	2.21	(2.04)	2.48	(2.66)	2.42	(2.40)	2.50	(2.40)	2.91	(2.51)***	2.38
Rückmeldung vorgenommener Wartungsarbeiten (Tatigkeitsberichte, Protokolle)		2.39	(2.24)**	2.74	(2.06)***	2.45	(2.79)	3.07	(3.49)*	2.89	(2.28)**	3.62	(3.26)**	2.86
Zufriedenheit mit dem Preis-Leistungs-Verhältnis		2.59	(2.52)	3.05	(2.94)	3.06	(3.16)	2.71	(3.07)**	3.37	(3.20)	3.58	(3.24)***	3.06
Außerplanmäßige Instandsetzung bzw. Reparatur	33.3 %	2.01	(1.93)*	2.62	(2.17)***	2.65	(2.76)	2.69	(3.11)***	2.79	(2.74)	3.21	(3.00)	2.66
Erreichbarkeit des Serviceteams		1.76	(1.69)	2.08	(1.83)*	2.24	(2.55)	2.68	(3.41)***	2.30	(2.20)	2.85	(2.52)**	2.32
Schnelligkeit der Wiederinstandsetzung - von betriebsnotwendigen Teilen		1.71	(1.65)	2.49	(1.98)***	2.66	(2.61)	2.59	(2.98)**	2.55	(2.52)	3.07	(2.65)***	2.51
Schnelligkeit der Wiederinstandsetzung - von sonstigen Teilen		1.83	(1.81)	2.92	(2.38)***	3.09	(2.94)	2.73	(3.17)**	3.00	(3.00)	3.36	(3.43)	2.82
Qualität der durchgeführten Arbeiten		1.76	(1.71)	2.28	(2.10)*	2.39	(2.48)	2.28	(2.42)	2.55	(2.44)	2.91	(2.44)***	2.36
Rückmeldung vorgenommener Arbeiten (Tätigkeitsberichte, Protokolle)		2.41	(2.25)**	2.82	(1.92)***	2.58	(2.85)	2.97	(3.52)**	2.95	(2.76)	3.40	(3.39)	2.85
Zufriedenheit mit dem Preis-Leistungs-Verhältnis		2.55	(2.50)	3.13	(2.79)**	3.03	(3.16)	2.89	(3.17)	3.35	(3.52)	3.72	(3.59)	3.11
Außerordentliche Serviceleistungen	33.3 %	1.99	(1.81)***	3.14	(3.03)	3.10	(3.06)	2.75	(2.97)	3.65	(3.31)	3.63	(3.72)	3.04
Verbesserungen ohne besonderen Auftrag (Updates etc.)		1.88	(1.65)***	3.17	(3.09)	3.14	(3.12)	2.68	(2.67)	3.74	(3.38)	3.46	(3.41)	3.01
Kulanzbereitschaft		2.11	(1.98)***	3.08	(2.98)	3.03	(3.00)	2.79	(3.21)**	3.58	(3.22)	3.96	(4.07)	3.09

Die Werte aus dem Vorjahr stehen in Klammern. Signifikante Veränderungen sind mit * gekennzeichnet.
Signifikanzniveau: 1%***, 5%**, 10%*

Mehr Monteure notwendig

Ist auf dem Servicemarkt damit nun alles in bester Ordnung? Nicht ganz. Zwar hat sich der Herstellerservice insgesamt bei der Note „3+" eingependelt, doch zeigen die Einzelbewertungen der Firmen, dass der Kundendienst in einigen Bereichen durchaus noch verbesserungswürdig ist. Das gilt selbst für Service-Primus **Enercon**, der im aktuellen BWE-Ranking von einer 1,94 auf eine 2,07 abrutscht. „Enercon hinkt mit der Wartung oft ein Vierteljahr hinterher", erklärt Ulf Winkler, Sprecher des BWE-Forums für Enercon-Betreiber. Grund für die Verzögerungen seien Personalengpässe, weil Servicemonteure für Neuinstallationen abgezogen würden.

Enercon selbst sei über die Verschlechterung „wenig erfreut", sehe die Entwicklung aber auch nicht zu dramatisch. Man habe erkannt, in welchen Bereichen man 2015 besser werden müsse. „Verbesserungspotenzial sehen wir zum einen hinsichtlich der Wartungen, die bei vielen Betreibern als sichtbarer Anteil der Serviceleistung in den Vordergrund rücken. Hier haben wir unser Konzept überarbeitet", sagt Enercon-Service-Chef Volker Kendziorra. Zum anderen soll dem Fachkräftemangel stärker entgegengewirkt werden: „Die entsprechenden Maßnahmen haben wir bereits in die Wege geleitet. Es ist unser Ziel, bei der nächsten Service-Umfrage wieder eine ‚1' vor dem Komma zu haben", sagt Kendziorra.

Erster Verfolger der Auricher ist nach der aktuellen BWE-Umfrage **Senvion**, das sich mit einer 2,74 im Service-Ranking vom vierten auf den zweiten Platz vorschiebt. Im Vorjahr mussten sich die Hamburger mit einer 3,0 zufriedengeben, da vor allem unter dem 2013 begonnenen Umbau der Unternehmensstruktur der Kundendienst gelitten hatte: Die Betreiber monierten Defizite in allen wichtigen Servicefeldern, in Qualität, Schnelligkeit und Kulanz. Mittlerweile läuft es wieder besser. Bei der Erreichbarkeit des Serviceteams steigert sich Senvion sogar fast um eine ganze Note. „Wir haben 2014 unsere Hausaufgaben gemacht", sagt Kai Froböse, Geschäftsführer der für den deutschen Markt zuständigen Senvion GmbH. So sei unter anderem das regionale Konzept verstärkt und neues Servicepersonal eingestellt worden.

Was Senvion an Zuspruch gewinnt, büßt **GE Wind Energy** ein. Das Unternehmen verschlechtert sich von einer 2,49 auf eine 2,78 und fällt damit vom zweiten auf den dritten Platz in

> „Wir haben 2014 unsere Hausaufgaben gemacht."
>
> Kai Froböse,
> Geschäftsführer Senvion GmbH

Unabhängige

		Availon		DWTS		Enertrag		NTES		PSM		WindMax		Ø
Gesamturteil	100 %	**2.14**	**(2.60)*****	**2.29**	**(2.01)****	**1.95**	**(2.29)**	**1.68**	**(1.43)***	**1.59**	**(1.60)**	**1.88**	**(1.53)****	**1.92**
Datengrundlage Fragebögen		29	(22)	53	(74)	38	(21)	13	(16)	30	(30)	11	(13)	29.00
Anlagenanzahl		242	(126)	259	(335)	419	(106)	57	(36)	113	(118)	22	(39)	185.33
Wechselbereitschaft in Prozent		0.00	(22.73)***	6.12	(0.00)**	5.41	(9.52)	7.69	(0.00)	0.00	(3.33)	0.00	(0.00)	3.20
Regelmäßige Wartungsarbeiten	33.3 %	**2.09**	**(2.33)***	**2.07**	**(1.84)****	**1.80**	**(2.16)****	**1.63**	**(1.36)***	**1.41**	**(1.66)*****	**1.82**	**(1.56)***	**1.80**
Absprache und Einhaltung der Wartungstermine		2.07	(2.68)**	2.15	(1.79)*	1.46	(2.05)***	2.00	(1.81)	1.17	(1.73)***	2.00	(1.54)**	1.81
Qualität der durchgeführten Arbeiten		2.03	(2.18)	1.85	(1.77)	1.63	(2.30)***	1.54	(1.31)	1.24	(1.75)***	1.64	(1.46)	1.66
Rückmeldung vorgenommener Wartungsarbeiten (Tätigkeitsberichte, Protokolle)		2.00	(2.18)	1.92	(1.69)*	2.13	(2.20)	1.62	(1.19)*	1.21	(1.10)	2.00	(1.69)	1.81
Zufriedenheit mit dem Preis-Leistungs-Verhältnis		2.28	(2.24)	2.37	(2.04)**	1.95	(2.10)	1.17	(1.12)	2.00	(2.03)	1.64	(1.54)	1.90
Außerplanmäßige Instandsetzung bzw. Reparatur	33.3 %	**1.99**	**(2.30)****	**2.02**	**(1.83)****	**1.94**	**(2.04)**	**1.56**	**(1.31)***	**1.32**	**(1.63)*****	**1.85**	**(1.50)****	**1.78**
Erreichbarkeit des Serviceteams		1.86	(1.86)	1.70	(1.53)*	1.54	(1.68)	1.38	(1.19)	1.14	(1.27)	1.73	(1.46)	1.56
Schnelligkeit der Wiederinstandsetzung - von betriebsnotwendigen Teilen		1.86	(2.55)***	1.94	(1.69)*	2.03	(2.21)	1.38	(1.25)	1.14	(1.60)***	1.82	(1.50)*	1.69
Schnelligkeit der Wiederinstandsetzung - von sonstigen Teilen		2.03	(2.64)**	2.10	(2.15)	2.22	(2.00)	1.77	(2.00)	1.21	(1.87)***	2.09	(1.67)**	1.90
Qualität der durchgeführten Arbeiten		1.90	(2.36)**	1.92	(1.77)	1.61	(2.25)***	1.54	(1.25)*	1.24	(1.87)***	1.55	(1.17)**	1.63
Rückmeldung vorgenommener Arbeiten (Tätigkeitsberichte, Protokolle)		2.00	(2.00)	2.00	(1.74)**	2.25	(2.05)	1.85	(1.12)**	1.17	(1.17)	2.18	(1.67)**	1.91
Zufriedenheit mit dem Preis-Leistungs-Verhältnis		2.31	(2.38)	2.48	(2.07)***	1.97	(2.05)	1.33	(1.06)*	2.00	(2.00)	1.73	(1.33)**	1.97
Außerordentliche Serviceleistungen	33.3 %	**2.35**	**(3.16)*****	**2.62**	**(2.24)*****	**2.13**	**(2.63)***	**1.85**	**(1.62)**	**2.03**	**(1.52)*****	**2.05**	**(1.62)****	**2.17**
Verbesserungen ohne besonderen Auftrag (Updates etc.)		2.36	(3.35)***	2.52	(2.32)*	2.37	(3.05)**	2.20	(2.06)	2.00	(1.90)*	2.10	(1.64)**	2.26
Kulanzbereitschaft		2.33	(3.00)**	2.71	(2.18)***	1.91	(2.00)	1.54	(1.19)*	2.07	(1.13)***	2.00	(1.67)	2.09

Die Werte aus dem Vorjahr stehen in Klammern. Signifikante Veränderungen sind mit * gekennzeichnet.
Signifikanzniveau: 1%***, 5%**, 10%*

---

der BWE-Umfrage. Service-Chef Uli Schulze Südhoff sieht den Grund hierfür im starken Wachstum des Unternehmens. 2014 errichtete GE in Deutschland Turbinen mit 233 Megawatt Leistung, 2013 waren es nur 34 Megawatt gewesen. „Wir haben uns im letzten Jahr auf die deutschlandweiten Neuinstallationen konzentriert. Das hat zusätzliche Kapazitäten eingefordert, die wir auch im laufenden Service benötigt hätten", erklärt Schulze Südhoff. Die Probleme seien aber nun behoben. „Wir erwarten, dass wir dieses Jahr wieder eine gute Balance zwischen Neuinstallationen und Bestand finden."

Mit einer 2,79 liegt **Nordex** in der BWE-Umfrage knapp hinter GE Wind Energy. Der Hamburger Turbinenhersteller ist mit seinem Abschneiden jedoch nicht unzufrieden, denn in den Punkten Rückmeldung und Qualität konnte Nordex im Gegensatz zu den meisten anderen Herstellern zulegen. Dabei brummt auch bei den Hanseaten das Geschäft: Laut Deutschland-Chef Jörg Hempel ist Nordex 2014 um 64 Prozent gewachsen – 170 Turbinen hat es hierzulande neu aufgestellt, 67 mehr als 2013. „Wir sind nicht im Blindflug unterwegs und haben daher auch unseren Service nicht vernachlässigt", erklärt Hempel.

Freie Vollwartung

Siemens und **Vestas** sind dagegen von einer guten Bewertung weit entfernt. Vor allem der Vestas-Service hinkt mittlerweile hinterher – die Dänen erreichen in der BWE-Umfrage nur noch eine 3,4. „Die Anlagen laufen wie Rennpferdchen, wenn sie Wind vor die Nase bekommen. Aber bei Problemen gibt es keine große Bereitschaft, etwas zu ändern", lautet eine Rückmeldung zum Vestas-Service. Dass das Unternehmen absackt, liegt aber nicht nur an der fehlenden Kulanz. Auch die Qualität der durchgeführten Arbeiten ist auf Durchschnittsniveau gesunken. Das lässt besonders deshalb aufhorchen, weil die Betreiber bei aller Kritik am Vestas-Service bisher immer voll des Lobes für die Techniker waren.

Die unabhängigen Serviceanbieter könnten hier von den Defiziten der Hersteller profitieren. Die beiden Wartungsunternehmen Availon und Deutsche Windtechnik haben sich bereits erfolgreich im Vollwartungsgeschäft etabliert – beide sprechen von einer steigenden Nachfrage nach ihren Full-Service-Verträgen. Die Betreiber beansprucht sie in der Regel nach fünf oder zehn Jahren, aber immer häufiger auch schon unmittelbar

> „Die Anlagen laufen wie Rennpferdchen, wenn sie Wind vor die Nase bekommen."

BWE-SERVICEUMFRAGE | Noch steigerungsfähig

Ergebnisse der Serviceumfrage für 2014

Hersteller

(Liniendiagramm mit Noten von 1,00 bis 4,00 für Wartung, Reparatur, Service, Gesamtnote – Vestas, Siemens, Nordex, GE Energy, Senvion, Enercon)

Unabhängige

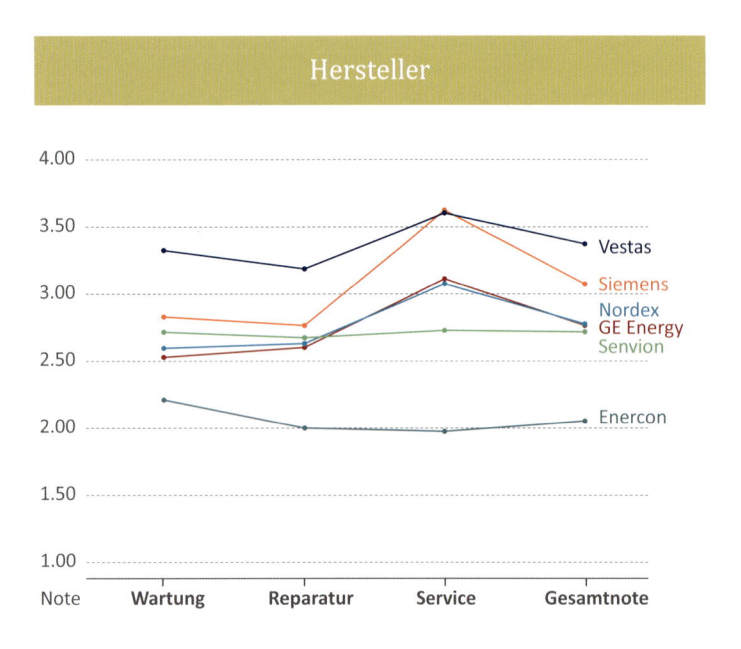

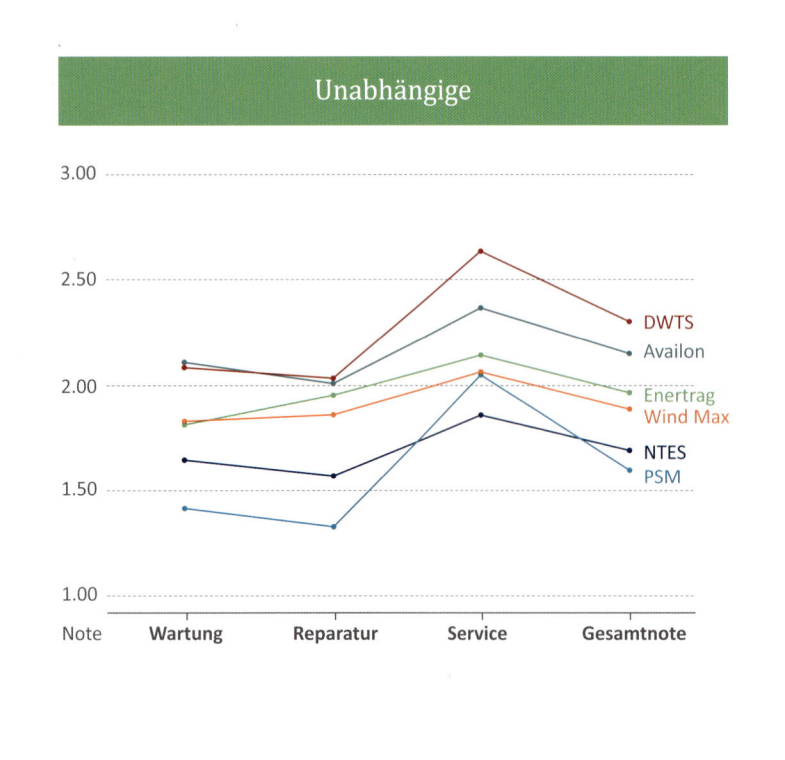

(Liniendiagramm mit Noten von 1,00 bis 3,00 für Wartung, Reparatur, Service, Gesamtnote – DWTS, Availon, Enertrag, Wind Max, NTES, PSM)

Foto: Roland Horn

nach der zweijährigen Garantiezeit. „Die Betreiber wissen, dass sie nicht mehr auf die Hersteller angewiesen sind", kommentiert BWE-Experte Winkler die Entwicklung.

Für das Vertrauen in den freien Service sprechen auch die guten Noten für **Availon** und **Deutsche Windtechnik**: In der BWE-Umfrage erreichen sie eine 2,14 sowie eine 2,29 und liegen damit in etwa gleichauf mit dem führenden Hersteller Enercon. Dass Vollwartung aber kein Muss ist und Kunden ebenso mit guter Basiswartung zufriedenzustellen sind, zeigen die Beispiele **Enertrag** und **PSM**. Beide Unternehmen bekommen von den Betreibern eine „1" vor dem Komma, obwohl sie keine Vollwartung anbieten. „Wir haben uns bewusst dagegen entschieden, weil Betreiber hierbei passiv bleiben müssen. Bei unserem Service kann der Kunde mitentscheiden: Wie sieht das Instandhaltungskonzept aus, welche Komponenten kommen im Falle eines notwendigen Tauschs auf die Anlage? Das wird geschätzt", sagt Enertrag-Service-Chef Johannes Heidkamp.

Legt man die Ankündigungen der einzelnen Unternehmen und die Prognosen zur Entwicklung des deutschen

Windmarkts zugrunde, lässt das aus heutiger Sicht nur einen Schluss zu: Die Betreiber können auf weitere gute Servicejahre hoffen. Nach Aussage von Angelo Bargel, Sprecher des BWE-Unabhängigen-Forums, hat sich der Servicemarkt stabilisiert, nachdem in den Vorjahren viele unzufriedene Betreiber ihren Wartungsanbieter gewechselt hatten. Insgesamt dürften die Kunden weiter von einem starken Wettbewerb unter den Anbietern profitieren. Für die Hersteller hat sich das Servicegeschäft zu einem wichtigen, umsatzstarken Standbein entwickelt. Sie investieren deshalb viel, um die freien Anbieter nicht zu sehr ins Spiel kommen zu lassen.

Diese wiederum erweitern ihr Angebot und versuchen, Schwachpunkte des Herstellerservice durch Kundennähe, Qualität und Schnelligkeit auszunutzen. So haben beide Lager für das kommende Jahr weitere Verbesserungen und noch mehr Servicepersonal angekündigt. Da sich der Zubau der Windleistung in Deutschland Prognosen zufolge 2015 etwas abschwächen wird, besteht zudem die Aussicht, dass die Unternehmen ihre Serviceprogramme ungehindert und mit vollem Personaleinsatz umsetzen können. Die kommende BWE-Serviceumfrage lässt deshalb auf noch bessere Noten hoffen. ■

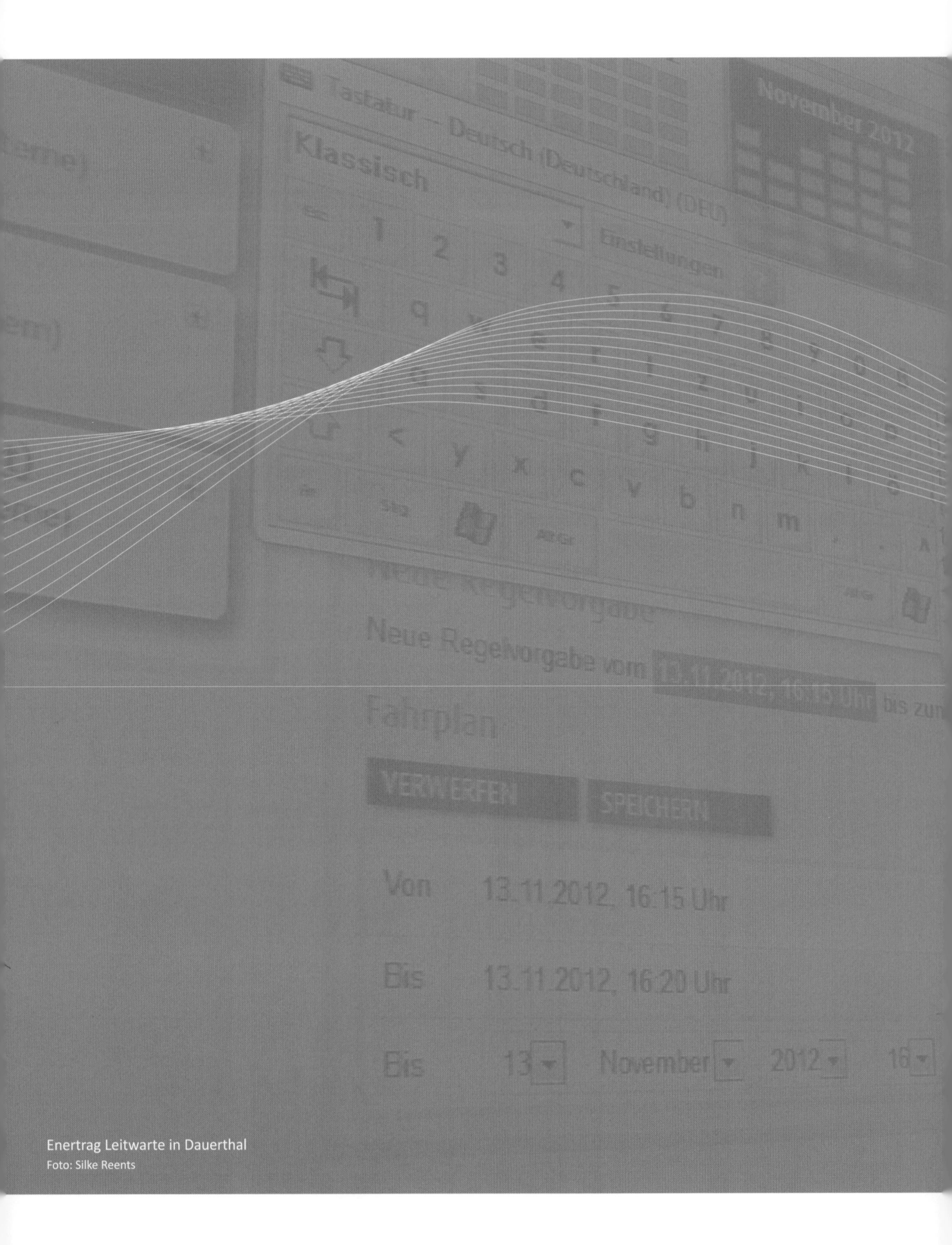

Enertrag Leitwarte in Dauerthal
Foto: Silke Reents

Direktvermarktung

ÜBERSICHT DIREKTVERMARKTER | Harter Kampf um Marktanteile

Ausbau von 380-kV-Höchstspannungsleitungen. Foto: Rainer Weisflog

ÜBERSICHT DIREKTVERMARKTER

Harter Kampf um Marktanteile

Zu Beginn des Jahres 2015 befanden sich rund 90 Prozent aller deutschen Windenergieanlagen in der Direktvermarktung. Im Februar lag die zur Direktvermarktung angemeldete Windenergie-Leistung bei 34.836 MW. Welche Direktvermarkter gibt es? Und auf was sollten Anlagenbetreiber bei der Auswahl achten?

Nach dem novellierten EEG, das im August 2014 in Kraft trat, haben die Betreiber von Windenergieanlagen keine Wahl mehr: Sie müssen ihren Strom direkt vermarkten, die gesetzliche Einspeisevergütung wird für Neuanlagen nur noch in Ausnahmefällen gewährt. Zudem wurden die bisherigen Vergütungssätze für Bestandsanlagen zum 1.1.2015 erheblich gekürzt. Die Managementprämie liegt seitdem bei 0,4 ct/KWh für steuerbare Windenergieanlagen, wobei die Fernsteuerbarkeit ab dem 1.4.2015 obligatorisch ist. Bei Neuanlagen gibt es einen neuen garantierten Vergütungssatz von insgesamt 8,9 ct/KWh für die ersten 5 Jahre und von 4,95 ct/KWh für die darauffolgenden 15 Jahre.

Es kommt nicht nur auf die Vergütung an

Bei den Direktvermarktern hat sich ein fester Vergütungssatz pro eingespeiste MWh durchgesetzt, die der jeweilige Anbieter dem Windenergieanlagenbetreiber garantiert. Dabei ist der Wettbewerb um die Kunden hart geworden. Laut Matthias Stark vom BWE-Arbeitskreis Direktvermarktung und Head of Engineering bei der GEWI AG sind auf dem Markt Kampfpreise zu beobachten. Der Experte warnt Anlagenbetreiber jedoch davor, bei der Auswahl des Direktvermarkters allein auf die ausgezahlte Vergütung zu schauen. Denn um unter dem großen Konkurrenzdruck Marktanteile zu gewinnen und ihr Portfolio zu vergrößern, würden einige Anbieter unter ihren spezifischen Kosten anbieten. Das gefährde aber auf längere Sicht ihre eigene Existenz. „Windprojekte werden für 20 Jahre geplant. Da ist langfristige Sicherheit wichtiger als eine kurzfristige Ersparnis", mahnt Stark. Aufgrund fixer Kostenbestandteile (Prognose- und Bürgschaftskosten, Handelsfee, Personal etc.) sowie erhöhter Risikobestandteile bei der Direktvermarktung (Marktwertverluste bzw. Ausgleichsenergiepreise bis zum Sechzigfachen der EEG-Vergütung) existiert eine Schwelle für das Dienstleistungsentgelt, ab der ein Direktvermarkter erst eine gesicherte Marge für sich einpreisen kann.

Um am Strommarkt über die gesetzlich garantierte Vergütung hinaus höhere Gewinne zu erzielen, benötigt der Direktvermarkter eine hohe Prognosegenauigkeit. Denn je genauer er die gelieferte Energiemenge vorhersagt, desto weniger muss er teure Ausgleichsenergie zukaufen. Stark rät daher, sich auch die Prognose-Abteilungen der Direktvermarkter näher anzuschauen. Ebenfalls interessant für Anlagenbetreiber: Neben der vorherrschenden Vermarktung über die Strombörse bieten einige Direktvermarkter alternative Vermarktungswege an, die es ermöglichen, den Strom aus Erneuerbaren Energien als Grünstrom auszuweisen. „Das erhöht die Akzeptanz der Windenergie bei den Verbrauchern", so Stark. ■

Fazit

Unter den Direktvermarktern herrscht ein harter Wettbewerb um Marktanteile und Portfoliogrößen. Anlagenbetreiber sollten jedoch nicht nur nach der angebotenen Festvergütung entscheiden. Denn: Wichtig ist vor allem auch die langfristige Sicherheit.

Übersicht Direktvermarkter

Anbieter	Portfoliogröße in MW	Anteil Windenergie in MW	Gibt es eine feste Vergütung pro MWh bzw. gibt es alternative Modelle?	Anzahl der Mitarbeiter, die sich mit der Prognose beschäftigen	Anzahl genutzter Prognosedienstleister
Clean Energy Sourcing AG, www.clens.eu	3.500	2.900	Festes Dienstleistungsentgelt je MWh in der Marktprämie	2	3
Danske Commodities, www.danskecommodities.de	4.673	4.131	Feste Vergütung	9 (inklusive 2 Meteorologen)	4
EnBW Energie Baden-Württemberg AG, www.enbw.com	1.000	600	Fixes Dienstleistungsentgelt, das zu sicheren und planbaren Erlösen führt	k. A.	k. A.
Energy2market (e2m) GmbH, www.energy2market.de	3.575 in der Vermarktung	1.650	Feste Vergütung	3	keine
EWE TRADING GmbH, www.ewe.com	2.050	1.850	Feste Vergütung, aber auch die Möglichkeit zur Übernahme von Chance und Risiko	–	4
GESY Green Energy Systems GmbH – gemeinsam mit Trianel GmbH, www.gesy.net	3.000	k. A.	Garantierte feste Vergütung mit Vertragslaufzeiten bis zu 10 Jahren. Individuelle Anpassungen sind möglich.	2 bis 3 Mitarbeiter, die ein meteorologisches Studium abgeschlossen haben	mehr als 3
GEWI AG, www.gewi-ag.de	k. A.	k.A.	Festes Vergütungsmodell sowie variable höhere Vergütungsstufen, sofern der Kunde einzelne Risiken übernehmen möchte (wie zum Beispiel das Marktwertrisiko).	5	bis zu 4 Dienstleister pro Windpark, abhängig von deren Prognosequalität. Halbjährliches Ranking von externen Prognosedienstleistern, um die Qualität zu optimieren.
Grundgrün Energie GmbH, www.grundgruen.de	3.000	74%	Feste Vergütung	3	2 feste plus 3 wechselnde
in.power GmbH (in Kooperation mit BKW Energie AG), www.inpower.de	> 850	ca. 85 %	Feste Vergütung, Zusatzerlöse für sonstige Direktvermarktung (und zukünftig Regelenergie) möglich	insgesamt 10 Mitarbeiter, Prognosen werden intern nochmals „veredelt"	2 bis 3

Wird eine alternative Vermarktung als Grünstrom angeboten bzw. angestrebt?	Welche Herausforderung sehen Sie in den kommenden Jahren als wichtigsten Punkt an (Portfoliogröße, Prognoseoptimierung, Kosteneinsparung, Entwicklung neuer Produkte)?
Als ein führender Grünstromversorger beliefert das Unternehmen Industriekunden, gewerbliche Abnehmer, Stadtwerke sowie Haushaltskunden mit echtem, TÜV-zertifiziertem Grünstrom. Grünstromvermarktung wird im Rahmen der heutigen Möglichkeiten (u. a. regionale Versorgungsmodelle, White-Label-Produkte für Anlagenbetreiber, die selbst Versorger werden wollen, Optimierung von Eigenerzeugung, Stromeinspeisung und Strombezug) umgesetzt. Zudem engagiert sich das Unternehmen für die Einführung eines Grünstromvermarktungsmodells.	1) Kurzfristige Einführung und Etablierung eines Grünstromvermarktungsmodells. 2) Im Bereich Marktprämie: Prognose- und Prozessoptimierung zur Kosteneinsparung
Zurzeit nicht, aber der Markt wird untersucht.	Änderungen am Markt-Design (Abschaffung des Day-After-Markts etc.) und politische Änderungen des EEG. Größte Herausforderung ist die Unsicherheit bezüglich der Rahmenbedingungen.
Produktentwicklung im Rahmen der Verordnung für regionale Direktstromvermarktung - ob und welche Angebote am Markt platziert werden, hängt von der genauen Ausgestaltung der Verordnung ab.	Prognoseoptimierung, Kosteneinsparung, Entwicklung neuer Produkte - in der genannten Reihenfolge
nein	Wechsel ganzer Pools durch Marktkonsolidierung, Portfoliogröße aufgrund fallender Margen, Prognoseoptimierung zur optimalen Bewirtschaftung der Strommengen, Entwicklung neuer Produkte entlang der Wertschöpfungsketten.
–	Kosteneinsparung
(Über-) regionales Endkundenprodukt mit dem Partner NATURSTROM. Da es derzeit kein Grünstromprodukt gibt, wird dieses nicht angeboten. Das Unternehmen ist offen für das aktuell diskutierte Grünstrom-Markt-Modell und weitere Formen der Grünstrombelieferung. Geboten wird Beratung und Projektmanagement rund um lokale und regionale Direktbelieferung und Eigenstromkonzepte sowie grünen Bezugsstrom für EE-Anlagen.	Wegen des extremen Wettbewerbs müssen alle Wertschöpfungsstufen inklusive der Kostenstrukturen auf Effizienz überprüft und optimiert werden. Entwicklung weiterer tragfähiger Geschäftskonzepte rund um die EE-Vermarktung.
Eines der führenden Unternehmen im Bereich des regionalen Bürgerstroms. Die Erneuerbaren Energien werden nicht ausschließlich an der Börse vermarktet, sondern für entsprechende Stromprodukte für die Kunden in der Region genutzt.	Aufgrund des Preisdrucks bei dem Dienstleistungsentgelt ist die Kosteneinsparung und damit die Prognoseoptimierung die zentrale Frage für die Direktvermarktung. Nicht zu vernachlässigen ist auch die Entwicklung neuer Produkte (Regelenergie bzw. Stromprodukte), da nur so eine stärkere Kundenbindung und eine reale Energiewende umgesetzt werden können.
Grundgrün beliefert seit Februar 2014 Endkunden. Die alternative Vermarktung als Grünstrom wird angestrebt. Grundgrün unterstützt die Entwicklung eines entsprechendes Modells. Aktuell besteht die Möglichkeit des Aufsatzes regionaler Strommarken, bei denen Erzeugung und Verbrauch nicht nur mengen-, sondern vor allem zeitgleich harmonisiert werden.	Einbindung der dargebotsabhängigen Energien in die Regelenergiebereitstellung.
Eine alternative Vermarktung als regionaler bzw. bundesweiter Grünstrom wird seit September 2013 über die Tochtergesellschaft grün.power angeboten.	Es findet ein massiver Preiskampf und Verdrängungswettbewerb statt. In diesem Zusammenhang wird es wahrscheinlich zu einer Marktkonsolidierung kommen, bei der Unternehmen entweder über ihre Größe oder aber über stetige Optimierung und Produkterweiterung punkten. Mittlere oder auch kleinere innovative Direktvermarkter werden interessant bleiben.

Anbieter	Portfoliogröße in MW	Anteil Windenergie in MW	Gibt es eine feste Vergütung pro MWh bzw. gibt es alternative Modelle?	Anzahl der Mitarbeiter, die sich mit der Prognose beschäftigen	Anzahl genutzter Prognosedienstleister
KoM-SOLUTION GmbH, www.kom-solution.de	491 (12/2014)	465 (12/2014)	Bei der geförderten Direktvermarktung (Marktprämienmodell): Fixe Direktvermarktungspauschale als Dienstleistungsentgelt. Bei der sonstigen Direktvermarktung: Individuelle Preismodelle, Anlagenbetreiber werden an Erlösen und Kostenersparnissen beteiligt.	ein zentraler Ansprechpartner für mehrere Prognosedienstleister.	2
MVV Energie AG, www.mvv-energie.de	2.600 (12/2014)	1.070 (12/2014)	Fixe Vergütung, aber auch alternative Modelle	k. A.	4
NATURSTROM AG, www.naturstrom.de	450 (12/2014)	413 (12/2014)	Feste Vergütung	3 bis 4	2
NEAS ENERGY AS, www.neasenergy.com	k. A.	über 3.000 MW	In der Regel Festvergütung, 50/50-Teilung der Mehrerlöse bei Fernsteuerbarkeit, 50/50-Teilung bei der zukünftigen Teilnahme am Regelenergiemarkt, Power Purchase Agreements.	5 Meteorologen + 4 IT-Experten	4
Next Kraftwerke GmbH, www.next-kraftwerke.de	1.492	107	Feste Vergütung pro MWh	5	k. A.
Statkraft Markets GmbH, www.statkraft.de	8.700	7.900	Feste Vergütung pro MWh	2	3
Vattenfall Europe Sales GmbH, www.vattenfall.de	2.600	ca. 70 %	Feste Vergütung pro MWh, variable Modelle nach Absprache.	eigenes Prognoseteam	keine

Wird eine alternative Vermarktung als Grünstrom angeboten bzw. angestrebt?	Welche Herausforderung sehen Sie in den kommenden Jahren als wichtigsten Punkt an (Portfoliogröße, Prognoseoptimierung, Kosteneinsparung, Entwicklung neuer Produkte)?
Spezielle Angebote für die regionale Direktvermarktung von Grünstrom in Kooperation mit Marktpartnern.	Zentrale Herausforderung ist die Entwicklung innovativer, wettbewerbsfähiger Grünstromprodukte, die eine Verknüpfung aus stochastischer Erzeugung und Verbrauch beinhalten.
ja	Prognoseoptimierung
NATURSTROM ist nicht nur Direktvermarkter, sondern vor allem auch Öko-Energieversorger für Endkunden. Das Unternehmen gehört zu den Initiatoren des Grünstrom-Marktmodells, das mittlerweile von 20 Akteuren der Branche getragen wird. Ziel des Modells ist es, Endverbrauchern transparente Ökostromprodukte zu bieten und die fluktuierenden Erneuerbaren besser in den Markt zu integrieren.	Eine große Herausforderung ist die Entwicklung neuer Ökostrom-Produkte mit regionalem oder lokalem Bezug ebenso wie von Direktbelieferungskonzepten für Mittelständler oder die Wohnungswirtschaft.
Sobald das neue Grünstrom-Markt-Modell in der Endfassung existiert, wird ein solches Produkt angeboten.	Gesamtportfolio- und Mindestportfoliogröße in allen verschiedenen Regelzonen notwendig, Prognoseoptimierung und Kosteneinsparung je nach Know-how oder Entwicklungsstand des einzelnen Unternehmens. Bei der Produktentwicklung bestehen bisher nur wenig Handlungsspielräume bzw. keine attraktiven finanziellen Anreize vonseiten der Gesetzgebung.
ja	Entwicklung neuer Produkte
ja	Kosteneinsparung
Befindet sich in Prüfung in Abhängigkeit der Ausgestaltung der Verordnungsermächtigung.	Standardisierung im Bereich Technik Fernsteuerbarkeit

GE|WI
Aktiengesellschaft

INNOVATIV, ÖKOLOGISCH, GEMEINSAM
DIE GEWI AG – IHR PARTNER FÜR DIE DIREKTVERMARKTUNG

Wir sind ein ökologisches, unabhängiges Energiedienstleistungsunternehmen mit langjähriger Erfahrung in der Energiebranche. Gemeinsam mit Anlagenbetreibern entwickeln wir individuelle, innovative und bedarfsgerechte Lösungen rund um die Vermarktung von Strom aus Erneuerbaren Energien. Bitte sprechen Sie uns jederzeit an!

GEWI AG ▪ EXPO PLAZA 10 ▪ 30539 HANNOVER ▪ 0511.51949-200 ▪ INFO@GEWI-AG.DE ▪ WWW.GEWI-AG.DE

Windpark Zuidlob in Flevoland, Niederlande. Foto: Jan Oelker

VERSICHERUNGEN

Mit Sicherheit!

Rund 25.000 Windenergieanlagen produzieren mittlerweile grünen Strom in Deutschland. Und so gut wie alle genießen auch mehr oder minder Versicherungsschutz. Das müssen sie auch, denn eine ausreichende Absicherung interner wie externer Risiken gehört in jeder Phase eines Windparkprojektes zu den grundlegenden Finanzierungsbedingungen seitens der Banken. Sie schützt Betreiber wie Investoren – im schlimmsten Fall – vor existenziellen Bedrohungen. Doch nicht alle Anlagen sind angemessen versichert: „Wenn ein Versicherungsvertrag vor fünf Jahren unter den damals herrschenden Bedingungen der EEG-Vermarktung geschlossen wurde, dann ist es sehr wahrscheinlich, dass der Vertrag auf die aktuellen Gegebenheiten angepasst werden muss", erklärt Tim Christopher Hoffmann vom Enser Versicherungskontor. Neue Gegebenheiten sind unter anderem die Direktvermarktung, durch die der Ertrag einer Anlage oder eines Parks in der Regel steigt, aber auch aktuelle Windprognosen oder eine Veränderung der baulichen Umgebung, die sich auf die Windverhältnisse auswirken kann. Eine Anpassung der Versicherungssumme verhindert dann beispielsweise, dass die Entschädigung im Fall eines Ertragsausfalls aufgrund von Maschinenbruch zu niedrig ausfällt.

Prämien: zwischen 50 Cent und 4,50 Euro pro KW

Die Berechnungsgrundlage für die Versicherungsprämie einer Windmühle ist bei den meisten Anbietern ihre Nennleistung. Die tatsächliche Höhe berechnet sich aus verschiedenen Risikofaktoren, von denen der Zustand der Anlage die entscheidende Größe ist. Dabei sind die Spannen, in denen sich die Jahresnettoprämien bewegen, enorm: Sie können bei neuen Anlagen, die mit Vollwartungsverträgen ausgestattet sind und deren Zuverlässigkeit entsprechend zertifiziert ist, teilweise bei sehr günstigen 50 Cent/kW liegen – was allerdings stark vom Vollwartungsvertrag selbst und dessen Umfang abhängt. Je nach Anlagentyp und spätestens mit Ablauf der Vollwartungsperiode müssen Betreiber aber damit rechnen, dass die Prämien deutlich steigen. Hoffmann: „Dann kommt es natürlich darauf an, in welchem Zustand sich die Anlage befindet und wie sich das z. B. durch externe Gutachten auch belegen lässt."

Für Anlagen, die zehn Jahre oder älter und nicht mehr mit einem Vollwartungsvertrag ausgestattet sind, kann die Prämie bei voller Schadensabdeckung bei 2,50 – 5,50 €/kW liegen. Die Betreiber stehen dann vor der Wahl, ihren Vollwartungsvertrag zu verlängern oder (sofern möglich) den vollumfänglichen Versicherungsschutz zu vereinbaren. Als Alternative kann die Versicherung auch auf die sogenannte Kaskodeckung umgestellt werden. Hier sind interne Betriebsschäden allerdings nicht mitversichert. Fest steht: Gute und regelmäßige Wartung wirkt sich unmittelbar auf die Prämien aus, denn die Versicherer analysieren den Zustand einer Anlage vor Abschluss eines neuen Vertrages sehr genau.

Die Peripherie berücksichtigen

Auch wenn Vollwartungsverträge bereits viele Risiken berücksichtigen, so ist dadurch noch kein reibungsloser Betrieb garantiert. Denn sie beziehen sich in der Regel rein auf die Anlage, die Peripherie ist oft nicht mit erfasst. „Je nach Besitzverhältnissen und vertraglichen Regelungen sollte daher für einen umfassenden Versicherungsschutz auch die Infrastruktur zumindest bis einschließlich zur Übergabestation mitversichert werden", erklärt Hoffmann. Dies gelte natürlich ebenso für Umspannwerke oder externe Kabel, sofern diese in der Verantwortung der Betreiber liegen.

Dies ist gleichfalls ein wichtiger Punkt bei der Anpassung von Versicherungen für Altanlagen: In älteren Verträgen ist die Infrastruktur zum Teil nicht berücksichtigt, was im Schadensfall zu Ertragsverlusten führen kann, die nicht ersetzt werden.

Direkt oder über Makler versichern?

Grundsätzlich können Betreiber ihre Projekte direkt bei den Versicherungsgesellschaften versichern. Axa, Allianz, R+V, Gothaer und andere bieten hier ihre Leistungen für Windkraftprojekte an. In den meisten Fällen ist es aber sinnvoll, sich an einen Versicherungsmakler zu wenden, der sich auf Windenergie und andere Erneuerbare Energien spezialisiert hat. Makler wie beispielsweise das Enser Versicherungskontor, Nordwest Assekuranz, Marsh und weitere haben nicht nur das notwendige Know-how zur Zusammenstellung individueller Leistungspakete, sie können aufgrund ihrer Marktmacht in der Regel auch bessere Konditionen bei den Versicherungen aushandeln als der einzelne Betreiber. Zudem bieten manche Maklerhäuser Unterstützung im Schadenfall durch eigene Diplom-Ingenieure.

Was ist wirklich wichtig für Betreiber?

Neben der Maschinen- und Maschinenbetriebsunterbrechungs-Versicherung, die praktisch obligatorisch ist, können für Betreiber von Windenergieprojekten noch weitere Versicherungen notwendig sein. Einen Überblick finden Sie hier:

Maschinen- und Maschinenbetriebsunterbrechungs-Versicherung

BESCHREIBUNG

Diese Versicherung ist vom Grundsatz her eine „**Allgefahrendeckung**", die Entschädigung zum Zeitwert leistet. Sie schützt vor unvorhergesehenen Sachsubstanzschäden an der Anlage und der mitversicherten Peripherie.
Mögliche Schadensursachen sind typischerweise Konstruktions-, Material- oder Ausführungsfehler oder auch höhere Gewalt (Blitzschlag etc.), die z. B. zu einem Getriebeschaden bzw. einem Schaden an einer Großkomponente führen.
Die aus solchen Schäden resultierenden **Ertragsausfälle** werden von der Maschinen-BU-Versicherung getragen, sofern diese mit abgeschlossen wurde.
Wichtige Ausschlüsse sind z. B. betriebsbedingte Abnutzung, Verschleiß oder Korrosion.
Diese Versicherung ist auch als **Zusatzversicherung** zu einem Vollwartungsvertrag oder als sog. „Kaskodeckung" erhältlich, die nur unvorhergesehene Schäden deckt, die von außen auf die Anlage eingewirkt haben.

BEDEUTUNG

Diese Versicherung ist für Betreiber **sehr wichtig** und wird auch von Banken fast immer vorausgesetzt, da hierdurch die Investitionen der Betreiber bis hin zum Totalschaden aufgefangen werden.
Ursprünglich für die Versicherung klassischer Produktionsmaschinen entwickelt, wurde und wird diese Versicherung speziell auf die Risiken angepasst, die für Windkraftanlagen von Bedeutung sind.
Hier gibt es aber große Unterschiede am Markt. Als Betreiber sollte man sich unbedingt an erfahrene Anbieter wenden, die mit der Risikoanalyse und z. B. den Besonderheiten bei Vollwartungsverträgen genauestens vertraut sind.

Haftpflichtversicherung für Betreiber inkl. Bauherren-Haftpflichtversicherung, Umwelt-Haftpflichtversicherung und Umwelt-Schadensversicherung

BESCHREIBUNG

Zur Deckung **gesetzlicher Haftpflichtrisiken** von Betreibern gegenüber Dritten. Der Haftpflichtversicherer kommt bei berechtigten Ansprüchen für Personen-, Sach- oder Vermögensschäden im Rahmen der Deckungssummen auf.
Sind Ansprüche unberechtigt, so wehrt der Versicherer diese für den Betreiber ab und stellt ihn in finanzieller Hinsicht frei.

BEDEUTUNG

Der Abschluss dieser Versicherung ist **auf jeden Fall zu empfehlen**. Zusammen mit der Maschinen- und Maschinen-BU-Versicherung gehört sie zu den wichtigsten Absicherungen für Betreiber.
Beispielsweise könnten bei Personenschäden enorme Ansprüche gestellt werden, die für den Betreiber im schlimmsten Fall existenzbedrohend sind.

Directors-and-Officers (D&O)-Versicherung

BESCHREIBUNG

Die auch **Manager-Haftpflichtversicherung** genannte Versicherung schützt das persönliche Vermögen von Geschäftsführern und Entscheidern.

Sie wird üblicherweise vom Unternehmen abgeschlossen, bietet den eigentlichen Versicherungsschutz aber nur den versicherten Personen.

Dieser umfasst die Prüfung, Abwehr oder Befriedigung von finanziellen Ansprüchen im Hinblick auf eine mögliche Pflichtverletzung der Geschäftsführer, die z. B. nach dem GmbH-Gesetz haften.

BEDEUTUNG

Die **Haftungsrisiken für Geschäftsführer** sind mittlerweile sehr vielfältig, dieser Personenkreis steht mit seinem Privatvermögen in der Verantwortung. Deshalb wächst das Interesse an dieser – sehr komplexen – Versicherung stetig. Ob sie sinnvoll ist, sollte in einem persönlichen Gespräch mit dem Berater genau geprüft werden.

Wichtig ist eine ausreichende **Berücksichtigung der Besonderheiten bei Windkraftprojekten**, wie z. B. eine hohe Anzahl von GmbH & Co. KGs oder negatives Eigenkapital zu Beginn des Projektes. Ansonsten kann es zu unnötig hohen Prämien kommen.

Rechtsschutzversicherung für WEA-Betreiber

BESCHREIBUNG

Spezieller Rechtsschutz für Betreiber von Windkraftanlagen. Hier ist ein sogenannter Vertragsrechtsschutz enthalten, der auch die Kosten aus bestimmten vertraglichen Streitigkeiten vor Gericht trägt (z. B. Streitigkeiten mit einem Wartungsunternehmen).

Voraussetzung dafür ist immer das Vorliegen eines **Rechtsschutzfalles**. Darunter versteht man einen konkreten oder behaupteten Verstoß gegen gesetzliche Bestimmungen. Dies prüft der Versicherer im Vorfeld auf seine Richtigkeit und erteilt dann ggf. die Zusage zur Kostenübernahme.

BEDEUTUNG

Der Nutzen dieser Versicherung ist von den **individuellen vertraglichen Konstellationen** abhängig und den sich daraus ergebenden Risiken eines Rechtsstreites.

In jedem Fall ist dieses Produkt deutlich leistungsstärker als marktübliche „klassische" Rechtsschutzversicherungen. Daher kann es **eine sinnvolle Ergänzung** sein.

Montageversicherung

BESCHREIBUNG

Diese Versicherung ist eine **Allgefahrenversicherung für Montageobjekte** gegen Sachschäden bis zur offiziellen Fertigstellung und Abnahme.

Auch hier ist ein unvorhergesehener und plötzlich eingetretener Schaden an den versicherten Sachen die Voraussetzung für eine Entschädigung. Diese Art der Versicherung zählt ebenfalls zu den „Technischen Versicherungen".

BEDEUTUNG

Betreiber von Windkraftanlagen haben hier nur **selten Bedarf**, da die Anlagenhersteller in der Regel den Bau bzw. die Montage der Windkraftanlage übernehmen.

Sofern ein Betreiber aber als **Generalunternehmer** auftritt und z. B. die Verlegung von externen Kabeln initiiert, ist der Abschluss einer Montageversicherung auf jeden Fall zu prüfen.

Überblick: Tim Christopher Hoffmann, Enser Versicherungskontor GmbH

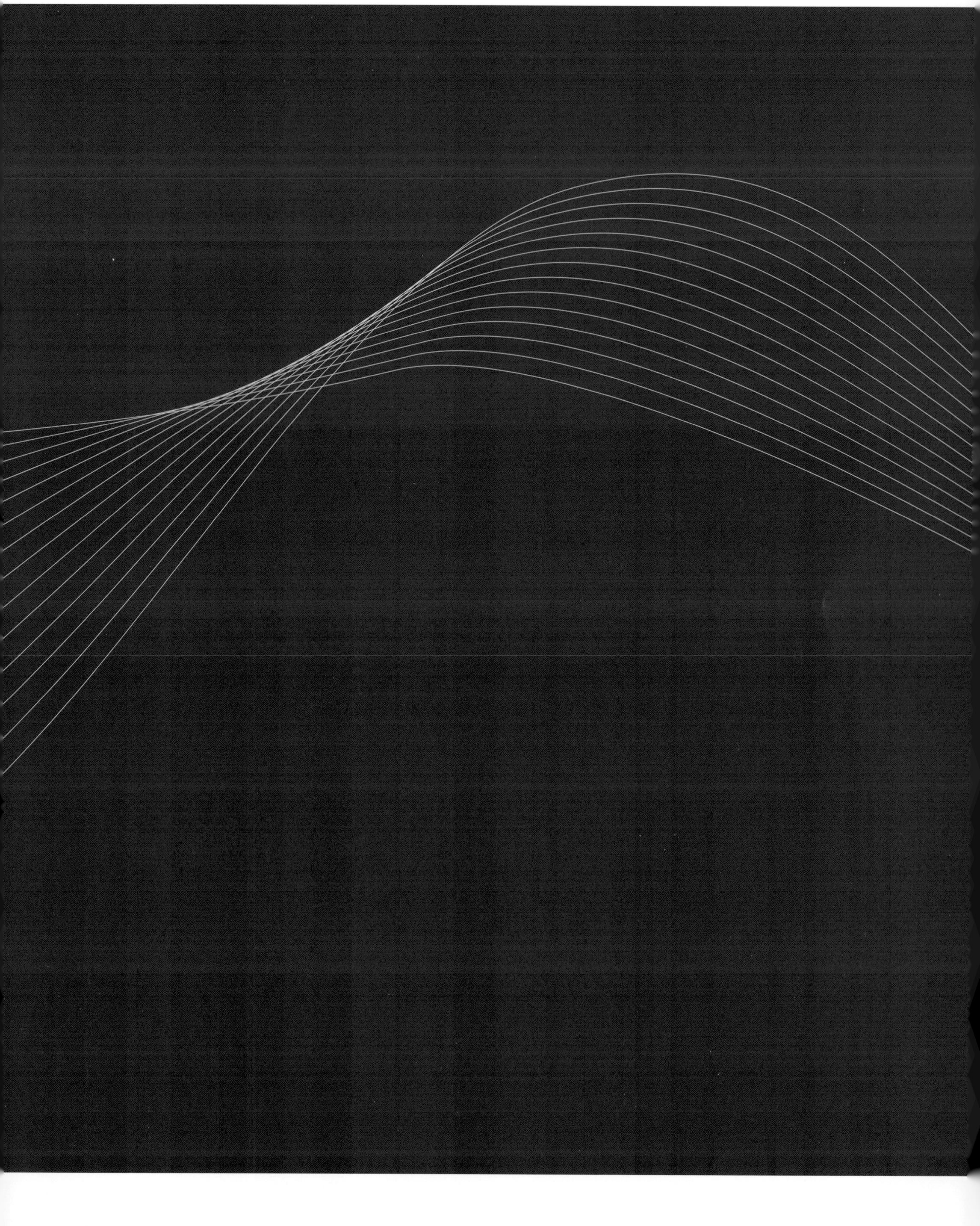

Anlagendaten

ANLAGENDATEN

Erläuterungen zu den Datenblättern

Welche **technischen Informationen** kann ich wo in der Marktübersicht finden? Was bedeuten die einzelnen Informationen? Das folgende **Glossar** beantwortet diese Fragen – es wird besonders all denen empfohlen, die sich zum ersten Mal mit den **Datenblättern** der Windenergieanlagen (WEA) beschäftigen.

ANKE GRUNWALD, JAN LIERSCH UND PROF. DR. JOCHEN TWELE

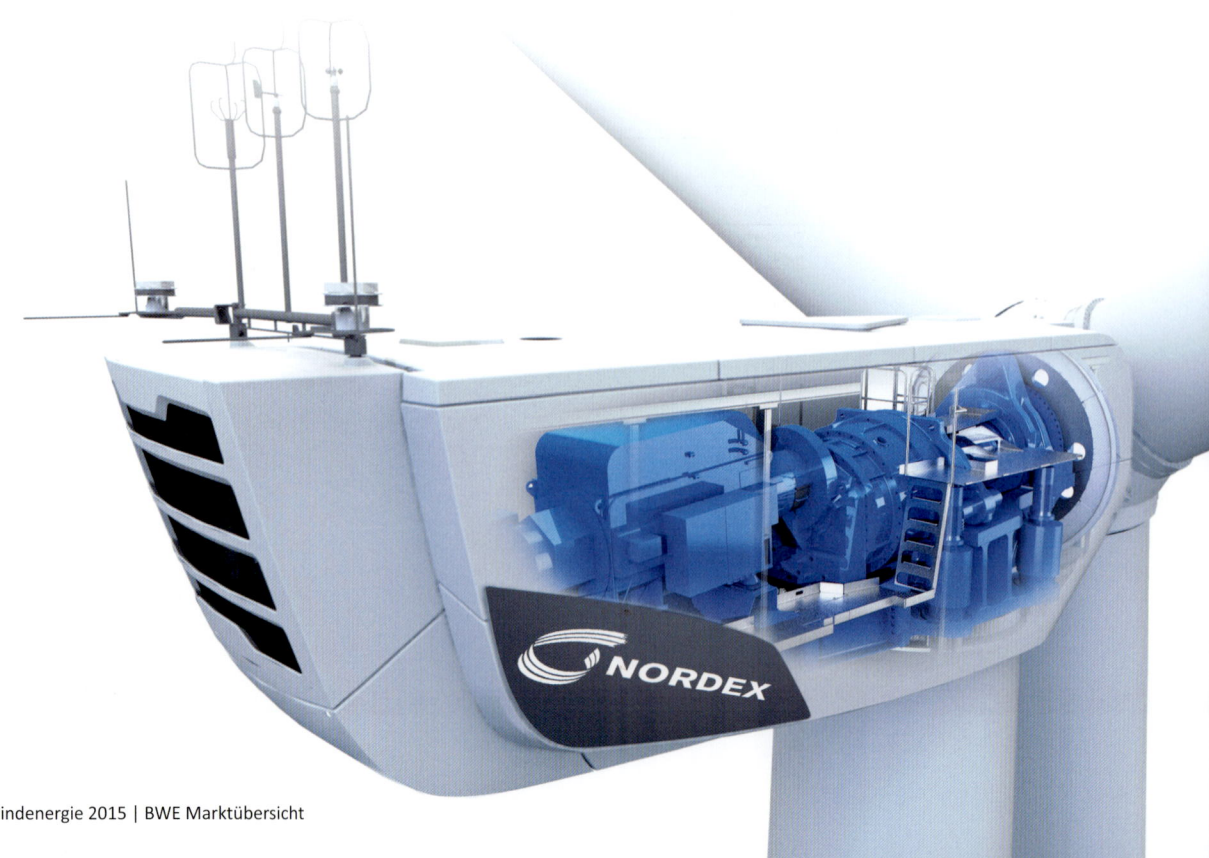

ANLAGENDATEN | Erläuterungen zu den Datenblättern

Alle technischen Daten zu den im Inhaltsverzeichnis angeführten Windenergieanlagen-Typen (WEA-Typen) finden sich in den jeweiligen Datenblättern. Für die Anlagen gibt es technische Details und zusätzlich Auszüge aus den Prüfberichten zur Vermessung der Leistungskennlinie, des Schalls und der elektrischen Eigenschaften. Es ist zu beachten, dass alle hier veröffentlichten Angaben von den Herstellern gemacht und freigegeben wurden. Der Herausgeber kann für die Richtigkeit der Angaben keine Gewähr übernehmen. Für konkrete Planungen und Wirtschaftlichkeitsberechnungen sind in jedem Fall die vollständigen Unterlagen direkt bei den Herstellern anzufordern.

Im Folgenden werden die in den Datenblättern dargestellten Eigenschaften kurz erläutert.

Senvion SE
Hamburg, Deutschland

1 – LEISTUNG

Nennleistung	3.200 kW	Einschaltwindgeschw.	3,0 m/s
Nennwindgeschwindigkeit	12 m/s	Ausschaltwindgeschw.	2,0 m/s

2 – ROTOR

Durchmesser	114,0 m	Überstrichene Rotorfläche	10.207,03 m²
Blattzahl	3	Drehzahl	ca. 12,6 U/min
Typenbezeichnung			
Material	Glasfaserverstärkte Kunststoffe (GFK), Epoxydharz		
Hersteller	diverse		

3 – GONDEL

Aufbau	aufgelöst		
Getriebe/Bauart	kombiniertes Stirnrad-/Planetengetriebe		
- Stufen	3,0	- Übersetzung	1:99,5
- Hersteller	diverse		
Generator	asynchron, doppeltgespeist		
- Anzahl	1	- Netzaufschaltung	Umrichter
- Drehzahl	640 – 1.200 U/min	- Netzfrequenz	50 Hz
- Spannung	950 V (Statorspannung)	- Hersteller	diverse

4 – REGEL- UND SICHERHEITSSYSTEM

Leistungsbegrenzung	Pitch
Drehzahlbegrenzung	variabel über Mikroprozessor, aktive Blattwinkelverstellung
Hauptbremse	Einzelblattwinkelverstellung
2. Bremssystem	Scheibenbremse
Windrichtungsnachführung	4 elektrische(r) Getriebemotor(en)
Hersteller der Steuerung	diverse
SCADA-System	Senvion SCADA Solutions

5

LEISTUNGSKENNLINIE	SCHALLLEISTUNGSPEGEL	ELEKTRISCHE EIGENSCHAFTEN
auf Anfrage	auf Anfrage	auf Anfrage

6 – TURM/Nabenhöhe

	90,0 – 93,0 m	120,0 – 123,0 m	140,0 – 143,0 m
Bauart/Form	Stahlrohrturm, konisch	Betonturm, Hybrid-Turm Beton-Stahl, konisch	Betonturm, Hybrid-Turm-Beton-Stahl, konisch
Korrosionsschutz	mehrschichtiger Farbaufbau	mehrschichtiger Farbaufbau	mehrschichtiger Farbaufbau

7 – MASSEN/GEWICHTE

Einzelblattgewicht	ca. 15 t	ca. 15 t	ca. 15 t
Nabengewicht (inkl. Einbauten)			
Rotor (inkl. Nabe)	ca. 68,0 t	ca. 68,0 t	ca. 68,0 t
Gondel (ohne Rotor & Nabe)	ca. 104,0 t	ca. 104,0 t	ca. 104,0 t
Turm			
Gesamtgewicht			

8 – TYPENPRÜFUNG

Richtlinie, Klasse	IEC IIIa/DIBt WZ3	IEC IIIa/DIBt WZ3	IEC IIIa/DIBt WZ3
Überlebenswindgeschw.			
Geprüft (Monat/Jahr)			

9 – REFERENZERTRÄGE (kWh/a)

LIEFERUMFANG			
GARANTIE	2 Jahre	2 Jahre	2 Jahre

10 – REFERENZEN 31/12/2012 | Erstaufbau: 01.12.11

SONDERAUSSTATTUNGEN	Blitzschutzsystem, Eissensor, Zustandsüberwachungssystem Permanentschmiersystem, diverse länderspezifische Netzanschlusslösungen, z.B. EEG-Produktpaket für Deutschland

11 – SONSTIGES | Getriebe: gemäß Senvion Getriebe-Richtlinie. Leistungsbegrenzung: Elektrische Einzelblattwinkelverstellung (?Fail-Safe?-Design). Diverse Optionen und Service-Pakete auf Anfrage. Bei den Turmhöhen handelt es sich um effektive Nabenhöhen. Über eine geänderte Fundamentausführung kann man die Nabenhöhe variieren.

Foto: Nordex

ANLAGENDATEN | Erläuterungen zu den Datenblättern

1 Leistung

Eine der wichtigsten charakteristischen Größen einer Windenergieanlage ist die **Nennleistung**, welche bei der angegebenen **Nennwindgeschwindigkeit** erreicht wird; diese Angabe dient in der Marktübersicht als Sortierkriterium der Anlagen. Sind bei der Nennleistung zwei Werte angegeben, handelt es sich in der Regel um eine Stall-geregelte Windenergieanlage mit zwei festen Betriebsdrehzahlen und einem polumschaltbaren Generator. Die kleine Generatorstufe ist bei niedrigen Windgeschwindigkeiten (unterhalb der Nennwindgeschwindigkeit) in Betrieb, bei hohen Windgeschwindigkeiten arbeitet der Generator auf der großen Drehzahlstufe. Der Betriebsbereich der WEA liegt zwischen der **Einschaltwindgeschwindigkeit**, bei der die Anlage beginnt, elektrische Leistung in das Netz abzugeben, sowie der **Abschaltwindgeschwindigkeit**, bei der die Anlage aus Sicherheitsgründen abschaltet und keine elektrische Leistung mehr in das Netz abgibt. Eine Bereichsangabe bei der Abschaltwindgeschwindigkeit zeigt an, dass die WEA bei Sturm nicht plötzlich vom Netz getrennt wird, sondern definiert abgeregelt werden kann; dies dient auch einer Stützung des Stromnetzes. Der vollständige Zusammenhang zwischen Windgeschwindigkeit und abgegebener Leistung wird durch die Leistungskennlinie wiedergegeben.

2 Rotor

Mit dem **Rotordurchmesser** lässt sich die vom Rotor überstrichene Fläche in Form einer Kreisfläche beschreiben. Dies ist die wesentliche Größe für die aerodynamische Umsetzung der Windenergie in mechanische Energie. Grundsätzlich gilt: Eine Verdopplung des Rotordurchmessers führt zu einer Vervierfachung der Leistung. Das heißt, die Rotorleistung hängt direkt proportional von der **überstrichenen Rotorfläche** ab.

Hinsichtlich der **Anzahl der Rotorblätter** gibt es bei größeren Turbinen kaum noch Unterschiede. Die meisten Anlagen haben drei Rotorblätter. Bei kleineren WEA sind dagegen auch öfter Zweiflügler zu finden oder Anlagen mit vier und mehr Rotorblättern. Die **Rotordrehzahl** ist entweder fest oder variabel und gibt einen Hinweis auf das Generator- und Regelungskonzept. Bei der Angabe einer oder mehrerer fester Drehzahlen, meistens zwei, handelt es sich um Stall-geregelte WEA mit netzgeführten (polumschaltbaren) Asynchrongeneratoren. Ist ein Drehzahlbereich angegeben, handelt es sich um Pitch-geregelte WEA, welche überwiegend mit Synchron- oder doppeltgespeisten Asynchrongeneratoren realisiert werden. Bei einem sehr kleinen Drehzahlband spricht man von drehzahlweichen Systemen.

Aus der maximalen Rotordrehzahl und dem Durchmesser kann die maximale Blattspitzengeschwindigkeit berechnet werden, die wesentlichen Einfluss auf die Geräuschentwicklung am Rotor hat. Je höher die Blattspitzengeschwindigkeit, desto höher werden meist die aerodynamischen Verluste und damit die Geräuschentwicklung.

Die **Typenbezeichnung** der Rotorblätter kann in Einzelfällen Informationen zu den verwendeten Profilen enthalten. Meistens gibt sie aber nur einen Hinweis auf den **Hersteller** und die Länge der Blätter. Sind mehrere Blatttypen angegeben, werden die jeweiligen Anlagen mit verschiedenen Blättern angeboten. Angegeben wird auch das **Material** der Rotorblätter: Gängig sind glasfaserverstärkte Kunststoffe (GFK) mit Epoxydharz, aber auch die teurere Kohlefaser (CFK) kommt zum Einsatz. Die aerodynamische Güte der Rotorblätter ist entscheidend für den gesamten Wirkungsgrad der WEA. Dieser wird mit dem Leistungsbeiwert CP bezeichnet und ist für die vermessenen Windgeschwindigkeiten in der Leistungskennlinie angegeben.

Jetstream

Ingenieurbüro für Windenergienutzung
Sachverständiger für Windenergieanlagen

Dienstleistungen
- Technische Betriebsführung
- Schwingungsuntersuchung
  (Rotorunwucht, Maschinendiagnostik)
- Überwachung von Service
  und Reparaturdienstleistungen

Sachverständigentätigkeit
- Begutachtung nach Montage, Inbetrieb- und Abnahme
- Garantieabnahme
- Überprüfung vor Weiterversicherung
- Zustandsorientierte Überprüfung
- Wiederkehrende Überprüfung
- Schadensbegutachtung
- Wertgutachten

Dipl.-Ing. Peter Bosse
Hoeppner Str. 34
12101 Berlin
Tel.: 030 / 78 99 15 25
Fax: 030 / 78 99 15 26
peter.bosse@jetstream-bosse.de
www.jetstream-bosse.de

3 Gondel

Die **Gondel** umfasst den gesamten Maschinensatz, der auf dem Turm für die Windrichtungsnachführung drehbar gelagert ist. Der **Aufbau** der Gondel beschreibt das vom Hersteller gewählte Konzept für die Positionierung der Komponenten des Antriebsstrangs (Rotorwelle mit Lagerung, Getriebe und Generator) auf dem Maschinenträger. Eine sogenannte „aufgelöste Bauweise" kennzeichnet die separate Anordnung aller Komponenten. Bei einer „teilintegrierten" oder „integrierten" Bauweise sind mehrere Funktionen in einer Komponente zusammengefasst, beispielsweise die zweite Lagerung der Rotorwelle.

Das **Getriebe** nimmt die Drehzahlanpassung zwischen Rotor und Generator vor und benötigt hierfür meist mehrere Stufen, die oft als Stirnrad- und/oder Planetenstufen aufgebaut sind. Wird ein speziell entwickelter hochpoliger Ringgenerator mit großem Durchmesser verwendet, kann das Getriebe entfallen. Bei den **Generatoren** finden sich einfache, robuste polumschaltbare Asynchrongeneratoren, die mit festen Drehzahlen in der Regel direkt auf das elektrische Netz geschaltet werden, sowie Generatorsysteme, die mit variabler Drehzahl betrieben werden. Bei variabler Drehzahl werden sowohl Synchrongeneratoren mit Vollumrichter als auch doppelt gespeiste Asynchrongeneratoren mit Teilumrichter verwendet.

Erfolgt die **Netzaufschaltung** über einen Umrichter, wird die Generatorenfrequenz durch einen Gleichstromzwischenkreis von der festen Netzfrequenz entkoppelt. Eine variable Generatorfrequenz ermöglicht eine variable Rotordrehzahl, wodurch die Lasten auf die Blätter und den Antriebsstrang reduziert werden. Ein weiterer Vorteil dieser Netzaufschaltung ist die bessere Netzverträglichkeit. Um die in dieser Hinsicht gestiegenen Anforderungen einiger Netzbetreiber zu erfüllen, bieten Hersteller Anlagen mit Asynchrongeneratoren in manchen Fällen auch mit Vollumrichter an. Bei kleinen WEA wird oft ein Synchrongenerator verwendet, der seine elektrische Energie über einen Laderegler mit Gleichrichter in einen Batteriespeicher abgibt.

4 Regel- und Sicherheitssystem

Die meisten Rotoren arbeiten nach dem Auftriebsprinzip, das heißt mit gegenüber der Anströmung angestelltem Blattprofil sowie anliegender Strömung im Normalbetrieb. Für die **Leistungsbegrenzung** werden zwei grundlegende Prinzipien verwendet: die Leistungsbegrenzung durch Strömungsabriss am Rotorblatt (Stall-Effekt) und die Verstellung des Rotorblattes um seine Längsachse (Pitch-Regelung). Bei größeren Wind-

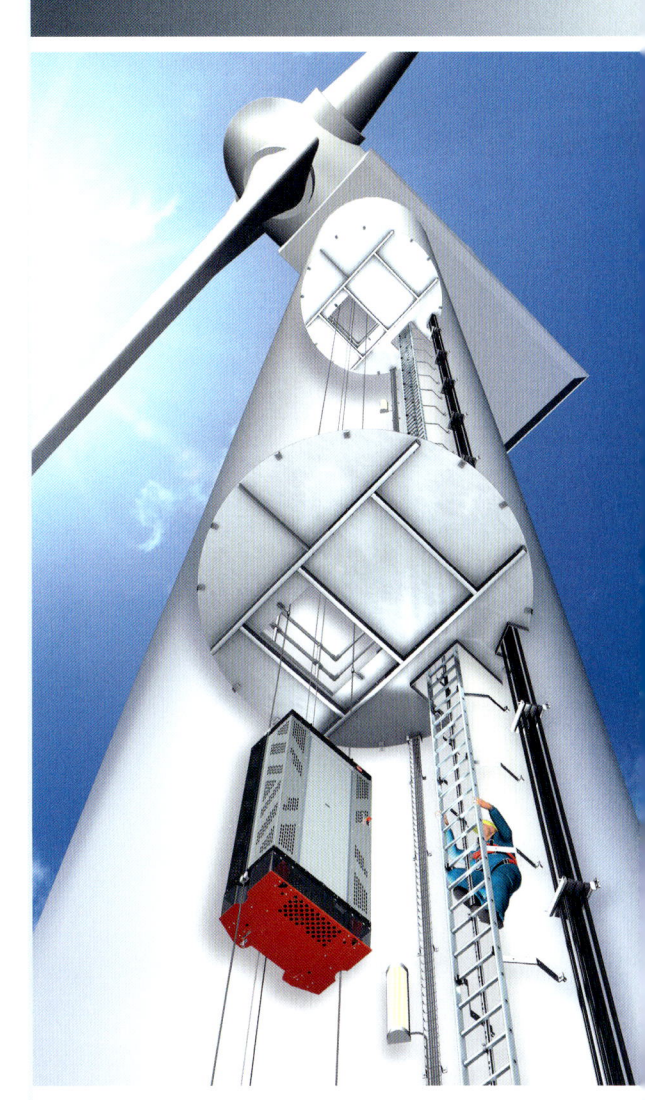

FORM VOLLENDET HOCH HINAUS

DIE VENTUR ÄSTHETIK.

- Patentierte Fertigteil-Kletterbauweise
- Individuelle Abmessungen möglich
- Weltweit anwendbar
- Einzigartiger Hybrid-Adapter
- Ab 120 m Nabenhöhen

ventur Windkrafttürme

Ventur GmbH I Einfach. Grenzenlos.
Marienhütte 6 I 57080 Siegen I Fon +49(0)271/3189-290
ventur@droessler.de I www.droessler-ventur.de

turbinen wenden einige Hersteller auch die sogenannte Aktiv-Stall-Regelung an, bei welcher der Stall-Effekt durch aktives Verstellen des Rotorblatts um seine Längsachse hervorgerufen wird. Stall-geregelte Rotoren werden in der Regel mit zwei festen Drehzahlen betrieben. Pitch-geregelte Rotoren arbeiten oft mit variabler Drehzahl.

Die Zertifizierungsrichtlinien für WEA schreiben zwei voneinander unabhängige **Bremssysteme** vor. Ein Bremssystem wird zumeist als aerodynamische Bremse ausgeführt, bei Stall-geregelten WEA zum Beispiel als fliehkraftbetätigte Blattspitzenbremse und bei Pitch-geregelten WEA durch aktive Verstellung des gesamten Rotorblatts. Können die Rotorblätter einzeln verfahren werden (sogenanntes Einzelblatt-Pitch), gilt jedes Blatt als eigenes Bremssystem, welches den Rotor in einen sicheren Zustand bringen kann. Ein weiteres Bremssystem ist oft mechanisch als Scheibenbremse vorhanden.

Die **Windrichtungsnachführung** erfolgt durch mehrere elektrische oder hydraulische Getriebemotoren am Turmkopf über eine Windfahne als Signalgeber auf der Gondel. Bei sehr kleinen Anlagen kann die Windnachführung auch passiv, beispielsweise über eine große Windfahne erfolgen. Die WEA ist ein automatisch fahrendes System. Zur Fernüberwachung und gegebenenfalls Fernsteuerung ist an die Betriebssteuerung ein Überwachungssystem angeschlossen, das Betriebsstörungen nach außen meldet und über das auch Betriebsdaten und Parameter abgerufen werden können. **SCADA** steht dabei für Supervisory Control and Data Acquisition. Der Umfang der Funktionalitäten der angebotenen SCADA-Systeme für das Überwachen und Steuern sowie das Erfassen, Speichern und Analysieren der Betriebsdaten unterscheidet sich erheblich.

5 Messergebnisse für die Leistungskennlinie, den Schallleistungspegel und die elektrischen Eigenschaften

Sofern der Hersteller für einen Anlagentyp eine vermessene **Leistungskennlinie** eingereicht hat, befindet sich in der Rubrik „Messergebnisse" eine Seite für diese WEA mit der Zusammenstellung der wesentlichen Ergebnisse der von akkreditierten Prüflaboratorien durchgeführten Messungen. Neben der Leistungskurve sind dort gegebenenfalls auch die Angaben für den **Schallleistungspegel** und die gemessenen **elektrischen Eigenschaften** aufgeführt.

6 Turm

Mit wachsender Leistung der WEA ändern sich auch die Ansprüche an die Türme. Höhere **Nabenhöhen** werden mit immer höheren Türmen realisiert. Die Bauhöhe der Türme (freistehende Bauwerke) und Masten (abgespannte Bauwerke) weichen bei größeren WEA inzwischen um einige Meter von der Nabenhöhe ab. In der Marktübersicht wird nur die Nabenhöhe angegeben, da sie für die Berechnung der Energieerträge relevant ist. Die Wahl der geeigneten Nabenhöhe ist in erster Linie von den Windverhältnissen am geplanten Standort und hier vor allem von der Rauigkeit des Geländes abhängig. Hierüber geben die Windgutachten Aufschluss.
In den meisten Fällen bringen im Binnenland an Standorten mit hohen Rauigkeiten und entsprechenden Turbulenzen größere Nabenhöhen wirtschaftliche Vorteile.

Als wesentliche **Bauarten** finden sich bei kleinen WEA abgespannte Rohrmasten und bei großen Anlagen Rohrtürme aus Stahl oder Stahlbeton. Insbesondere für sehr große Nabenhöhen werden aber auch Gittertürme gewählt, da sie ein geringeres relatives Gewicht als Rohrtürme aufweisen und segmentiert einfacher zu transportieren sind. Betontürme sind im Vergleich wesentlich schwerer und auch meistens teurer, wirken sich aufgrund ihrer hohen Dämpfung jedoch mindernd auf die Schallemission aus. Weil höhere Türme auch eine Zunahme der Turmdurchmesser der unteren Segmente bedeuten, stellt dies insbesondere den Transport von Turmsegmenten an Land vor hohe logistische Herausforderungen. Mögliche Lösungen sind Ortbetontürme, Betontürme aus Fertigteilen, Gittertürme oder sogenannte Hybridtürme, bei denen nur die unteren Teile aus Beton hergestellt werden, der obere Teil zum Beispiel aus Stahl.

HELUKABEL GREEN LINE

HELUWIND® WK-SERIE
Getestet auf 18.000 Torsionszyklen

■ Die professionelle Kabellösung

Wir bieten Ihnen eine Kabellösung für die gesamte WKA aus einer Hand - vom Turmfuß bis Rotorspitze. Gerne begleiten wir Sie in der Planungsphase bis hin zur Inbetriebnahme der Anlage. Abgestimmte Leistungskabelsysteme inkl. Befestigungssystemen und mit zertifizierter Verbindungstechnik.

Gondel
- Multicore-Bus und Ethernet-Leitungen,
- Hybridleitungen
- Hochtemperatur Generatorleitungen
- Spezielle Leitungen für die Schleifringanwendung (Getriebehohlwelle)

Loop
- Torsionsleitungen bis 34kV in ein- und mehradrige Ausführungen
- Vorkonfektionierte Lichtwellenleiter
- Die WK Serie wurde im Langzeittest auf bis zu 18.000 Torsionszyklen getestet

Turm
- ALU-Leitungen (verschiedene Legierungen und Ausführungen bis hin zur hochflexiblen Powerline Serie, 0,6 bis 34 kV)
- Lichtwellenleiter (Fast Bus & Monitoring)
- Kabelbefestigungssysteme

Alle Anforderungen hinsichtlich klimatischen Bedingungen von -55°C bis +145°C, Offshore-Anwendungen, hohe Brandprüfungen sowie internationale Approbationen nach UL, CSA, FT4, CE, VDE und WTTC werden erfüllt.

HELUKABEL® GmbH
Stammsitz
Dieselstr. 8-12
71282 Hemmingen
Tel. 07150 9209-0
Fax 07150 81786
info@helukabel.de

helukabel.de

ANLAGENDATEN | Erläuterungen zu den Datenblättern

7 Massen

Neben der Gesamtmasse der WEA sind auch die Massen der einzelnen Komponenten eine wichtige Information – insbesondere für den Transport und für Montagearbeiten.

8 Typenprüfung

Für die baurechtliche Genehmigung einer WEA ist eine **Typenprüfung** notwendig. Existiert diese nicht, muss unter Umständen eine vergleichsweise aufwändige Einzelprüfung durchgeführt werden. Für die Durchführung der Typenprüfung gibt es unter anderem **Richtlinien** vom International Electric Committee (IEC) und dem Deutschen Institut für Bautechnik (DIBt). Nach der IEC 61400-1 gibt es für verschiedene Umweltbedingungen vier Anlagenklassen (I bis IV) mit unterschiedlichen Turbulenzintensitäten (a bis c). In der DIBt-Richtlinie werden die Aufstellungsorte dagegen drei verschiedenen Windzonen (1 bis 3) zugeordnet. Zusätzlich bietet die **Überlebenswindgeschwindigkeit** dem Planer eine Abschätzung, ob die Anlage für den vorgesehenen Standort geeignet ist. Das Datum der Prüfung steht gegebenenfalls in Bezug zur verwendeten Revision der angeführten Regelwerke.

9 Referenzerträge

Die **Referenzerträge** sind berechnete Energieerträge pro Jahr (Kilowattstunden/Jahr, kWh/a) für die im deutschen Erneuerbare-Energien-Gesetz (EEG) festgelegten Bedingungen des sogenannten Referenzstandorts. Dieser Standort ist wie folgt charakterisiert: Mittlere Jahreswindgeschwindigkeit v = 5,5 Meter pro Sekunde (m/s) in 30 Meter (m) Höhe, Häufigkeitsverteilung der Windgeschwindigkeit gemäß einer Rayleigh-Verteilung, also einer Weibull-Funktion mit Formfaktor k = 2, und Rauigkeitslänge z0 = 0,1 Meter (m).

Bei den angegebenen Werten handelt es sich im Regelfall um die zertifizierten Referenzerträge gemäß der Richtlinie der deutschen Fördergesellschaft für Windenergie (FGW). Das Berechnungsverfahren ist in der Technischen Richtlinie 5, Rev.02, der FGW dargestellt. Der Referenzertrag nach FGW ist definiert als Fünfjahresertrag. Abweichend davon sind in der Marktübersicht Werte angegeben, die auf Einjahresbasis zurückgerechnet wurden.

Sofern es sich nicht um zertifizierte Referenzerträge, sondern um Herstellerangaben handelt, ist dies gekennzeichnet worden. Diese Werte können nicht zur Berechnung von Vergütungsansprüchen aus dem deutschen EEG genutzt oder zu Wirtschaftlichkeitsberechnungen herangezogen werden. Sie dienen lediglich als Orientierungshilfe. Die verbindlichen Referenzerträge sind auf der Homepage der FGW (www.wind-fgw.de) aufgeführt.

10 Referenzen

Die Angabe der Anzahl aufgestellter Anlagen seit der ersten Installation dieses Anlagentyps gibt einen Anhaltspunkt bezüglich der bislang gemachten Erfahrungen mit diesem WEA-Typ.

11 Sonderausstattung und Sonstiges

Viele Anlagen haben weitere Eigenschaften und Besonderheiten, etwa zusätzliche Ausrüstungen. Diese werden in dieser Rubrik aufgeführt. Dazu zählen unter anderem besondere Blitzschutzsysteme, Eissensoren oder Systeme zur Zustandsüberwachung (Condition-Monitoring-System - CMS).

Die Hausbank für erneuerbare Energien

Frischer Wind für Ihre Projekte

Wir verbinden technisches Verständnis mit Finanzierungs-Know-how.

Ihr Ansprechpartner: Jörg-Uwe Fischer
Tel.: 030 12030-9930 · Joerg-Uwe.Fischer@dkb.de
DKB.de/erneuerbare-energien

Wettbewerb Deutschlands kundenorientierteste Dienstleister 2014

DKB Deutsche Kreditbank AG

Triflex
Gemeinsam gelöst.

SCHÜTZT IHR INVESTMENT AUCH IN STÜRMISCHEN ZEITEN.

Unsere Abdichtungssysteme basieren auf Flüssigkunststoff.
Sie erhöhen die Lebensdauer von Windkraftanlagen und bieten dauerhaften Schutz unter extremen Bedingungen. Verlängerte Wartungsintervalle reduzieren so die Betriebskosten. Als der Spezialist für Abdichtungen mit Flüssigkunststoff lösen wir Projekte immer gemeinsam mit unseren qualifizierten Partnern und sorgen so für einen nachhaltigen Erfolg.

www.triflex.com

Windenergieanlagen 800 kW

E-48

ENERCON GmbH
Aurich, Deutschland

LEISTUNG

Nennleistung	800 kW	Einschaltwindgeschw.	
Nennwindgeschwindigkeit		Ausschaltwindgeschw.	28,0 – 34,0 m/s

ROTOR

Durchmesser	48,0 m	Überstrichene Rotorfläche	1.809,56 m²
Blattzahl	3	Drehzahl	16 – 31 (variabel) U/min
Typenbezeichnung	E-48		
Material	Glasfaserverstärkte Kunststoffe (GFK), Epoxydharz		
Hersteller	ENERCON		

GONDEL

Aufbau	integriert		
Getriebe / Bauart	getriebelos		
- Stufen		- Übersetzung	
- Hersteller			
Generator	synchron, Ringgenerator		
- Anzahl	1	- Netzaufschaltung	Umrichter
- Drehzahl	16 – 31 (variabel) U/min	- Netzfrequenz	50 / 60 Hz
- Spannung	400 V	- Hersteller	ENERCON

REGEL- UND SICHERHEITSSYSTEM

Leistungsbegrenzung	Pitch
Drehzahlbegrenzung	variabel über Mikroprozessor, aktive Blattwinkelverstellung
Hauptbremse	Einzelblattwinkelverstellung
2. Bremssystem	Einzelblattwinkelverstellung, Rotorhaltebremse und Rotorarretierung
Windrichtungsnachführung	4 elektrische(r) Getriebemotor(en) aktiv über Stellgetriebe, lastabhängige Dämpfung
Hersteller der Steuerung	ENERCON
SCADA-System	ENERCON Scada

LEISTUNGSKENNLINIE	SCHALLLEISTUNGSPEGEL	ELEKTRISCHE EIGENSCHAFTEN
auf Anfrage	auf Anfrage	auf Anfrage

TURM / Nabenhöhe	50,0 m	55,0 m	60,0 m	76,00 m
Bauart / Form	Stahlrohrturm, konisch	Stahlrohrturm, konisch	Stahlrohrturm, konisch	Stahlrohrturm, konisch
Korrosionsschutz	mehrschichtiger Farbaufbau	mehrschichtiger Farbaufbau	mehrschichtiger Farbaufbau	mehrschichtiger Farbaufbau

MASSEN / GEWICHTE

Einzelblattgewicht				
Nabengewicht (inkl. Einbauten)				
Rotor (inkl. Nabe)				
Gondel (ohne Rotor & Nabe)				
Turm				
Gesamtgewicht				

TYPENPRÜFUNG

Richtlinie, Klasse				
Überlebenswindgeschw.				
Geprüft (Monat/Jahr)				

REFERENZERTRÄGE (kWh/a)	auf Anfrage	auf Anfrage	auf Anfrage	auf Anfrage
LIEFERUMFANG	Anlieferung, Montage, Datenfernübertragung, Wartung, Transformator, Fundament	Anlieferung, Montage, Datenfernübertragung, Wartung, Transformator, Fundament	Anlieferung, Montage, Datenfernübertragung, Wartung, Transformator, Fundament	Anlieferung, Montage, Datenfernübertragung, Wartung, Transformator, Fundament
GARANTIE				
REFERENZEN 31/12/2012	Anlagen weltweit: 1.905 Erstaufbau: 2004			
SONDERAUSSTATTUNGEN	Blitzschutzsystem auf Anfrage			
SONSTIGES	Wartungskonzept und ENERCON PartnerKonzept (EPK) auf Anfrage.			

E-53

Windenergieanlagen 800 kW

ENERCON GmbH
Aurich, Deutschland

LEISTUNG
Nennleistung	800 kW	Einschaltwindgeschw.	
Nennwindgeschwindigkeit		Ausschaltwindgeschw.	28,0 – 34,0 m/s

ROTOR
Durchmesser	52,9 m	Überstrichene Rotorfläche	2.197,87 m²
Blattzahl	3	Drehzahl	11 – 29,5 (variabel) U/min
Typenbezeichnung	E-53		
Material	Glasfaserverstärkte Kunststoffe (GFK), Epoxydharz		
Hersteller	ENERCON		

GONDEL
Aufbau	integriert		
Getriebe / Bauart	getriebelos		
- Stufen		- Übersetzung	
- Hersteller			
Generator	synchron, Ringgenerator		
- Anzahl	1	- Netzaufschaltung	Umrichter
- Drehzahl	11 – 29,5 (variabel)	- Netzfrequenz	50 / 60 Hz
- Spannung	400 V	- Hersteller	ENERCON

REGEL- UND SICHERHEITSSYSTEM
Leistungsbegrenzung	Pitch
Drehzahlbegrenzung	variabel über Mikroprozessor, aktive Blattwinkelverstellung
Hauptbremse	Einzelblattwinkelverstellung
2. Bremssystem	Einzelblattwinkelverstellung, Rotorhaltebremse und Rotorarretierung
Windrichtungsnachführung	4 elektrische(r) Getriebemotor(en) aktiv über Stellgetriebe, lastabhängige Dämpfung
Hersteller der Steuerung	ENERCON
SCADA-System	ENERCON Scada

LEISTUNGSKENNLINIE	SCHALLLEISTUNGSPEGEL			ELEKTRISCHE EIGENSCHAFTEN
auf Anfrage	auf Anfrage			auf Anfrage

TURM / Nabenhöhe	50,0 m	60,0 m	73,0 m	
Bauart / Form	Stahlrohrturm, konisch	Stahlrohrturm, konisch	Stahlrohrturm, konisch	
Korrosionsschutz	mehrschichtiger Farbaufbau	mehrschichtiger Farbaufbau	mehrschichtiger Farbaufbau	

MASSEN / GEWICHTE
Einzelblattgewicht				
Nabengewicht (inkl. Einbauten)				
Rotor (inkl. Nabe)				
Gondel (ohne Rotor & Nabe)				
Turm				
Gesamtgewicht				

TYPENPRÜFUNG
Richtlinie, Klasse				
Überlebenswindgeschw.				
Geprüft (Monat/Jahr)				

REFERENZERTRÄGE (kWh/a)	auf Anfrage	auf Anfrage	auf Anfrage	
LIEFERUMFANG	Anlieferung, Montage, Datenfernübertragung, Wartung, Transformator, Fundament	Anlieferung, Montage, Datenfernübertragung, Wartung, Transformator, Fundament	Anlieferung, Montage, Datenfernübertragung, Wartung, Transformator, Fundament	

GARANTIE
REFERENZEN 31/12/2012	Anlagen weltweit: 1.308 Erstaufbau: 2006
SONDERAUSSTATTUNGEN	Blitzschutzsystem auf Anfrage
SONSTIGES	Wartungskonzept und ENERCON PartnerKonzept (EPK) auf Anfrage.

Windenergieanlagen 900 kW

E-44

ENERCON GmbH
Aurich, Deutschland

LEISTUNG

Nennleistung	900 kW	Einschaltwindgeschw.	
Nennwindgeschwindigkeit		Ausschaltwindgeschw.	28,0 – 34,0 m/s

ROTOR

Durchmesser	44,0 m	Überstrichene Rotorfläche	1.520,53 m²
Blattzahl	3	Drehzahl	12 – 34 U (variabel) U/min
Typenbezeichnung	E-44		
Material	Glasfaserverstärkte Kunststoffe (GFK), Epoxydharz		
Hersteller	ENERCON		

GONDEL

Aufbau	integriert		
Getriebe / Bauart	getriebelos		
- Stufen		- Übersetzung	
- Hersteller			
Generator	synchron, Ringgenerator		
- Anzahl	1	- Netzaufschaltung	Umrichter
- Drehzahl	12 – 34 (variabel) U/min	- Netzfrequenz	50 / 60 Hz
- Spannung	400 V	- Hersteller	ENERCON

REGEL- UND SICHERHEITSSYSTEM

Leistungsbegrenzung	Pitch
Drehzahlbegrenzung	variabel über Mikroprozessor, aktive Blattwinkelverstellung
Hauptbremse	Einzelblattwinkelverstellung
2. Bremssystem	Einzelblattwinkelverstellung, Rotorhaltebremse und Rotorarretierung
Windrichtungsnachführung	4 elektrische(r) Getriebemotor(en) aktiv über Stellgetriebe, lastabhängige Dämpfung
Hersteller der Steuerung	ENERCON
SCADA-System	ENERCON Scada

LEISTUNGSKENNLINIE	SCHALLLEISTUNGSPEGEL	ELEKTRISCHE EIGENSCHAFTEN
auf Anfrage	auf Anfrage	auf Anfrage

TURM / Nabenhöhe	45,0 m	55,0 m	
Bauart / Form	Stahlrohrturm, konisch	Stahlrohrturm, konisch	
Korrosionsschutz	mehrschichtiger Farbaufbau	mehrschichtiger Farbaufbau	

MASSEN / GEWICHTE

Einzelblattgewicht				
Nabengewicht (inkl. Einbauten)				
Rotor (inkl. Nabe)				
Gondel (ohne Rotor & Nabe)				
Turm				
Gesamtgewicht				

TYPENPRÜFUNG

Richtlinie, Klasse				
Überlebenswindgeschw.				
Geprüft (Monat/Jahr)				

REFERENZERTRÄGE (kWh/a)	auf Anfrage	auf Anfrage		
LIEFERUMFANG	Anlieferung, Montage, Datenfernübertragung, Wartung, Transformator, Fundament	Anlieferung, Montage, Datenfernübertragung, Wartung, Transformator, Fundament		
GARANTIE				
REFERENZEN 31/12/2012	Anlagen weltweit: 605 Erstaufbau: 2007			
SONDERAUSSTATTUNGEN	Blitzschutzsystem auf Anfrage			
SONSTIGES	Wartungskonzept und ENERCON PartnerKonzept (EPK) auf Anfrage.			

LEITWIND LTW77

LEITWIND AG
Sterzing, Italien

LEISTUNG
Nennleistung	1.000 – 1.500 kW	Einschaltwindgeschw.	3,0 m/s
Nennwindgeschwindigkeit	11,5 – 12,0 m/s	Ausschaltwindgeschw.	25,0 m/s

ROTOR
Durchmesser	76,7 m	Überstrichene Rotorfläche	4.620,41 m²
Blattzahl	3	Drehzahl	6 – 18,0 (variabel) U/min
Typenbezeichnung			
Material	Glasfaserverstärkte Kunststoffe (GFK)		
Hersteller			

GONDEL
Aufbau	integriert		
Getriebe / Bauart	getriebelos		
- Stufen		- Übersetzung	1:104
- Hersteller	LEITWIND		
Generator	synchron, Permanentmagnet		
- Anzahl	1	- Netzaufschaltung	Umrichter
- Drehzahl	6 – 18,0 (variabel) U/min	- Netzfrequenz	50 / 60 Hz
- Spannung	640 V	- Hersteller	LEITWIND

REGEL- UND SICHERHEITSSYSTEM
Leistungsbegrenzung	Pitch
Drehzahlbegrenzung	variabel über Mikroprozessor, aktive Blattwinkelverstellung
Hauptbremse	Einzelblattwinkelverstellung
2. Bremssystem	Scheibenbremse, Einzelblattwinkelverstellung
Windrichtungsnachführung	4 elektrische(r) Getriebemotor(en)
Hersteller der Steuerung	LEITWIND
SCADA-System	LEITWIND SCADA

LEISTUNGSKENNLINIE	SCHALLLEISTUNGSPEGEL		ELEKTRISCHE EIGENSCHAFTEN
ja	ja		ja

TURM / Nabenhöhe	61,0 m	65,0 m	80,0 m	
Bauart / Form	Stahlrohrturm, konisch	Stahlrohrturm, konisch	Stahlrohrturm, konisch	
Korrosionsschutz	mehrschichtiger Farbaufbau	mehrschichtiger Farbaufbau	mehrschichtiger Farbaufbau	

MASSEN / GEWICHTE
Einzelblattgewicht				
Nabengewicht (inkl. Einbauten)				
Rotor (inkl. Nabe)				
Gondel (ohne Rotor & Nabe)				
Turm				
Gesamtgewicht				

TYPENPRÜFUNG
Richtlinie, Klasse	IEC IIa/GL	IEC IIa/GL	IEC IIa	
Überlebenswindgeschw.				
Geprüft (Monat/Jahr)		Feb 09	Feb 09	

REFERENZERTRÄGE (kWh/a)	
LIEFERUMFANG	
GARANTIE	
REFERENZEN 31/12/2012	Anlagen weltweit: 187 Erstaufbau: 2005
SONDERAUSSTATTUNGEN	Blitzschutzsystem, Eissensor, Zustandsüberwachungssystem
SONSTIGES	

LEITWIND LTW80

LEITWIND AG
Sterzing, Italien

LEISTUNG
Nennleistung	1.500 – 1.800 kW	Einschaltwindgeschw.	3,0 m/s
Nennwindgeschwindigkeit	10,4 – 11,6 m/s	Ausschaltwindgeschw.	25,0 m/s

ROTOR
Durchmesser	80,3 m	Überstrichene Rotorfläche	5.064,32 m²
Blattzahl	3	Drehzahl	6 – 17,8 (variabel) U/min
Typenbezeichnung			
Material	Epoxydharz		
Hersteller			

GONDEL
Aufbau	integriert		
Getriebe / Bauart	getriebelos		
- Stufen		- Übersetzung	1:104
- Hersteller	LEITWIND		
Generator	synchron, Permanentmagnet		
- Anzahl	1	- Netzaufschaltung	Umrichter
- Drehzahl	6 – 17,8 (variabel) U/min	- Netzfrequenz	50 / 60 Hz
- Spannung	630 – 675 V	- Hersteller	LEITWIND

REGEL- UND SICHERHEITSSYSTEM
Leistungsbegrenzung	Pitch
Drehzahlbegrenzung	variabel über Mikroprozessor, aktive Blattwinkelverstellung
Hauptbremse	Einzelblattwinkelverstellung
2. Bremssystem	Scheibenbremse, Einzelblattwinkelverstellung
Windrichtungsnachführung	4 elektrische(r) Getriebemotor(en)
Hersteller der Steuerung	LEITWIND
SCADA-System	LEITWIND SCADA

LEISTUNGSKENNLINIE	SCHALLLEISTUNGSPEGEL		ELEKTRISCHE EIGENSCHAFTEN
ja	ja		ja
TURM / Nabenhöhe	65,0 m	80,0 m	100,0 m
Bauart / Form	Stahlrohrturm, konisch	Stahlrohrturm, konisch	Stahlrohrturm, konisch
Korrosionsschutz	mehrschichtiger Farbaufbau	mehrschichtiger Farbaufbau	mehrschichtiger Farbaufbau

MASSEN / GEWICHTE
Einzelblattgewicht			
Nabengewicht (inkl. Einbauten)			
Rotor (inkl. Nabe)			
Gondel (ohne Rotor & Nabe)			
Turm			
Gesamtgewicht			

TYPENPRÜFUNG
Richtlinie, Klasse	IEC IIa/GL	IEC IIa/GL	IEC IIa
Überlebenswindgeschw.			
Geprüft (Monat/Jahr)		07.12.2010	07.12.2010

REFERENZERTRÄGE (kWh/a)	
LIEFERUMFANG	
GARANTIE	
REFERENZEN 31/12/2012	Anlagen weltweit: 46 Erstaufbau: 2009
SONDERAUSSTATTUNGEN	Blitzschutzsystem, Eissensor, Zustandsüberwachungssystem
SONSTIGES	

LEITWIND LTW70

LEITWIND AG
Sterzing, Italien

LEISTUNG

Nennleistung	1.700 – 2.000 kW	Einschaltwindgeschw.	3,0 m/s
Nennwindgeschwindigkeit	13,0 m/s	Ausschaltwindgeschw.	25,0 m/s

ROTOR

Durchmesser	70,0 m	Überstrichene Rotorfläche	3.859,45 m²
Blattzahl	3	Drehzahl	6 – 20,8 (variabel) U/min
Typenbezeichnung			
Material	Glasfaserverstärkte Kunststoffe (GFK)		
Hersteller	LM Wind Power		

GONDEL

Aufbau	integriert		
Getriebe / Bauart	getriebelos		
- Stufen		- Übersetzung	1:104
- Hersteller	LEITWIND		
Generator	synchron, Permanentmagnet		
- Anzahl	1	- Netzaufschaltung	Umrichter
- Drehzahl	6 – 20,8 (variabel) U/min	- Netzfrequenz	50 / 60 Hz
- Spannung	690 V	- Hersteller	LEITWIND

REGEL- UND SICHERHEITSSYSTEM

Leistungsbegrenzung	Pitch
Drehzahlbegrenzung	variabel über Mikroprozessor, aktive Blattwinkelverstellung
Hauptbremse	Einzelblattwinkelverstellung
2. Bremssystem	Scheibenbremse, Einzelblattwinkelverstellung
Windrichtungsnachführung	4 elektrische(r) Getriebemotor(en)
Hersteller der Steuerung	LEITWIND
SCADA-System	LEITWIND SCADA

LEISTUNGSKENNLINIE	SCHALLLEISTUNGSPEGEL	ELEKTRISCHE EIGENSCHAFTEN
auf Anfrage	auf Anfrage	auf Anfrage

TURM / Nabenhöhe — 60,0 m

Bauart / Form	Stahlrohrturm, konisch
Korrosionsschutz	mehrschichtiger Farbaufbau

MASSEN / GEWICHTE

Einzelblattgewicht	
Nabengewicht (inkl. Einbauten)	
Rotor (inkl. Nabe)	
Gondel (ohne Rotor & Nabe)	
Turm	
Gesamtgewicht	

TYPENPRÜFUNG

Richtlinie, Klasse	IEC Ia/GL / IEC Ia
Überlebenswindgeschw.	
Geprüft (Monat/Jahr)	

REFERENZERTRÄGE (kWh/a)
LIEFERUMFANG
GARANTIE

REFERENZEN 31/12/2012	Anlagen weltweit: 1 Erstaufbau: 2011
SONDERAUSSTATTUNGEN	Blitzschutzsystem, Eissensor, Zustandsüberwachungssystem
SONSTIGES	

Windenergieanlagen 2.000 kW

E-82 E2

ENERCON GmbH
Aurich, Deutschland

LEISTUNG

Nennleistung	2.000 kW	Einschaltwindgeschw.	
Nennwindgeschwindigkeit		Ausschaltwindgeschw.	28,0 – 34,0 m/s

ROTOR

Durchmesser	82,0 m	Überstrichene Rotorfläche	5.281,02 m²
Blattzahl	3	Drehzahl	6 – 18 (variable) U/min
Typenbezeichnung	E-82 E2		
Material	Glasfaserverstärkte Kunststoffe (GFK), Epoxydharz		
Hersteller	ENERCON		

GONDEL

Aufbau	integriert		
Getriebe / Bauart	getriebelos		
- Stufen		- Übersetzung	
- Hersteller			
Generator	synchron, Ringgenerator		
- Anzahl	1	- Netzaufschaltung	Umrichter
- Drehzahl	6 – 18 (variabel) U/min	- Netzfrequenz	50 / 60 Hz
- Spannung	400 V	- Hersteller	ENERCON

REGEL- UND SICHERHEITSSYSTEM

Leistungsbegrenzung	Pitch
Drehzahlbegrenzung	variabel über Mikroprozessor, aktive Blattwinkelverstellung
Hauptbremse	Einzelblattwinkelverstellung
2. Bremssystem	Einzelblattwinkelverstellung, Rotorhaltebremse und Rotorarretierung
Windrichtungsnachführung	6 elektrische(r) Getriebemotor(en) aktiv über Stellgetriebe, lastabhängige Dämpfung
Hersteller der Steuerung	ENERCON
SCADA-System	ENERCON Scada

LEISTUNGSKENNLINIE		SCHALLLEISTUNGSPEGEL		ELEKTRISCHE EIGENSCHAFTEN
auf Anfrage		auf Anfrage		auf Anfrage
TURM / Nabenhöhe	78,0 m	85,0 m	98,0 m	108,00 m
Bauart / Form	Stahlrohrturm, konisch	Stahlrohrturm – alternativ: Betonturm, konisch	Betonturm, konisch	Betonturm, konisch
Korrosionsschutz	mehrschichtiger Farbaufbau	mehrschichtiger Farbaufbau	mehrschichtiger Farbaufbau	mehrschichtiger Farbaufbau

MASSEN / GEWICHTE

Einzelblattgewicht				
Nabengewicht (inkl. Einbauten)				
Rotor (inkl. Nabe)				
Gondel (ohne Rotor & Nabe)				
Turm				
Gesamtgewicht				

TYPENPRÜFUNG

Richtlinie, Klasse				
Überlebenswindgeschw.				
Geprüft (Monat/Jahr)				
REFERENZERTRÄGE (kWh/a)	auf Anfrage	auf Anfrage	auf Anfrage	auf Anfrage
LIEFERUMFANG	Anlieferung, Montage, Datenfernübertragung, Wartung, Transformator, Fundament	Anlieferung, Montage, Datenfernübertragung, Wartung, Transformator, Fundament	Anlieferung, Montage, Datenfernübertragung, Wartung, Transformator, Fundament	Anlieferung, Montage, Datenfernübertragung, Wartung, Transformator, Fundament
GARANTIE				
REFERENZEN 31/12/2012	Anlagen weltweit: 2.313 Erstaufbau: 2009			
SONDERAUSSTATTUNGEN	Blitzschutzsystem auf Anfrage			
SONSTIGES	Wartungskonzept und ENERCON PartnerKonzept (EPK) auf Anfrage.			

Senvion MM100

Senvion SE
Hamburg, Deutschland

LEISTUNG

Nennleistung	2.000 kW	Einschaltwindgeschw.	3,0 m/s
Nennwindgeschwindigkeit	11,0 m/s	Ausschaltwindgeschw.	22,0 m/s

ROTOR

Durchmesser	100,0 m	Überstrichene Rotorfläche	7.853,98 m²
Blattzahl	3	Drehzahl	7,0 – 13,9 +12,5% U/min
Typenbezeichnung	diverse		
Material	Glasfaserverstärkte Kunststoffe (GFK), Epoxydharz		
Hersteller	diverse		

GONDEL

Aufbau	aufgelöst		
Getriebe / Bauart	kombiniertes Stirnrad-/Planetengetriebe		
- Stufen	3,0	- Übersetzung	1:104 (60 Hz), 1:130 (50 Hz)
- Hersteller	diverse		
Generator	asynchron, doppeltgespeist, Permanentmagnet		
- Anzahl	1	- Netzaufschaltung	Umrichter
- Drehzahl	720 – 1.440 (60 Hz), 970 – 1.800 (50 Hz)	- Netzfrequenz	50 / 60 Hz
- Spannung	575 V (60 Hz), 690 V (50 Hz)	- Hersteller	diverse

REGEL- UND SICHERHEITSSYSTEM

Leistungsbegrenzung	Pitch
Drehzahlbegrenzung	variabel über Mikroprozessor, aktive Blattwinkelverstellung
Hauptbremse	Einzelblattwinkelverstellung
2. Bremssystem	Scheibenbremse
Windrichtungsnachführung	4 elektrische(r) Getriebemotor(en)
Hersteller der Steuerung	diverse
SCADA-System	Senvion SCADA Solutions

LEISTUNGSKENNLINIE	SCHALLLEISTUNGSPEGEL		ELEKTRISCHE EIGENSCHAFTEN
auf Anfrage	auf Anfrage		auf Anfrage
TURM / Nabenhöhe	**80,0 m**	**100,0 m**	**76,0 m**
Bauart / Form	Stahlrohrturm, konisch	Stahlrohrturm, konisch	Stahlrohrturm, konisch
Korrosionsschutz	mehrschichtiger Farbaufbau	mehrschichtiger Farbaufbau	mehrschichtiger Farbaufbau

MASSEN / GEWICHTE

Einzelblattgewicht	8,5 t	8,5 t	7,0 t	
Nabengewicht (inkl. Einbauten)	16,5 t	16,5 t	16,5 t	
Rotor (inkl. Nabe)				
Gondel (ohne Rotor & Nabe)	75,0 t	75,0 t	75,0 t	
Turm				
Gesamtgewicht				

TYPENPRÜFUNG

Richtlinie, Klasse	IEC IIb	IEC IIb	IEC IIb	
Überlebenswindgeschw.				
Geprüft (Monat/Jahr)				

REFERENZERTRÄGE (kWh/a)

LIEFERUMFANG

GARANTIE	2 Jahre	2 Jahre	2 Jahre	
REFERENZEN 31/12/2012	Anlagen weltweit: Erstaufbau:			
SONDERAUSSTATTUNGEN	Blitzschutzsystem, Eissensor, Zustandsüberwachungssystem			
SONSTIGES	Getriebe: entsprechend der Senvion Getrieberichtlinie. Leistungsbegrenzung: voneinander unabhängige elektrische Einzelblattverstellung (fail-safe). Diverse Optionen und Wartungspakete auf Anfrage.			

Windenergieanlagen 2.000 kW

VENSYS 77

VENSYS Energy AG
Deutschland

LEISTUNG

Nennleistung	2.000 kW	Einschaltwindgeschw.	3,0 m/s
Nennwindgeschwindigkeit	13,0 m/s	Ausschaltwindgeschw.	22,0 m/s

ROTOR

Durchmesser	76,84 m	Überstrichene Rotorfläche	4.637,29 m²
Blattzahl	3	Drehzahl	9 – 17,3 U/min
Typenbezeichnung	LM 37.3P		
Material	Glasfaserverstärkte Kunststoffe (GFK)		
Hersteller	LM Glasfiber A/S		

GONDEL

Aufbau	integriert		
Getriebe / Bauart	getriebelos		
- Stufen		- Übersetzung	
- Hersteller			
Generator	synchron, Ringgenerator, Permanentmagnet		
- Anzahl	1	- Netzaufschaltung	Umrichter
- Drehzahl	9 – 17,3 U/min	- Netzfrequenz	50 / 60 Hz
- Spannung	690 V	- Hersteller	VENSYS Energy AG

REGEL- UND SICHERHEITSSYSTEM

Leistungsbegrenzung	Pitch
Drehzahlbegrenzung	variabel über Mikroprozessor
Hauptbremse	Einzelblattwinkelverstellung
2. Bremssystem	Einzelblattwinkelverstellung
Windrichtungsnachführung	3 elektrische(r) Getriebemotor(en)
Hersteller der Steuerung	VENSYS Energy AG
SCADA-System	VENSYS SCADA

LEISTUNGSKENNLINIE	SCHALLLEISTUNGSPEGEL	ELEKTRISCHE EIGENSCHAFTEN
auf Anfrage	auf Anfrage	auf Anfrage

TURM / Nabenhöhe	61,5 m	85,0 m	100,0 m	
Bauart / Form	Stahlrohrturm, konisch	Stahlrohrturm, konisch	Stahlrohrturm, konisch	
Korrosionsschutz	mehrschichtiger Farbaufbau	mehrschichtiger Farbaufbau	mehrschichtiger Farbaufbau	

MASSEN / GEWICHTE

Einzelblattgewicht				
Nabengewicht (inkl. Einbauten)		t		
Rotor (inkl. Nabe)				
Gondel (ohne Rotor & Nabe)				
Turm				
Gesamtgewicht				

TYPENPRÜFUNG

Richtlinie, Klasse	IEC IIa/DIBt 3	IEC IIa/DIBt 3	IEC IIIa	
Überlebenswindgeschw.				
Geprüft (Monat/Jahr)				
REFERENZERTRÄGE (kWh/a)	3.904.000 Herstellerinformation	4.293.000 Herstellerinformation	4.485.000 Herstellerinformation	

LIEFERUMFANG

GARANTIE	2 Jahre	2 Jahre	2 Jahre	
REFERENZEN 31/12/2012	Anlagen weltweit: 1.019 Erstaufbau: Mai 07			
SONDERAUSSTATTUNGEN	optional Eissensor			
SONSTIGES				

VENSYS 82

VENSYS Energy AG
Deutschland

LEISTUNG

Nennleistung	2.000 kW	Einschaltwindgeschw.	3,0 m/s
Nennwindgeschwindigkeit	12,5 m/s	Ausschaltwindgeschw.	22,0 m/s

ROTOR

Durchmesser	82,34 m	Überstrichene Rotorfläche	5.324,90 m²
Blattzahl	3	Drehzahl	9 – 17,3 U/min
Typenbezeichnung	LM 40.3		
Material	Glasfaserverstärkte Kunststoffe (GFK)		
Hersteller	LM Glasfiber A/S		

GONDEL

Aufbau	integriert		
Getriebe / Bauart	getriebelos		
- Stufen		- Übersetzung	
- Hersteller			
Generator	synchron, Ringgenerator, Permanentmagnet		
- Anzahl	1	- Netzaufschaltung	Umrichter
- Drehzahl	9 – 17,3 U/min	- Netzfrequenz	50 / 60 Hz
- Spannung	690 V	- Hersteller	VENSYS Energy AG

REGEL- UND SICHERHEITSSYSTEM

Leistungsbegrenzung	Pitch
Drehzahlbegrenzung	variabel über Mikroprozessor
Hauptbremse	Einzelblattwinkelverstellung
2. Bremssystem	Einzelblattwinkelverstellung
Windrichtungsnachführung	3 elektrische(r) Getriebemotor(en)
Hersteller der Steuerung	VENSYS Energy AG
SCADA-System	VENSYS SCADA

LEISTUNGSKENNLINIE	SCHALLLEISTUNGSPEGEL	ELEKTRISCHE EIGENSCHAFTEN
auf Anfrage	auf Anfrage	auf Anfrage

TURM / Nabenhöhe	m	100,0 m	
Bauart / Form	Stahlrohrturm, konisch	Stahlrohrturm, konisch	
Korrosionsschutz	mehrschichtiger Farbaufbau	mehrschichtiger Farbaufbau	

MASSEN / GEWICHTE

Einzelblattgewicht				
Nabengewicht (inkl. Einbauten)				
Rotor (inkl. Nabe)				
Gondel (ohne Rotor & Nabe)				
Turm				
Gesamtgewicht				

TYPENPRÜFUNG

Richtlinie, Klasse	IEC IIIa/DIBt 2	IEC IIIa/DIBt 2		
Überlebenswindgeschw.				
Geprüft (Monat/Jahr)				
REFERENZERTRÄGE (kWh/a)	4.713.000 Herstellerinformation	4.840.000 Herstellerinformation		
LIEFERUMFANG				
GARANTIE	2 Jahre	2 Jahre		
REFERENZEN 31/12/2012	Anlagen weltweit: 218 Erstaufbau: 2008			
SONDERAUSSTATTUNGEN	optional Eissensor			
SONSTIGES				

Windenergieanlagen 2.050 kW

eno 82

eno energy systems GmbH
Rostock, Deutschland

LEISTUNG

Nennleistung	2.050 kW	Einschaltwindgeschw.	3,0 m/s
Nennwindgeschwindigkeit	13,0 m/s	Ausschaltwindgeschw.	25,0 m/s

ROTOR

Durchmesser	82,4 m	Überstrichene Rotorfläche	5.332,67 m²
Blattzahl	3	Drehzahl	7 – 17,9 U/min
Typenbezeichnung	LM 40.0 P		
Material	Glasfaserverstärkte Kunststoffe (GFK)		
Hersteller	LM Glasfiber		

GONDEL

Aufbau	teilintegriert		
Getriebe / Bauart	kombiniertes Stirnrad-/Planetengetriebe		
- Stufen	3,0	- Übersetzung	1:111
- Hersteller	Bosch Rexroth		
Generator	synchron		
- Anzahl	1	- Netzaufschaltung	Vollumrichter
- Drehzahl	650 – 1.700 U/min	- Netzfrequenz	50 Hz
- Spannung	600 V	- Hersteller	

REGEL- UND SICHERHEITSSYSTEM

Leistungsbegrenzung	Pitch
Drehzahlbegrenzung	variabel über Mikroprozessor, aktive Blattwinkelverstellung
Hauptbremse	Einzelblattwinkelverstellung Pitchsystem
2. Bremssystem	Scheibenbremse
Windrichtungsnachführung	3 elektrische(r) Getriebemotor(en)
Hersteller der Steuerung	
SCADA-System	eno energy

LEISTUNGSKENNLINIE	SCHALLLEISTUNGSPEGEL		ELEKTRISCHE EIGENSCHAFTEN	
auf Anfrage	auf Anfrage		auf Anfrage	
TURM / Nabenhöhe	**58,6 m**	**80,0 m**	**101,0 m**	**108,00 m**
Bauart / Form	Stahlrohrturm, konisch	Stahlrohrturm, konisch	Stahlrohrturm, konisch	Stahlrohrturm, konisch
Korrosionsschutz	mehrschichtiger Farbaufbau	mehrschichtiger Farbaufbau	mehrschichtiger Farbaufbau	mehrschichtiger Farbaufbau

MASSEN / GEWICHTE

Einzelblattgewicht	6,2 t	6,3 t	6,3 t	6,3 t
Nabengewicht (inkl. Einbauten)	18,5 t	18,5 t	18,5 t	18,5 t
Rotor (inkl. Nabe)	37,4 t	37,4 t	37,4 t	37,4 t
Gondel (ohne Rotor & Nabe)	60,0 t	60,0 t	60,0 t	60,0 t
Turm	62,3 t	124,0 t	254,7 t	213,0 t
Gesamtgewicht	221,7 t	310,4 t		

TYPENPRÜFUNG

Richtlinie, Klasse	DIBt 2/IEC IIIa	DIBt 3/IEC IIa	DIBt 2/IEC IIIa	DIBt 2
Überlebenswindgeschw.				
Geprüft (Monat/Jahr)				

REFERENZERTRÄGE (kWh/a)				
LIEFERUMFANG	Anlieferung, Montage, Datenfernübertragung, Wartung, Transformator	Anlieferung, Montage, Datenfernübertragung, Wartung, Transformator	Anlieferung, Montage, Datenfernübertragung, Wartung, Transformator	Anlieferung, Montage, Datenfernübertragung, Wartung, Transformator
GARANTIE	2 Jahre	2 Jahre	2 Jahre	2 Jahre
REFERENZEN 31/12/2012	Anlagen weltweit: 35 Erstaufbau: Mrz 08			
SONDERAUSSTATTUNGEN	Blitzschutzsystem, Eissensor Zustandsüberwachungssystem serienmäßig, Schattenwurfmodul, weitere Optionen auf Anfrage			
SONSTIGES				

Senvion MM82

Senvion SE
Hamburg, Deutschland

LEISTUNG

Nennleistung	2.050 kW	Einschaltwindgeschw.	3,5 m/s
Nennwindgeschwindigkeit	14,5 m/s	Ausschaltwindgeschw.	25,0 m/s

ROTOR

Durchmesser	82,0 m	Überstrichene Rotorfläche	5.281,02 m²
Blattzahl	3	Drehzahl	8,5 – 17,1 (+12,5) U/min
Typenbezeichnung	diverse		
Material	Glasfaserverstärkte Kunststoffe (GFK), Epoxydharz		
Hersteller	diverse		

GONDEL

Aufbau	aufgelöst		
Getriebe / Bauart	kombiniertes Stirnrad-/Planetengetriebe		
- Stufen	3,0	- Übersetzung	1:106 (50Hz) / 1:84 (60Hz)
- Hersteller	diverse		
Generator	asynchron, doppeltgespeist		
- Anzahl	1	- Netzaufschaltung	Umrichter
- Drehzahl	970 – 1.800 (50 Hz) / 720 – 1.440 (60 Hz)	- Netzfrequenz	50 / 60 Hz
- Spannung	690 V (50 Hz) / 575 V (60 Hz)	- Hersteller	diverse

REGEL- UND SICHERHEITSSYSTEM

Leistungsbegrenzung	Pitch
Drehzahlbegrenzung	variabel über Mikroprozessor, aktive Blattwinkelverstellung
Hauptbremse	Einzelblattwinkelverstellung
2. Bremssystem	Scheibenbremse
Windrichtungsnachführung	4 elektrische(r) Getriebemotor(en)
Hersteller der Steuerung	diverse
SCADA-System	Senvion SCADA Solutions

LEISTUNGSKENNLINIE	SCHALLLEISTUNGSPEGEL		ELEKTRISCHE EIGENSCHAFTEN
auf Anfrage	auf Anfrage		auf Anfrage

TURM / Nabenhöhe	59,0 m	69,0 m	80,0 m	
Bauart / Form	Stahlrohrturm, konisch	Stahlrohrturm, konisch	Stahlrohrturm, konisch	
Korrosionsschutz	mehrschichtiger Farbaufbau	mehrschichtiger Farbaufbau	mehrschichtiger Farbaufbau	

MASSEN / GEWICHTE

Einzelblattgewicht	7,0 t	7,0 t	7,0 t	
Nabengewicht (inkl. Einbauten)	17,5 t	17,5 t	17,5 t	
Rotor (inkl. Nabe)				
Gondel (ohne Rotor & Nabe)	66,0 t	66,0 t	66,0 t	
Turm				
Gesamtgewicht				

TYPENPRÜFUNG

Richtlinie, Klasse	IEC Ia/DIBt 4	IEC Ia	IEC Ia	
Überlebenswindgeschw.				
Geprüft (Monat/Jahr)				
REFERENZERTRÄGE (kWh/a)	4.611.421 Herstellerinformation		5.121.056 Herstellerinformation	

LIEFERUMFANG

GARANTIE	2 Jahre	2 Jahre	2 Jahre	
REFERENZEN 31/12/2012	Anlagen weltweit: Erstaufbau: Mai 03			
SONDERAUSSTATTUNGEN	Blitzschutzsystem, Eissensor, Zustandsüberwachungssystem Optional: WEA-Versionen für kalte (CCV) und heiße (HCO) Klimabedingungen			
SONSTIGES				

Windenergieanlagen 2.050 kW

Senvion MM92

Senvion SE
Hamburg, Deutschland

LEISTUNG

Nennleistung	2.050 kW	Einschaltwindgeschw.	3,0 m/s
Nennwindgeschwindigkeit	12,5 m/s	Ausschaltwindgeschw.	24,0 m/s

ROTOR

Durchmesser	92,5 m	Überstrichene Rotorfläche	6.720,06 m²
Blattzahl	3	Drehzahl	7,5 – 15 (+12,5%) U/min
Typenbezeichnung	diverse		
Material	Glasfaserverstärkte Kunststoffe (GFK), Epoxydharz		
Hersteller	diverse		

GONDEL

Aufbau	aufgelöst		
Getriebe / Bauart	kombiniertes Stirnrad-/Planetengetriebe		
- Stufen	3,0	- Übersetzung	1:120,0 (50Hz) / 1:96,0 (60Hz)
- Hersteller	diverse		
Generator	asynchron, doppeltgespeist		
- Anzahl	1	- Netzaufschaltung	Umrichter
- Drehzahl	970 – 1.800 (50Hz) / 720 – 1.440 (60Hz) U/min	- Netzfrequenz	50 / 60 Hz
- Spannung	690 V (50Hz) / 575 V (60Hz)	- Hersteller	diverse

REGEL- UND SICHERHEITSSYSTEM

Leistungsbegrenzung	Pitch
Drehzahlbegrenzung	variabel über Mikroprozessor, aktive Blattwinkelverstellung
Hauptbremse	Einzelblattwinkelverstellung
2. Bremssystem	Scheibenbremse
Windrichtungsnachführung	4 elektrische(r) Getriebemotor(en)
Hersteller der Steuerung	diverse
SCADA-System	Senvion SCADA Solutions

LEISTUNGSKENNLINIE	SCHALLLEISTUNGSPEGEL		ELEKTRISCHE EIGENSCHAFTEN
auf Anfrage	auf Anfrage		auf Anfrage

TURM / Nabenhöhe	68,0 m	80,0 m	100,0 m	64.75 m
Bauart / Form	Stahlrohrturm, konisch	Stahlrohrturm, konisch	Stahlrohrturm, konisch	Stahlrohrturm, konisch
Korrosionsschutz	mehrschichtiger Farbaufbau	mehrschichtiger Farbaufbau	mehrschichtiger Farbaufbau	mehrschichtiger Farbaufbau

MASSEN / GEWICHTE

Einzelblattgewicht	8,0 t	8,0 t	8,0 t	8,0 t
Nabengewicht (inkl. Einbauten)	16,5 t	16,5 t	16,5 t	16,5 t
Rotor (inkl. Nabe)				
Gondel (ohne Rotor & Nabe)	69,0 t	69,0 t	69,0 t	69,0 t
Turm				
Gesamtgewicht				

TYPENPRÜFUNG

Richtlinie, Klasse	IEC IIa	IEC IIa/DIBt 4	IEC IIa	IEC IIa
Überlebenswindgeschw.				
Geprüft (Monat/Jahr)				
REFERENZERTRÄGE (kWh/a)		Herstellerinformation	Herstellerinformation	
LIEFERUMFANG				
GARANTIE	2 Jahre	2 Jahre	2 Jahre	
REFERENZEN 31/12/2012	Anlagen weltweit: Erstaufbau: Aug 05			
SONDERAUSSTATTUNGEN	Blitzschutzsystem, Eissensor, Zustandsüberwachungssystem Optional: WEA-Versionen für kalte (CCV) und heiße (HCO) Klimabedingungen			
SONSTIGES				

eno 100

Windenergieanlagen 2.200 kW

eno energy systems GmbH
Rostock, Germany

LEISTUNG

Nennleistung	2.200 kW	Einschaltwindgeschw.	3,0 m/s
Nennwindgeschwindigkeit	12,0 m/s	Ausschaltwindgeschw.	25,0 m/s

ROTOR

Durchmesser	100,5 m	Überstrichene Rotorfläche	7.932,72 m²
Blattzahl	3	Drehzahl	5 – 14,2 U/min
Typenbezeichnung	LM		
Material	Glasfaserverstärkte Kunststoffe (GFK)		
Hersteller	LM Glasfiber		

GONDEL

Aufbau	teilintegriert		
Getriebe / Bauart	Stirnrad-Planetengetriebe oder Differentialgetriebe		
- Stufen	4,0	- Übersetzung	1:111
- Hersteller	Bosch Rexroth		
Generator	synchron		
- Anzahl	1	- Netzaufschaltung	Vollumrichter
- Drehzahl	650 – 1650 U/min	- Netzfrequenz	50 Hz
- Spannung	600 V	- Hersteller	

REGEL- UND SICHERHEITSSYSTEM

Leistungsbegrenzung	Pitch
Drehzahlbegrenzung	variabel über Mikroprozessor, aktive Blattwinkelverstellung
Hauptbremse	Einzelblattwinkelverstellung Pitchsystem
2. Bremssystem	Scheibenbremse
Windrichtungsnachführung	4 elektrische(r) Getriebemotor(en)
Hersteller der Steuerung	
SCADA-System	eno energy

LEISTUNGSKENNLINIE	SCHALLLEISTUNGSPEGEL	ELEKTRISCHE EIGENSCHAFTEN
auf Anfrage	auf Anfrage	auf Anfrage

TURM / Nabenhöhe	99,0 m	125,0 m		
Bauart / Form	Stahlrohrturm, konisch	Stahlrohrturm, konisch		
Korrosionsschutz	mehrschichtiger Farbaufbau	mehrschichtiger Farbaufbau		

MASSEN / GEWICHTE

Einzelblattgewicht	8,7 t			
Nabengewicht (inkl. Einbauten)	18,5 t			
Rotor (inkl. Nabe)	43,0 t			
Gondel (ohne Rotor & Nabe)	67,0 t			
Turm	193,1 t			
Gesamtgewicht				

TYPENPRÜFUNG

Richtlinie, Klasse	DIBt 2/IEC IIIa	DIBt 2/IEC IIIa		
Überlebenswindgeschw.				
Geprüft (Monat/Jahr)				

REFERENZERTRÄGE (kWh/a)

LIEFERUMFANG	Anlieferung, Montage, Datenfernübertragung, Wartung, Transformator	Anlieferung, Montage, Datenfernübertragung, Wartung, Transformator		
GARANTIE	2 Jahre	2 Jahre		
REFERENZEN 31/12/2012	Anlagen weltweit: 3 Erstaufbau: Aug 13			
SONDERAUSSTATTUNGEN	Blitzschutzsystem, Eissensor, Zustandsüberwachungssystem serienmäßig, Schattenwurfmodul, weitere Optionen auf Anfrage			
SONSTIGES				

Windenergieanlagen 2.200 kW

eno 92

eno energy systems GmbH
Rostock, Deutschland

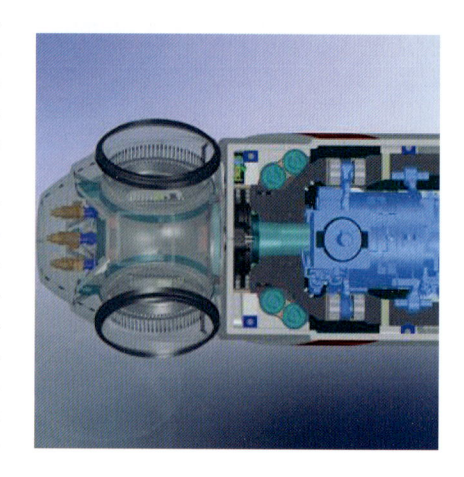

LEISTUNG
Nennleistung	2.200 kW	Einschaltwindgeschw.	3,0 m/s
Nennwindgeschwindigkeit	13,0 m/s	Ausschaltwindgeschw.	25,0 m/s

ROTOR
Durchmesser	92,8 m	Überstrichene Rotorfläche	6.763,72 m²
Blattzahl	3	Drehzahl	6 – 14,8 U/min
Typenbezeichnung	LM 45,3 P		
Material	Glasfaserverstärkte Kunststoffe (GFK)		
Hersteller	LM Glasfiber		

GONDEL
Aufbau	teilintegriert		
Getriebe / Bauart	Stirnrad-Planetengetriebe oder Differentialgetriebe		
- Stufen	4,0	- Übersetzung	1:119
- Hersteller	Bosch Rexroth		
Generator	synchron		
- Anzahl	1	- Netzaufschaltung	Vollumrichter
- Drehzahl	650 – 1.650 U/min	- Netzfrequenz	50 Hz
- Spannung	600 V	- Hersteller	

REGEL- UND SICHERHEITSSYSTEM
Leistungsbegrenzung	Pitch
Drehzahlbegrenzung	variabel über Mikroprozessor, aktive Blattwinkelverstellung
Hauptbremse	Einzelblattwinkelverstellung Pitchsystem
2. Bremssystem	Scheibenbremse
Windrichtungsnachführung	4 elektrische(r) Getriebemotor(en)
Hersteller der Steuerung	
SCADA-System	eno energy

LEISTUNGSKENNLINIE	SCHALLLEISTUNGSPEGEL	ELEKTRISCHE EIGENSCHAFTEN
auf Anfrage	auf Anfrage	auf Anfrage

TURM / Nabenhöhe
	103,0 m	123,0 m		
Bauart / Form	Stahlrohrturm, konisch	Stahlrohrturm, konisch		
Korrosionsschutz	mehrschichtiger Farbaufbau	mehrschichtiger Farbaufbau		

MASSEN / GEWICHTE
Einzelblattgewicht	8,14 t	8,14 t		
Nabengewicht (inkl. Einbauten)	18,5 t	18,5 t		
Rotor (inkl. Nabe)	43,0 t	43,0 t		
Gondel (ohne Rotor & Nabe)	67,0 t	67,0 t		
Turm	222,8 t	311,0 t		
Gesamtgewicht	405,9 t			

TYPENPRÜFUNG
Richtlinie, Klasse	DIBt 2/IEC IIIa	DIBt 2/IEC IIIa		
Überlebenswindgeschw.				
Geprüft (Monat/Jahr)				

REFERENZERTRÄGE (kWh/a)
LIEFERUMFANG	Anlieferung, Montage, Datenfernübertragung, Wartung, Transformator	Anlieferung, Montage, Datenfernübertragung, Wartung, Transformator		
GARANTIE	2 Jahre	2 Jahre		
REFERENZEN 31/12/2012	Anlagen weltweit: 33 Erstaufbau: Jun 10			
SONDERAUSSTATTUNGEN	Blitzschutzsystem, Eissensor, Zustandsüberwachungssystem serienmäßig, Schattenwurfmodul, weitere Optionen auf Anfrage			
SONSTIGES				

Windenergieanlagen 2.300 kW

E-70 E4

ENERCON GmbH
Aurich, Deutschland

LEISTUNG
Nennleistung	2.300 kW	Einschaltwindgeschw.	
Nennwindgeschwindigkeit		Ausschaltwindgeschw.	28,0 – 34,0 m/s

ROTOR
Durchmesser	71,0 m	Überstrichene Rotorfläche	3.959,19 m²
Blattzahl	3	Drehzahl	6 – 21,5 (variabel) U/min
Typenbezeichnung	E-70		
Material	Glasfaserverstärkte Kunststoffe (GFK), Epoxydharz		
Hersteller	ENERCON		

GONDEL
Aufbau	integriert		
Getriebe / Bauart	getriebelos		
- Stufen		- Übersetzung	
- Hersteller			
Generator	synchron, Ringgenerator		
- Anzahl	1	- Netzaufschaltung	Umrichter
- Drehzahl	6 – 21,5 (variabel)	- Netzfrequenz	50 / 60 Hz
- Spannung	400 V	- Hersteller	ENERCON

REGEL- UND SICHERHEITSSYSTEM
Leistungsbegrenzung	Pitch
Drehzahlbegrenzung	variabel über Mikroprozessor, aktive Blattwinkelverstellung
Hauptbremse	Einzelblattwinkelverstellung
2. Bremssystem	Einzelblattwinkelverstellung, Rotorhaltebremse und Rotorarretierung
Windrichtungsnachführung	6 elektrische(r) Getriebemotor(en) aktiv über Stellgetriebe, lastabhängige Dämpfung
Hersteller der Steuerung	ENERCON
SCADA-System	ENERCON Scada

LEISTUNGSKENNLINIE		SCHALLLEISTUNGSPEGEL		ELEKTRISCHE EIGENSCHAFTEN
auf Anfrage		auf Anfrage		auf Anfrage

TURM / Nabenhöhe	64,0 m	85,0 m	98,0 m	114,00 m
Bauart / Form	Stahlrohrturm, konisch	Stahlrohrturm – alternativ: Betonturm, konisch	Betonturm, konisch	Betonturm, konisch
Korrosionsschutz	mehrschichtiger Farbaufbau	mehrschichtiger Farbaufbau	mehrschichtiger Farbaufbau	mehrschichtiger Farbaufbau

MASSEN / GEWICHTE
Einzelblattgewicht				
Nabengewicht (inkl. Einbauten)				
Rotor (inkl. Nabe)				
Gondel (ohne Rotor & Nabe)				
Turm				
Gesamtgewicht				

TYPENPRÜFUNG
Richtlinie, Klasse				
Überlebenswindgeschw.				
Geprüft (Monat/Jahr)				
REFERENZERTRÄGE (kWh/a)	auf Anfrage	auf Anfrage	auf Anfrage	auf Anfrage
LIEFERUMFANG	Anlieferung, Montage, Datenfernübertragung, Wartung, Transformator, Fundament	Anlieferung, Montage, Datenfernübertragung, Wartung, Transformator, Fundament	Anlieferung, Montage, Datenfernübertragung, Wartung, Transformator, Fundament	Anlieferung, Montage, Datenfernübertragung, Wartung, Transformator, Fundament

GARANTIE	
REFERENZEN 31/12/2012	Anlagen weltweit: 4.574 Erstaufbau: 2003
SONDERAUSSTATTUNGEN	Blitzschutzsystem auf Anfrage
SONSTIGES	Wartungskonzept und ENERCON PartnerKonzept (EPK) auf Anfrage.

Windenergieanlagen 2.300 kW

E-82 E2

ENERCON GmbH
Aurich, Deutschland

LEISTUNG

Nennleistung	2.300 kW	Einschaltwindgeschw.	
Nennwindgeschwindigkeit		Ausschaltwindgeschw.	28,0 – 34,0 m/s

ROTOR

Durchmesser	82,0 m	Überstrichene Rotorfläche	5.281,02 m²
Blattzahl	3	Drehzahl	6 – 18 (variabel) U/min
Typenbezeichnung	E-82 E2		
Material	Glasfaserverstärkte Kunststoffe (GFK), Epoxydharz		
Hersteller	ENERCON		

GONDEL

Aufbau	integriert		
Getriebe / Bauart	getriebelos		
- Stufen		- Übersetzung	
- Hersteller			
Generator	synchron, Ringgenerator		
- Anzahl	1	- Netzaufschaltung	Umrichter
- Drehzahl	6 – 18 (variabel) U/min	- Netzfrequenz	50 / 60 Hz
- Spannung	400 V	- Hersteller	ENERCON

REGEL- UND SICHERHEITSSYSTEM

Leistungsbegrenzung	Pitch
Drehzahlbegrenzung	variabel über Mikroprozessor, aktive Blattwinkelverstellung
Hauptbremse	Einzelblattwinkelverstellung
2. Bremssystem	Einzelblattwinkelverstellung, Rotorhaltebremse und Rotorarretierung
Windrichtungsnachführung	6 elektrische(r) Getriebemotor(en) aktiv über Stellgetriebe, lastabhängige Dämpfung
Hersteller der Steuerung	ENERCON
SCADA-System	ENERCON Scada

LEISTUNGSKENNLINIE	SCHALLLEISTUNGSPEGEL		ELEKTRISCHE EIGENSCHAFTEN
auf Anfrage	auf Anfrage		auf Anfrage

TURM / Nabenhöhe	78,0 m	85,0 m	98,0 m	108,00 m
Bauart / Form	Stahlrohrturm, konisch	Stahlrohrturm – alternativ: Betonturm, konisch	Betonturm, konisch	Betonturm, konisch
Korrosionsschutz	mehrschichtiger Farbaufbau	mehrschichtiger Farbaufbau	mehrschichtiger Farbaufbau	mehrschichtiger Farbaufbau

MASSEN / GEWICHTE

Einzelblattgewicht				
Nabengewicht (inkl. Einbauten)				
Rotor (inkl. Nabe)				
Gondel (ohne Rotor & Nabe)				
Turm				
Gesamtgewicht				

TYPENPRÜFUNG

Richtlinie, Klasse	auf Anfrage	auf Anfrage	auf Anfrage	
Überlebenswindgeschw.				
Geprüft (Monat/Jahr)				

REFERENZERTRÄGE (kWh/a)	auf Anfrage	auf Anfrage	auf Anfrage	auf Anfrage
LIEFERUMFANG	Anlieferung, Montage, Datenfernübertragung, Wartung, Transformator, Fundament	Anlieferung, Montage, Datenfernübertragung, Wartung, Transformator, Fundament	Anlieferung, Montage, Datenfernübertragung, Wartung, Transformator, Fundament	Anlieferung, Montage, Datenfernübertragung, Wartung, Transformator, Fundament

GARANTIE	
REFERENZEN 31/12/2012	Anlagen weltweit: 3.189 Erstaufbau: 2005
SONDERAUSSTATTUNGEN	Blitzschutzsystem auf Anfrage
SONSTIGES	Wartungskonzept und ENERCON PartnerKonzept (EPK) auf Anfrage.

Windenergieanlagen 2.300 kW

Siemens SWT-2.3-108

Siemens Wind Power
Hamburg

LEISTUNG

Nennleistung	2.300 kW	Einschaltwindgeschw.	3,0-4,0 m/s
Nennwindgeschwindigkeit	11,0 – 12,0 m/s	Ausschaltwindgeschw.	25,0 m/s

ROTOR

Durchmesser	108,0 m	Überstrichene Rotorfläche	9.160,88 m²
Blattzahl	3	Drehzahl	6 – 16,0 U/min
Typenbezeichnung	B53		
Material	Glasfaserverstärkte Kunststoffe (GFK), Epoxydharz		
Hersteller	Siemens Wind Power A/S		

GONDEL

Aufbau	aufgelöst		
Getriebe / Bauart	kombiniertes Stirnrad-/Planetengetriebe		
- Stufen	3,0	- Übersetzung	0,10
- Hersteller	Winergy / Hansen		
Generator	asynchron Kurzschlussläufer		
- Anzahl	1	- Netzaufschaltung	Umrichter
- Drehzahl	600 – 1.800 U/min	- Netzfrequenz	50 Hz
- Spannung	750 V bei 1.550	- Hersteller	ABB, Loher

REGEL- UND SICHERHEITSSYSTEM

Leistungsbegrenzung	Pitch
Drehzahlbegrenzung	aktive Blattwinkelverstellung
Hauptbremse	Einzelblattwinkelverstellung
2. Bremssystem	Einzelblattwinkelverstellung, hydraulische „Fail-safe-Scheibenbremse"
Windrichtungsnachführung	8 elektrische(r) Getriebemotor(en)
Hersteller der Steuerung	KK-Electronic A/S
SCADA-System	WPS

LEISTUNGSKENNLINIE	SCHALLLEISTUNGSPEGEL	ELEKTRISCHE EIGENSCHAFTEN
auf Anfrage	auf Anfrage	auf Anfrage

TURM / Nabenhöhe	78,0 m	96,0 m	115,0 m	
Bauart / Form	Stahlrohrturm, konisch	Stahlrohrturm, konisch	Stahlrohrturm, konisch	
Korrosionsschutz	mehrschichtiger Farbaufbau	mehrschichtiger Farbaufbau	mehrschichtiger Farbaufbau	

MASSEN / GEWICHTE

Einzelblattgewicht				
Nabengewicht (inkl. Einbauten)				
Rotor (inkl. Nabe)				
Gondel (ohne Rotor & Nabe)	82,0 t	82,0 t	82,0 t	
Turm				
Gesamtgewicht				

TYPENPRÜFUNG

Richtlinie, Klasse	IEC IIB	IEC IIB		
Überlebenswindgeschw.				
Geprüft (Monat/Jahr)				

REFERENZERTRÄGE (kWh/a)

LIEFERUMFANG	Anlieferung, Montage, Datenfernübertragung, Wartung	Anlieferung, Montage, Datenfernübertragung, Wartung	Anlieferung, Montage, Datenfernübertragung, Wartung	
GARANTIE	5 Jahre	5 Jahre	5 Jahre	
REFERENZEN 31/12/2012	Anlagen weltweit: 763 Erstaufbau: 2009			
SONDERAUSSTATTUNGEN	Blitzschutzsystem, Eissensor, Zustandsüberwachungssystem			
SONSTIGES	Cold Climate Version, Hot Climate Package, Schattenwurf-Schutzmodul, Reactive@nowind, Einzelblattmontage, Kundenspezifische Anfrage			

E-92

Windenergieanlagen 2.350 kW

ENERCON GmbH
Aurich, Deutschland

LEISTUNG

Nennleistung	2.350 kW	Einschaltwindgeschw.	
Nennwindgeschwindigkeit		Ausschaltwindgeschw.	28,0 – 34,0 m/s

ROTOR

Durchmesser	92,0 m	Überstrichene Rotorfläche	6.647,61 m²
Blattzahl	3	Drehzahl	5 – 16 (variabel) U/min
Typenbezeichnung	E-92		
Material	Glasfaserverstärkte Kunststoffe (GFK), Epoxydharz		
Hersteller			

GONDEL

Aufbau	integriert		
Getriebe / Bauart	getriebelos		
- Stufen		- Übersetzung	
- Hersteller			
Generator	synchron, Ringgenerator		
- Anzahl	1	- Netzaufschaltung	Umrichter
- Drehzahl	5 – 16 (variabel) U/min	- Netzfrequenz	50 / 60 Hz
- Spannung	400 V	- Hersteller	ENERCON

REGEL- UND SICHERHEITSSYSTEM

Leistungsbegrenzung	Pitch
Drehzahlbegrenzung	variabel über Mikroprozessor, aktive Blattwinkelverstellung
Hauptbremse	Einzelblattwinkelverstellung
2. Bremssystem	Einzelblattwinkelverstellung, Rotorhaltebremse und Rotorarretierung
Windrichtungsnachführung	6 elektrische(r) Getriebemotor(en) aktiv über Stellgetriebe, lastabhängige Dämpfung
Hersteller der Steuerung	ENERCON
SCADA-System	ENERCON Scada

LEISTUNGSKENNLINIE	SCHALLLEISTUNGSPEGEL		ELEKTRISCHE EIGENSCHAFTEN
auf Anfrage	auf Anfrage		auf Anfrage

TURM / Nabenhöhe	78,0 m	85,0 m	98,0 m	108,00 m
Bauart / Form	Stahlrohrturm, konisch	Stahlrohrturm – alternativ: Betonturm, konisch	Betonturm, konisch	Betonturm, konisch
Korrosionsschutz	mehrschichtiger Farbaufbau	mehrschichtiger Farbaufbau	mehrschichtiger Farbaufbau	mehrschichtiger Farbaufbau

MASSEN / GEWICHTE

Einzelblattgewicht				
Nabengewicht (inkl. Einbauten)				
Rotor (inkl. Nabe)				
Gondel (ohne Rotor & Nabe)				
Turm				
Gesamtgewicht				

TYPENPRÜFUNG

Richtlinie, Klasse				
Überlebenswindgeschw.				
Geprüft (Monat/Jahr)				

REFERENZERTRÄGE (kWh/a)	auf Anfrage	auf Anfrage	auf Anfrage	auf Anfrage
LIEFERUMFANG	Anlieferung, Montage, Datenfernübertragung, Wartung, Transformator, Fundament	Anlieferung, Montage, Datenfernübertragung, Wartung, Transformator, Fundament	Anlieferung, Montage, Datenfernübertragung, Wartung, Transformator, Fundament	Anlieferung, Montage, Datenfernübertragung, Wartung, Transformator, Fundament

GARANTIE	
REFERENZEN 31/12/2012	Anlagen weltweit: 258 Erstaufbau: 2012
SONDERAUSSTATTUNGEN	Blitzschutzsystem auf Anfrage
SONSTIGES	Wartungskonzept und ENERCON PartnerKonzept (EPK) auf Anfrage.

Nordex N117/2400 IEC 3a

Nordex SE
Hamburg, Deutschland

LEISTUNG

Nennleistung	2.400 kW	Einschaltwindgeschw.	3,0 m/s
Nennwindgeschwindigkeit	12,5 m/s	Ausschaltwindgeschw.	20,0 m/s

ROTOR

Durchmesser	116,8 m	Überstrichene Rotorfläche	10.714,59 m²
Blattzahl	3	Drehzahl	7,5 – 13,2 U/min
Typenbezeichnung	NR 58.5		
Material	Glasfaserverstärkte Kunststoffe (GFK), Kohlenstoffverstärkte Kunststoffe (CFK)		
Hersteller	Nordex		

GONDEL

Aufbau	aufgelöst		
Getriebe / Bauart	Stirnrad-Planetengetriebe oder Differentialgetriebe		
- Stufen		- Übersetzung	
- Hersteller	Verschiedene		
Generator	asynchron, doppeltgespeist, flüssigkeitsgekühlt		
- Anzahl	1	- Netzaufschaltung	Umrichter über IGBT-Umrichter
- Drehzahl	740 – 1.300 (50Hz) / 890 – 1.560 (60Hz)	- Netzfrequenz	50 / 60 Hz
- Spannung	660 ± 10% V	- Hersteller	Verschiedene

REGEL- UND SICHERHEITSSYSTEM

Leistungsbegrenzung	Pitch
Drehzahlbegrenzung	variabel über Mikroprozessor, aktive Blattwinkelverstellung
Hauptbremse	Einzelblattwinkelverstellung
2. Bremssystem	Scheibenbremse
Windrichtungsnachführung	4 elektrische(r) Getriebemotor(en)
Hersteller der Steuerung	
SCADA-System	Nordex

LEISTUNGSKENNLINIE	SCHALLLEISTUNGSPEGEL	ELEKTRISCHE EIGENSCHAFTEN
auf Anfrage	auf Anfrage	auf Anfrage

TURM / Nabenhöhe	91,0 m	120,0 m	141,0 m	
Bauart / Form	Stahlrohrturm, zylindrisch, Topsegment konisch	Stahlrohrturm, zylindrisch, Topsegment konisch	Betonturm, Hybridturm, Kombinierter Beton-/Stahlrohrturm, konisch	
Korrosionsschutz	mehrschichtiger Farbaufbau	mehrschichtiger Farbaufbau	mehrschichtiger Farbaufbau	

MASSEN / GEWICHTE

Einzelblattgewicht	Auf Anfrage	Auf Anfrage	Auf Anfrage	
Nabengewicht (inkl. Einbauten)	Auf Anfrage	Auf Anfrage	Auf Anfrage	
Rotor (inkl. Nabe)	Auf Anfrage	Auf Anfrage	Auf Anfrage	
Gondel (ohne Rotor & Nabe)	Auf Anfrage	Auf Anfrage	Auf Anfrage	
Turm	Auf Anfrage	Auf Anfrage	Auf Anfrage	
Gesamtgewicht	Auf Anfrage			

TYPENPRÜFUNG

Richtlinie, Klasse	DIBt 2/IEC 3a	DIBt 2/IEC 3a	DIBt 2	
Überlebenswindgeschw.				
Geprüft (Monat/Jahr)	Nov 11	Mai 12	Mai 12	
REFERENZERTRÄGE (kWh/a)	43.382.894 Herstellerinformation	46.050.220 Herstellerinformation	47.476.185 Herstellerinformation	
LIEFERUMFANG	Anlieferung, Montage, Datenfernübertragung, Wartung, Transformator, Fundament	Anlieferung, Montage, Datenfernübertragung, Wartung, Transformator, Fundament	Anlieferung, Montage, Datenfernübertragung, Wartung, Transformator, Fundament	

GARANTIE

REFERENZEN 31/12/2012	Anlagen weltweit: 601 Erstaufbau: Dez 11
SONDERAUSSTATTUNGEN	Blitzschutzsystem, Eissensor, Zustandsüberwachungssystem
SONSTIGES	Triebstrang Condition-Monitoring-System (CMS), Online-Metallpartikelzähler, Meteorologischer Eisdetektor, Rotorblatt-Eisdetektor, Blitzerkennungssystem, Brandmelde- und FeuerLöschsystem, Einbruchmeldesystem, Schattenwurf-Schutzmodul, Fledermaus-Schutzmodul, Radar optimierter Betrieb, Erweiterte Blindleistungsbereitstellung, Nebenstromfilter, Kundenlogo, Hindernisbeleuchtung und -kennzeichnung, STATCOM-Funktion

Windenergieanlagen 2.500 kW

Nordex N100/2500 IEC 2a

Nordex SE
Hamburg, Deutschland

LEISTUNG

Nennleistung	2.500 kW	Einschaltwindgeschw.	3,0 m/s
Nennwindgeschwindigkeit	13,0 m/s	Ausschaltwindgeschw.	25,0 m/s

ROTOR

Durchmesser	99,8 m	Überstrichene Rotorfläche	7.822,60 m²
Blattzahl	3	Drehzahl	9,6 – 14,9 U/min
Typenbezeichnung	NR 50, LM 48.8		
Material	Glasfaserverstärkte Kunststoffe (GFK)		
Hersteller	Nordex, LM		

GONDEL

Aufbau	aufgelöst		
Getriebe / Bauart	Stirnrad-Planetengetriebe oder Differentialgetriebe		
- Stufen	3,0	- Übersetzung	1:77,4 (50 Hz) / 1:92,9 (60 Hz)
- Hersteller	Verschiedene		
Generator	asynchron, doppeltgespeist, flüssigkeitsgekühlt		
- Anzahl	1	- Netzaufschaltung	Umrichter
- Drehzahl	740 – 1.300 (50 Hz) / 890 – 1.560 (60 Hz) U/min	- Netzfrequenz	50/60 Hz über IGBT-Umrichter
- Spannung	660 ± 10% V	- Hersteller	Verschiedene

REGEL- UND SICHERHEITSSYSTEM

Leistungsbegrenzung	Pitch
Drehzahlbegrenzung	variabel über Mikroprozessor, aktive Blattwinkelverstellung
Hauptbremse	Einzelblattwinkelverstellung
2. Bremssystem	Scheibenbremse
Windrichtungsnachführung	4 elektrische(r) Getriebemotor(en)
Hersteller der Steuerung	
SCADA-System	

LEISTUNGSKENNLINIE	SCHALLLEISTUNGSPEGEL		ELEKTRISCHE EIGENSCHAFTEN
auf Anfrage	auf Anfrage		auf Anfrage

TURM / Nabenhöhe	100,0 m	80,0 m	75,0 m	
Bauart / Form	Stahlrohrturm, zylindrisch, Topsegment konisch	Stahlrohrturm, zylindrisch, Topsegment konisch	Stahlrohrturm, zylindrisch, Topsegment konisch	
Korrosionsschutz	mehrschichtiger Farbaufbau	mehrschichtiger Farbaufbau	mehrschichtiger Farbaufbau	

MASSEN / GEWICHTE

Einzelblattgewicht	Auf Anfrage	Auf Anfrage	Auf Anfrage	
Nabengewicht (inkl. Einbauten)	Auf Anfrage	Auf Anfrage	Auf Anfrage	
Rotor (inkl. Nabe)	Auf Anfrage	Auf Anfrage	Auf Anfrage	
Gondel (ohne Rotor & Nabe)	Auf Anfrage	Auf Anfrage	Auf Anfrage	
Turm	Auf Anfrage	Auf Anfrage	Auf Anfrage	
Gesamtgewicht	Auf Anfrage			

TYPENPRÜFUNG

Richtlinie, Klasse	IEC IIa	IEC IIa	IEC IIa	
Überlebenswindgeschw.				
Geprüft (Monat/Jahr)	Apr 11	Mrz 12	Mrz 12	
REFERENZERTRÄGE (kWh/a)	auf Anfrage	auf Anfrage	auf Anfrage	
LIEFERUMFANG	Anlieferung, Montage, Datenfernübertragung, Wartung, Transformator, Fundament	Anlieferung, Montage, Datenfernübertragung, Wartung, Transformator, Fundament	Anlieferung, Montage, Datenfernübertragung, Wartung, Transformator, Fundament	

GARANTIE

REFERENZEN 31/12/2012	Anlagen weltweit: 993 (N100/2500) Erstaufbau: Mrz 08
SONDERAUSSTATTUNGEN	Blitzschutzsystem, Eissensor, Zustandsüberwachungssystem
SONSTIGES	Triebstrang Condition-Monitoring-System (CMS), Online-Metallpartikelzähler, Meteorologischer Eisdetektor, Rotorblatt-Eisdetektor, Blitzerkennungssystem, Brandmelde- und FeuerLöschsystem, Einbruchmeldesystem, Schattenwurf-Schutzmodul, Fledermaus-Schutzmodul, Radar optimierter Betrieb, Erweiterte Blindleistungsbereitstellung, Nebenstromfilter, Kundenlogo, Hindernisbeleuchtung und -kennzeichnung, STATCOM-Funktion

Windenergieanlagen 2.500 kW

Nordex N90/2500 IEC 1a

Nordex SE
Hamburg, Deutschland

LEISTUNG

Nennleistung	2.500 kW	Einschaltwindgeschw.	3,0 m/s
Nennwindgeschwindigkeit	13,5 m/s	Ausschaltwindgeschw.	25,0 m/s

ROTOR

Durchmesser	90,0 m	Überstrichene Rotorfläche	6.361,73 m²
Blattzahl	3	Drehzahl	10,3 – 18,1 U/min
Typenbezeichnung	NR 45, LM 43.8		
Material	Glasfaserverstärkte Kunststoffe (GFK)		
Hersteller	Nordex, LM		

GONDEL

Aufbau	aufgelöst		
Getriebe / Bauart	Stirnrad-Planetengetriebe oder Differentialgetriebe		
- Stufen	3,0	- Übersetzung	1:71,9 (50 Hz) / 1:86,3 (60 Hz)
- Hersteller	Verschiedene		
Generator	asynchron, doppeltgespeist, flüssigkeitsgekühlt		
- Anzahl	1	- Netzaufschaltung	Umrichter
- Drehzahl	740 – 1.300 U/min	- Netzfrequenz	50 / 60 Hz
- Spannung	660 ± 10% V	- Hersteller	Verschiedene

REGEL- UND SICHERHEITSSYSTEM

Leistungsbegrenzung	Pitch
Drehzahlbegrenzung	variabel über Mikroprozessor, aktive Blattwinkelverstellung
Hauptbremse	Einzelblattwinkelverstellung
2. Bremssystem	Scheibenbremse
Windrichtungsnachführung	3 elektrische(r) Getriebemotor(en)
Hersteller der Steuerung	
SCADA-System	

LEISTUNGSKENNLINIE	SCHALLLEISTUNGSPEGEL		ELEKTRISCHE EIGENSCHAFTEN
auf Anfrage	auf Anfrage		auf Anfrage
TURM / Nabenhöhe	**65,0 m**	**80,0 m**	**70,0 m**
Bauart / Form	Stahlrohrturm, zylindrisch, Topsegment konisch	Stahlrohrturm, zylindrisch, Topsegment konisch	Stahlrohrturm, zylindrisch, Topsegment konisch
Korrosionsschutz	mehrschichtiger Farbaufbau	mehrschichtiger Farbaufbau	mehrschichtiger Farbaufbau

MASSEN / GEWICHTE

Einzelblattgewicht	Auf Anfrage	Auf Anfrage	Auf Anfrage
Nabengewicht (inkl. Einbauten)	Auf Anfrage	Auf Anfrage	Auf Anfrage
Rotor (inkl. Nabe)	Auf Anfrage	Auf Anfrage	Auf Anfrage
Gondel (ohne Rotor & Nabe)	Auf Anfrage	Auf Anfrage	Auf Anfrage
Turm	Auf Anfrage	Auf Anfrage	Auf Anfrage
Gesamtgewicht	Auf Anfrage		

TYPENPRÜFUNG

Richtlinie, Klasse	IEC Ia	IEC Ia	IEC Ia
Überlebenswindgeschw.			
Geprüft (Monat/Jahr)	Feb 12	Dez 11	Apr 13
REFERENZERTRÄGE (kWh/a)	Auf Anfrage	Auf Anfrage	Auf Anfrage
LIEFERUMFANG	Anlieferung, Montage, Datenfernübertragung, Wartung, Transformator, Fundament	Anlieferung, Montage, Datenfernübertragung, Wartung, Transformator, Fundament	Anlieferung, Montage, Datenfernübertragung, Wartung, Transformator, Fundament

GARANTIE

REFERENZEN 31/12/2012	Anlagen weltweit: 1160 N90/2500 Erstaufbau: Feb 06
SONDERAUSSTATTUNGEN	Blitzschutzsystem, Eissensor, Zustandsüberwachungssystem
SONSTIGES	Triebstrang Condition-Monitoring-System (CMS), Online-Metallpartikelzähler, Meteorologischer Eisdetektor, Rotorblatt-Eisdetektor, Blitzerkennungssystem, Brandmelde- und FeuerLöschsystem, Einbruchmeldesystem, Schattenwurf-Schutzmodul, Fledermaus-Schutzmodul, Radar optimierter Betrieb, Erweiterte Blindleistungsbereitstellung, Nebenstromfilter, Kundenlogo, Hindernisbeleuchtung und -kennzeichnung, STATCOM-Funktion

Windenergieanlagen 2.500 kW

Vensys 109

VENSYS Energy AG
Deutschland

LEISTUNG
Nennleistung	2.500 kW	Einschaltwindgeschw.	3,0 m/s
Nennwindgeschwindigkeit	10,0 – 12,5 m/s	Ausschaltwindgeschw.	3,0 m/s

ROTOR
Durchmesser	109,0 m	Überstrichene Rotorfläche	9.331,32 m²
Blattzahl	3	Drehzahl	6,5 – 14,0 U/min
Typenbezeichnung	LM 53.2		
Material	Glasfaserverstärkte Kunststoffe (GFK)		
Hersteller	LM Glasfiber a/s		

GONDEL
Aufbau	integriert		
Getriebe / Bauart	getriebelos		
- Stufen		- Übersetzung	
- Hersteller			
Generator	synchron, Ringgenerator, Permanentmagnet		
- Anzahl		- Netzaufschaltung	Umrichter
- Drehzahl	6,5 – 14,0 U/min	- Netzfrequenz	50 / 60 Hz
- Spannung	690 V	- Hersteller	VENSYS Energy AG

REGEL- UND SICHERHEITSSYSTEM
Leistungsbegrenzung	Pitch
Drehzahlbegrenzung	variabel über Mikroprozessor
Hauptbremse	Einzelblattwinkelverstellung
2. Bremssystem	Einzelblattwinkelverstellung
Windrichtungsnachführung	4 elektrische(r) Getriebemotor(en)
Hersteller der Steuerung	
SCADA-System	

LEISTUNGSKENNLINIE	SCHALLLEISTUNGSPEGEL	ELEKTRISCHE EIGENSCHAFTEN
auf Anfrage	auf Anfrage	auf Anfrage

TURM / Nabenhöhe   145,0 m
Bauart / Form	Stahlrohrturm, Hybrid, konisch		
Korrosionsschutz	mehrschichtiger Farbaufbau		

MASSEN / GEWICHTE
Einzelblattgewicht			
Nabengewicht (inkl. Einbauten)			
Rotor (inkl. Nabe)			
Gondel (ohne Rotor & Nabe)			
Turm			
Gesamtgewicht			

TYPENPRÜFUNG
Richtlinie, Klasse	IEC IIa/Dibt 3
Überlebenswindgeschw.	
Geprüft (Monat/Jahr)	

REFERENZERTRÄGE (kWh/a)

LIEFERUMFANG

GARANTIE

REFERENZEN 31/12/2012	Anlagen weltweit: Erstaufbau:
SONDERAUSSTATTUNGEN	Eissensor
SONSTIGES	

Vensys 112

Vensys Energy AG
Deutschland

LEISTUNG

Nennleistung	2.500 kW	Einschaltwindgeschw.	3,0 m/s
Nennwindgeschwindigkeit	11 – 11,5 m/s	Ausschaltwindgeschw.	25,0 m/s

ROTOR

Durchmesser	112,5 m	Überstrichene Rotorfläche	9.940,20 m²
Blattzahl	3	Drehzahl	6,5 – 13,6 U/min
Typenbezeichnung	SI 55		
Material	Glasfaserverstärkte Kunststoffe (GFK)		
Hersteller	LM Glasfiber a/s		

GONDEL

Aufbau	integriert		
Getriebe / Bauart	getriebelos		
- Stufen		- Übersetzung	
- Hersteller			
Generator	synchron, Ringgenerator, Permanentmagnet		
- Anzahl		- Netzaufschaltung	Umrichter
- Drehzahl		- Netzfrequenz	50 / 60 Hz
- Spannung		- Hersteller	

REGEL- UND SICHERHEITSSYSTEM

Leistungsbegrenzung	Pitch
Drehzahlbegrenzung	variabel über Mikroprozessor
Hauptbremse	Einzelblattwinkelverstellung
2. Bremssystem	Einzelblattwinkelverstellung
Windrichtungsnachführung	4 elektrische(r) Getriebemotor(en)
Hersteller der Steuerung	
SCADA-System	Vensys Scada

LEISTUNGSKENNLINIE	SCHALLLEISTUNGSPEGEL	ELEKTRISCHE EIGENSCHAFTEN
auf Anfrage	auf Anfrage	auf Anfrage

TURM / Nabenhöhe	**143,0 m**
Bauart / Form	Stahlrohrturm, Hybrid, konisch
Korrosionsschutz	mehrschichtiger Farbaufbau

MASSEN / GEWICHTE

Einzelblattgewicht	
Nabengewicht (inkl. Einbauten)	
Rotor (inkl. Nabe)	
Gondel (ohne Rotor & Nabe)	
Turm	
Gesamtgewicht	

TYPENPRÜFUNG

Richtlinie, Klasse	DIBt 2/ICE IIIa
Überlebenswindgeschw.	
Geprüft (Monat/Jahr)	

REFERENZERTRÄGE (kWh/a)

LIEFERUMFANG

GARANTIE	2 Jahre
REFERENZEN 31/12/2012	Anlagen weltweit: Erstaufbau:
SONDERAUSSTATTUNGEN	Eissensor
SONSTIGES	

Windenergieanlagen 2.750 kW

GE 2.75-120

GE Energy
Deutschland

LEISTUNG

Nennleistung	2.750 kW	Einschaltwindgeschw.	3,0 m/s
Nennwindgeschwindigkeit	12,5 m/s	Ausschaltwindgeschw.	25,0 m/s

ROTOR

Durchmesser	120,0 m	Überstrichene Rotorfläche	11.309,73 m²
Blattzahl	3	Drehzahl	8 – 12,5 U/min
Typenbezeichnung			
Material	Glasfaserverstärkte Kunststoffe (GFK)		
Hersteller			

GONDEL

Aufbau	aufgelöst		
Getriebe / Bauart	kombiniertes Stirnrad-/Planetengetriebe		
- Stufen	3,0	- Übersetzung	
- Hersteller			
Generator	asynchron, doppeltgespeist		
- Anzahl		- Netzaufschaltung	Umrichter
- Drehzahl	1.735 U/min	- Netzfrequenz	50 / 60 Hz
- Spannung	690 V	- Hersteller	

REGEL- UND SICHERHEITSSYSTEM

Leistungsbegrenzung	Pitch
Drehzahlbegrenzung	variabel über Mikroprozessor, aktive Blattwinkelverstellung
Hauptbremse	Einzelblattwinkelverstellung
2. Bremssystem	Scheibenbremse
Windrichtungsnachführung	4 elektrische(r) Getriebemotor(en)
Hersteller der Steuerung	
SCADA-System	GE WINDScada

LEISTUNGSKENNLINIE	SCHALLLEISTUNGSPEGEL		ELEKTRISCHE EIGENSCHAFTEN
ja	ja		ja

TURM / Nabenhöhe

	110,0 m	139,0 m	98,0 m	
Bauart / Form	Stahlrohrturm, konisch	kundenspezifisch, Hybrid, Fertigbeton/Stahlrohrturm, konisch	Stahlrohrturm, konisch	
Korrosionsschutz	mehrschichtiger Farbaufbau	mehrschichtiger Farbaufbau	mehrschichtiger Farbaufbau	

MASSEN / GEWICHTE

Einzelblattgewicht				
Nabengewicht (inkl. Einbauten)				
Rotor (inkl. Nabe)				
Gondel (ohne Rotor & Nabe)	82,0 t	82,0 t	82,0 t	
Turm				
Gesamtgewicht				

TYPENPRÜFUNG

Richtlinie, Klasse	IEC IIIb/IEC III	DIBt 2/DiBT WZ II	IEC IIIb	
Überlebenswindgeschw.				
Geprüft (Monat/Jahr)				

REFERENZERTRÄGE (kWh/a)		52.778.441 kWh Herstellerinformation		
LIEFERUMFANG	Anlieferung, Montage, Datenfernübertragung, Wartung	Anlieferung, Montage, Datenfernübertragung, Wartung, Fundament	Anlieferung, Montage, Datenfernübertragung, Wartung, Transformator	
GARANTIE				
REFERENZEN 31/12/2012	Anlagen weltweit: Erstaufbau: 2013			
SONDERAUSSTATTUNGEN	Blitzschutzsystem, Eissensor, Zustandsüberwachungssystem			
SONSTIGES	WindControl® Leistungsregelsystem – WindFREE® Reactive Power Blindleistungssystem – WindSCADA System – WindINERTIA Control – WindRIDE-THRU® System			

GE 2.85-100

GE Energy
Deutschland

LEISTUNG

Nennleistung	2.850 kW	Einschaltwindgeschw.	3,0 m/s
Nennwindgeschwindigkeit	13,5 m/s	Ausschaltwindgeschw.	25,0 m/s

ROTOR

Durchmesser	110,0 m	Überstrichene Rotorfläche	7.853,98 m²
Blattzahl	3	Drehzahl	4,7 – 14,8 U/min
Typenbezeichnung			
Material	Glasfaserverstärkte Kunststoffe (GFK)		
Hersteller			

GONDEL

Aufbau	aufgelöst		
Getriebe / Bauart	kombiniertes Stirnrad-/Planetengetriebe		
- Stufen	3,0	- Übersetzung	1:119
- Hersteller			
Generator	asynchron, doppeltgespeist		
- Anzahl	1	- Netzaufschaltung	Umrichter
- Drehzahl		- Netzfrequenz	50 / 60 Hz
- Spannung	690 V	- Hersteller	

REGEL- UND SICHERHEITSSYSTEM

Leistungsbegrenzung	Pitch
Drehzahlbegrenzung	variabel über Mikroprozessor, aktive Blattwinkelverstellung
Hauptbremse	Einzelblattwinkelverstellung
2. Bremssystem	Scheibenbremse
Windrichtungsnachführung	4 elektrische(r) Getriebemotor(en)
Hersteller der Steuerung	
SCADA-System	GE WindSCADA

LEISTUNGSKENNLINIE		SCHALLLEISTUNGSPEGEL		ELEKTRISCHE EIGENSCHAFTEN
auf Anfrage		auf Anfrage		auf Anfrage
TURM / Nabenhöhe	75,0 m	85,0 m	98,0 m	
Bauart / Form	Stahlrohrturm, konisch	Stahlrohrturm, konisch	Stahlrohrturm, konisch	
Korrosionsschutz	mehrschichtiger Farbaufbau	mehrschichtiger Farbaufbau	mehrschichtiger Farbaufbau	

MASSEN / GEWICHTE

Einzelblattgewicht				
Nabengewicht (inkl. Einbauten)				
Rotor (inkl. Nabe)				
Gondel (ohne Rotor & Nabe)	82,0 t	82,0 t	82,0 t	
Turm				
Gesamtgewicht				

TYPENPRÜFUNG

Richtlinie, Klasse	IEC IIb	IEC IIb	IEC IIIa	
Überlebenswindgeschw.				
Geprüft (Monat/Jahr)				
REFERENZERTRÄGE (kWh/a)	Herstellerinformation	Herstellerinformation	Herstellerinformation	
LIEFERUMFANG	Anlieferung, Montage, Datenfernübertragung, Wartung, Transformator	Anlieferung, Montage, Datenfernübertragung, Wartung, Transformator	Anlieferung, Montage, Datenfernübertragung, Wartung, Transformator	

GARANTIE	
REFERENZEN 31/12/2012	Anlagen weltweit: Erstaufbau:
SONDERAUSSTATTUNGEN	Blitzschutzsystem, Eissensor, Zustandsüberwachungssystem
SONSTIGES	WindControl® Leistungsregelsystem – WindFREE® Reactive Power Blindleistungssystem – WindSCADA System – WindINERTIA Control – WindRIDE-THRU® System. Kann mit 2.75 MW Nennleistung betrieben werden.

Windenergieanlagen 3.000 kW

E-82 E3

ENERCON GmbH
Aurich, Deutschland

LEISTUNG

Nennleistung	3.000 kW	Einschaltwindgeschw.	
Nennwindgeschwindigkeit		Ausschaltwindgeschw.	28,0 – 34,0 m/s

ROTOR

Durchmesser	82,0 m	Überstrichene Rotorfläche	5.281,02 m²
Blattzahl	3	Drehzahl	6 – 18 (variabel) U/min
Typenbezeichnung	E-82 E3		
Material	Glasfaserverstärkte Kunststoffe (GFK), Epoxydharz		
Hersteller			

GONDEL

Aufbau	integriert		
Getriebe / Bauart	getriebelos		
- Stufen		- Übersetzung	
- Hersteller			
Generator	synchron, Ringgenerator		
- Anzahl	1	- Netzaufschaltung	Umrichter
- Drehzahl	6 – 18 (variabel) U/min	- Netzfrequenz	50 / 60 Hz
- Spannung	400 V	- Hersteller	ENERCON

REGEL- UND SICHERHEITSSYSTEM

Leistungsbegrenzung	Pitch
Drehzahlbegrenzung	variabel über Mikroprozessor, aktive Blattwinkelverstellung
Hauptbremse	Einzelblattwinkelverstellung
2. Bremssystem	Einzelblattwinkelverstellung, Rotorhaltebremse und Rotorarretierung
Windrichtungsnachführung	6 elektrische(r) Getriebemotor(en) aktiv über Stellgetriebe, lastabhängige Dämpfung
Hersteller der Steuerung	ENERCON
SCADA-System	ENERCON Scada

LEISTUNGSKENNLINIE	SCHALLLEISTUNGSPEGEL		ELEKTRISCHE EIGENSCHAFTEN
auf Anfrage	auf Anfrage		auf Anfrage

TURM / Nabenhöhe	78,0 m	85,0 m	98,0 m	108,00 m
Bauart / Form	Stahlrohrturm, konisch	Stahlrohrturm – alternativ: Betonturm, konisch	Betonturm, konisch	Betonturm, konisch
Korrosionsschutz	mehrschichtiger Farbaufbau	mehrschichtiger Farbaufbau	mehrschichtiger Farbaufbau	mehrschichtiger Farbaufbau

MASSEN / GEWICHTE

Einzelblattgewicht				
Nabengewicht (inkl. Einbauten)				
Rotor (inkl. Nabe)				
Gondel (ohne Rotor & Nabe)				
Turm				
Gesamtgewicht				

TYPENPRÜFUNG

Richtlinie, Klasse				
Überlebenswindgeschw.				
Geprüft (Monat/Jahr)				

REFERENZERTRÄGE (kWh/a)	auf Anfrage	auf Anfrage	auf Anfrage	auf Anfrage
LIEFERUMFANG	Anlieferung, Montage, Datenfernübertragung, Wartung, Transformator, Fundament	Anlieferung, Montage, Datenfernübertragung, Wartung, Transformator, Fundament	Anlieferung, Montage, Datenfernübertragung, Wartung, Transformator, Fundament	Anlieferung, Montage, Datenfernübertragung, Wartung, Transformator, Fundament

GARANTIE	
REFERENZEN 31/12/2012	Anlagen weltweit: 242 Erstaufbau: 2010
SONDERAUSSTATTUNGEN	Blitzschutzsystem auf Anfrage
SONSTIGES	Wartungskonzept und ENERCON PartnerKonzept (EPK) auf Anfrage.

E-115

Windenergieanlagen 3.000 kW

ENERCON GmbH
Aurich, Deutschland

LEISTUNG

Nennleistung	3.000 kW	Einschaltwindgeschw.	
Nennwindgeschwindigkeit		Ausschaltwindgeschw.	28,0 – 34,0 m/s

ROTOR

Durchmesser	115,0 m	Überstrichene Rotorfläche	10.386,89 m²
Blattzahl	3	Drehzahl	4 – 12,8 (variabel) U/min
Typenbezeichnung	E-115		
Material	Glasfaserverstärkte Kunststoffe (GFK), Epoxydharz		
Hersteller			

GONDEL

Aufbau	integriert		
Getriebe / Bauart	getriebelos		
- Stufen		- Übersetzung	
- Hersteller			
Generator	synchron, Ringgenerator		
- Anzahl	1	- Netzaufschaltung	Umrichter
- Drehzahl	4 – 12,8 (variabel) U/min	- Netzfrequenz	50 / 60 Hz
- Spannung	400 V	- Hersteller	ENERCON

REGEL- UND SICHERHEITSSYSTEM

Leistungsbegrenzung	Pitch
Drehzahlbegrenzung	variabel über Mikroprozessor, aktive Blattwinkelverstellung
Hauptbremse	Einzelblattwinkelverstellung
2. Bremssystem	Einzelblattwinkelverstellung, Rotorhaltebremse und Rotorarretierung
Windrichtungsnachführung	12 elektrische(r) Getriebemotor(en) aktiv über Stellgetriebe, lastabhängige Dämpfung
Hersteller der Steuerung	ENERCON
SCADA-System	ENERCON Scada

LEISTUNGSKENNLINIE		SCHALLLEISTUNGSPEGEL		ELEKTRISCHE EIGENSCHAFTEN
auf Anfrage		auf Anfrage		auf Anfrage
TURM / Nabenhöhe	135,0 m	149,0 m		
Bauart / Form	Betonturm, konisch	Betonturm, konisch		
Korrosionsschutz	mehrschichtiger Farbaufbau	mehrschichtiger Farbaufbau		

MASSEN / GEWICHTE

Einzelblattgewicht				
Nabengewicht (inkl. Einbauten)				
Rotor (inkl. Nabe)				
Gondel (ohne Rotor & Nabe)				
Turm				
Gesamtgewicht				

TYPENPRÜFUNG

Richtlinie, Klasse				
Überlebenswindgeschw.				
Geprüft (Monat/Jahr)				
REFERENZERTRÄGE (kWh/a)	auf Anfrage	auf Anfrage		
LIEFERUMFANG	Anlieferung, Montage, Datenfernübertragung, Wartung, Transformator, Fundament	Anlieferung, Montage, Datenfernübertragung, Wartung, Transformator, Fundament		
GARANTIE				
REFERENZEN 31/12/2012	Anlagen weltweit: – Erstaufbau:			
SONDERAUSSTATTUNGEN	Blitzschutzsystem auf Anfrage			
SONSTIGES	Wartungskonzept und ENERCON PartnerKonzept (EPK) auf Anfrage.			

Windenergieanlagen 3.000 kW

E-82 E4

ENERCON GmbH
Aurich, Deutschland

LEISTUNG
Nennleistung	3.000 kW	Einschaltwindgeschw.	
Nennwindgeschwindigkeit		Ausschaltwindgeschw.	28,0 – 34,0 m/s

ROTOR
Durchmesser	82,0 m	Überstrichene Rotorfläche	5.281,02 m²
Blattzahl	3	Drehzahl	6 – 18 (variabel) U/min
Typenbezeichnung	E-82 E4		
Material	Glasfaserverstärkte Kunststoffe (GFK), Epoxydharz		
Hersteller			

GONDEL
Aufbau	integriert		
Getriebe / Bauart	getriebelos		
- Stufen		- Übersetzung	
- Hersteller			
Generator	synchron, Ringgenerator		
- Anzahl	1	- Netzaufschaltung	Umrichter
- Drehzahl	6 – 18 (variabel) U/min	- Netzfrequenz	50 / 60 Hz
- Spannung	400 V	- Hersteller	ENERCON

REGEL- UND SICHERHEITSSYSTEM
Leistungsbegrenzung	Pitch
Drehzahlbegrenzung	variabel über Mikroprozessor, aktive Blattwinkelverstellung
Hauptbremse	Einzelblattwinkelverstellung
2. Bremssystem	Einzelblattwinkelverstellung, Rotorhaltebremse und Rotorarretierung
Windrichtungsnachführung	6 elektrische(r) Getriebemotor(en) aktiv über Stellgetriebe, lastabhängige Dämpfung
Hersteller der Steuerung	ENERCON
SCADA-System	ENERCON Scada

LEISTUNGSKENNLINIE	SCHALLLEISTUNGSPEGEL		ELEKTRISCHE EIGENSCHAFTEN
auf Anfrage	auf Anfrage		auf Anfrage

TURM / Nabenhöhe	59,0 m	69,0 m	78,0 m	84,00 m
Bauart / Form	Stahlrohrturm, konisch	Stahlrohrturm, konisch	Stahlrohrturm, konisch	Betonturm, konisch
Korrosionsschutz	mehrschichtiger Farbaufbau	mehrschichtiger Farbaufbau	mehrschichtiger Farbaufbau	mehrschichtiger Farbaufbau

MASSEN / GEWICHTE
Einzelblattgewicht				
Nabengewicht (inkl. Einbauten)				
Rotor (inkl. Nabe)				
Gondel (ohne Rotor & Nabe)				
Turm				
Gesamtgewicht				

TYPENPRÜFUNG
Richtlinie, Klasse				
Überlebenswindgeschw.				
Geprüft (Monat/Jahr)				

REFERENZERTRÄGE (kWh/a)	auf Anfrage	auf Anfrage	auf Anfrage	auf Anfrage
LIEFERUMFANG	Anlieferung, Montage, Datenfernübertragung, Wartung, Transformator, Fundament	Anlieferung, Montage, Datenfernübertragung, Wartung, Transformator, Fundament	Anlieferung, Montage, Datenfernübertragung, Wartung, Transformator, Fundament	Anlieferung, Montage, Datenfernübertragung, Wartung, Transformator, Fundament

GARANTIE
REFERENZEN 31/12/2012	Anlagen weltweit: (siehe E-82 E3) Erstaufbau: 2012
SONDERAUSSTATTUNGEN	Blitzschutzsystem auf Anfrage
SONSTIGES	Wartungskonzept und ENERCON PartnerKonzept (EPK) auf Anfrage.

LEITWIND LTW101

LEITWIND AG
Sterzing, Italien

LEISTUNG

Nennleistung	3.000 kW	Einschaltwindgeschw.	3,0 m/s
Nennwindgeschwindigkeit		Ausschaltwindgeschw.	25,0 m/s

ROTOR

Durchmesser	100,0 m	Überstrichene Rotorfläche	7.995,99 m²
Blattzahl	3	Drehzahl	6 – 14,4 (variabel) U/min
Typenbezeichnung			
Material	Glasfaserverstärkte Kunststoffe (GFK)		
Hersteller			

GONDEL

Aufbau	integriert		
Getriebe / Bauart	getriebelos		
- Stufen		- Übersetzung	1:104
- Hersteller	LEITWIND		
Generator	synchron, Permanentmagnet		
- Anzahl	1	- Netzaufschaltung	Umrichter
- Drehzahl	6 – 14,4 (variabel) U/min	- Netzfrequenz	50 / 60 Hz
- Spannung	690 V	- Hersteller	LEITWIND

REGEL- UND SICHERHEITSSYSTEM

Leistungsbegrenzung	Pitch
Drehzahlbegrenzung	variabel über Mikroprozessor, aktive Blattwinkelverstellung
Hauptbremse	Einzelblattwinkelverstellung
2. Bremssystem	Scheibenbremse, Einzelblattwinkelverstellung
Windrichtungsnachführung	4 elektrische(r) Getriebemotor(en)
Hersteller der Steuerung	LEITWIND
SCADA-System	LEITWIND SCADA

LEISTUNGSKENNLINIE		SCHALLLEISTUNGSPEGEL		ELEKTRISCHE EIGENSCHAFTEN
ja		ja		ja

TURM / Nabenhöhe	95,0 m	143,0 m		
Bauart / Form	Stahlrohrturm, konisch	Stahlrohrturm, konisch		
Korrosionsschutz	mehrschichtiger Farbaufbau	mehrschichtiger Farbaufbau		

MASSEN / GEWICHTE

Einzelblattgewicht				
Nabengewicht (inkl. Einbauten)				
Rotor (inkl. Nabe)				
Gondel (ohne Rotor & Nabe)				
Turm				
Gesamtgewicht				

TYPENPRÜFUNG

Richtlinie, Klasse	IEC IIa	IEC IIa		
Überlebenswindgeschw.				
Geprüft (Monat/Jahr)				

REFERENZERTRÄGE (kWh/a)

LIEFERUMFANG

GARANTIE

REFERENZEN 31/12/2012	Anlagen weltweit: Prototyp Erstaufbau: In Entwicklung
SONDERAUSSTATTUNGEN	Blitzschutzsystem, Eissensor, Zustandsüberwachungssystem
SONSTIGES	

Windenergieanlagen 3.000 kW

LEITWIND LTW86

LEITWIND AG
Sterzing, Italien

LEISTUNG

Nennleistung	3.000 kW	Einschaltwindgeschw.	3,0 m/s
Nennwindgeschwindigkeit	11,0 m/s	Ausschaltwindgeschw.	20,0 m/s

ROTOR

Durchmesser	86,3 m	Überstrichene Rotorfläche	5.849,40 m²
Blattzahl	3	Drehzahl	6 – 15,8 (variabel) U/min
Typenbezeichnung			
Material	Glasfaserverstärkte Kunststoffe (GFK)		
Hersteller			

GONDEL

Aufbau	integriert		
Getriebe / Bauart	getriebelos		
- Stufen		- Übersetzung	1:104
- Hersteller	LEITWIND		
Generator	synchron, Permanentmagnet		
- Anzahl	1	- Netzaufschaltung	Umrichter
- Drehzahl	6 – 15,8 (variabel) U/min	- Netzfrequenz	50 / 60 Hz
- Spannung	660 V	- Hersteller	LEITWIND

REGEL- UND SICHERHEITSSYSTEM

Leistungsbegrenzung	Pitch
Drehzahlbegrenzung	variabel über Mikroprozessor, aktive Blattwinkelverstellung
Hauptbremse	Einzelblattwinkelverstellung
2. Bremssystem	Scheibenbremse, Einzelblattwinkelverstellung
Windrichtungsnachführung	4 elektrische(r) Getriebemotor(en)
Hersteller der Steuerung	LEITWIND
SCADA-System	LEITWIND SCADA

LEISTUNGSKENNLINIE	SCHALLLEISTUNGSPEGEL	ELEKTRISCHE EIGENSCHAFTEN
ja	ja	ja

TURM / Nabenhöhe	80,0 m	100,0 m		
Bauart / Form	Stahlrohrturm, konisch	Stahlrohrturm, konisch		
Korrosionsschutz	mehrschichtiger Farbaufbau	mehrschichtiger Farbaufbau		

MASSEN / GEWICHTE

Einzelblattgewicht				
Nabengewicht (inkl. Einbauten)				
Rotor (inkl. Nabe)				
Gondel (ohne Rotor & Nabe)				
Turm				
Gesamtgewicht				

TYPENPRÜFUNG

Richtlinie, Klasse	IEC IIIa/GL	IEC IIIa/GL		
Überlebenswindgeschw.				
Geprüft (Monat/Jahr)				

REFERENZERTRÄGE (kWh/a)

LIEFERUMFANG

GARANTIE

REFERENZEN 31/12/2012	Anlagen weltweit: 1 Erstaufbau: 2011
SONDERAUSSTATTUNGEN	Blitzschutzsystem, Eissensor, Zustandsüberwachungssystem
SONSTIGES	

Windenergieanlagen 3.000 kW

Nordex N117/3000 IEC 2a

Nordex SE
Hamburg, Deutschland

LEISTUNG

Nennleistung	3.000 kW	Einschaltwindgeschw.	3,0 m/s
Nennwindgeschwindigkeit	12,0 m/s	Ausschaltwindgeschw.	25,0 m/s

ROTOR

Durchmesser	116,8 m	Überstrichene Rotorfläche	10.714,59 m²
Blattzahl	3	Drehzahl	8,0 – 14,1 U/min
Typenbezeichnung	NR58.5		
Material	Glasfaserverstärkte Kunststoffe (GFK), Kohlenstoffverstärkte Kunststoffe (CFK)		
Hersteller	Nordex		

GONDEL

Aufbau	aufgelöst		
Getriebe / Bauart	kombiniertes Stirnrad-/Planetengetriebe		
- Stufen	3,0	- Übersetzung	1:92 (50 Hz) / 1:111 (60 Hz)
- Hersteller			
Generator	asynchron, doppeltgespeist, flüssigkeitsgekühlt		
- Anzahl	1	- Netzaufschaltung	Umrichter über IGBT-Umrichter
- Drehzahl	700 – 1.300 (50 Hz) / 840 – 1.560 (60 Hz)	- Netzfrequenz	50 / 60 Hz
- Spannung	660 V	- Hersteller	Verschiedene

REGEL- UND SICHERHEITSSYSTEM

Leistungsbegrenzung	Pitch
Drehzahlbegrenzung	variabel über Mikroprozessor, aktive Blattwinkelverstellung
Hauptbremse	Einzelblattwinkelverstellung
2. Bremssystem	Scheibenbremse
Windrichtungsnachführung	4 elektrische(r) Getriebemotor(en)
Hersteller der Steuerung	
SCADA-System	

LEISTUNGSKENNLINIE	SCHALLLEISTUNGSPEGEL		ELEKTRISCHE EIGENSCHAFTEN
auf Anfrage	auf Anfrage		auf Anfrage

TURM / Nabenhöhe	91,0 m	120,0 m	141,0 m
Bauart / Form	Stahlrohrturm, zylindrisch, Topsegment konisch	Stahlrohrturm, zylindrisch, Topsegment konisch	Betonturm, Hybridturm, kombinierter Beton-/Stahlrohrturm, konisch
Korrosionsschutz	mehrschichtiger Farbaufbau	mehrschichtiger Farbaufbau	mehrschichtiger Farbaufbau

MASSEN / GEWICHTE

Einzelblattgewicht	Auf Anfrage	Auf Anfrage	Auf Anfrage
Nabengewicht (inkl. Einbauten)	Auf Anfrage	Auf Anfrage	Auf Anfrage
Rotor (inkl. Nabe)	Auf Anfrage	Auf Anfrage	Auf Anfrage
Gondel (ohne Rotor & Nabe)	Auf Anfrage	Auf Anfrage	Auf Anfrage
Turm	Auf Anfrage	Auf Anfrage	Auf Anfrage
Gesamtgewicht	Auf Anfrage		

TYPENPRÜFUNG

Richtlinie, Klasse	IEC IIa/DIBt 3	IEC IIa/DIBt 2	IEC IIIa
Überlebenswindgeschw.			
Geprüft (Monat/Jahr)	Jun 13	Jun 13	Jun 13
REFERENZERTRÄGE (kWh/a)	Auf Anfrage	Auf Anfrage	Auf Anfrage
LIEFERUMFANG	Anlieferung, Montage, Datenfernübertragung, Wartung, Transformator, Fundament	Anlieferung, Montage, Datenfernübertragung, Wartung, Transformator, Fundament	Anlieferung, Montage, Datenfernübertragung, Wartung, Transformator, Fundament

GARANTIE

REFERENZEN 31/12/2012	Anlagen weltweit: 110 Erstaufbau: Jul 13
SONDERAUSSTATTUNGEN	Blitzschutzsystem, Eissensor, Zustandsüberwachungssystem
SONSTIGES	Triebstrang Condition-Monitoring-System (CMS), Online-Metallpartikelzähler, Meteorologischer Eisdetektor, Rotorblatt-Eisdetektor, Blitzerkennungssystem, Brandmelde- und Feuerlöschsystem, Einbruchmeldesystem, Schattenwurf-Schutzmodul, Fledermaus-Schutzmodul, Radar optimierter Betrieb, Erweiterte Blindleistungsbereitstellung, Nebenstromfilter, Kundenlogo, Hindernisbeleuchtung und -Kennzeichnung, STATCOM-Funktion, Nordex Anti-Icing System

Windenergieanlagen 3.000 kW

Nordex N131/3000 IEC 3a

Nordex SE
Hamburg, Deutschland

LEISTUNG

Nennleistung	3.000 kW	Einschaltwindgeschw.	3,0 m/s
Nennwindgeschwindigkeit	11,1 m/s	Ausschaltwindgeschw.	20 m/s m/s

ROTOR

Durchmesser	131,0 m	Überstrichene Rotorfläche	13.478,22 m^2
Blattzahl	3	Drehzahl	6,5 – 11,6 U/min
Typenbezeichnung	NR 65.5		
Material	Glasfaserverstärkte Kunststoffe (GFK), Kohlenstoffverstärkte Kunststoffe (CFK)		
Hersteller	Nordex		

GONDEL

Aufbau	aufgelöst		
Getriebe / Bauart	kombiniertes Stirnrad-/Planetengetriebe		
- Stufen	3,0	- Übersetzung	1:113 (50 Hz) /1:135,5 (60 Hz)
- Hersteller	Verschiedene		
Generator	asynchron, doppeltgespeist, flüssigkeitsgekühlt		
- Anzahl		- Netzaufschaltung	Umrichter über IGBT-Umrichter
- Drehzahl	730 – 1.315 (50 Hz) / 876 – 1.578 (60 Hz)	- Netzfrequenz	50 / 60 Hz
- Spannung	660 V	- Hersteller	

REGEL- UND SICHERHEITSSYSTEM

Leistungsbegrenzung	Pitch
Drehzahlbegrenzung	variabel über Mikroprozessor, aktive Blattwinkelverstellung
Hauptbremse	Einzelblattwinkelverstellung
2. Bremssystem	Scheibenbremse
Windrichtungsnachführung	4 elektrische(r) Getriebemotor(en)
Hersteller der Steuerung	
SCADA-System	

LEISTUNGSKENNLINIE	SCHALLLEISTUNGSPEGEL		ELEKTRISCHE EIGENSCHAFTEN
auf Anfrage	auf Anfrage		auf Anfrage

TURM / Nabenhöhe	99,0 m	114,0 m	134,0 m	
Bauart / Form	Stahlrohrturm, zylindrisch, Topsegment konisch	Stahlrohrturm, zylindrisch, Topsegment konisch	Betonturm, kombinierter Beton-/Stahlrohrturm, konisch; Hybridturm, kombinierter Beton-/Stahlrohrturm	
Korrosionsschutz	mehrschichtiger Farbaufbau	mehrschichtiger Farbaufbau	mehrschichtiger Farbaufbau	

MASSEN / GEWICHTE

Einzelblattgewicht	Auf Anfrage	Auf Anfrage	Auf Anfrage	
Nabengewicht (inkl. Einbauten)	Auf Anfrage	Auf Anfrage	Auf Anfrage	
Rotor (inkl. Nabe)	Auf Anfrage	Auf Anfrage	Auf Anfrage	
Gondel (ohne Rotor & Nabe)	Auf Anfrage	Auf Anfrage	Auf Anfrage	
Turm	Auf Anfrage	Auf Anfrage	Auf Anfrage	
Gesamtgewicht	Auf Anfrage			

TYPENPRÜFUNG

Richtlinie, Klasse	IEC IIIa/DIBt 2	IEC IIIa/DIBt 2	DIBt 2	
Überlebenswindgeschw.				
Geprüft (Monat/Jahr)				

REFERENZERTRÄGE (kWh/a)	Auf Anfrage	Auf Anfrage	Auf Anfrage	
LIEFERUMFANG	Anlieferung, Montage, Datenfernübertragung, Wartung, Transformator, Fundament	Anlieferung, Montage, Datenfernübertragung, Wartung, Transformator, Fundament	Anlieferung, Montage, Datenfernübertragung, Wartung, Transformator, Fundament	

GARANTIE

REFERENZEN 31/12/2012	Anlagen weltweit: Erstaufbau: Q1/2015
SONDERAUSSTATTUNGEN	Blitzschutzsystem, Eissensor, Zustandsüberwachungssystem
SONSTIGES	Triebstrang Condition-Monitoring-System (CMS), Online-Metallpartikelzähler, Meteorologischer Eisdetektor, Rotorblatt-Eisdetektor, Blitzerkennungssystem, Brandmelde- und Feuerlöschsystem, Einbruchmeldesystem, Schattenwurf-Schutzmodul, Fledermaus-Schutzmodul, Radar optimierter Betrieb, Erweiterte Blindleistungsbereitstellung, Nebenstromfilter, Kundenlogo, Hindernisbeleuchtung und -Kennzeichnung, STATCOM-Funktion,

Senvion 3.0M122

Senvion SE
Hamburg, Deutschland

LEISTUNG

Nennleistung	3.000 kW	Einschaltwindgeschw.	3,0 m/s
Nennwindgeschwindigkeit	11,0 m/s	Ausschaltwindgeschw.	22,0 m/s

ROTOR

Durchmesser	122,0 m	Überstrichene Rotorfläche	11.689,87 m²
Blattzahl	3	Drehzahl	5,6 – 11,25 +15% U/min
Typenbezeichnung			
Material	Glasfaserverstärkte Kunststoffe (GFK), Epoxydharz		
Hersteller	diverse		

GONDEL

Aufbau	aufgelöst		
Getriebe / Bauart	kombiniertes Stirnrad-/Planetengetriebe		
- Stufen	3,0	- Übersetzung	1:106,6
- Hersteller	diverse		
Generator	asynchron, doppeltgespeist		
- Anzahl	1	- Netzaufschaltung	Umrichter
- Drehzahl	600 – 1.200 (dyn. +200) U/min	- Netzfrequenz	50 Hz
- Spannung	950 V (Statorspannung)	- Hersteller	diverse

REGEL- UND SICHERHEITSSYSTEM

Leistungsbegrenzung	Pitch
Drehzahlbegrenzung	variabel über Mikroprozessor, aktive Blattwinkelverstellung
Hauptbremse	Einzelblattwinkelverstellung
2. Bremssystem	Scheibenbremse
Windrichtungsnachführung	4 elektrische(r) Getriebemotor(en)
Hersteller der Steuerung	diverse
SCADA-System	Senvion SCADA Solutions

LEISTUNGSKENNLINIE	SCHALLLEISTUNGSPEGEL	ELEKTRISCHE EIGENSCHAFTEN
auf Anfrage	auf Anfrage	auf Anfrage

TURM / Nabenhöhe: 139,0 m

Bauart / Form	Betonturm, Stahlrohr-Beton-Hybrid, konisch
Korrosionsschutz	mehrschichtiger Farbaufbau

MASSEN / GEWICHTE

Einzelblattgewicht	ca. 15 t	
Nabengewicht (inkl. Einbauten)	ca. 25 t	ca. 25 t
Rotor (inkl. Nabe)		
Gondel (ohne Rotor & Nabe)	ca. 108,0 t	
Turm		
Gesamtgewicht		

TYPENPRÜFUNG

Richtlinie, Klasse	IEC IIIa/DIBt WZ3
Überlebenswindgeschw.	
Geprüft (Monat/Jahr)	

REFERENZERTRÄGE (kWh/a)

LIEFERUMFANG

GARANTIE	2 Jahre
REFERENZEN 31/12/2012	Anlagen weltweit: Erstaufbau: 2013 (Prototyp)
SONDERAUSSTATTUNGEN	Blitzschutzsystem, Eissensor, Zustandsüberwachungssystem, Permanentschmiersystem, diverse länderspezifische Netzanschlusslösungen, z.B. EEG-Produktpaket für Deutschland
SONSTIGES	Getriebe: gemäß Senvion Getriebe-Richtlinie. Leistungsbegrenzung: Elektrische Einzelblattwinkelverstellung. Diverse Optionen und Service-Pakete auf Anfrage. Bei den Turmhöhen handelt es sich um effektive Nabenhöhen. Über eine geänderte Fundamentausführung kann man die Nabenhöhe variieren.

Windenergieanlagen 3.000 kW

Siemens SWT-3.0-101

Siemens Wind Power
Hamburg

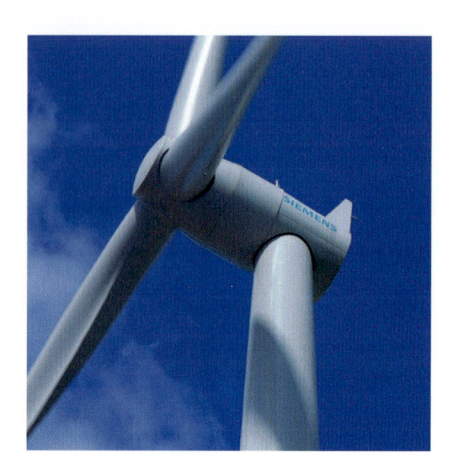

LEISTUNG

Nennleistung	3.000 kW	Einschaltwindgeschw.	3,0 m/s
Nennwindgeschwindigkeit	12,0 – 13,0 m/s	Ausschaltwindgeschw.	25,0 m/s

ROTOR

Durchmesser	101,0 m	Überstrichene Rotorfläche	8.011,85 m^2
Blattzahl	3	Drehzahl	6,5 – 16,8 U/min
Typenbezeichnung	B49		
Material	Glasfaserverstärkte Kunststoffe (GFK), Epoxydharz		
Hersteller	Siemens Wind Power A/S		

GONDEL

Aufbau	integriert		
Getriebe / Bauart	getriebelos		
- Stufen		- Übersetzung	
- Hersteller			
Generator	synchron, Permanentmagnet		
- Anzahl		- Netzaufschaltung	Umrichter
- Drehzahl		- Netzfrequenz	50 / 60 Hz
- Spannung	750 V	- Hersteller	

REGEL- UND SICHERHEITSSYSTEM

Leistungsbegrenzung	Pitch
Drehzahlbegrenzung	aktive Blattwinkelverstellung
Hauptbremse	Einzelblattwinkelverstellung
2. Bremssystem	Einzelblattwinkelverstellung, hydraulische „Fail-safe-Scheibenbremse"
Windrichtungsnachführung	8 elektrische(r) Getriebemotor(en)
Hersteller der Steuerung	KK Electronic A/S
SCADA-System	WPS

LEISTUNGSKENNLINIE	SCHALLLEISTUNGSPEGEL	ELEKTRISCHE EIGENSCHAFTEN
auf Anfrage	auf Anfrage	auf Anfrage

TURM / Nabenhöhe

	79,5 m	89,6 m	94,0 m
Bauart / Form	Stahlrohrturm, konisch	Stahlrohrturm, konisch	Stahlrohrturm, konisch
Korrosionsschutz	mehrschichtiger Farbaufbau	mehrschichtiger Farbaufbau	mehrschichtiger Farbaufbau

MASSEN / GEWICHTE

Einzelblattgewicht			
Nabengewicht (inkl. Einbauten)			
Rotor (inkl. Nabe)			
Gondel (ohne Rotor & Nabe)	77,0 t	77,0 t	77,0 t
Turm			
Gesamtgewicht			

TYPENPRÜFUNG

Richtlinie, Klasse	IEC Ia/DIBt WZ 3 (2004)	IEC Ia	IEC Ia
Überlebenswindgeschw.			
Geprüft (Monat/Jahr)			

REFERENZERTRÄGE (kWh/a)

LIEFERUMFANG	Anlieferung, Montage, Datenfernübertragung, Wartung	Anlieferung, Montage, Datenfernübertragung, Wartung	Anlieferung, Montage, Datenfernübertragung, Wartung
GARANTIE	5 Jahre	5 Jahre	5 Jahre
REFERENZEN 31/12/2012	Anlagen weltweit: 280 Erstaufbau: 2009		
SONDERAUSSTATTUNGEN	Blitzschutzsystem, Eissensor, Zustandsüberwachungssystem		
SONSTIGES	Cold Climate Version, Rotorblatt-Enteisung, Eiserkennungssystem, Hot Climate Package, Sandsturm-Erkennungssystem, Schattenwurf-Schutzmodul, Reactive@nowind, Trennbare Gondel, Kundenspezifische Anfrage		

VENSYS 100

VENSYS Energy AG
Deutschland

LEISTUNG
Nennleistung	3.000 kW	Einschaltwindgeschw.	3,0 m/s
Nennwindgeschwindigkeit	11,0 m/s	Ausschaltwindgeschw.	25,0 m/s

ROTOR
Durchmesser	99,8 m	Überstrichene Rotorfläche	7.822,60 m²
Blattzahl	3	Drehzahl	6,5 – 14,5 U/min
Typenbezeichnung	LM 48.8		
Material	Glasfaserverstärkte Kunststoffe (GFK)		
Hersteller	LM Glasfiber A/S		

GONDEL
Aufbau	integriert		
Getriebe / Bauart	getriebelos		
- Stufen		- Übersetzung	
- Hersteller			
Generator	synchron, Ringgenerator, Permanentmagnet		
- Anzahl	1	- Netzaufschaltung	Umrichter
- Drehzahl	6,5 – 14,5 U/min	- Netzfrequenz	50 / 60 Hz
- Spannung	690 V	- Hersteller	VENSYS Energy AG

REGEL- UND SICHERHEITSSYSTEM
Leistungsbegrenzung	Pitch
Drehzahlbegrenzung	variabel über Mikroprozessor
Hauptbremse	Einzelblattwinkelverstellung
2. Bremssystem	Einzelblattwinkelverstellung
Windrichtungsnachführung	4 elektrische(r) Getriebemotor(en)
Hersteller der Steuerung	VENSYS Energy AG
SCADA-System	VENSYS SCADA

LEISTUNGSKENNLINIE		SCHALLLEISTUNGSPEGEL	ELEKTRISCHE EIGENSCHAFTEN
auf Anfrage		auf Anfrage	auf Anfrage

TURM / Nabenhöhe — 100,0 m
Bauart / Form	Stahlrohrturm, konisch
Korrosionsschutz	mehrschichtiger Farbaufbau

MASSEN / GEWICHTE
Einzelblattgewicht	
Nabengewicht (inkl. Einbauten)	
Rotor (inkl. Nabe)	
Gondel (ohne Rotor & Nabe)	
Turm	
Gesamtgewicht	

TYPENPRÜFUNG
Richtlinie, Klasse	IEC IIIa/DIBt 2
Überlebenswindgeschw.	
Geprüft (Monat/Jahr)	

REFERENZERTRÄGE (kWh/a)	7.289.000 Herstellerinformation
LIEFERUMFANG	
GARANTIE	2 Jahre
REFERENZEN 31/12/2012	Anlagen weltweit: 1 Erstaufbau: 2009
SONDERAUSSTATTUNGEN	
SONSTIGES	

Windenergieanlagen 3.050 kW

E-101

ENERCON GmbH
Aurich, Deutschland

LEISTUNG

Nennleistung	3.050 kW	Einschaltwindgeschw.	
Nennwindgeschwindigkeit		Ausschaltwindgeschw.	28,0 – 34,0 m/s

ROTOR

Durchmesser	101,0 m	Überstrichene Rotorfläche	8.011,85 m²
Blattzahl	3	Drehzahl	4 – 14,5 (variabel) U/min
Typenbezeichnung	E-101		
Material	Glasfaserverstärkte Kunststoffe (GFK), Epoxydharz		
Hersteller	ENERCON		

GONDEL

Aufbau	integriert		
Getriebe / Bauart	getriebelos		
- Stufen		- Übersetzung	
- Hersteller			
Generator	synchron, Ringgenerator		
- Anzahl	1	- Netzaufschaltung	Umrichter
- Drehzahl	4 – 14,5 (variabel) U/min	- Netzfrequenz	50 / 60 Hz
- Spannung	400 V	- Hersteller	ENERCON

REGEL- UND SICHERHEITSSYSTEM

Leistungsbegrenzung	Pitch
Drehzahlbegrenzung	variabel über Mikroprozessor, aktive Blattwinkelverstellung
Hauptbremse	Einzelblattwinkelverstellung
2. Bremssystem	Einzelblattwinkelverstellung, Rotorhaltebremse und Rotorarretierung
Windrichtungsnachführung	12 elektrische(r) Getriebemotor(en) aktiv über Stellgetriebe, lastabhängige Dämpfung
Hersteller der Steuerung	ENERCON
SCADA-System	ENERCON Scada

LEISTUNGSKENNLINIE	SCHALLLEISTUNGSPEGEL	ELEKTRISCHE EIGENSCHAFTEN
auf Anfrage	auf Anfrage	auf Anfrage

TURM / Nabenhöhe	99,0 m	135,0 m	149,0 m	
Bauart / Form	Betonturm, konisch	Betonturm, konisch	Betonturm, konisch	
Korrosionsschutz	mehrschichtiger Farbaufbau	mehrschichtiger Farbaufbau	mehrschichtiger Farbaufbau	

MASSEN / GEWICHTE

Einzelblattgewicht				
Nabengewicht (inkl. Einbauten)				
Rotor (inkl. Nabe)				
Gondel (ohne Rotor & Nabe)				
Turm				
Gesamtgewicht				

TYPENPRÜFUNG

Richtlinie, Klasse				
Überlebenswindgeschw.				
Geprüft (Monat/Jahr)				

REFERENZERTRÄGE (kWh/a)	auf Anfrage	auf Anfrage	auf Anfrage	
LIEFERUMFANG	Anlieferung, Montage, Datenfernübertragung, Wartung, Transformator, Fundament	Anlieferung, Montage, Datenfernübertragung, Wartung, Transformator, Fundament	Anlieferung, Montage, Datenfernübertragung, Wartung, Transformator, Fundament	

GARANTIE	
REFERENZEN 31/12/2012	Anlagen weltweit: 704 Erstaufbau: 2010
SONDERAUSSTATTUNGEN	Blitzschutzsystem auf Anfrage
SONSTIGES	Wartungskonzept und ENERCON PartnerKonzept (EPK) auf Anfrage.

Windenergieanlagen 3.200 kW

Senvion 3.2M114 mit Vortex Generatoren

Senvion SE
Hamburg, Deutschland

LEISTUNG

Nennleistung	3.200 kW	Einschaltwindgeschw.	3,0 m/s
Nennwindgeschwindigkeit	12,0 m/s	Ausschaltwindgeschw.	22,0 m/s

ROTOR

Durchmesser	114,0 m	Überstrichene Rotorfläche	10.207,03 m²
Blattzahl	3	Drehzahl	ca. 6,6 bis 12,1 +15% U/min
Typenbezeichnung			
Material	Glasfaserverstärkte Kunststoffe (GFK), Epoxydharz		
Hersteller	diverse		

GONDEL

Aufbau	aufgelöst		
Getriebe / Bauart	kombiniertes Stirnrad-/Planetengetriebe		
- Stufen	3,0	- Übersetzung	1:99,5
- Hersteller	diverse		
Generator	asynchron, doppeltgespeist		
- Anzahl	1	- Netzaufschaltung	Umrichter
- Drehzahl	600 – 1.200 (dyn. +200) U/min	- Netzfrequenz	50 Hz
- Spannung	950 V (Statorspannung)	- Hersteller	diverse

REGEL- UND SICHERHEITSSYSTEM

Leistungsbegrenzung	Pitch
Drehzahlbegrenzung	variabel über Mikroprozessor, aktive Blattwinkelverstellung
Hauptbremse	Einzelblattwinkelverstellung
2. Bremssystem	Scheibenbremse
Windrichtungsnachführung	4 elektrische(r) Getriebemotor(en)
Hersteller der Steuerung	diverse
SCADA-System	Senvion SCADA Solutions

LEISTUNGSKENNLINIE	SCHALLLEISTUNGSPEGEL		ELEKTRISCHE EIGENSCHAFTEN
auf Anfrage	auf Anfrage		auf Anfrage

TURM / Nabenhöhe

	93,0 m	123,0 m	143,0 m
Bauart / Form	Stahlrohrturm, konisch	Betonturm, Stahlrohr-Beton-Hybrid, konisch	Betonturm, Stahlrohr-Beton-Hybrid, konisch
Korrosionsschutz	mehrschichtiger Farbaufbau	mehrschichtiger Farbaufbau	mehrschichtiger Farbaufbau

MASSEN / GEWICHTE

Einzelblattgewicht	ca. 15 t	ca. 15	ca. 15 t	
Nabengewicht (inkl. Einbauten)	ca. 25 t	ca. 25 t	ca. 25 t	
Rotor (inkl. Nabe)				
Gondel (ohne Rotor & Nabe)	ca. 108,0 t	ca. 108,0 t	ca. 108,0 t	
Turm				
Gesamtgewicht				

TYPENPRÜFUNG

Richtlinie, Klasse	IEC IIa/DIBt WZ4	IEC IIa/DIBt WZ4	IEC IIIa	
Überlebenswindgeschw.				
Geprüft (Monat/Jahr)				

REFERENZERTRÄGE (kWh/a)

LIEFERUMFANG

GARANTIE	2 Jahre	2 Jahre	2 Jahre	
REFERENZEN 31/12/2012	Anlagen weltweit: Erstaufbau: Dez 11			
SONDERAUSSTATTUNGEN	Blitzschutzsystem, Eissensor, Zustandsüberwachungssystem, Permanentschmiersystem, diverse länderspezifische Netzanschlusslösungen, z.B. EEG-Produktpaket für Deutschland			
SONSTIGES	Getriebe: gemäß Senvion Getriebe-Richtlinie. Leistungsbegrenzung: Elektrische Einzelblattwinkelverstellung. Diverse Optionen und Service-Pakete auf Anfrage. Bei den Turmhöhen handelt es sich um effektive Nabenhöhen. Über eine geänderte Fundamentausführung kann man die Nabenhöhe variieren.			

Windenergieanlagen 3.200 kW

Siemens SWT-3.0/3.2-113

Siemens Wind Power
Hamburg

LEISTUNG

Nennleistung	3.200 kW	Einschaltwindgeschw.	3,0 – 5,0 m/s
Nennwindgeschwindigkeit	12,0 – 13,0 m/s	Ausschaltwindgeschw.	25,0 – 32, m/s

ROTOR

Durchmesser	113,0 m	Überstrichene Rotorfläche	10.028,75 m²
Blattzahl	3	Drehzahl	6,5 – 14,7 / 4 – 16,5 U/min
Typenbezeichnung	B55		
Material	Glasfaserverstärkte Kunststoffe (GFK), Epoxydharz		
Hersteller	Siemens Wind Power A/S		

GONDEL

Aufbau	integriert		
Getriebe / Bauart	getriebelos		
- Stufen	N/A (getriebelos)	- Übersetzung	N/A (getriebelos)
- Hersteller	N/A (getriebelos)		
Generator	synchron, Permanentmagnet		
- Anzahl	1	- Netzaufschaltung	Umrichter Vollumrichter, 690 V
- Drehzahl		- Netzfrequenz	50 / 60 Hz
- Spannung	750 V	- Hersteller	

REGEL- UND SICHERHEITSSYSTEM

Leistungsbegrenzung	Pitch
Drehzahlbegrenzung	aktive Blattwinkelverstellung
Hauptbremse	Einzelblattwinkelverstellung Einzelblattverstellung
2. Bremssystem	Einzelblattwinkelverstellung, hydraulische „Fail-safe-Scheibenbremse"
Windrichtungsnachführung	8 elektrische(r) Getriebemotor(en), Elektronische Getriebemotoren
Hersteller der Steuerung	KK-Electonric A/S
SCADA-System	WPS

LEISTUNGSKENNLINIE	SCHALLLEISTUNGSPEGEL	ELEKTRISCHE EIGENSCHAFTEN
auf Anfrage	auf Anfrage	auf Anfrage

TURM / Nabenhöhe	92,0 m	115,0 m	142,0 m
Bauart / Form	Stahlrohrturm, konisch	Stahlrohrturm, konisch	Betonturm, Hybrid-Turm, konisch
Korrosionsschutz	mehrschichtiger Farbaufbau	mehrschichtiger Farbaufbau	mehrschichtiger Farbaufbau

MASSEN / GEWICHTE

Einzelblattgewicht				
Nabengewicht (inkl. Einbauten)				
Rotor (inkl. Nabe)				
Gondel (ohne Rotor & Nabe)	77,0 t	77,0 t	77,0 t	
Turm				
Gesamtgewicht				

TYPENPRÜFUNG

Richtlinie, Klasse	IEC IIa/DIBt WZ 3 (2012)	IEC IIa/DIBt WZ 3 (2012)	IEC IIa
Überlebenswindgeschw.			
Geprüft (Monat/Jahr)			

REFERENZERTRÄGE (kWh/a)

LIEFERUMFANG	Anlieferung, Montage, Datenfernübertragung, Wartung	Anlieferung, Montage, Datenfernübertragung, Wartung	Anlieferung, Wartung, Transformator, Fundament
GARANTIE	5 Jahre	5 Jahre	5 Jahre
REFERENZEN 31/12/2012	Anlagen weltweit: 73 Erstaufbau: 2013		
SONDERAUSSTATTUNGEN	Blitzschutzsystem, Eissensor, Zustandsüberwachungssystem Fledermaus-Modus , Klimapaket (kalt), Enteisungsmodul, HWRT (High Wind Ride Through), Klimapaket (warm, z.B. Sandsturm-Erkennung), aktives Brandbekämpfungssystem		
SONSTIGES	Cold Climate Version, Rotorblatt-Enteisung, Eiserkennungssystem, Sandsturm-Erkennungssystem, Power Boost, HWRT (High Wind Ride Through), Schattenwurf-Schutzmodul, Reactive@nowind, Trennbare Gondel, Kundenspezifische Anfrage		

Siemens SWT-3.3-130

Siemens Wind Power
Hamburg

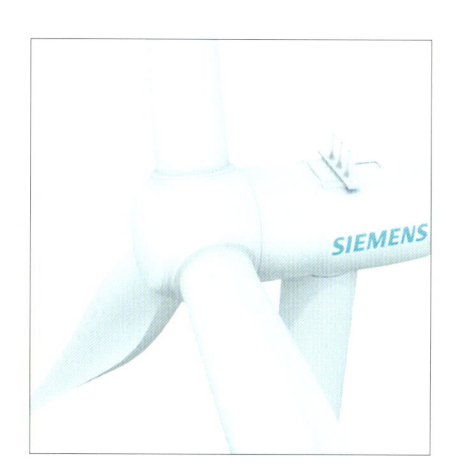

LEISTUNG

Nennleistung	3.300 kW	Einschaltwindgeschw.	3,0 – 5,0 m/s
Nennwindgeschwindigkeit	12,0 – 13,0 m/s	Ausschaltwindgeschw.	25,0 m/s

ROTOR

Durchmesser	130,0 m	Überstrichene Rotorfläche	13.273,23 m²
Blattzahl	3	Drehzahl	12,2 U/min
Typenbezeichnung	B63		
Material	Glasfaserverstärkte Kunststoffe (GFK), Epoxydharz		
Hersteller	Siemens Wind Power A/S		

GONDEL

Aufbau	aufgelöst		
Getriebe / Bauart	getriebelos		
- Stufen		- Übersetzung	
- Hersteller			
Generator	synchron, Permanentmagnet		
- Anzahl	1	- Netzaufschaltung	Umrichter
- Drehzahl		- Netzfrequenz	50 / 60 Hz
- Spannung	750 V	- Hersteller	Siemens

REGEL- UND SICHERHEITSSYSTEM

Leistungsbegrenzung	Pitch
Drehzahlbegrenzung	aktive Blattwinkelverstellung
Hauptbremse	Einzelblattwinkelverstellung
2. Bremssystem	Einzelblattwinkelverstellung, hydraulische „Fail-safe-Scheibenbremse"
Windrichtungsnachführung	12 elektrische(r) Getriebemotor(en)
Hersteller der Steuerung	
SCADA-System	WPS

LEISTUNGSKENNLINIE		SCHALLLEISTUNGSPEGEL		ELEKTRISCHE EIGENSCHAFTEN
auf Anfrage		auf Anfrage		auf Anfrage
TURM / Nabenhöhe	**85,0 m**	**110,0 m**	**135,0 m**	
Bauart / Form	Stahlrohrturm, konisch	Stahlrohrturm, konisch	Betonturm, Hybridturm, konisch	
Korrosionsschutz	mehrschichtiger Farbaufbau	mehrschichtiger Farbaufbau	mehrschichtiger Farbaufbau	

MASSEN / GEWICHTE

Einzelblattgewicht				
Nabengewicht (inkl. Einbauten)				
Rotor (inkl. Nabe)	94,0 t	94,0 t	94,0 t	
Gondel (ohne Rotor & Nabe)	103,0 t	103,0 t	103,0 t	
Turm				
Gesamtgewicht				

TYPENPRÜFUNG

Richtlinie, Klasse	IEC IIa/DIBt WZ 3 (2010)	IEC IIaDIBt WZ 3 (2010)	IEC IIa	
Überlebenswindgeschw.				
Geprüft (Monat/Jahr)				

REFERENZERTRÄGE (kWh/a)

LIEFERUMFANG	Anlieferung, Montage, Datenfernübertragung, Wartung	Anlieferung, Montage, Datenfernübertragung, Wartung	Anlieferung, Montage, Datenfernübertragung, Wartung	
GARANTIE	5 Jahre	5 Jahre	5 Jahre	
REFERENZEN 31/12/2012	Anlagen weltweit: Erstaufbau:			
SONDERAUSSTATTUNGEN	Blitzschutzsystem, Eissensor, Zustandsüberwachungssystem			
SONSTIGES	Kundenspezifische Anfrage			

Windenergieanlagen 3.300 kW

Nordex N100/3300 IEC1a

Nordex SE
Hamburg, Deutschland

LEISTUNG
Nennleistung	3.300 kW	Einschaltwindgeschw.	3,0 m/s
Nennwindgeschwindigkeit	14,0 m/s	Ausschaltwindgeschw.	25,0 m/s

ROTOR
Durchmesser	99,8 m	Überstrichene Rotorfläche	7.822,60 m²
Blattzahl	3	Drehzahl	9,0 – 16,1 U/min
Typenbezeichnung	NR 50		
Material	Glasfaserverstärkte Kunststoffe (GFK)		
Hersteller	Nordex		

GONDEL
Aufbau	aufgelöst		
Getriebe / Bauart	kombiniertes Stirnrad-/Planetengetriebe		
- Stufen	3,0	- Übersetzung	1:81 (50 Hz) / 1:97 (60 Hz)
- Hersteller	Verschiedene		
Generator	asynchron, doppeltgespeist, flüssigkeitsgekühlt		
- Anzahl	1	- Netzaufschaltung	Umrichter über IGBT-Umrichter
- Drehzahl	700 – 1.300 (50 Hz) / 840 – 1.560 (60 Hz)	- Netzfrequenz	50 / 60 Hz
- Spannung	660 V	- Hersteller	Verschiedene

REGEL- UND SICHERHEITSSYSTEM
Leistungsbegrenzung	Pitch
Drehzahlbegrenzung	variabel über Mikroprozessor, aktive Blattwinkelverstellung
Hauptbremse	Einzelblattwinkelverstellung
2. Bremssystem	Scheibenbremse
Windrichtungsnachführung	4 elektrische(r) Getriebemotor(en)
Hersteller der Steuerung	
SCADA-System	

LEISTUNGSKENNLINIE		SCHALLLEISTUNGSPEGEL		ELEKTRISCHE EIGENSCHAFTEN
auf Anfrage		auf Anfrage		auf Anfrage

TURM / Nabenhöhe	75,0 m	100,0 m	85,0 m
Bauart / Form	Stahlrohrturm, zylindrisch	Stahlrohrturm, zylindrisch	Stahlrohrturm, zylindrisch
Korrosionsschutz	mehrschichtiger Farbaufbau	mehrschichtiger Farbaufbau	mehrschichtiger Farbaufbau

MASSEN / GEWICHTE
Einzelblattgewicht	Auf Anfrage	Auf Anfrage	Auf Anfrage
Nabengewicht (inkl. Einbauten)	Auf Anfrage	Auf Anfrage	Auf Anfrage
Rotor (inkl. Nabe)	Auf Anfrage	Auf Anfrage	Auf Anfrage
Gondel (ohne Rotor & Nabe)	Auf Anfrage	Auf Anfrage	Auf Anfrage
Turm	Auf Anfrage	Auf Anfrage	Auf Anfrage
Gesamtgewicht	Auf Anfrage		

TYPENPRÜFUNG
Richtlinie, Klasse	IEC Ia/DIBt 3	IEC Ia/DIBt 3	IEC Ia
Überlebenswindgeschw.			
Geprüft (Monat/Jahr)	Jun 13	Jun 13	Jun 13
REFERENZERTRÄGE (kWh/a)	Auf Anfrage	Auf Anfrage	Auf Anfrage
LIEFERUMFANG	Anlieferung, Montage, Datenfernübertragung, Wartung, Transformator, Fundament	Anlieferung, Montage, Datenfernübertragung, Wartung, Transformator, Fundament	Anlieferung, Montage, Datenfernübertragung, Wartung, Transformator, Fundament

GARANTIE	
REFERENZEN 31/12/2012	Anlagen weltweit: 42 Erstaufbau: Jul 13
SONDERAUSSTATTUNGEN	Blitzschutzsystem, Eissensor, Zustandsüberwachungssystem
SONSTIGES	Triebstrang Condition-Monitoring-System (CMS), Online-Metallpartikelzähler, Meteorologischer Eisdetektor, Rotorblatt-Eisdetektor, Blitzerkennungssystem, Brandmelde- und Feuerlöschsystem, Einbruchmeldesystem, Schattenwurf-Schutzmodul, Fledermaus-Schutzmodul, Radar optimierter Betrieb, Erweiterte Blindleistungsbereitstellung, Nebenstromfilter, Kundenlogo, Hindernisbeleuchtung und -Kennzeichnung, STATCOM-Funktion, Nordex Anti-Icing System

Senvion 3.4M104

Senvion SE
Hamburg, Deutschland

LEISTUNG

Nennleistung	3.400 kW	Einschaltwindgeschw.	3,5 m/s
Nennwindgeschwindigkeit	13,5 m/s	Ausschaltwindgeschw.	25,0 m/s

ROTOR

Durchmesser	104,0 m	Überstrichene Rotorfläche	8.494,87 m²
Blattzahl	3	Drehzahl	ca. 7,1 bis 13,8 +15% U/min
Typenbezeichnung			
Material	Glasfaserverstärkte Kunststoffe (GFK), Epoxydharz		
Hersteller	diverse		

GONDEL

Aufbau	aufgelöst		
Getriebe / Bauart	kombiniertes Stirnrad-/Planetengetriebe		
- Stufen	3,0	- Übersetzung	1:111
- Hersteller	diverse		
Generator	asynchron, doppeltgespeist		
- Anzahl	1	- Netzaufschaltung	Umrichter
- Drehzahl	600 – 1.200 (dyn. +200) U/min	- Netzfrequenz	50 Hz
- Spannung	950 V (Statorspannung)	- Hersteller	diverse

REGEL- UND SICHERHEITSSYSTEM

Leistungsbegrenzung	Pitch
Drehzahlbegrenzung	variabel über Mikroprozessor, aktive Blattwinkelverstellung
Hauptbremse	Einzelblattwinkelverstellung
2. Bremssystem	Scheibenbremse
Windrichtungsnachführung	4 elektrische(r) Getriebemotor(en)
Hersteller der Steuerung	diverse
SCADA-System	Senvion SCADA Solutions

LEISTUNGSKENNLINIE	SCHALLLEISTUNGSPEGEL	ELEKTRISCHE EIGENSCHAFTEN
auf Anfrage	auf Anfrage	auf Anfrage

TURM / Nabenhöhe	80,0 m	100,0 m		
Bauart / Form	Stahlrohrturm, konisch	Stahlrohrturm, konisch		
Korrosionsschutz	mehrschichtiger Farbaufbau	mehrschichtiger Farbaufbau		

MASSEN / GEWICHTE

Einzelblattgewicht	ca. 12 t	ca. 12 t		
Nabengewicht (inkl. Einbauten)	ca. 23 t	ca. 23 t		
Rotor (inkl. Nabe)				
Gondel (ohne Rotor & Nabe)	ca. 113,0 t	ca. 113,0 t		
Turm				
Gesamtgewicht				

TYPENPRÜFUNG

Richtlinie, Klasse	IEC Ib/DIBt 4	IEC IIa/DIBt 4		
Überlebenswindgeschw.				
Geprüft (Monat/Jahr)				

REFERENZERTRÄGE (kWh/a)

LIEFERUMFANG

GARANTIE	2 Jahre	2 Jahre		
REFERENZEN 31/12/2012	Anlagen weltweit: Erstaufbau: Jan 09			
SONDERAUSSTATTUNGEN	Blitzschutzsystem, Zustandsüberwachungssystem, Permanentschmiersystem, diverse länderspezifische Netzanschlusslösungen, z.B. EEG-Produktpaket für Deutschland			
SONSTIGES				

Windenergieanlagen 3.400 kW

Senvion 3.4M114

Senvion SE
Hamburg, Germany

LEISTUNG
Nennleistung	3.400 kW	Einschaltwindgeschw.	3,0 m/s
Nennwindgeschwindigkeit	12,0 m/s	Ausschaltwindgeschw.	22,0 m/s

ROTOR
Durchmesser	114,0 m	Überstrichene Rotorfläche	10.207,03 m²
Blattzahl	3	Drehzahl	6,6 – 12,1 +15% U/min
Typenbezeichnung			
Material	Glasfaserverstärkte Kunststoffe (GFK), Epoxydharz		
Hersteller	diverse		

GONDEL
Aufbau	aufgelöst		
Getriebe / Bauart	kombiniertes Stirnrad-/Planetengetriebe		
- Stufen	3,0	- Übersetzung	1:99,5
- Hersteller	diverse		
Generator	asynchron, doppeltgespeist		
- Anzahl	1	- Netzaufschaltung	Umrichter
- Drehzahl	600 – 1.200 (dyn. +200) U/min	- Netzfrequenz	50 Hz
- Spannung	950 V	- Hersteller	diverse

REGEL- UND SICHERHEITSSYSTEM
Leistungsbegrenzung	Pitch
Drehzahlbegrenzung	variabel über Mikroprozessor, aktive Blattwinkelverstellung
Hauptbremse	Einzelblattwinkelverstellung
2. Bremssystem	Scheibenbremse
Windrichtungsnachführung	4 elektrische(r) Getriebemotor(en)
Hersteller der Steuerung	diverse
SCADA-System	Senvion SCADA Solutions

LEISTUNGSKENNLINIE	SCHALLLEISTUNGSPEGEL		ELEKTRISCHE EIGENSCHAFTEN
auf Anfrage	auf Anfrage		auf Anfrage

TURM / Nabenhöhe
	93,0 m	119,0 m	
Bauart / Form	Stahlrohrturm, konisch	Stahlrohrturm, konisch	Stahlrohrturm/Hybrid, konisch
Korrosionsschutz	mehrschichtiger Farbaufbau	mehrschichtiger Farbaufbau	mehrschichtiger Farbaufbau

MASSEN / GEWICHTE
Einzelblattgewicht	ca. 15 t	ca. 15 t	ca. 15 t
Nabengewicht (inkl. Einbauten)	ca. 25 t	ca. 25 t	ca. 25 t
Rotor (inkl. Nabe)			
Gondel (ohne Rotor & Nabe)	ca. 108,0 t	ca. 108,0 t	ca. 108,0 t
Turm			
Gesamtgewicht			

TYPENPRÜFUNG
Richtlinie, Klasse	IEC IIa/WZ 4	IEC IIa/WZ 4	IEC IIIa
Überlebenswindgeschw.			
Geprüft (Monat/Jahr)			

REFERENZERTRÄGE (kWh/a)

LIEFERUMFANG
GARANTIE	2 Jahre	2 Jahre	2 Jahre
REFERENZEN 31/12/2012	Anlagen weltweit: Erstaufbau: 2014		
SONDERAUSSTATTUNGEN	Blitzschutzsystem, Eissensor, Zustandsüberwachungssystem, Permanentschmiersystem, diverse länderspezifische Netzanschlusslösungen, z.B. EEG-Produktpaket für Deutschland		
SONSTIGES	Getriebe: gemäß Senvion Getriebe-Richtlinie. Leistungsbegrenzung: Elektrische Einzelblattwinkelverstellung. Diverse Optionen und Service-Pakete auf Anfrage. Bei den Turmhöhen handelt es sich um effektive Nabenhöhen. Über eine geänderte Fundamentausführung kann man die Nabenhöhe variieren.		

Windenergieanlagen 3.500 kW

eno 114

eno energy systems GmbH
Rostock, Deutschland

LEISTUNG
Nennleistung	3.500 kW	Einschaltwindgeschw.	3,0 m/s
Nennwindgeschwindigkeit	13,0 m/s	Ausschaltwindgeschw.	25,0 m/s

ROTOR
Durchmesser	114,9 m	Überstrichene Rotorfläche	10.368,83 m^2
Blattzahl	3	Drehzahl	4 – 11,8 U/min
Typenbezeichnung	eno energy		
Material	Glasfaserverstärkte Kunststoffe (GFK)		
Hersteller	eno energy systems GmbH		

GONDEL
Aufbau	aufgelöst		
Getriebe / Bauart	Stirnrad-Planetengetriebe oder Differentialgetriebe		
- Stufen	3,0	- Übersetzung	1:119
- Hersteller	Winergy, Eickhoff		
Generator	synchron		
- Anzahl	1	- Netzaufschaltung	Vollumrichter
- Drehzahl	480 – 1.410 U/min	- Netzfrequenz	50 Hz
- Spannung	600 V	- Hersteller	

REGEL- UND SICHERHEITSSYSTEM
Leistungsbegrenzung	Pitch
Drehzahlbegrenzung	variabel über Mikroprozessor, aktive Blattwinkelverstellung
Hauptbremse	Einzelblattwinkelverstellung Pitchsystem
2. Bremssystem	Scheibenbremse
Windrichtungsnachführung	6 elektrische(r) Getriebemotor(en)
Hersteller der Steuerung	
SCADA-System	eno energy

LEISTUNGSKENNLINIE	SCHALLLEISTUNGSPEGEL	ELEKTRISCHE EIGENSCHAFTEN
auf Anfrage	auf Anfrage	auf Anfrage

TURM / Nabenhöhe	127,0 m	142,0 m	92,0 m	
Bauart / Form	kundenspezifisch; Stahlrohr, konisch	kundenspezifisch; Beton-Stahl-Hybrid, konisch	kundenspezifisch; Stahlrohr, konisch	
Korrosionsschutz	mehrschichtiger Farbaufbau	mehrschichtiger Farbaufbau	mehrschichtiger Farbaufbau	

MASSEN / GEWICHTE
Einzelblattgewicht				
Nabengewicht (inkl. Einbauten)	33,0 t	33,0 t	33,0 t	
Rotor (inkl. Nabe)	77,1 t	77,1 t	77,1 t	
Gondel (ohne Rotor & Nabe)	67,0 t	67,0 t	67,0 t	
Turm	444,5 t	425,0 t	255,0 t	
Gesamtgewicht				

TYPENPRÜFUNG
Richtlinie, Klasse	DIBt 3/IEC IIs	DIBt 3IEC IIs	DIBt 3	
Überlebenswindgeschw.				
Geprüft (Monat/Jahr)				
REFERENZERTRÄGE (kWh/a)				
LIEFERUMFANG	Anlieferung, Montage, Datenfernübertragung, Wartung, Transformator	Anlieferung, Montage, Datenfernübertragung, Wartung, Transformator	Anlieferung, Montage, Datenfernübertragung, Wartung, Transformator	
GARANTIE	2 Jahre	2 Jahre	2 Jahre	
REFERENZEN 31/12/2012	Anlagen weltweit: 5 Erstaufbau: Dez 13			
SONDERAUSSTATTUNGEN	Blitzschutzsystem, Eissensor, Zusandsüberwachungssystem serienmäßig, Schattenwurfmodul, weitere Optionen auf Anfrage			
SONSTIGES				

Windenergieanlagen 3.500 kW

eno 126

eno energy systems GmbH
Rostock, Deutschland

LEISTUNG

Nennleistung	3.500 kW	Einschaltwindgeschw.	3,0 m/s
Nennwindgeschwindigkeit	13,0 m/s	Ausschaltwindgeschw.	25,0 m/s

ROTOR

Durchmesser	126,0 m	Überstrichene Rotorfläche	12.468,98 m²
Blattzahl	3	Drehzahl	4 – 11,2 U/min
Typenbezeichnung			
Material	Glasfaserverstärkte Kunststoffe (GFK), Kohlenstoffverstärkte Kunststoffe (CFK)		
Hersteller	eno energy systems GmbH		

GONDEL

Aufbau	aufgelöst		
Getriebe / Bauart	kombiniertes Stirnrad-/Planetengetriebe		
- Stufen	3,0	- Übersetzung	1:119
- Hersteller	Winergy, Eickhoff		
Generator	synchron		
- Anzahl	1	- Netzaufschaltung	Vollumrichter
- Drehzahl	470 – 1360 U/min U/min	- Netzfrequenz	50 Hz
- Spannung	800 V	- Hersteller	

REGEL- UND SICHERHEITSSYSTEM

Leistungsbegrenzung	Pitch
Drehzahlbegrenzung	variabel über Mikroprozessor, aktive Blattwinkelverstellung
Hauptbremse	Einzelblattwinkelverstellung Pitchsystem
2. Bremssystem	Scheibenbremse
Windrichtungsnachführung	6 elektrische(r) Getriebemotor(en)
Hersteller der Steuerung	
SCADA-System	eno energy

LEISTUNGSKENNLINIE	SCHALLLEISTUNGSPEGEL	ELEKTRISCHE EIGENSCHAFTEN
auf Anfrage	auf Anfrage	auf Anfrage

TURM / Nabenhöhe	117,0 m	137,0 m	165,0 m	
Bauart / Form	kundenspezifisch; Stahlrohr, konisch	kundenspezifisch; Beton-Stahl-Hybrid, konisch	kundenspezifisch; Beton-Stahl-Hybrid, konisch	
Korrosionsschutz	mehrschichtiger Farbaufbau	mehrschichtiger Farbaufbau	mehrschichtiger Farbaufbau	

MASSEN / GEWICHTE

Einzelblattgewicht				
Nabengewicht (inkl. Einbauten)	33,0 t	33,0 t		
Rotor (inkl. Nabe)	75,0 t	75,0 t		
Gondel (ohne Rotor & Nabe)	115,0 t	115,0 t		
Turm	412,6 t			
Gesamtgewicht				

TYPENPRÜFUNG

Richtlinie, Klasse	DIBt 2/IEC IIIs	DIBt 2/IEC IIIs	DIBt 2	
Überlebenswindgeschw.				
Geprüft (Monat/Jahr)				

REFERENZERTRÄGE (kWh/a)

LIEFERUMFANG	Anlieferung, Montage, Datenfernübertragung, Wartung, Transformator	Anlieferung, Montage, Datenfernübertragung, Wartung, Transformator	Anlieferung, Montage, Datenfernübertragung, Wartung, Transformator	
GARANTIE	2 Jahre	2 Jahre	2 Jahre	
REFERENZEN 31/12/2012	Anlagen weltweit: Erstaufbau:			
SONDERAUSSTATTUNGEN	Blitzschutzsystem, Eissensor, Zustandsüberwachungssystem serienmäßig, Schattenwurfmodul, weitere Optionen auf Anfrage			
SONSTIGES				

Windenergieanlagen 4.000 kW

Siemens SWT-4.0-130

Siemens Wind Power
Hamburg

LEISTUNG
Nennleistung	4.000 kW	Einschaltwindgeschw.	3,0 – 5,0 m/s
Nennwindgeschwindigkeit	11,0 – 12,0 m/s	Ausschaltwindgeschw.	32 m/s

ROTOR
Durchmesser	130,0 m	Überstrichene Rotorfläche	13.273,23 m²
Blattzahl	3	Drehzahl	5 – 14,0 U/min
Typenbezeichnung	B 63		
Material	Glasfaserverstärkte Kunststoffe (GFK), Epoxydharz		
Hersteller	Siemens Wind Power A/S		

GONDEL
Aufbau	aufgelöst		
Getriebe / Bauart	kombiniertes Stirnrad-/Planetengetriebe		
- Stufen	3,0	- Übersetzung	1:111
- Hersteller	Windergy		
Generator	asynchron		
- Anzahl	1	- Netzaufschaltung	Umrichter
- Drehzahl	600 – 1.800 U/min	- Netzfrequenz	60 Hz
- Spannung	750 V	- Hersteller	ABB

REGEL- UND SICHERHEITSSYSTEM
Leistungsbegrenzung	Pitch
Drehzahlbegrenzung	
Hauptbremse	Einzelblattwinkelverstellung
2. Bremssystem	Einzelblattwinkelverstellung, hydraulische „Fail-safe-Scheibenbremse"
Windrichtungsnachführung	6 elektrische(r) Getriebemotor(en)
Hersteller der Steuerung	KK-Electronic A/S
SCADA-System	WPS

LEISTUNGSKENNLINIE	SCHALLLEISTUNGSPEGEL	ELEKTRISCHE EIGENSCHAFTEN
auf Anfrage	auf Anfrage	auf Anfrage

TURM / Nabenhöhe   auf Anfrage
Bauart / Form	Stahlrohrturm, konisch
Korrosionsschutz	mehrschichtiger Farbaufbau

MASSEN / GEWICHTE
Einzelblattgewicht	
Nabengewicht (inkl. Einbauten)	
Rotor (inkl. Nabe)	
Gondel (ohne Rotor & Nabe)	140,0 t
Turm	
Gesamtgewicht	

TYPENPRÜFUNG
Richtlinie, Klasse	
Überlebenswindgeschw.	
Geprüft (Monat/Jahr)	

REFERENZERTRÄGE (kWh/a)
LIEFERUMFANG	Anlieferung, Montage, Datenfernübertragung, Wartung, Fundament
GARANTIE	5 Jahre
REFERENZEN 31/12/2012	Anlagen weltweit: Erstaufbau:
SONDERAUSSTATTUNGEN	Blitzschutzsystem, Eissensor, Zustandsüberwachungssystem
SONSTIGES	Kundenspezifische Anfrage

Windenergieanlagen 6.000 kW

Senvion 6.2M126

Senvion SE
Hamburg, Deutschland

LEISTUNG

Nennleistung	6.000 kW	Einschaltwindgeschw.	3,5 m/s
Nennwindgeschwindigkeit	14,0 (Onshore) / 13,5 (Offshore) m/s	Ausschaltwindgeschw.	25,0 (Onshore) / 30,0 (Offshore) m/s

ROTOR

Durchmesser	126,0 m	Überstrichene Rotorfläche	12.468,98 m²
Blattzahl	3	Drehzahl	12,1 (bei Nennleist.) U/min
Typenbezeichnung			
Material	Glasfaserverstärkte Kunststoffe (GFK), Epoxydharz		
Hersteller	LM Glasfiber, PowerBlades		

GONDEL

Aufbau	aufgelöst		
Getriebe / Bauart	kombiniertes Stirnrad-/Planetengetriebe		
- Stufen	3,0	- Übersetzung	1:111
- Hersteller	Winergy AG, ZF Wind Power		
Generator	asynchron, doppeltgespeist		
- Anzahl	1	- Netzaufschaltung	Umrichter
- Drehzahl	750 – 1.170 U/min	- Netzfrequenz	50 Hz
- Spannung	660 / 6.600 V	- Hersteller	VEM

REGEL- UND SICHERHEITSSYSTEM

Leistungsbegrenzung	Pitch
Drehzahlbegrenzung	variabel über Mikroprozessor, aktive Blattwinkelverstellung
Hauptbremse	Blattwinkelverstellung, Einzelblattwinkelverstellung
2. Bremssystem	Scheibenbremse
Windrichtungsnachführung	8 elektrische(r) Getriebemotor(en)
Hersteller der Steuerung	Bonfiglioli
SCADA-System	Senvion SCADA Solutions

LEISTUNGSKENNLINIE	SCHALLLEISTUNGSPEGEL	ELEKTRISCHE EIGENSCHAFTEN
auf Anfrage	auf Anfrage	auf Anfrage

TURM / Nabenhöhe — 95,0 m

Bauart / Form	Stahlrohrturm, zylindrisch
Korrosionsschutz	mehrschichtiger Farbaufbau

MASSEN / GEWICHTE

Einzelblattgewicht	21,5 t
Nabengewicht (inkl. Einbauten)	
Rotor (inkl. Nabe)	130,0 – 135,0 t
Gondel (ohne Rotor & Nabe)	325,0 t
Turm	standortspezifisch
Gesamtgewicht	

TYPENPRÜFUNG

Richtlinie, Klasse	IEC Ib/S-Klasse
Überlebenswindgeschw.	70,0 m/s
Geprüft (Monat/Jahr)	

REFERENZERTRÄGE (kWh/a)

LIEFERUMFANG

GARANTIE

REFERENZEN 31/12/2012	Anlagen weltweit: Erstaufbau: Mrz 09
SONDERAUSSTATTUNGEN	Blitzschutzsystem, Eissensor, Zustandsüberwachungssystem Branderkennungs- und Löschsystem, Ölpartikelzähler
SONSTIGES	Die Nabenhöhe offshore ist standortabhängig und beträgt zwischen 85,0 und 95,0 m.

Senvion 6.2M152

Senvion SE
Hamburg, Deutschland

LEISTUNG

Nennleistung	6.000 kW	Einschaltwindgeschw.	3,5 m/s
Nennwindgeschwindigkeit	12,0 (Onshore) / 11,5 (Offshore) m/s	Ausschaltwindgeschw.	25,0 (Onshore) / 30,0 (Offshore) m/s

ROTOR

Durchmesser	152,0 m	Überstrichene Rotorfläche	18.145,84 m²
Blattzahl	3	Drehzahl	10,1 (bei Nennleist.) U/min
Typenbezeichnung			
Material	Glasfaserverstärkte Kunststoffe (GFK), Epoxydharz		
Hersteller	PowerBlades		

GONDEL

Aufbau	aufgelöst		
Getriebe / Bauart	kombiniertes Stirnrad-/Planetengetriebe		
- Stufen		- Übersetzung	
- Hersteller			
Generator	asynchron, doppeltgespeist		
- Anzahl	1	- Netzaufschaltung	Umrichter
- Drehzahl	750 – 1.170 U/min	- Netzfrequenz	50 Hz
- Spannung	660 / 6.600 V	- Hersteller	VEM

REGEL- UND SICHERHEITSSYSTEM

Leistungsbegrenzung	Pitch
Drehzahlbegrenzung	variabel über Mikroprozessor, aktive Blattwinkelverstellung
Hauptbremse	Blattwinkelverstellung, Einzelblattwinkelverstellung
2. Bremssystem	Scheibenbremse
Windrichtungsnachführung	8 elektrische(r) Getriebemotor(en)
Hersteller der Steuerung	
SCADA-System	Senvion SCADA Solutions

LEISTUNGSKENNLINIE	SCHALLLEISTUNGSPEGEL	ELEKTRISCHE EIGENSCHAFTEN
auf Anfrage	auf Anfrage	auf Anfrage

TURM / Nabenhöhe	110,0 m	110,0 m	
Bauart / Form	Stahlrohrturm, zylindrisch	Stahlrohrturm, zylindrisch	
Korrosionsschutz	mehrschichtiger Farbaufbau	mehrschichtiger Farbaufbau	

MASSEN / GEWICHTE

Einzelblattgewicht	25 t	25 t	
Nabengewicht (inkl. Einbauten)	75,0 t	75,0 t	
Rotor (inkl. Nabe)	150,0 t	150,0 t	
Gondel (ohne Rotor & Nabe)	350,0 t	350,0 t	
Turm	standortspezifisch	standortspezifisch	
Gesamtgewicht			

TYPENPRÜFUNG

Richtlinie, Klasse	IEC IIa/IEC S based on IEC IIa	IEC IIaIEC S based on IEC IIa	
Überlebenswindgeschw.			
Geprüft (Monat/Jahr)			

REFERENZERTRÄGE (kWh/a)

LIEFERUMFANG

GARANTIE

REFERENZEN 31/12/2012	Anlagen weltweit: Erstaufbau: Nov 14
SONDERAUSSTATTUNGEN	Blitzschutzsystem, Eissensor, Zustandsüberwachungssystem Branderkennungs- und Löschsystem, Ölpartikelzähler
SONSTIGES	Die Nabenhöhe offshore ist standortabhängig und beträgt zwischen 97,0 und 100,0 m.

Windenergieanlagen 6.000 kW

Siemens SWT-6.0-154

Siemens Wind Power
Hamburg

LEISTUNG
Nennleistung	6.000 kW	Einschaltwindgeschw.	3,0 – 5,0 m/s
Nennwindgeschwindigkeit	12,0 – 14,0 m/s	Ausschaltwindgeschw.	25,0 m/s

ROTOR
Durchmesser	154,0 m	Überstrichene Rotorfläche	18.626,50 m²
Blattzahl	3	Drehzahl	5 – 11,0 U/min
Typenbezeichnung	B75		
Material	Glasfaserverstärkte Kunststoffe (GFK), Epoxydharz		
Hersteller	Siemens Wind Power A/S		

GONDEL
Aufbau	integriert		
Getriebe / Bauart	getriebelos		
- Stufen		- Übersetzung	
- Hersteller			
Generator	synchron, Permanentmagnet		
- Anzahl	1	- Netzaufschaltung	Umrichter
- Drehzahl		- Netzfrequenz	
- Spannung	750 V	- Hersteller	

REGEL- UND SICHERHEITSSYSTEM
Leistungsbegrenzung	Pitch
Drehzahlbegrenzung	aktive Blattwinkelverstellung
Hauptbremse	Einzelblattwinkelverstellung
2. Bremssystem	Einzelblattwinkelverstellung, hydraulische „Fail-safe-Scheibenbremse"
Windrichtungsnachführung	10 elektrische(r) Getriebemotor(en)
Hersteller der Steuerung	
SCADA-System	WPS

LEISTUNGSKENNLINIE	SCHALLLEISTUNGSPEGEL	ELEKTRISCHE EIGENSCHAFTEN
auf Anfrage	auf Anfrage	auf Anfrage

TURM / Nabenhöhe   auf Anfrage m
Bauart / Form	Stahlrohrturm, konisch
Korrosionsschutz	mehrschichtiger Farbaufbau

MASSEN / GEWICHTE
Einzelblattgewicht	
Nabengewicht (inkl. Einbauten)	
Rotor (inkl. Nabe)	
Gondel (ohne Rotor & Nabe)	
Turm	
Gesamtgewicht	

TYPENPRÜFUNG
Richtlinie, Klasse	IEC Ia
Überlebenswindgeschw.	
Geprüft (Monat/Jahr)	

REFERENZERTRÄGE (kWh/a)
LIEFERUMFANG
GARANTIE
REFERENZEN 31/12/2012	Anlagen weltweit: 4 Erstaufbau: 2011
SONDERAUSSTATTUNGEN	Blitzschutzsystem, Eissensor, Zustandsüberwachungssystem
SONSTIGES	Kundenspezifische Anfrage

E-126

ENERCON
Aurich, Deutschland

LEISTUNG

Nennleistung	7.580 kW	Einschaltwindgeschw.	
Nennwindgeschwindigkeit		Ausschaltwindgeschw.	28,0 – 34,0 m/s

ROTOR

Durchmesser	127,0 m	Überstrichene Rotorfläche	12.667,69 m²
Blattzahl	3	Drehzahl	5 – 11,7 U (variabel) U/min
Typenbezeichnung	E-126		
Material	Glasfaserverstärkte Kunststoffe (GFK), Epoxydharz		
Hersteller	ENERCON		

GONDEL

Aufbau	integriert		
Getriebe / Bauart	getriebelos		
- Stufen		- Übersetzung	
- Hersteller			
Generator	synchron, Ringgenerator		
- Anzahl	1	- Netzaufschaltung	Umrichter
- Drehzahl	5 – 11,7 (variabel) U/min	- Netzfrequenz	50 / 60 Hz
- Spannung	400 V	- Hersteller	ENERCON

REGEL- UND SICHERHEITSSYSTEM

Leistungsbegrenzung	Pitch
Drehzahlbegrenzung	variabel über Mikroprozessor, aktive Blattwinkelverstellung
Hauptbremse	Einzelblattwinkelverstellung 3 autarke Blattverstellsysteme mit Notversorgung
2. Bremssystem	Rotorhaltebremse und Rotorarretierung
Windrichtungsnachführung	12 aktiv über Stellgetriebe, lastabhängige Dämpfung
Hersteller der Steuerung	ENERCON
SCADA-System	ENERCON Scada

LEISTUNGSKENNLINIE	SCHALLLEISTUNGSPEGEL	ELEKTRISCHE EIGENSCHAFTEN
auf Anfrage	auf Anfrage	auf Anfrage

TURM / Nabenhöhe	135,0 m	m	
Bauart / Form	Betonturm, konisch		
Korrosionsschutz	mehrschichtiger Farbaufbau		

MASSEN / GEWICHTE

Einzelblattgewicht	
Nabengewicht (inkl. Einbauten)	
Rotor (inkl. Nabe)	
Gondel (ohne Rotor & Nabe)	
Turm	
Gesamtgewicht	

TYPENPRÜFUNG

Richtlinie, Klasse	
Überlebenswindgeschw.	
Geprüft (Monat/Jahr)	

REFERENZERTRÄGE (kWh/a)	auf Anfrage
LIEFERUMFANG	Anlieferung, Montage, Datenfernübertragung, Wartung, Transformator, Fundament
GARANTIE	
REFERENZEN 31/12/2012	Anlagen weltweit: 23 (E-126/6MW) / 39 (E-126/7.5 MW) Erstaufbau: 2007
SONDERAUSSTATTUNGEN	Blitzschutzsystem auf Anfrage
SONSTIGES	Wartungskonzept und ENERCON PartnerKonzept (EPK) auf Anfrage.

Betriebsergebnisse 2014

Postleitzahlengebiete Deutschland

Betriebsergebnisse 2014

PLZ	Ort	Duchmesser	Nabenhöhe	Leistung	Hersteller	Inbetrieb-nahme	Januar	Februar	März	April	Mai	Juni	Juli	August	September	Oktober	November	Dezember	Jahresertrag	kWh je m² Rotorfläche
BAYERN																				
63928	Guggenberg	90,0	105,0	2.000	Vestas	03/2007	367.905	357.546	261.596	190.152	239.492	114.598	116.087	199.312	113.040	235.384	142.644	444.508	2.782.264	437
91587	Adelshofen	90,0	105,0	2.000	Vestas	11/2006	470.139	472.444	391.524	285.853	325.214	176.190	227.979	285.943	171.333	234.003	252.074	649.962	3.942.658	620
91710	Gunzenhausen/Wasse	90,0	105,0	2.000	Vestas	11/2011	390.358	314.010	265.034	138.119	244.451	115.241	143.568	190.660	76.856	191.447	149.525	493.068	2.712.337	426
91710	Gunzenhausen/Wasse	90,0	105,0	2.000	Vestas	11/2011	311.343	298.867	135.685	139.060	215.336	104.077	108.362	157.418	64.976	154.199	125.054	427.184	2.241.561	352
91710	Gunzenhausen/Wasse	90,0	105,0	2.000	Vestas	12/2011	228.105	209.498	188.640	143.823	198.426	92.778	110.312	127.675	47.739	131.184	115.898	362.976	1.957.054	308
91710	Gunzenhausen/Wasse	90,0	105,0	2.000	Vestas	12/2011	333.833	292.876	237.463	151.171	231.338	104.675	133.189	173.888	73.263	161.839	110.036	286.837	2.290.408	360
91710	Gunzenhausen/Wasse	90,0	105,0	2.000	Vestas	12/2011	319.208	293.194	232.316	156.396	221.235	119.672	131.793	173.313	77.695	171.489	119.329	455.550	2.471.190	388
91710	Gunzenhausen	90,0	105,0	2.000	Vestas	12/2011	53.683	209.082	165.114	141.993	183.421	99.743	98.936	118.291	68.342	140.883	107.715	269.834	1.657.037	260
91710	Gunzenhausen	90,0	105,0	2.000	Vestas	12/2011	50.449	220.624	166.115	145.187	198.782	110.652	104.531	121.055	69.023	142.625	112.642	358.580	1.800.265	283
91710	Gunzenhausen	90,0	105,0	2.000	Vestas	12/2011	287.883	296.476	266.416	177.433	301.974	135.636	157.181	189.359	98.004	178.950	129.520	508.979	2.727.811	429
91710	Gunzenhausen	90,0	105,0	2.000	Vestas	01/2012	61.912	239.315	218.133	146.440	237.098	118.578	125.307	138.421	68.967	143.640	110.563	436.211	2.044.585	321
92364	Zieger-Deining	82,0	138,0	2.300	Enercon	05/2011	340.162	326.757	339.259	247.262	331.038	174.992	202.957	202.690	152.436	249.853	266.608	557.270	3.391.284	642
92364	Zieger-Deining	82,0	138,0	2.300	Enercon	06/2011	326.593	265.706	316.607	242.011	289.130	142.997	174.109	173.102	140.507	225.181	220.375	459.675	2.975.993	564
92364	Zieger-Deining	82,0	138,0	2.300	Enercon	06/2011	327.518	308.551	323.161	245.227	299.853	161.316	185.575	184.828	141.246	238.684	255.777	530.662	3.202.398	606
92364	Zieger-Deining	82,0	138,0	2.300	Enercon	07/2011	363.477	326.043	295.028	248.574	302.966	164.066	188.946	194.431	137.569	236.474	236.248	530.675	3.224.497	611
92364	Zieger-Deining	82,0	138,0	2.300	Enercon	07/2011	305.419	307.121	293.660	203.116	270.249	164.117	171.535	166.311	130.547	230.614	246.595	483.943	2.973.227	563
92726	Waidhaus	62,0	80,0	1.300	AN BONUS	10/2000	k.A	46.827	87.440	53.440	71.609	22.511	28.982	38.345	28.221	31.169	52.860	174.733	636.137	211
92726	Waidhaus	62,0	80,0	1.300	AN BONUS	10/2000	k.A	54.047	93.860	58.767	79.493	33.775	40.604	40.084	23.029	32.480	53.178	168.046	677.363	224
95213	Laubersreuth	100,0	141,0	2.500	Fuhrländer	03/2011	441.922	472.674	412.079	248.024	484.868	209.087	253.141	267.031	268.941	192.482	281.480	784.368	4.316.097	550
95213	Laubersreuth	100,0	141,0	2.500	Fuhrländer	03/2011	508.489	527.263	452.162	265.489	496.329	196.663	228.570	293.180	271.814	307.985	300.881	839.559	4.688.384	597
95213	Münchberg	77,0	90,0	1.500	SÜDWIND	06/2002	214.985	235.148	210.469	148.968	222.716	93.664	100.170	135.511	110.077	144.355	121.535	274.358	2.011.956	432
95213	Münchberg	77,0	90,0	1.500	SÜDWIND	06/2002	242.415	274.943	223.636	166.206	241.375	88.801	112.638	154.843	124.772	163.864	157.402	412.784	2.363.679	508
95213	Münchberg	77,0	90,0	1.500	REpower	12/2004	208.348	229.211	214.119	144.471	226.580	82.023	105.537	138.793	109.670	140.442	124.435	367.759	2.091.388	449
97244	Bütthard/Gauretter	90,0	105,0	2.000	Vestas	10/2008	440.224	464.559	348.578	246.642	336.786	169.853	242.086	312.191	164.902	286.540	204.599	715.139	3.932.099	618
97244	Bütthard/Gauretter	90,0	125,0	2.000	Vestas	10/2008	462.860	488.832	349.869	250.240	345.786	174.289	241.586	319.357	174.801	295.946	206.429	649.081	3.959.076	622
97244	Tiefenthal	82,0	108,6	1.500	Vestas	12/2005	252.735	314.445	242.216	177.138	224.662	133.530	174.526	215.055	129.780	195.953	146.605	480.302	2.686.947	509
97244	Tiefenthal	82,0	108,6	1.500	Vestas	12/2005	286.443	305.973	239.211	160.653	235.099	118.045	161.326	208.699	111.939	194.465	129.577	429.814	2.581.244	489
97244	Tiefenthal	82,0	108,6	1.500	Vestas	01/2006	302.632	331.643	249.894	186.476	259.959	135.969	186.589	190.066	118.884	150.631	143.816	514.194	2.770.753	525
97244	Tiefenthal	82,0	108,6	1.500	Vestas	01/2006	273.787	293.010	225.143	168.704	223.405	114.170	158.663	164.618	117.066	192.195	127.886	460.426	2.519.073	477
97280	Remlingen	116,8	141,0	2.400	Nordex	11/2012	432.113	477.875	408.949	325.977	387.516	193.850	277.617	302.994	224.368	296.065	253.321	789.991	4.370.636	408
97280	Remlingen	116,8	141,0	2.400	Nordex	11/2012	448.982	494.531	446.242	252.623	422.388	193.832	255.931	283.207	224.359	313.967	296.096	811.869	4.444.027	415
97280	Remlingen	116,8	141,0	2.400	Nordex	12/2012	382.177	455.994	385.941	284.003	354.763	165.922	248.827	284.562	199.371	256.791	238.031	744.907	4.001.289	373
97280	Remlingen	116,8	141,0	2.400	Nordex	12/2012	377.774	449.675	408.692	313.701	408.225	182.322	280.988	333.676	210.898	277.130	265.414	716.049	4.224.544	394
97280	Remlingen	116,8	141,0	2.400	Nordex	03/2013	399.387	461.654	434.489	305.086	364.028	165.251	227.526	322.010	224.523	289.888	250.014	794.266	4.238.122	396
97280	Remlingen	116,8	141,0	2.400	Nordex	03/2013	366.693	224.668	360.701	195.838	141.037	191.052	283.473	312.451	216.696	274.883	249.383	790.751	3.607.626	337
97318	Kitzingen/Reppernd	90,0	105,0	2.000	Vestas	10/2008	305.616	346.644	275.700	213.932	279.578	136.148	177.160	230.791	126.780	209.508	119.422	604.794	3.026.073	476
97318	Kitzingen/Reppernd	90,0	105,0	2.000	Vestas	10/2008	316.484	363.304	281.576	218.982	313.910	161.898	194.054	234.718	137.472	215.236	129.416	626.126	3.193.176	502
97318	Kitzingen/Reppernd	90,0	105,0	2.000	Vestas	11/2008	306.352	363.324	283.544	208.276	314.044	155.510	159.452	216.211	136.404	216.126	156.338	625.807	3.141.388	494
97753	Würzburg-Kaisten	90,0	105,0	2.000	Vestas	12/2007	245.333	284.788	306.536	237.977	237.023	189.556	220.493	168.779	186.710	191.838	168.783	526.654	2.964.470	466
97753	Würzburg-Kaisten	90,0	105,0	2.000	Vestas	12/2007	222.980	269.036	291.316	219.787	275.764	171.513	194.979	183.037	152.019	178.643	164.343	507.644	2.831.061	445
97753	Würzburg Hohenwald	90,0	105,0	2.000	Vestas	11/2006	543.506	458.203	380.212	284.457	357.960	204.536	205.934	229.564	286.917	288.664	354.442	587.981	4.182.376	657
97753	Würzburg Hohenwald	90,0	105,0	2.000	Vestas	11/2006	491.099	429.412	411.052	315.790	329.819	204.906	167.992	217.100	247.420	265.093	323.304	572.817	3.975.804	625
BRANDENBURG																				
01968	Brieske	80,0	100,0	2.000	Vestas	01/2006	235.685	244.930	235.546	166.383	187.973	120.837	72.875	125.773	122.634	138.429	171.216	458.982	2.281.263	454
01968	Brieske	80,0	100,0	2.000	Vestas	01/2006	224.308	240.626	215.616	160.414	166.506	104.588	78.872	112.947	121.629	133.115	169.612	424.545	2.152.778	428
01983	Woschkow	100,0	140,0	2.500	Nordex	12/2012	630.090	743.084	489.133	362.744	504.816	311.262	184.353	347.661	343.423	392.449	415.007	780.232	5.504.254	701
03205	Calau	82,0	138,0	2.300	Enercon	10/2012	518.964	601.789	404.508	254.087	351.447	225.220	147.537	256.916	225.199	319.480	257.159	714.355	4.276.661	810
03205	Calau	82,0	138,0	2.300	Enercon	11/2012	470.164	512.003	360.506	235.541	310.884	189.897	130.961	206.224	216.339	293.088	237.310	663.394	3.826.311	725
03222	Kittlitz	90,0	105,0	2.000	Vestas	12/2006	455.280	433.102	329.429	191.651	280.416	182.974	130.439	167.614	189.480	204.793	255.244	503.983	3.324.405	523
03222	Kittlitz	90,0	105,0	2.000	Vestas	12/2006	481.282	473.849	343.185	200.622	265.572	186.514	129.293	231.798	192.697	249.015	263.318	527.273	3.544.418	557
03222	Kittlitz	90,0	105,0	2.000	Vestas	12/2006	436.020	363.018	338.005	227.721	268.011	192.946	130.629	199.767	193.618	198.808	231.841	499.174	3.279.558	516
03222	Kittlitz	90,0	105,0	2.000	Vestas	12/2006	457.674	407.457	314.643	232.212	241.656	170.591	141.474	215.063	187.897	206.756	236.443	558.165	3.370.031	530
14641	Etzin	71,0	113,0	2.000	Enercon	02/2005	394.014	387.296	251.266	254.838	261.835	184.518	152.743	177.927	180.321	214.878	250.323	538.364	3.248.323	820
14641	Etzin	71,0	113,0	2.000	Enercon	02/2005	376.484	336.623	276.020	247.961	244.817	181.018	141.295	177.559	180.296	197.222	205.612	560.485	3.125.392	789
14641	Etzin	71,0	113,0	2.000	Enercon	03/2005	368.404	334.769	272.783	255.848	247.163	174.953	144.148	178.036	169.842	195.351	206.787	564.689	3.112.773	786
14641	Etzin	71,0	113,0	2.000	Enercon	04/2005	358.362	326.138	279.842	239.812	232.358	174.118	138.215	182.285	175.822	198.051	231.009	552.827	3.088.839	780
14641	Etzin	71,0	113,0	2.000	Enercon	04/2005	371.375	339.711	275.339	228.166	258.461	162.292	145.674	185.776	175.053	203.176	214.423	568.112	3.127.558	790
14641	Etzin	71,0	113,0	2.000	Enercon	04/2005	412.821	387.943	289.976	244.212	290.154	186.176	165.415	193.680	181.532	218.616	208.308	594.832	3.373.665	852
14641	Etzin	71,0	113,0	2.000	Enercon	02/2006	375.474	320.689	266.675	236.873	240.925	159.115	139.782	163.334	156.138	173.945	180.574	543.561	2.957.085	747
14641	Etzin	71,0	113,0	2.000	Enercon	02/2006	354.349	317.628	262.458	229.476	240.387	158.668	133.802	167.489	158.355	169.132	193.996	507.702	2.893.442	731
14641	Etzin	71,0	113,0	2.000	Enercon	02/2006	407.525	384.712	281.271	239.427	236.222	163.827	134.481	175.820	171.124	207.458	220.054	564.753	3.186.674	805
14641	Bredow	71,0	113,0	2.000	Enercon	06/2005	363.702	289.047	329.035	270.320	267.590	171.331	160.110	183.170	185.689	179.847	224.889	521.012	3.145.742	795
14641	Bredow	71,0	113,0	2.000	Enercon	06/2005	340.885	282.197	315.685	257.262	249.134	168.910	155.936	169.615	180.657	167.756	213.781	507.314	3.009.132	760
14641	Bredow	71,0	113,0	2.000	Enercon	07/2005	341.161	263.195	327.845	240.454	235.768	165.936	140.128	173.653	172.172	157.202	190.380	500.928	2.908.822	735
14641	Bredow	71,0	113,0	2.000	Enercon	07/2005	346.689	285.161	316.825	234.478	228.099	168.622	142.844	151.538	173.447	168.726	187.504	473.748	2.877.681	727
14641	Bredow	71,0	113,0	2.000	Enercon	07/2005	332.617	290.310	320.548	252.868	238.311	142.772	154.520	132.212	166.088	180.612	234.407	429.476	2.874.741	726
14641	Bredow	71,0	113,0	2.000	Enercon	07/2005	384.400	290.497	318.038	243.053	216.924	142.833	145.796	143.244	168.165	175.752	236.716	432.078	2.897.496	732
14641	Bredow	71,0	113,0	2.300	Enercon	04/2008	385.435	321.903	335.243	235.388	227.790	163.390	131.761	172.288	162.227	181.918	214.389	538.582	3.070.314	775
14641	Bredow	71,0	113,0	2.300	Enercon	04/2008	375.279	332.232	314.600	232.367	218.119	151.613	124.578	160.235	165.458	186.055	237.322	490.339	2.988.197	755
14641	Bredow	71,0	113,0	2.300	Enercon	05/2008	379.401	302.288	322.697	230.246	216.751	154.003	117.342	158.736	167.435	178.552	221.060	515.021	2.963.532	749

Betriebsergebnisse 2014

PLZ	Ort	Duchmesser	Nabenhöhe	Leistung	Hersteller	Inbetrieb-nahme	Januar	Februar	März	April	Mai	Juni	Juli	August	September	Oktober	November	Dezember	Jahresertrag	kWh je m² Rotorfläche
BRANDENBURG																				
14641	Bredow	71,0	113,0	2.300	Enercon	05/2008	399.773	341.296	335.213	233.849	213.398	150.135	124.927	160.790	168.821	187.817	249.143	523.617	3.088.779	780
14641	Bredow	71,0	113,0	2.300	Enercon	05/2008	348.020	327.231	321.551	235.783	214.218	158.473	133.710	149.839	163.273	173.488	208.646	473.804	2.908.036	735
14641	Bredow	71,0	113,0	2.300	Enercon	05/2008	375.305	320.602	320.078	229.612	215.932	124.671	138.417	145.341	157.253	183.057	237.321	493.195	2.940.784	743
14641	Nauen/Berge/Lietzo	71,0	113,0	2.000	Enercon	07/2005	378.092	347.986	311.062	251.538	265.255	185.018	159.522	194.407	179.653	191.192	204.286	560.252	3.228.263	815
14641	Nauen/Berge/Lietzo	71,0	113,0	2.000	Enercon	07/2005	335.037	319.539	233.972	234.710	246.627	178.090	152.498	180.493	163.073	179.475	193.072	518.666	2.935.252	741
14641	Nauen/Berge/Lietzo	71,0	113,0	2.000	Enercon	07/2005	311.590	323.077	279.786	201.978	234.854	163.749	135.581	184.302	129.866	179.735	174.982	490.464	2.809.964	710
14641	Nauen/Berge/Lietzo	71,0	113,0	2.000	Enercon	08/2005	304.917	320.833	276.474	188.608	228.711	151.620	126.670	174.659	146.726	175.637	174.870	480.577	2.750.302	695
14641	Nauen/Berge/Lietzo	71,0	113,0	2.000	Enercon	08/2005	296.958	321.067	265.945	191.046	235.512	151.359	131.882	174.023	139.146	162.831	166.174	492.807	2.728.750	689
14641	Nauen/Berge/Lietzo	71,0	113,0	2.000	Enercon	08/2005	329.160	356.272	273.574	195.892	243.919	153.718	129.065	184.673	142.379	183.779	150.053	505.101	2.847.585	719
14641	Nauen/Berge/Lietzo	71,0	113,0	2.000	Enercon	08/2005	329.617	333.508	208.433	185.651	218.562	140.466	120.546	159.056	137.282	170.093	176.660	495.286	2.675.160	676
14641	Nauen/Berge/Lietzo	71,0	113,0	2.000	Enercon	08/2005	361.611	386.044	213.182	198.429	226.557	146.500	127.102	172.228	138.128	184.360	196.079	529.429	2.879.649	727
14641	Nauen/Berge/Lietzo	71,0	113,0	2.000	Enercon	08/2005	329.299	290.261	207.363	202.565	230.491	159.638	137.646	166.016	139.697	163.075	165.208	472.019	2.663.278	673
14641	Nauen/Berge/Lietzo	71,0	113,0	2.000	Enercon	08/2005	329.314	332.774	219.876	200.290	213.752	152.840	129.010	159.060	143.202	172.348	182.572	480.352	2.715.390	686
14641	Nauen/Berge/Lietzo	71,0	113,0	2.000	Enercon	08/2005	354.950	311.058	236.700	230.886	246.722	178.677	150.191	169.830	170.340	178.677	199.595	517.133	2.944.759	744
14641	Nauen/Berge/Lietzo	71,0	113,0	2.000	Enercon	08/2005	341.634	301.024	218.009	221.004	223.148	164.690	137.796	156.341	158.351	155.973	191.184	493.217	2.762.371	698
14641	Nauen/Berge/Lietzo	71,0	113,0	2.000	Enercon	08/2005	332.217	283.402	202.172	186.882	221.547	151.269	132.462	153.539	145.360	158.630	188.234	491.345	2.647.059	669
14641	Nauen/Berge/Lietzo	71,0	113,0	2.000	Enercon	08/2005	308.096	306.049	199.218	195.808	213.849	145.957	125.486	153.831	142.489	163.553	172.202	490.640	2.617.178	661
14641	Nauen/Berge/Lietzo	71,0	113,0	2.000	Enercon	08/2005	361.008	288.460	231.231	251.056	250.629	185.601	157.645	169.481	170.835	162.240	212.979	488.946	2.930.111	740
14641	Nauen/Berge/Lietzo	71,0	113,0	2.000	Enercon	08/2005	358.814	300.545	236.267	237.290	238.078	175.398	154.339	159.382	173.465	169.201	208.309	501.866	2.912.954	736
14641	Nauen/Berge/Lietzo	71,0	113,0	2.000	Enercon	08/2005	343.493	272.056	176.692	249.637	246.015	170.417	158.824	158.114	173.128	164.137	219.857	508.861	2.841.231	718
14641	Nauen/Berge/Lietzo	71,0	113,5	2.000	Enercon	03/2006	343.252	296.033	175.244	236.690	232.432	169.313	153.476	152.699	172.437	164.901	183.332	490.767	2.770.576	700
14641	Markee	71,0	113,0	2.000	Enercon	06/2006	346.924	297.218	285.709	212.016	214.371	125.198	121.599	141.887	135.462	164.103	220.901	447.338	2.712.726	685
14641	Markee	71,0	113,0	2.000	Enercon	06/2006	351.905	292.769	283.063	204.515	200.744	125.254	116.680	147.744	131.804	169.235	216.174	502.650	2.742.537	693
14641	Neukammer	82,0	108,0	2.000	Enercon	12/2006	427.957	356.004	308.338	254.385	271.080	166.016	168.617	175.530	173.125	181.581	229.676	544.698	3.257.007	617
14641	Neukammer	82,0	108,0	2.000	Enercon	12/2006	411.856	337.950	317.142	268.935	278.693	185.848	170.258	175.448	193.698	175.882	254.457	492.734	3.262.901	618
14641	Neukammer	71,0	113,0	2.300	Enercon	02/2007	327.650	313.598	302.318	214.074	219.949	143.244	125.259	158.870	149.935	165.048	208.055	529.895	2.857.895	722
14641	Neukammer	71,0	113,0	2.300	Enercon	02/2007	342.266	326.309	287.600	210.767	223.957	135.563	120.153	155.555	136.963	170.813	203.918	530.641	2.844.505	718
14641	Neukammer	71,0	113,0	2.300	Enercon	02/2007	358.887	359.851	296.910	210.563	214.522	132.274	116.464	162.055	140.106	182.648	218.638	545.982	2.938.900	742
14641	Neukammer b. Nauen	82,0	108,0	2.000	Enercon	04/2007	407.820	392.771	333.640	247.177	270.045	172.657	167.987	173.688	188.154	201.864	254.851	465.608	3.276.262	620
14641	Neukammer b. Nauen	82,0	108,0	2.000	Enercon	04/2007	441.500	412.443	333.552	231.744	285.988	153.094	173.271	181.178	173.816	212.569	243.625	472.462	3.315.242	628
14641	Neukammer	71,0	113,0	2.300	Enercon	12/2009	367.290	302.783	293.842	237.122	244.969	142.957	145.206	150.047	163.567	175.980	214.620	468.104	2.906.487	734
14641	Neukammer	71,0	113,0	2.300	Enercon	06/2010	389.283	314.800	294.152	250.171	260.479	171.698	158.236	156.746	167.107	169.569	213.556	552.952	3.098.749	783
14641	Markee	71,0	113,0	2.300	Enercon	10/2007	374.646	339.827	330.436	231.482	262.512	173.910	149.192	175.044	179.319	178.633	209.332	378.434	2.982.767	753
14641	Markee	71,0	113,0	2.300	Enercon	10/2007	388.897	332.444	326.585	248.485	250.377	160.020	148.653	170.619	165.447	179.682	209.171	344.358	2.924.738	739
14641	Markee	71,0	113,0	2.300	Enercon	10/2007	393.261	365.801	297.882	248.244	254.461	167.435	140.804	181.090	167.559	193.035	226.979	378.712	3.015.263	762
14641	Markee	71,0	113,0	2.300	Enercon	10/2007	358.083	307.147	327.553	257.728	247.948	170.957	154.543	157.670	177.545	170.745	224.581	337.578	2.892.078	730
14641	Markee	71,0	113,0	2.300	Enercon	10/2007	376.450	345.761	326.144	252.423	258.549	159.087	159.894	168.544	176.934	173.241	226.161	384.209	3.007.397	760
14641	Markee	71,0	113,0	2.300	Enercon	10/2007	426.386	375.531	339.259	252.575	249.572	157.273	155.101	180.410	167.767	196.090	239.540	417.224	3.156.728	797
14641	Markee	71,0	113,0	2.300	Enercon	11/2007	392.016	317.459	354.812	252.736	265.944	179.901	160.046	193.242	184.457	195.940	224.403	486.103	3.207.059	810
14641	Markee	71,0	113,0	2.300	Enercon	11/2007	406.479	353.947	362.423	257.728	238.296	170.337	151.133	184.691	185.017	206.597	250.099	552.387	3.319.134	838
14641	Markee	71,0	113,0	2.300	Enercon	11/2007	371.982	311.489	326.931	238.002	262.175	172.866	151.765	194.836	176.160	176.749	215.694	586.774	3.185.423	805
14641	Markee	71,0	113,0	2.300	Enercon	11/2007	366.063	277.102	320.197	229.663	237.321	159.231	134.982	189.561	168.557	165.206	198.257	558.580	3.004.720	759
14641	Markee	82,0	108,0	2.000	Enercon	08/2009	376.142	358.624	360.471	271.431	281.961	189.387	134.428	220.438	213.958	210.263	263.674	627.929	3.508.706	664
14641	Markee	82,0	108,0	2.000	Enercon	08/2009	391.973	338.221	373.000	294.279	281.622	186.156	153.107	220.575	218.000	231.044	294.244	602.162	3.584.383	679
14641	Schwanebeck	71,0	113,0	2.300	Enercon	03/2008	399.934	414.395	300.425	205.105	248.983	157.491	134.716	192.785	152.267	203.913	198.742	579.780	3.188.536	805
14641	Schwanebeck	71,0	113,0	2.300	Enercon	03/2008	383.341	417.778	302.229	205.670	232.712	140.880	127.448	181.298	136.387	203.095	205.214	577.187	3.113.239	786
14641	Schwanebeck	71,0	113,0	2.300	Enercon	03/2008	420.160	433.962	319.377	209.400	244.436	148.317	125.585	188.466	143.197	209.923	199.424	579.007	3.221.254	814
14641	Schwanebeck	71,0	113,0	2.300	Enercon	05/2008	411.985	387.335	321.930	231.782	254.036	153.590	138.479	194.552	167.310	212.070	251.499	563.755	3.288.323	831
14641	Nauen	71,0	113,0	2.000	Enercon	01/2009	400.439	336.002	306.066	227.929	219.393	142.077	144.634	134.122	161.016	181.841	234.092	479.444	2.967.055	749
14641	Markee	82,0	108,0	2.300	Enercon	02/2011	370.515	341.769	320.543	283.870	318.832	213.484	186.809	212.711	232.878	220.061	299.834	561.184	3.562.490	675
14641	Markee	82,0	108,0	2.300	Enercon	02/2011	371.311	349.509	374.019	288.727	269.660	185.437	169.062	190.750	214.817	205.674	288.591	587.279	3.494.836	662
14641	Markee	82,0	108,0	2.300	Enercon	03/2011	371.793	359.102	349.871	288.934	267.375	168.951	167.824	187.565	211.407	215.403	292.412	525.323	3.405.960	645
14641	Nauen Deponie	82,0	108,0	2.300	Enercon	06/2011	532.463	361.013	393.544	277.007	315.852	177.526	179.357	222.761	205.295	279.619	265.621	691.253	3.901.311	739
14669	Ketzin	82,0	108,0	2.000	Enercon	02/2009	372.757	282.180	249.878	232.590	262.708	158.895	153.730	144.051	150.817	170.686	202.898	521.996	2.903.186	550
14669	Ketzin	82,0	108,0	2.000	Enercon	02/2009	402.529	352.718	248.061	230.651	258.011	164.835	143.570	161.902	144.696	198.116	211.385	548.446	3.064.920	580
14669	Ketzin	82,0	108,0	2.000	Enercon	03/2009	439.158	401.401	258.128	254.068	288.813	193.332	143.902	187.261	166.927	220.516	248.213	554.896	3.356.615	636
14669	Ketzin	82,0	108,0	2.000	Enercon	03/2009	396.022	350.841	255.872	263.631	284.235	189.780	159.563	168.596	161.732	200.249	240.841	574.614	3.245.976	615
14669	Ketzin	82,0	108,0	2.000	Enercon	04/2009	414.063	343.576	258.080	269.206	290.564	159.427	170.583	148.557	176.939	210.286	273.094	520.785	3.235.160	613
14669	Ketzin	82,0	108,0	2.000	Enercon	04/2009	440.302	343.916	272.538	268.263	277.988	149.646	163.846	145.701	186.064	218.386	284.438	523.201	3.274.289	620
14669	Ketzin	82,0	108,0	2.000	Enercon	03/2009	445.035	341.192	279.764	237.357	226.174	175.927	173.906	148.923	182.810	208.335	285.998	522.786	3.228.207	611
14669	Ketzin	82,0	108,0	2.000	Enercon	03/2009	457.351	350.246	255.529	266.302	272.733	162.585	169.362	147.966	173.266	209.882	273.152	550.136	3.288.510	623
14823	Niemegk	80,0	100,0	2.000	Vestas	11/2004	350.043	379.576	265.224	171.842	192.690	120.493	98.809	140.308	103.456	200.321	201.275	330.214	2.554.251	508
14823	Niemegk	80,0	100,0	2.000	Vestas	11/2004	376.280	395.230	264.462	174.293	216.175	121.229	55.164	144.757	126.128	213.015	225.063	372.845	2.684.641	534
14823	Niemegk	80,0	100,0	2.000	Vestas	12/2004	350.806	359.138	280.651	191.563	221.731	134.193	90.472	150.160	137.385	183.831	215.739	372.205	2.687.874	535
14823	Niemegk	80,0	100,0	2.000	Vestas	12/2004	355.318	382.535	282.501	186.975	196.787	132.261	109.522	145.423	129.506	198.382	217.856	348.965	2.686.031	534
14823	Niemegk	80,0	100,0	2.000	Vestas	12/2004	370.175	413.675	272.214	175.152	227.021	107.989	87.719	153.606	117.699	218.864	227.373	419.730	2.791.217	555
14823	Niemegk	80,0	100,0	2.000	Vestas	12/2004	366.539	386.737	299.318	185.979	216.072	135.968	122.470	k.A	137.483	214.098	225.046	404.326	2.694.036	536
14823	Niemegk	80,0	100,0	2.000	Vestas	12/2004	354.328	401.953	248.600	161.679	218.878	111.737	103.618	136.514	109.198	212.544	198.445	414.620	2.672.114	532
14823	Niemegk	80,0	100,0	2.000	Vestas	12/2004	356.197	402.322	299.024	186.925	232.005	140.196	114.426	149.628	112.674	217.221	222.922	431.534	2.865.074	570
14823	Niemegk	80,0	100,0	2.000	Vestas	12/2004	356.437	387.268	299.635	186.679	234.502	147.011	104.874	166.770	136.511	203.295	218.388	445.770	2.887.140	574

Betriebsergebnisse 2014

PLZ	Ort	Duchmesser	Nabenhöhe	Leistung	Hersteller	Inbetrieb-nahme	Januar	Februar	März	April	Mai	Juni	Juli	August	September	Oktober	November	Dezember	Jahresertrag	kWh je m² Rotorfläche
BRANDENBURG																				
14823	Niemegk	80,0	100,0	2.000	Vestas	12/2004	339.756	331.548	289.937	174.747	219.535	136.016	113.718	151.419	138.200	154.027	195.591	416.514	2.661.008	529
14823	Niemegk	80,0	100,0	2.000	Vestas	12/2004	350.697	342.378	294.499	192.131	224.591	140.444	122.914	153.004	140.979	187.588	196.119	409.084	2.754.428	548
14823	Niemegk	80,0	100,0	2.000	Vestas	12/2004	348.570	371.734	300.149	181.847	245.050	128.912	120.640	163.604	138.342	198.791	200.215	412.865	2.810.719	559
14823	Niemegk	80,0	100,0	2.000	Vestas	12/2004	366.352	339.545	290.107	198.562	244.375	127.468	111.531	151.307	143.395	202.739	239.473	416.920	2.831.774	563
14823	Niemegk II	90,0	105,0	2.000	Vestas	03/2007	315.374	483.130	339.138	247.094	314.515	214.106	163.582	217.010	132.851	274.077	314.121	471.266	3.486.264	548
14823	Niemegk II	90,0	105,0	2.000	Vestas	03/2007	562.581	595.344	378.836	254.696	318.240	177.406	158.207	248.352	183.659	255.957	350.138	525.801	4.009.217	630
14913	Hohenseefeld	76,0	90,0	2.000	AN BONUS	11/2002	340.838	285.595	225.562	167.445	187.530	144.833	89.516	153.229	139.558	147.696	190.550	353.961	2.426.313	535
14913	Hohenseefeld	76,0	90,0	2.000	AN BONUS	11/2002	319.988	238.241	187.120	159.765	165.534	137.740	69.570	144.192	125.743	140.074	194.655	396.608	2.279.230	502
14913	Hohenseefeld	76,0	90,0	2.000	AN BONUS	11/2002	256.527	189.787	144.605	133.417	127.630	101.474	76.414	88.924	104.975	106.044	133.781	282.166	1.745.744	385
14913	Hohenseefeld	76,0	90,0	2.000	AN BONUS	11/2002	388.272	301.681	215.865	173.097	186.326	140.378	88.846	150.237	141.938	157.124	218.854	405.549	2.568.167	566
14913	Hohenseefeld	76,0	90,0	2.000	AN BONUS	11/2002	308.900	267.162	214.604	143.459	177.634	128.967	79.695	135.190	122.651	139.240	165.915	377.969	2.261.386	498
14913	Hohenseefeld	76,0	90,0	2.000	AN BONUS	12/2002	251.068	236.358	204.659	120.769	170.065	107.788	80.038	127.229	119.645	104.710	161.668	350.966	2.034.963	449
14913	Hohenseefeld	76,0	90,0	2.000	AN BONUS	12/2002	308.053	250.138	204.443	150.039	178.650	114.589	90.748	117.585	127.209	121.535	152.775	287.434	2.103.198	464
14913	Hohenseefeld	76,0	90,0	2.000	AN BONUS	12/2002	240.054	187.149	170.821	128.500	135.542	91.107	79.781	90.754	107.853	106.907	108.856	283.735	1.731.059	382
14913	Jüterbog	71,0	98,0	2.000	Enercon	11/2005	346.850	366.808	251.401	206.844	261.622	171.614	141.114	172.331	180.352	206.536	246.869	457.977	3.010.318	760
14913	Jüterbog	71,0	98,0	2.000	Enercon	11/2005	351.754	374.768	258.555	201.799	261.655	168.998	135.816	184.682	177.747	197.572	243.055	467.030	3.023.431	764
14913	Jüterbog	71,0	98,0	2.000	Enercon	11/2005	370.613	385.413	237.317	187.102	252.295	156.897	140.392	168.696	171.834	208.911	252.353	444.048	2.975.871	752
14913	Jüterbog	71,0	98,0	2.000	Enercon	11/2005	386.414	415.608	227.249	180.487	244.510	139.739	118.462	166.869	153.453	196.679	241.483	428.415	2.899.368	732
14913	Jüterbog	71,0	98,0	2.000	Enercon	11/2005	391.879	406.537	258.657	199.413	256.976	166.114	134.674	193.987	166.655	210.957	254.345	489.511	3.129.705	790
14913	Jüterbog	71,0	98,0	2.000	Enercon	11/2005	449.873	475.664	281.543	219.002	266.305	173.788	137.308	197.183	181.612	248.968	297.135	516.344	3.444.725	870
14913	Jüterbog	71,0	98,0	2.000	Enercon	11/2005	389.272	420.705	255.990	186.829	257.140	167.915	127.515	196.252	171.845	205.452	253.911	469.583	3.102.409	784
14913	Jüterbog	71,0	98,0	2.000	Enercon	12/2005	447.710	458.278	265.752	203.005	266.053	173.087	128.136	202.020	175.512	253.227	286.295	481.368	3.340.443	844
14913	Werbig	82,0	108,0	2.000	Enercon	12/2006	474.616	477.936	283.322	235.834	320.070	205.611	167.630	226.237	215.229	260.447	290.150	540.629	3.697.711	700
14913	Werbig	82,0	108,0	2.000	Enercon	12/2006	462.796	431.862	279.650	238.863	294.038	203.656	169.855	208.395	220.309	244.376	303.217	510.464	3.567.481	676
14913	Waltersdorf	71,0	98,0	2.000	Enercon	11/2007	385.437	361.798	210.147	191.480	233.992	166.716	115.026	178.575	161.195	190.178	250.659	462.490	2.907.693	734
14913	Waltersdorf	71,0	98,0	2.000	Enercon	11/2007	329.619	333.488	201.726	178.390	235.946	158.291	113.187	173.489	159.735	182.999	206.950	439.104	2.712.924	685
14913	Illmersd.-Hohensee	90,0	105,0	2.000	Vestas	02/2009	473.366	375.332	305.888	246.196	282.332	184.598	153.546	194.896	209.932	197.487	353.926	576.872	3.554.371	559
14913	Illmersd.-Hohensee	90,0	105,0	2.000	Vestas	02/2009	493.108	379.772	313.480	267.444	273.646	201.270	155.808	188.148	224.372	198.816	357.056	564.454	3.617.374	569
14913	Illmersd.-Hohensee	90,0	105,0	2.000	Vestas	02/2009	513.978	390.240	281.884	259.400	263.848	199.104	153.100	189.096	223.900	190.897	378.292	593.436	3.637.175	572
14913	Illmersd.-Hohensee	90,0	105,0	2.000	Vestas	02/2009	510.804	401.084	271.846	273.766	251.200	184.276	133.802	196.542	196.268	118.488	357.586	632.418	3.528.080	555
14913	Illmersd.-Hohensee	90,0	105,0	2.000	Vestas	02/2009	545.448	455.846	302.242	267.942	251.942	220.100	138.192	216.060	228.348	206.474	367.128	627.752	3.827.474	602
14913	Illmersd.-Hohensee	90,0	105,0	2.000	Vestas	03/2009	555.260	465.864	311.722	282.518	288.660	204.170	160.606	226.634	221.630	222.588	382.718	658.418	3.980.788	626
14913	Wergzahna	82,0	98,0	2.000	Enercon	12/2009	433.962	528.843	379.020	282.659	299.674	182.708	149.825	242.264	220.497	185.777	283.746	627.723	3.816.698	723
14913	Wergzahna	82,0	98,0	2.000	Enercon	01/2010	368.141	402.667	328.093	267.384	277.932	189.586	145.170	195.909	199.500	233.955	239.577	515.852	3.363.766	637
14913	Hohenseefeld	82,0	98,0	2.300	Enercon	06/2010	444.949	367.029	278.193	223.103	248.202	184.893	128.590	200.288	189.790	187.987	273.694	616.281	3.342.999	633
14959	Trebbin-Lüdersdorf	90,0	105,0	2.000	Vestas	11/2011	148.400	419.954	326.081	232.650	291.955	173.400	141.528	196.917	173.172	246.145	245.799	524.938	3.120.939	491
14959	Trebbin-Lüdersdorf	90,0	105,0	2.000	Vestas	11/2011	466.813	433.207	370.670	283.908	319.860	178.959	170.539	222.741	225.565	263.145	275.770	572.248	3.783.425	595
14959	Trebbin-Lüdersdorf	90,0	105,0	2.000	Vestas	12/2011	521.024	495.157	382.784	273.341	339.579	194.579	135.525	245.446	205.180	304.362	326.286	614.242	4.037.505	635
15306	Seelow	90,0	105,0	2.000	Vestas	04/2004	485.489	559.451	314.512	307.867	317.078	246.474	198.337	291.373	257.588	298.786	309.883	672.241	4.259.079	669
15345	Zinndorf	82,0	108,0	2.000	Enercon	03/2009	431.417	401.433	378.070	296.760	375.678	227.001	245.073	239.403	245.255	227.124	220.475	564.971	3.852.660	730
15345	Zinndorf	82,0	108,0	2.000	Enercon	03/2009	458.598	355.290	354.732	291.589	294.723	194.390	197.080	202.015	241.140	223.318	271.964	528.124	3.612.963	684
15345	Zinndorf	82,0	108,0	2.000	Enercon	03/2009	407.278	403.425	373.079	285.818	309.214	210.414	196.500	222.752	237.016	239.301	247.115	542.804	3.674.716	696
15345	Zinndorf	82,0	108,0	2.000	Enercon	04/2009	461.508	352.693	368.391	288.894	300.715	192.651	207.132	209.270	249.169	215.199	277.436	546.577	3.669.635	695
15345	Zinndorf	82,0	108,0	2.000	Enercon	04/2009	486.105	414.902	383.169	310.010	304.958	207.681	215.442	206.013	252.533	251.737	289.437	546.801	3.868.788	733
15345	Zinndorf	82,0	108,0	2.000	Enercon	04/2009	440.862	423.428	359.790	275.645	289.002	197.764	175.366	217.956	221.293	238.579	267.866	525.739	3.633.290	688
15345	Zinndorf	82,0	108,0	2.000	Enercon	04/2009	434.286	366.661	384.157	295.586	352.414	183.325	213.821	220.216	256.520	218.021	266.285	552.269	3.743.561	709
15345	Zinndorf	82,0	108,0	2.000	Enercon	04/2009	471.716	395.862	357.575	294.828	309.996	201.880	192.035	222.243	228.271	220.040	259.301	536.945	3.690.692	699
15345	Zinndorf	82,0	108,0	2.000	Enercon	04/2009	367.407	362.247	363.520	282.352	331.947	208.921	207.807	216.591	227.007	200.380	213.692	550.683	3.532.554	669
15345	Zinndorf	82,0	108,0	2.000	Enercon	04/2009	426.764	401.725	356.070	283.920	281.099	182.930	189.423	198.714	224.649	237.542	278.358	503.076	3.564.270	675
15345	Zinndorf	82,0	108,0	2.000	Enercon	04/2009	366.218	344.040	354.052	279.980	300.073	188.584	205.677	192.132	220.115	212.049	226.868	514.265	3.404.053	645
15345	Zinndorf	82,0	108,0	2.000	Enercon	04/2009	388.925	347.584	359.511	281.411	294.107	182.247	213.431	180.620	236.789	228.199	267.154	492.417	3.472.395	658
15345	Zinndorf	82,0	108,0	2.000	Enercon	04/2009	429.168	371.050	373.327	276.336	324.486	216.362	199.898	230.103	232.648	219.560	241.995	536.418	3.651.351	691
15345	Zinndorf	82,0	108,0	2.000	Enercon	04/2009	417.481	367.591	336.750	265.884	324.344	205.707	195.970	207.616	229.015	215.013	223.631	529.108	3.518.110	666
15345	Zinndorf	82,0	108,0	2.000	Enercon	04/2009	406.423	391.566	361.644	282.250	315.680	202.285	185.631	226.824	218.491	222.503	238.433	545.654	3.597.384	681
15374	Müncheberg	90,0	105,0	2.000	Vestas	10/2006	657.385	699.232	438.255	355.550	451.981	260.965	255.606	312.792	327.625	360.436	421.507	754.897	5.296.231	833
15374	Müncheberg	90,0	105,0	2.000	Vestas	10/2006	577.523	622.461	410.116	314.971	377.506	221.736	230.862	253.293	280.676	331.511	340.024	682.772	4.643.451	730
15374	Müncheberg	90,0	105,0	2.000	Vestas	10/2006	609.312	683.370	440.955	339.921	433.391	214.333	227.371	297.220	310.964	323.317	380.826	738.932	4.999.912	786
15374	Müncheberg	90,0	105,0	2.000	Vestas	10/2006	628.387	677.361	433.217	331.274	444.482	258.862	250.724	308.168	305.518	297.173	393.864	713.637	5.042.667	793
15926	Langengrassau	76,0	90,0	2.000	Siemens	11/2006	337.660	321.718	253.767	179.342	195.756	118.046	75.661	142.823	121.923	151.032	178.927	510.961	2.587.616	570
15926	Langengrassau	76,0	90,0	2.000	Siemens	11/2006	295.634	274.403	237.429	170.093	185.173	110.494	75.798	121.447	113.407	137.492	175.358	468.634	2.365.362	521
16230	Lichterfelde	70,0	85,0	1.500	BWU	02/2000	211.191	168.925	192.648	147.259	159.156	95.235	113.476	114.868	105.211	91.237	119.672	294.229	1.813.107	471
16230	Lichterfelde	77,0	85,0	1.500	REpower	06/2003	259.395	183.548	224.073	160.775	195.050	114.126	136.042	127.459	135.957	105.354	153.200	93.291	1.888.270	406
16259	Beiersdorf-Freuden	80,0	100,0	2.000	Vestas	09/2005	467.696	413.913	341.497	234.865	281.816	158.584	157.681	205.601	220.640	242.524	275.129	484.263	3.484.209	693
16259	Beiersdorf-Freuden	80,0	100,0	2.000	Vestas	09/2005	448.921	364.034	329.430	238.880	264.457	160.820	158.004	185.171	204.055	226.056	259.726	364.396	3.203.950	637
16259	Beiersdorf-Freuden	80,0	100,0	2.000	Vestas	09/2005	432.812	358.304	328.841	245.557	277.946	169.456	155.083	199.666	211.739	187.549	249.882	477.291	3.294.126	655
16259	Beiersdorf-Freuden	80,0	100,0	2.000	Vestas	09/2005	408.939	347.265	304.314	228.045	262.084	151.827	156.094	168.800	197.870	201.065	200.935	454.930	3.082.168	613
16259	Beiersdorf-Freuden	80,0	100,0	2.000	Vestas	12/2005	451.962	400.172	330.812	236.110	273.237	151.561	163.375	193.396	209.047	235.724	269.928	492.438	3.407.762	678
16259	Beiersdorf-Freuden	80,0	100,0	2.000	Vestas	01/2006	460.620	411.480	338.952	232.693	268.001	160.879	156.515	208.025	215.473	245.902	280.943	523.642	3.503.125	697
16259	Beiersdorf-Freuden	80,0	100,0	2.000	Vestas	01/2006	457.131	415.460	236.544	222.636	262.131	166.854	158.453	202.542	205.316	243.523	265.973	355.388	3.191.951	635
16259	Beiersdorf-Freuden	80,0	100,0	2.000	Vestas	01/2006	405.077	359.729	336.463	227.814	288.308	172.519	166.168	209.459	210.715	216.889	228.159	519.750	3.341.050	665

Betriebsergebnisse 2014

PLZ	Ort	Duchmesser	Nabenhöhe	Leistung	Hersteller	Inbetriebnahme	Januar	Februar	März	April	Mai	Juni	Juli	August	September	Oktober	November	Dezember	Jahresertrag	kWh je m² Rotorfläche
BRANDENBURG																				
16259	Beiersdorf-Freuden	80,0	100,0	2.000	Vestas	01/2006	432.399	380.569	322.653	223.937	272.201	156.880	146.232	188.674	199.234	207.956	246.252	499.140	3.276.127	652
16278	Mark Landin	92,5	100,0	2.000	REpower	01/2006	602.307	584.416	394.258	310.612	376.200	190.921	217.118	287.065	233.715	296.094	339.302	554.306	4.386.314	653
16278	Groß-Pinnow	82,0	100,0	2.000	REpower	12/2008	405.053	322.433	299.705	248.944	327.613	210.751	179.826	255.958	190.583	181.303	183.747	394.169	3.200.085	606
16278	Groß-Pinnow	82,0	100,0	2.000	REpower	12/2008	401.479	372.844	308.422	239.227	297.077	200.609	166.599	240.733	189.518	191.815	193.721	369.599	3.171.643	601
16278	Groß-Pinnow	82,0	100,0	2.000	REpower	12/2008	409.354	364.856	301.924	242.018	279.844	184.071	158.074	226.305	189.111	199.542	213.444	368.728	3.137.271	594
16278	Groß-Pinnow	82,0	100,0	2.000	REpower	12/2008	373.497	342.890	285.585	218.030	271.768	175.370	152.508	203.672	162.594	176.295	199.198	360.303	2.921.710	553
16278	Groß-Pinnow	82,0	100,0	2.000	REpower	12/2008	418.913	303.361	272.885	261.442	315.598	205.344	164.666	187.610	192.623	185.069	234.407	368.739	3.110.657	589
16278	Groß-Pinnow	82,0	100,0	2.000	REpower	12/2008	404.355	282.859	297.432	252.399	300.967	192.505	193.972	185.002	209.616	172.777	229.294	363.851	3.085.029	584
16278	Groß-Pinnow	82,0	100,0	2.000	REpower	12/2008	397.882	314.507	296.880	243.098	271.517	174.287	193.943	201.985	188.424	163.061	211.436	363.725	3.020.745	572
16278	Groß-Pinnow	82,0	100,0	2.000	REpower	12/2008	358.775	298.882	250.069	206.290	249.199	137.919	149.269	169.607	149.564	149.625	189.688	332.533	2.641.420	500
16278	Groß-Pinnow	82,0	100,0	2.000	REpower	12/2008	357.660	328.786	283.486	211.740	267.116	156.733	156.955	193.307	145.575	165.596	180.253	347.488	2.794.695	529
16278	Groß-Pinnow	82,0	100,0	2.000	REpower	12/2008	371.683	303.110	263.481	222.709	262.823	148.455	164.320	176.241	146.640	158.636	190.781	325.849	2.734.728	518
16278	Groß-Pinnow	82,0	100,0	2.000	REpower	12/2008	420.594	391.257	278.142	221.699	206.024	157.914	142.992	176.553	161.219	198.917	217.136	355.730	2.928.177	554
16278	Groß-Pinnow	82,0	100,0	2.000	REpower	01/2009	380.218	356.977	283.289	227.928	280.384	160.497	169.417	155.521	151.326	179.970	207.738	318.593	2.871.858	544
16278	Groß-Pinnow	82,0	100,0	2.000	REpower	01/2009	384.799	308.212	322.271	261.751	339.325	216.415	188.406	224.530	186.002	173.489	185.906	376.069	3.167.175	600
16278	Groß-Pinnow	82,0	100,0	2.000	REpower	01/2009	396.382	350.372	312.138	245.972	292.348	197.026	158.787	244.943	169.288	183.775	183.741	383.753	3.118.525	591
16278	Groß-Pinnow II	82,0	100,0	2.000	REpower	02/2009	394.769	344.854	300.372	246.401	268.531	196.705	150.267	204.180	192.969	187.792	205.585	366.279	3.058.704	579
16278	Groß-Pinnow II	82,0	100,0	2.000	REpower	02/2009	398.609	299.201	281.381	247.106	284.239	175.305	174.311	208.591	176.780	167.645	209.698	372.578	2.995.444	567
16278	Groß-Pinnow II	82,0	100,0	2.000	REpower	02/2009	369.900	323.164	305.785	242.812	288.196	182.408	171.084	201.120	167.532	173.491	200.482	366.856	2.992.830	567
16278	Pinnow 1	92,5	80,0	2.000	REpower	12/2008	460.943	400.072	304.594	239.421	355.538	183.367	208.717	208.484	203.803	231.858	261.596	625.112	3.683.505	548
16278	Pinnow 1	92,5	100,0	2.000	REpower	12/2008	517.209	499.682	340.480	257.892	336.815	189.186	212.403	226.405	209.878	273.733	292.790	645.929	4.002.402	596
16278	Pinnow 1	92,5	100,0	2.000	REpower	12/2008	544.255	510.045	345.691	268.546	360.341	212.050	222.996	254.739	241.521	310.513	308.928	699.070	4.278.695	637
16278	Pinnow 2	92,5	100,0	2.000	REpower	12/2008	496.818	460.286	324.817	245.713	313.106	187.918	195.067	213.384	202.688	259.662	286.625	612.988	3.799.072	565
16278	Pinnow 3	92,5	100,0	2.000	REpower	09/2009	584.195	544.416	368.292	279.678	362.282	234.413	205.725	277.315	243.882	314.621	353.196	717.343	4.485.358	667
16278	Pinnow 6	92,5	100,0	2.000	REpower	10/2010	310.754	241.143	383.086	273.054	329.007	210.839	203.364	298.016	214.795	301.202	274.539	672.412	3.712.211	552
16278	Dobberzin	77,0	100,0	1.500	REpower	12/2002	408.101	400.141	291.028	233.837	270.581	177.463	167.740	210.442	167.125	205.879	250.181	479.606	3.262.124	701
16303	Schwedt/Oder	100,0	100,0	2.500	Vensys	12/2012	611.654	497.028	402.988	313.824	345.719	225.702	211.811	284.585	235.714	282.078	385.488	657.735	4.454.326	567
16307	Schönfeld	82,0	138,0	2.000	Enercon	08/2008	699.414	604.907	452.785	380.437	478.306	313.770	207.645	362.616	367.090	344.707	407.535	563.330	5.182.542	981
16307	Schönfeld	82,0	138,0	2.000	Enercon	10/2008	721.797	645.264	460.642	388.329	463.565	303.412	206.735	369.964	351.972	373.527	409.476	580.700	5.275.383	999
16307	Schönfeld	82,0	138,0	2.000	Enercon	10/2008	728.384	679.924	450.267	399.525	460.657	310.811	279.625	359.032	368.965	401.849	424.037	575.481	5.438.557	1030
16307	Schönfeld	82,0	138,0	2.000	Enercon	10/2008	744.625	698.172	470.914	426.149	486.051	334.941	296.435	384.730	392.987	418.603	434.264	603.613	5.691.484	1078
16307	Schönfeld	82,0	138,0	2.000	Enercon	10/2008	742.536	702.690	475.587	391.536	500.788	333.195	301.609	296.938	392.389	425.223	416.305	572.630	5.551.426	1051
16307	Schönfeld	82,0	138,0	2.000	Enercon	11/2008	760.298	576.288	390.971	342.219	412.195	262.330	242.950	301.738	392.853	300.932	367.519	564.555	4.914.848	931
16307	Schönfeld	82,0	138,0	2.000	Enercon	12/2008	753.041	610.716	461.179	413.551	467.614	300.990	289.964	348.295	244.533	361.531	451.339	568.587	5.271.340	998
16307	Schönfeld	82,0	138,0	2.000	Enercon	12/2008	773.403	654.180	456.484	427.644	491.965	314.863	301.081	363.425	405.963	397.553	464.526	584.249	5.635.336	1067
16307	Schönfeld	82,0	138,0	2.000	Enercon	01/2009	768.359	612.271	457.625	425.523	487.544	249.993	307.531	367.769	397.070	381.489	453.617	583.107	5.491.898	1040
16307	Schönfeld	82,0	138,0	2.000	Enercon	01/2009	716.093	640.964	474.774	429.358	492.104	332.779	314.424	368.581	402.549	388.880	454.988	568.096	5.583.590	1057
16307	Schönfeld	82,0	138,0	2.000	Enercon	01/2009	736.286	656.182	447.937	424.094	452.675	311.468	304.231	354.263	383.495	401.801	452.318	552.293	5.477.043	1037
16307	Schönfeld	82,0	138,0	2.000	Enercon	01/2009	765.981	695.792	479.721	437.371	499.996	314.278	310.418	385.870	401.261	429.000	459.034	587.480	5.766.202	1092
16356	Lindenberg	92,5	100,0	2.000	REpower	09/2009	449.594	439.214	399.584	332.981	406.801	238.807	217.572	259.827	261.226	265.598	288.540	643.598	4.203.342	625
16727	Marwitz	82,0	108,0	2.300	Enercon	11/2010	513.606	438.773	396.259	328.823	340.852	225.154	218.587	253.879	255.180	250.981	323.303	631.862	4.177.259	791
16727	Marwitz	82,0	108,0	2.300	Enercon	12/2010	492.067	448.682	378.466	283.653	336.871	208.030	218.538	245.458	232.650	259.457	308.611	597.394	4.009.877	759
16775	Gransee	80,0	100,0	2.000	Vestas	04/2003	454.916	445.685	300.447	252.946	257.077	149.214	158.465	214.399	187.100	206.133	250.353	567.278	3.444.013	685
16775	Gransee	80,0	100,0	2.000	Vestas	04/2003	399.109	419.002	327.213	245.327	260.759	151.863	146.718	211.980	180.671	191.221	244.041	401.892	3.179.796	633
16775	Gransee	80,0	100,0	2.000	Vestas	04/2003	446.786	392.094	286.554	253.009	268.406	156.507	154.999	206.752	171.820	165.274	226.187	548.741	3.277.129	652
16775	Gransee	80,0	100,0	2.000	Vestas	05/2003	480.470	427.601	338.874	230.489	292.450	159.157	179.993	211.160	207.059	227.945	294.020	564.577	3.613.795	719
16775	Gransee	80,0	100,0	2.000	Vestas	05/2003	370.438	349.864	261.623	217.947	252.909	129.155	150.142	161.654	163.674	172.404	236.685	458.136	2.924.631	582
16775	Gransee	80,0	100,0	2.000	Vestas	05/2003	373.107	315.387	287.175	221.935	236.659	135.494	138.484	158.723	159.061	151.928	216.462	484.735	2.879.150	573
16775	Gransee	80,0	100,0	2.000	Vestas	05/2003	390.868	339.451	298.355	232.245	260.849	148.010	140.743	156.069	172.052	188.115	243.469	469.247	3.039.473	605
16775	Gransee	80,0	100,0	2.000	Vestas	05/2003	419.822	347.352	308.550	242.484	246.078	152.828	171.149	181.226	177.118	191.115	260.349	504.768	3.202.839	637
16775	Gransee	80,0	100,0	2.000	Vestas	05/2003	480.913	383.424	335.252	277.405	308.585	175.396	179.744	233.732	221.275	221.217	280.689	597.808	3.695.440	735
16792	Mildenberg	82,0	108,0	2.300	Enercon	03/2012	482.591	392.741	361.402	307.422	350.615	182.873	236.978	207.624	255.511	240.232	282.216	637.706	3.937.911	746
16792	Mildenberg	82,0	108,0	2.300	Enercon	04/2012	515.640	456.032	386.345	325.734	345.152	178.749	241.178	208.040	263.319	276.354	309.427	656.673	4.162.643	788
16792	Mildenberg	82,0	108,0	2.300	Enercon	04/2012	516.160	514.191	422.373	340.869	380.049	192.590	250.818	243.278	268.770	281.501	344.689	703.734	4.459.022	844
16816	Bechlin	92,5	100,0	2.050	REpower	12/2013	k.A	k.A	k.A	332.604	326.114	169.140	225.336	229.876	230.303	258.050	387.568	633.600	2.792.591	416
16818	Märkisch Linden	77,0	100,0	1.500	Fuhrländer	05/2008	288.616	217.787	223.285	190.465	192.335	83.234	115.785	119.947	115.715	106.388	193.932	370.945	2.218.434	476
16845	Holzhausen	90,0	95,0	2.000	Vestas	03/2008	412.339	282.996	233.462	267.028	286.810	193.424	168.398	208.000	198.495	176.398	259.406	545.162	3.231.918	508
16845	Holzhausen	90,0	95,0	2.000	Vestas	04/2008	404.113	272.359	217.846	214.388	260.903	184.289	175.449	181.739	197.275	164.378	259.703	506.718	3.039.160	478
16845	Holzhausen	90,0	95,0	2.000	Vestas	04/2008	459.222	303.696	224.691	274.145	278.139	173.431	179.938	177.712	194.509	185.355	318.895	548.268	3.318.001	522
16845	Holzhausen	90,0	95,0	2.000	Vestas	04/2008	451.556	318.898	243.323	290.753	267.341	211.841	193.326	220.971	218.944	198.649	302.289	603.087	3.520.978	553
16845	Holzhausen	90,0	95,0	2.000	Vestas	04/2008	417.482	294.614	223.571	271.174	170.977	150.248	183.091	162.773	197.151	163.207	297.153	523.627	3.055.068	480
16845	Holzhausen	90,0	95,0	2.000	Vestas	04/2008	400.632	279.572	225.880	265.873	294.334	207.883	187.104	190.690	194.515	164.126	229.631	547.895	3.188.135	501
16845	Zernitz	70,0	65,0	1.800	Enercon	04/2003	183.220	147.451	110.357	110.425	129.577	87.046	80.549	66.990	78.527	83.644	109.526	293.626	1.480.938	385
16866	Wutike	82,0	85,0	2.000	Enercon	04/2009	382.908	341.218	298.138	247.981	258.206	156.755	186.429	142.799	173.936	173.047	259.766	483.038	3.104.221	588
16866	Wutike	82,0	85,0	2.000	Enercon	04/2009	420.873	373.479	316.445	233.921	271.890	131.457	181.096	199.350	173.218	189.368	264.654	559.515	3.315.266	628
16866	Wutike	82,0	85,0	2.000	Enercon	04/2009	359.808	360.510	295.658	224.247	267.381	134.214	177.195	187.755	150.297	174.448	196.589	520.343	3.048.445	577
16866	Wutike	82,0	85,0	2.000	Enercon	04/2009	371.787	348.143	295.403	244.973	265.481	162.396	181.220	194.117	167.273	179.551	214.284	504.029	3.128.657	592
16866	Wutike	82,0	108,0	2.000	Enercon	05/2009	445.938	396.133	366.553	259.341	325.455	170.309	232.125	233.655	216.509	218.876	275.455	615.494	3.755.843	711
16866	Wutike	82,0	108,0	2.000	Enercon	05/2009	434.076	413.693	362.549	296.390	314.848	176.398	229.194	228.998	210.168	226.913	263.497	570.885	3.727.609	706
16866	Wutike	82,0	108,0	2.000	Enercon	05/2009	456.386	451.262	366.774	293.979	330.646	196.804	232.488	237.574	221.667	226.856	284.810	638.925	3.938.171	746

Betriebsergebnisse 2014

PLZ	Ort	Duchmesser	Nabenhöhe	Leistung	Hersteller	Inbetrieb-nahme	Januar	Februar	März	April	Mai	Juni	Juli	August	September	Oktober	November	Dezember	Jahresertrag	kWh je m² Rotorfläche
BRANDENBURG																				
16866	Wutike	82,0	108,0	2.000	Enercon	05/2009	350.933	324.342	350.592	286.772	306.209	195.284	218.045	197.070	217.536	189.803	265.654	564.120	3.466.360	656
16928	Gerdshagen	90,0	105,0	2.000	Vestas	12/2005	537.764	503.510	395.918	358.627	380.466	235.534	228.343	252.394	196.174	263.248	286.785	653.282	4.292.045	675
16928	Gerdshagen	90,0	105,0	2.000	Vestas	12/2005	546.921	512.717	408.145	332.132	345.702	190.124	230.947	255.702	183.076	267.639	309.466	629.596	4.212.167	662
16928	Gerdshagen	90,0	105,0	2.000	Vestas	12/2005	533.914	383.043	371.413	360.086	339.340	183.356	253.491	194.012	188.947	226.702	351.947	568.898	3.955.149	622
16928	Gerdshagen	90,0	105,0	2.000	Vestas	12/2005	554.260	426.243	387.344	348.174	355.743	186.276	252.236	182.791	191.378	250.369	387.131	546.614	4.068.559	640
16928	Gerdshagen	90,0	105,0	2.000	Vestas	12/2005	559.021	500.836	392.372	341.572	339.191	186.135	176.026	201.767	156.111	266.486	330.062	632.794	4.082.373	642
16928	Gerdshagen	90,0	105,0	2.000	Vestas	12/2005	576.338	454.047	428.470	398.663	392.819	226.895	283.786	260.524	208.777	255.963	361.021	666.186	4.513.489	709
16928	Gerdshagen	90,0	105,0	2.000	Vestas	12/2005	540.063	385.691	408.381	345.695	302.046	201.166	190.435	229.069	192.562	250.481	334.531	609.543	3.989.663	627
16928	Schönebeck	90,0	105,0	2.000	Vestas	10/2009	510.082	441.572	365.900	338.836	323.304	207.816	239.210	236.572	k.A	249.034	338.190	k.A	3.250.516	511
16928	Schönebeck	90,0	105,0	2.000	Vestas	10/2009	486.520	417.142	353.044	344.572	323.928	197.722	239.146	196.254	k.A	238.416	345.812	k.A	3.142.556	494
16928	Kemnitz	70,0	64,8	1.800	Enercon	12/2001	233.688	188.558	116.092	129.619	139.594	82.050	88.577	106.414	90.502	89.116	131.644	227.298	1.623.152	422
16928	Rohlsdorf	70,5	64,7	1.500	GE	05/2004	k.A	182.909	198.655	168.359	190.545	100.657	140.998	129.726	113.568	99.168	153.639	313.634	1.791.858	459
16945	Halenbeck	80,0	100,0	2.000	Vestas	10/2006	503.945	438.282	377.064	299.578	291.278	169.783	198.818	240.479	168.229	248.392	301.665	578.751	3.816.264	759
16945	Halenbeck	80,0	100,0	2.000	Vestas	10/2006	349.582	288.561	353.671	318.777	315.733	196.776	208.483	171.795	173.306	176.753	247.747	512.056	3.313.240	659
16945	Halenbeck	80,0	100,0	2.000	Vestas	11/2006	414.882	392.606	333.844	253.995	273.282	160.114	138.804	194.466	145.089	207.382	232.197	529.542	3.276.203	652
16945	Halenbeck	80,0	100,0	2.000	Vestas	11/2006	k.A	k.A	294.506	250.341	269.198	132.001	177.986	149.943	142.929	169.565	219.032	447.598	2.253.099	448
16945	Halenbeck	80,0	100,0	2.000	Vestas	11/2006	565.559	535.355	427.201	341.058	352.923	208.896	239.468	270.436	198.871	292.755	329.351	632.963	4.394.836	874
16945	Halenbeck	80,0	100,0	2.000	Vestas	11/2006	402.444	264.507	364.073	293.395	313.231	202.934	188.479	232.889	188.451	228.148	266.667	546.478	3.491.696	695
16945	Halenbeck	80,0	100,0	2.000	Vestas	11/2006	508.010	464.693	403.316	298.461	300.755	196.293	165.383	256.922	176.721	263.355	273.586	602.139	3.909.634	778
16945	Halenbeck	80,0	100,0	2.000	Vestas	11/2006	k.A	k.A	408.811	346.230	321.526	211.030	215.319	250.847	189.040	266.191	332.858	603.946	3.145.798	626
16945	Halenbeck	80,0	100,0	2.000	Vestas	11/2006	342.186	348.913	311.544	258.590	259.752	118.055	189.004	177.501	134.909	183.607	245.178	469.480	3.038.719	605
16945	Frehne	82,0	108,0	2.000	Enercon	03/2011	564.198	512.955	338.429	322.050	362.028	156.728	259.124	219.521	211.351	271.559	324.573	591.018	4.133.534	783
16945	Frehne	71,0	113,0	2.300	Enercon	04/2011	418.174	418.926	346.190	253.251	265.499	167.758	209.401	189.041	162.495	197.352	186.687	503.068	3.317.842	838
17291	Lützlow	80,0	100,0	2.000	Vestas	12/2003	409.832	369.461	306.281	266.297	273.238	178.981	188.232	217.095	197.106	209.087	243.692	480.311	3.339.613	664
17291	Lützlow	80,0	100,0	2.000	Vestas	12/2003	454.312	448.666	350.377	293.272	308.624	212.123	163.108	245.128	217.628	228.184	264.127	483.218	3.668.767	730
17291	Lützlow	80,0	100,0	2.000	Vestas	12/2003	547.146	472.213	369.245	291.636	304.186	205.771	170.094	267.743	221.993	258.071	313.805	476.020	3.897.923	775
17291	Lützlow	80,0	100,0	2.000	Vestas	12/2003	551.617	474.386	341.002	282.892	290.576	188.951	176.421	236.843	220.049	236.147	307.973	478.093	3.784.950	753
17291	Lützlow	80,0	100,0	2.000	Vestas	12/2003	460.606	418.283	352.335	266.346	297.921	198.017	165.860	254.121	200.890	210.530	255.731	448.924	3.529.564	702
17291	Prenzlau	71,0	98,0	2.000	Enercon	08/2005	476.102	375.193	357.795	273.274	265.582	171.540	162.155	194.621	214.455	216.900	301.065	k.A	3.008.682	760
17291	Prenzlau	71,0	98,0	2.000	Enercon	08/2005	442.777	399.961	338.493	243.528	262.917	167.014	175.587	198.678	174.559	206.700	258.307	k.A	2.868.521	725
17291	Prenzlau	71,0	98,0	2.000	Enercon	08/2005	467.174	375.687	315.091	233.414	266.011	152.363	152.349	188.945	176.228	211.150	307.087	k.A	2.845.499	719
17291	Prenzlau	71,0	98,0	2.000	Enercon	08/2005	473.231	395.919	319.145	259.387	270.675	161.335	190.598	186.453	192.448	219.367	318.406	k.A	2.986.964	754
17291	Prenzlau	71,0	98,0	2.000	Enercon	09/2005	466.878	415.285	350.295	262.763	265.368	170.808	181.445	211.010	206.917	228.022	316.567	k.A	3.075.358	777
17291	Göritz	82,0	98,0	2.000	Enercon	06/2009	507.823	233.210	363.928	299.956	322.039	227.992	213.860	217.967	254.925	204.824	270.663	417.136	3.534.323	669
17291	Göritz	82,0	98,0	2.000	Enercon	06/2009	475.381	216.163	329.325	250.495	310.241	204.217	200.510	216.627	225.013	194.220	261.128	397.865	3.281.185	621
17291	Göritz	82,0	98,0	2.000	Enercon	06/2009	512.897	250.338	332.640	266.582	309.744	205.251	193.260	222.538	227.774	215.442	269.198	399.737	3.405.401	645
17291	Göritz	82,0	98,0	2.000	Enercon	06/2009	516.944	313.981	354.799	263.746	295.499	185.247	190.407	237.231	224.171	237.961	276.507	410.735	3.507.228	664
17291	Schenkenberg	82,0	138,0	2.300	Enercon	11/2010	667.112	314.358	485.382	429.358	456.541	310.486	320.929	310.522	385.967	332.589	433.578	513.899	4.960.721	939
17291	Schenkenberg	82,0	138,0	2.300	Enercon	12/2010	710.404	416.149	485.183	380.556	467.886	274.951	269.320	329.521	332.265	330.612	424.830	553.984	4.975.661	942
17291	Schenkenberg	82,0	138,0	2.300	Enercon	01/2011	729.023	420.751	488.320	395.664	451.751	276.757	262.444	341.862	335.937	352.998	409.096	565.793	5.030.396	953
17291	Schenkenberg	82,0	138,0	2.300	Enercon	03/2011	735.247	426.785	523.279	414.724	475.691	302.610	278.605	371.430	358.698	368.312	422.447	599.355	5.277.183	999
17291	Schenkenberg	82,0	138,0	2.300	Enercon	03/2011	718.956	455.754	516.371	414.139	492.046	312.229	296.084	334.650	364.406	376.416	453.188	584.159	5.318.398	1007
17291	Schenkenberg	82,0	138,0	2.300	Enercon	09/2011	768.657	475.750	494.205	389.148	424.927	264.455	256.981	343.791	322.813	385.500	435.412	522.345	5.083.984	963
17291	Schenkenberg	82,0	138,0	2.300	Enercon	09/2011	753.136	466.377	495.168	403.808	443.181	280.046	262.966	311.639	361.405	345.890	365.641	541.760	5.031.017	953
17291	Schenkenberg	82,0	138,0	2.300	Enercon	11/2011	794.900	499.748	510.286	420.266	449.220	271.546	262.444	344.830	361.104	420.061	479.640	568.322	5.382.367	1019
17291	Dauerthal	112,0	119,0	3.000	Vestas	10/2011	943.113	532.492	664.526	509.266	647.066	432.466	403.486	456.258	465.986	487.954	466.480	691.002	6.700.095	680
17291	Dauerthal/Uckermar	112,0	119,0	3.000	Vestas	11/2011	972.249	469.799	665.101	578.282	642.338	455.236	425.324	419.338	500.104	484.816	601.352	713.288	6.927.227	703
17291	Dauerthal/Uckermar	112,0	119,0	3.000	Vestas	11/2011	995.068	422.236	632.900	517.556	570.528	351.390	356.364	429.498	374.698	447.670	511.920	724.202	6.334.030	643
17291	Dauerthal/Uckermar	112,0	119,0	3.000	Vestas	12/2011	1.005.376	466.282	607.372	530.607	568.415	352.327	367.430	480.902	450.236	487.268	576.652	768.864	6.661.731	676
17291	Dauerthal/Uckermar	112,0	119,0	3.000	Vestas	12/2011	1.040.328	614.546	672.702	577.350	671.056	339.396	392.880	476.564	461.980	592.008	689.306	770.260	7.298.376	741
17291	Dauerthal/Uckermar	112,0	119,0	3.000	Vestas	01/2012	1.075.591	635.252	679.544	489.548	615.074	360.086	386.766	446.680	414.906	491.048	555.902	737.270	6.887.667	699
17291	Dauerthal/Uckermar	112,0	119,0	3.000	Vestas	01/2012	1.077.515	486.408	646.324	590.488	631.825	382.978	463.426	467.424	508.742	531.234	636.208	757.980	7.180.552	729
17291	Prenzlau	66,0	98,0	1.500	Enercon	12/1999	339.414	281.417	254.362	195.441	208.090	131.997	146.559	161.806	146.878	157.610	206.850	392.556	2.622.980	767
17291	Schönfeld-Neuenfel	77,0	100,0	1.500	Enron Wind	12/2000	272.124	310.560	260.320	217.484	282.112	154.292	177.196	160.892	181.772	155.048	180.708	365.624	2.718.132	584
17291	Gollmitz	77,0	85,0	1.500	REpower	05/2002	342.505	282.962	264.371	207.470	253.201	132.537	152.171	196.741	164.778	138.626	202.219	419.129	2.756.710	592
17291	Drense	62,0	68,5	1.000	DeWind	03/2003	357.628	320.148	235.726	188.730	196.344	118.588	111.276	162.538	137.626	54.548	162.356	319.458	2.364.966	783
17291	Drense	62,0	68,5	1.000	DeWind	03/2003	235.036	222.764	192.168	146.352	152.344	92.176	101.972	98.632	106.432	86.796	109.772	272.996	1.817.440	602
17291	Bertikow/Bietikow	70,0	65,0	1.800	Enercon	05/2003	430.053	336.130	291.772	227.390	227.085	149.386	k.A	k.A	175.768	192.298	233.323	k.A	2.263.205	588
17291	Gramzow	70,0	98,0	1.800	Enercon	07/2003	423.157	340.123	296.675	70.551	241.148	132.161	k.A	k.A	171.755	206.447	241.504	k.A	2.123.521	552
17291	Gramzow	70,0	98,0	1.800	Enercon	11/2003	414.511	346.049	292.885	243.391	257.661	143.840	k.A	k.A	151.359	173.262	235.260	k.A	2.258.218	587
17291	Blankenburg	70,0	65,0	1.800	Enercon	07/2003	371.666	267.851	246.186	195.505	189.750	126.534	k.A	k.A	129.862	158.091	197.580	k.A	1.883.025	489
17291	Randowhöhe	77,0	100,0	1.500	GE	09/2003	355.042	252.008	315.010	212.776	232.265	154.168	130.860	180.104	156.733	151.262	191.876	353.480	2.685.584	577
17291	Randowhöhe	77,0	100,0	1.500	GE	09/2003	399.248	211.472	269.046	240.647	239.990	145.425	145.437	174.976	165.084	141.597	235.575	346.329	2.714.826	583
17291	Randowhöhe	70,0	98,0	1.800	Enercon	09/2003	349.773	284.639	252.291	202.718	220.754	138.767	150.181	157.083	150.466	159.063	206.338	321.507	2.593.580	674
17291	Randowhöhe	70,0	98,0	1.800	Enercon	09/2003	347.430	249.943	241.942	205.514	211.760	132.959	144.330	146.227	144.537	140.336	203.459	300.185	2.468.622	641
17291	Hohengüstow	70,0	86,0	1.800	Enercon	10/2003	370.310	301.302	267.268	214.885	217.318	141.054	0	0	153.632	153.092	207.233		2.026.094	526
17291	Randowhöhe	77,0	100,0	1.500	SÜDWIND	10/2003	242.278	298.916	191.824	204.002	206.182	153.716	137.832	203.284	161.440	159.404	156.312	351.032	2.466.222	530
17291	Randowhöhe	77,0	100,0	1.500	SÜDWIND	10/2003	251.458	102.532	237.364	217.324	185.000	147.424	140.484	181.246	181.462	168.288	222.784	346.734	2.382.100	512
17291	Falkenwalde	77,0	100,0	1.500	REpower	10/2004	381.153	326.254	271.189	223.491	237.170	164.821	137.738	222.616	169.285	175.946	197.723	369.105	2.876.491	618
17291	Nordwestuckermark	70,0	85,0	1.501	REpower	10/2001	308.482	263.999	270.923	204.663	247.885	141.645	145.424	163.473	154.513	131.058	188.849	416.530	2.637.444	685

Betriebsergebnisse 2014

PLZ	Ort	Duchmesser	Nabenhöhe	Leistung	Hersteller	Inbetrieb-nahme	Januar	Februar	März	April	Mai	Juni	Juli	August	September	Oktober	November	Dezember	Jahresertrag	kWh je m² Rotorfläche
BRANDENBURG																				
17309	Nechlin	70,0	98,0	1.800	Enercon	07/2001	348.577	321.531	276.223	189.974	247.226	131.813	155.634	183.816	136.493	163.782	178.887	407.302	2.741.258	712
17309	Nechlin	70,0	98,0	1.800	Enercon	07/2001	303.062	276.684	258.861	178.508	234.400	130.702	152.695	160.548	133.350	133.616	161.542	358.485	2.482.453	645
17337	Milow	57,0	60,0	1.000	BWU	08/1999	150.448	129.191	96.056	77.780	110.625	64.601	62.085	75.953	66.639	63.125	75.766	171.641	1.143.910	448
17337	Milow	57,0	60,0	1.000	BWU	08/1999	154.504	96.489	16.565	6.444	106.212	67.048	49.609	71.940	66.422	63.295	80.385	150.597	929.510	364
17337	Milow	57,0	60,0	1.000	BWU	08/1999	160.506	122.270	98.942	79.105	107.009	61.938	56.474	72.067	61.330	59.589	81.071	167.199	1.127.500	442
19339	Görike/Söllenthin	70,0	65,0	1.501	REpower	09/2002	231.051	163.956	134.508	146.752	118.298	78.794	68.411	82.937	69.971	75.951	105.861	296.869	1.573.359	409
19339	Görike/Söllenthin	70,0	65,0	1.501	REpower	01/2003	212.927	173.130	80.373	136.290	122.063	82.806	60.049	89.681	71.146	77.141	100.824	244.359	1.450.789	377
19339	Görike/Söllenthin	70,0	65,0	1.501	REpower	01/2003	224.779	161.988	134.364	139.640	125.103	69.613	77.454	75.430	70.113	72.796	121.406	262.503	1.535.189	399
19339	Görike/Söllenthin	70,0	65,0	1.501	REpower	02/2003	217.240	165.765	128.329	140.914	129.083	82.882	69.671	93.223	68.963	79.261	122.497	297.482	1.595.310	415
19348	Quitzow	70,0	65,0	1.800	Enercon	10/2002	185.612	155.167	188.289	153.133	164.069	92.063	106.659	k.A	k.A	88.371	k.A	291.720	1.425.083	370
19357	Pröttlin	82,0	100,0	2.000	REpower	06/2007	412.300	392.246	296.470	226.780	309.255	190.546	199.417	226.962	162.642	219.655	236.042	499.383	3.371.698	638
19357	Pröttlin	82,0	100,0	2.000	REpower	06/2007	363.049	330.630	296.928	219.820	309.229	182.915	214.172	205.664	157.071	173.516	220.274	517.431	3.190.699	604
19357	Pröttlin	82,0	100,0	2.000	REpower	06/2007	429.294	404.717	315.263	239.231	293.159	196.622	168.237	250.378	174.379	228.264	258.661	540.011	3.498.216	662
19357	Pröttlin	82,0	100,0	2.000	REpower	06/2007	462.021	431.588	353.869	289.099	324.252	208.809	228.616	269.736	200.091	250.506	278.568	596.193	3.893.348	737
19357	Pröttlin	82,0	100,0	2.000	REpower	08/2007	437.516	444.241	350.330	281.530	311.448	200.354	220.986	242.155	192.432	223.409	270.710	561.974	3.737.085	708
19357	Pröttlin	82,0	100,0	2.000	REpower	08/2007	439.843	476.560	320.823	277.478	306.383	194.926	222.924	243.409	181.015	233.349	273.403	555.015	3.725.128	705
19357	Pröttlin	82,0	100,0	2.000	REpower	08/2007	494.213	482.484	370.421	287.575	328.635	192.299	233.682	264.303	197.308	264.018	300.511	589.546	4.004.995	758
19357	Pröttlin	82,0	100,0	2.000	REpower	08/2007	480.054	476.808	359.813	267.210	320.448	156.319	205.431	262.977	169.019	268.597	281.716	571.919	3.820.311	723
19357	Pröttlin	82,0	100,0	2.000	REpower	08/2007	370.261	323.116	267.147	233.634	113.278	k.A	k.A	8.229	158.848	180.992	215.914	451.879	2.323.298	440
19357	Pröttlin	82,0	100,0	2.000	REpower	08/2007	415.069	411.534	278.761	228.937	271.593	154.418	197.115	213.598	150.221	209.886	247.946	476.441	3.255.519	616
19357	Pröttlin	92,5	100,0	2.000	REpower	05/2009	428.312	505.170	345.033	245.943	349.511	184.856	252.138	270.352	174.010	266.878	289.287	591.016	3.902.506	581
19357	Pröttlin	92,5	100,0	2.000	REpower	05/2009	597.124	551.927	371.115	321.872	392.228	238.249	265.142	339.520	247.830	318.753	353.465	615.216	4.612.441	686
19357	Premslin II	82,0	100,0	2.000	REpower	11/2009	312.069	315.557	265.598	198.175	219.550	131.940	122.175	149.742	118.771	157.738	168.066	436.923	2.596.304	492
19357	Premslin II	82,0	100,0	2.000	REpower	12/2009	270.559	274.582	247.942	186.157	238.375	114.295	122.516	121.909	102.129	140.949	159.793	377.837	2.357.043	446
19357	Premslin II	82,0	100,0	2.000	REpower	12/2009	264.765	265.690	239.291	208.971	225.863	125.482	147.622	126.190	113.604	129.124	142.709	375.855	2.365.166	448
19357	Premslin II	82,0	100,0	2.000	REpower	12/2009	329.209	323.284	278.094	201.793	236.782	117.934	126.484	162.371	121.201	158.831	191.780	435.661	2.683.424	508
19357	Premslin II	82,0	100,0	2.000	REpower	12/2009	345.183	341.767	256.096	212.534	233.729	125.970	140.593	170.880	121.146	160.928	208.892	436.858	2.754.576	522
19357	Premslin II	82,0	100,0	2.050	REpower	11/2013	408.155	383.297	270.717	224.305	253.981	121.601	163.550	157.886	148.411	190.130	263.981	467.900	3.053.914	578
19357	Premslin II	82,0	100,0	2.050	REpower	11/2013	403.532	354.199	300.463	256.098	254.730	135.390	185.042	145.563	149.544	181.261	249.357	412.120	3.027.299	573
19357	Premslin II	82,0	100,0	2.050	REpower	12/2013	350.233	291.147	302.591	249.349	247.488	131.302	174.348	147.000	154.843	156.042	223.349	411.214	2.838.906	538
19357	Kribbe III	71,0	113,0	2.300	Enercon	12/2012	426.289	366.721	316.866	242.443	240.111	151.631	164.215	185.463	170.045	214.404	261.076	491.307	3.230.571	816
19357	Kribbe III	92,5	100,0	2.000	REpower	04/2013	646.809	588.925	442.356	363.803	355.570	248.195	228.819	297.298	253.659	337.042	371.351	694.929	4.828.756	719
19357	Kribbe III	92,5	100,0	2.000	REpower	04/2013	650.747	581.271	434.175	377.502	355.694	230.647	246.466	300.835	265.141	317.716	389.010	690.825	4.840.029	720
19357	Kribbe III	92,5	100,0	2.000	REpower	04/2013	548.641	422.922	407.341	364.025	354.654	242.792	240.329	109.596	141.608	101.611	286.548	579.338	3.799.405	565
19357	Kribbe	70,0	65,0	1.501	REpower	10/2003	263.253	217.997	164.458	138.958	137.672	87.069	77.213	93.462	79.519	102.472	146.372	287.071	1.795.516	467
19357	Kribbe	77,0	100,0	1.500	REpower	12/2004	336.799	299.653	228.174	207.228	209.450	142.761	123.511	156.885	130.397	162.591	193.504	390.725	2.581.678	554
19357	Premslin	77,0	85,0	1.500	REpower	01/2004	296.823	292.522	222.971	178.011	176.290	100.100	55.207	k.A	k.A	137.997	168.253	370.207	1.998.381	429
19357	Premslin	77,0	85,0	1.500	REpower	03/2004	229.933	207.713	187.241	152.825	159.735	80.142	16.431	k.A	k.A	84.475	145.453	270.667	1.534.615	330
19357	Groß Warnow	77,0	85,0	1.500	REpower	12/2006	331.451	313.095	215.426	189.206	209.746	141.906	131.831	160.519	115.977	165.761	156.716	414.660	2.546.294	547
19357	Groß-Warnow	77,0	85,0	1.500	Fuhrländer	12/2007	340.055	314.432	209.055	187.116	194.814	129.249	74.082	143.469	117.320	57.013	178.090	397.922	2.342.617	503
19357	Groß-Warnow	77,0	85,0	1.500	Fuhrländer	12/2007	322.238	316.339	203.710	182.052	201.564	113.074	120.332	170.753	110.337	158.595	135.119	402.746	2.436.859	523
BADEN-WÜRTTEMBERG																				
69427	Mudau Steinbach	92,5	100,0	2.050	REpower	06/2010	392.980	408.241	277.049	181.307	283.986	133.057	177.022	237.091	143.806	246.701	173.124	535.775	3.190.139	475
69427	Mudau Steinbach	92,5	100,0	2.050	REpower	06/2010	310.878	363.444	268.696	193.918	261.351	127.854	172.436	225.642	140.679	236.200	165.639	502.909	2.969.646	442
69427	Mudau Steinbach	92,5	100,0	2.050	REpower	06/2010	338.998	355.348	267.533	194.871	277.152	135.243	176.777	222.915	145.589	221.356	149.573	511.632	2.996.987	446
73432	Waldhausen	92,5	100,0	2.000	REpower	12/2006	235.866	264.377	336.439	188.035	254.295	128.543	163.910	156.992	93.152	189.621	125.539	427.813	2.564.582	382
73432	Waldhausen	92,5	100,0	2.000	REpower	02/2007	211.027	262.707	327.593	185.602	251.002	128.868	169.164	180.905	95.670	196.237	123.250	289.625	2.421.650	360
73432	Waldhausen	92,5	100,0	2.000	REpower	02/2007	237.979	305.715	335.818	201.219	272.979	141.864	183.852	200.526	113.057	220.844	155.990	483.183	2.853.026	425
73432	Waldhausen	92,5	100,0	2.000	REpower	02/2007	256.654	316.017	374.714	213.855	283.712	153.802	199.879	208.347	129.591	244.698	181.229	453.236	3.015.734	449
73432	Waldhausen	92,5	100,0	2.000	REpower	02/2007	210.128	272.700	210.078	182.248	242.412	148.201	173.745	154.505	107.679	207.815	148.919	432.087	2.490.517	371
73432	Waldhausen	92,5	100,0	2.000	REpower	02/2007	311.181	332.070	352.531	195.518	277.652	155.520	178.559	184.072	119.910	250.321	187.707	444.632	2.989.673	445
73432	Waldhausen	92,5	100,0	2.000	REpower	02/2007	220.047	307.754	341.126	182.983	221.819	146.341	176.856	151.069	107.886	228.506	172.438	415.516	2.672.341	398
73450	Neresheim/Weilerme	92,5	105,0	2.000	REpower	10/2007	261.394	257.508	317.087	220.854	303.898	176.097	215.792	193.683	131.193	201.684	117.266	463.004	2.859.460	426
73450	Neresheim/Weilerme	92,5	105,0	2.000	REpower	10/2007	146.726	244.727	319.572	219.256	271.934	174.540	214.970	180.729	128.721	126.047	110.943	399.459	2.537.624	378
73450	Neresheim/Weilerme	92,5	105,0	2.000	REpower	10/2007	201.558	205.308	299.585	220.417	269.052	150.844	173.533	172.483	111.971	187.568	94.726	393.912	2.480.957	369
73457	Lauterburg	92,5	100,0	2.000	REpower	12/2006	265.594	262.814	274.785	182.277	238.975	118.484	180.404	162.888	96.198	204.058	149.107	441.388	2.576.972	383
73457	Lauterburg	92,5	100,0	2.000	REpower	12/2006	274.761	265.959	314.967	195.573	232.286	119.173	167.078	154.323	105.680	215.610	179.279	316.299	2.540.988	378
73457	Lauterburg	92,5	100,0	2.000	REpower	12/2006	272.767	284.609	331.583	213.912	240.422	140.039	177.757	159.664	110.739	237.821	204.685	385.052	2.759.050	411
73457	Lauterburg	92,5	100,0	2.000	REpower	12/2006	285.051	285.378	290.103	194.455	243.531	132.212	186.583	178.065	111.541	233.457	194.773	417.520	2.752.669	410
73457	Lauterburg	92,5	100,0	2.000	REpower	12/2006	242.622	245.589	261.847	181.952	223.126	116.560	172.506	158.156	88.662	199.213	142.174	418.528	2.450.935	365
73495	Birkenzell	92,5	100,0	2.000	REpower	10/2006	355.610	408.646	409.713	276.627	345.608	170.469	241.539	250.890	152.538	229.349	268.241	570.479	3.679.709	548
73495	Birkenzell	92,5	100,0	2.000	REpower	10/2006	364.518	420.254	410.027	265.006	338.757	184.912	220.026	254.133	147.264	300.526	243.421	527.715	3.676.559	547
73495	Birkenzell	92,5	100,0	2.000	REpower	10/2006	168.764	353.481	361.689	237.731	259.205	184.495	213.682	225.050	126.647	184.633	219.716	497.545	3.032.638	451
74722	Buchen-Hettingen	77,0	85,0	1.500	Fuhrländer	10/2002	173.818	188.880	199.658	138.167	183.747	103.602	120.169	135.330	94.876	139.270	86.891	331.385	1.895.793	407
74722	Buchen-Hettingen	77,0	85,0	1.500	Fuhrländer	10/2002	175.552	203.200	217.172	99.936	172.518	91.896	111.149	84.473	50.386	129.165	81.551	313.841	1.730.839	372
74731	Altheim	92,5	100,0	2.050	REpower	12/2011	311.236	324.281	312.779	221.540	296.444	142.355	182.148	228.671	144.057	225.466	147.120	535.035	3.071.132	457
74731	Altheim	92,5	100,0	2.050	REpower	12/2011	304.324	344.615	311.318	229.788	319.325	173.897	203.497	241.682	158.541	227.998	153.527	565.565	3.234.077	481
74731	Walld.- Altheim	54,0	70,0	1.000	Fuhrländer	11/2000	71.971	84.330	76.707	55.329	76.247	43.468	46.745	41.921	32.654	59.310	41.848	166.348	796.878	348
74731	Walld.- Altheim	54,0	70,0	1.000	Fuhrländer	11/2000	76.219	88.648	83.417	60.971	77.507	40.594	47.737	57.458	38.825	60.030	43.751	181.432	856.589	374
74731	Walld.- Altheim	54,0	70,0	1.000	Fuhrländer	11/2000	77.548	92.856	78.958	56.361	83.840	41.961	50.293	64.113	38.477	60.452	35.006	197.814	877.679	383

Betriebsergebnisse 2014

PLZ	Ort	Duchmesser	Nabenhöhe	Leistung	Hersteller	Inbetrieb-nahme	Januar	Februar	März	April	Mai	Juni	Juli	August	September	Oktober	November	Dezember	Jahresertrag	kWh je m² Rotorfläche
BADEN-WÜRTTEMBERG																				
74747	Ravenstein	77,0	100,0	1.500	REpower	11/2004	162.740	163.820	187.810	132.057	184.055	60.740	110.223	131.461	75.305	120.502	83.562	369.680	1.781.955	383
74747	Ravenstein	77,0	100,0	1.500	REpower	11/2004	155.978	174.160	181.150	119.611	175.826	63.433	110.180	131.429	74.333	113.855	81.211	361.064	1.742.230	374
79108	Freiburg-Holzschl.	70,0	98,0	1.800	Enercon	08/2003	311.703	317.627	139.273	74.772	194.786	103.136	91.384	175.234	50.873	201.226	89.810	384.618	2.134.442	555
79108	Freiburg-Holzschl.	70,0	98,0	1.800	Enercon	08/2003	339.597	363.747	148.904	82.324	216.652	115.705	99.146	191.470	51.120	227.344	96.558	419.121	2.351.688	611
79215	Elzach	70,0	65,0	1.800	Enercon	09/2003	336.674	308.106	277.105	130.222	256.823	134.854	148.921	190.339	95.355	244.554	145.197	410.541	2.678.691	696
79271	St. Peter	71,0	85,0	2.000	Enercon	10/2006	255.614	302.199	181.427	87.410	239.478	89.207	103.632	187.399	58.562	168.532	95.055	450.747	2.219.262	561
79271	St. Peter	71,0	85,0	2.000	Enercon	10/2006	229.267	247.437	154.768	75.985	199.292	74.460	85.255	158.808	50.767	153.840	86.158	414.513	1.930.550	488
79348	Freiamt	70,0	86,0	1.800	Enercon	09/2001	221.718	258.964	136.048	91.710	192.096	126.898	99.623	132.055	75.461	137.418	76.877	314.455	1.863.323	484
79348	Freiamt	70,0	86,0	1.800	Enercon	10/2001	297.958	359.911	188.164	104.935	250.868	153.098	126.569	170.684	86.764	174.716	92.449	414.883	2.420.999	629
97922	Heckfeld	58,6	70,5	1.000	Enercon	06/2003	127.051	150.002	106.104	77.572	125.327	55.516	72.054	110.672	51.191	96.081	45.971	259.869	1.277.410	474
97941	Dittwar	70,0	98,0	1.800	Enercon	11/2003	203.810	228.755	160.662	129.398	185.894	81.411	108.628	177.709	82.314	148.482	78.960	373.842	1.959.865	509
97953	Gissigheim	58,6	70,5	1.000	Enercon	02/2002	123.636	140.768	98.001	71.665	118.112	49.431	67.114	105.342	42.898	95.045	50.831	261.635	1.224.478	454
BREMEN																				
27580	Bremerhaven	90,0	98,0	2.500	Powerwind	12/2010	273.421	k.A	k.A	49.682	356.352	297.764	219.646	348.504	243.490	380.844	403.184	727.119	3.300.008	519
28197	Bremen/Seehausen	82,0	108,0	2.300	Enercon	12/2010	628.210	670.631	466.830	372.189	349.053	271.713	208.933	390.977	229.787	387.797	426.749	783.013	5.185.882	982
28197	Bremen/Seehausen	82,0	108,0	2.300	Enercon	01/2011	577.017	594.940	453.415	370.590	321.640	268.437	232.907	334.081	231.598	345.371	401.898	725.273	4.857.167	920
28211	Bremen	90,0	105,0	2.000	Vestas	11/2013	168.528	623.913	356.854	356.804	250.529	160.511	249.072	384.414	214.874	364.685	380.697	680.142	4.191.023	659
28237	Bremen-Mittelsbühr	76,0	80,0	2.000	AN BONUS	06/2002	307.501	304.536	236.968	206.900	181.358	142.177	96.954	207.432	117.831	168.130	142.370	493.883	2.606.040	574
28237	Bremen-Mittelsbühr	76,0	80,0	2.000	AN BONUS	06/2002	338.409	310.526	263.632	221.614	179.281	146.507	82.107	207.521	117.212	172.355	167.156	483.233	2.689.553	593
28237	Bremen-Mittelsbühr	76,0	80,0	2.000	AN BONUS	07/2002	329.273	324.532	232.847	200.748	161.032	135.815	103.948	174.921	118.144	176.643	163.780	468.004	2.589.687	571
28237	Bremen-Mittelsbühr	76,0	80,0	2.000	AN BONUS	07/2002	325.922	298.121	228.982	197.598	151.452	110.711	105.212	177.873	96.810	162.933	151.450	442.723	2.449.787	540
28237	Bremen-Mittelsbühr	76,0	80,0	2.000	AN BONUS	07/2002	331.793	297.149	246.972	204.255	151.971	123.774	100.158	168.078	104.440	167.335	197.701	390.944	2.484.570	548
28237	Bremen-Mittelsbühr	76,0	80,0	2.000	AN BONUS	07/2002	323.349	320.646	234.099	205.947	153.953	119.876	100.829	175.344	93.365	123.552	182.230	440.788	2.473.978	545
28237	Bremen/Stahlwerk1	82,4	100,0	2.300	AN BONUS	12/2004	491.750	562.652	358.042	264.228	255.338	169.376	173.770	267.384	158.612	253.754	253.026	627.776	3.835.708	719
28237	Bremen/Stahlwerk1	82,4	100,0	2.300	AN BONUS	12/2004	500.544	559.411	350.546	264.430	253.323	154.706	157.949	279.718	153.268	258.360	246.477	596.910	3.775.642	708
28237	Bremen/Stahlwerk1	82,4	100,0	2.300	AN BONUS	01/2005	522.779	576.032	350.377	269.973	259.360	164.011	173.960	285.471	155.370	282.175	271.430	620.803	3.931.741	737
28237	Bremen/Stahlwerk1	82,4	100,0	2.300	AN BONUS	01/2005	513.846	560.492	339.120	269.097	259.079	175.730	181.077	285.894	149.656	282.658	304.020	568.204	3.888.873	729
28237	Bremen/Stahlwerk1	82,0	98,0	2.000	Enercon	07/2007	536.256	597.158	400.635	339.948	301.749	247.174	147.137	317.693	189.899	310.441	205.963	344.750	3.938.803	746
28237	Bremen/Stahlwerk1	82,0	98,0	2.000	Enercon	07/2007	531.820	556.254	379.513	318.336	286.620	197.160	180.088	312.209	172.672	299.253	318.874	703.791	4.256.590	806
28237	Bremen	82,0	108,0	2.000	Enercon	11/2009	516.466	540.824	378.869	303.730	290.160	228.442	215.387	314.167	188.531	304.022	311.998	598.551	4.191.147	794
28237	Bremen	82,0	108,0	2.000	Enercon	12/2009	479.681	473.300	346.274	283.826	272.842	181.825	191.482	287.686	189.011	266.482	278.620	596.884	3.847.913	729
28307	Bremen-Mahndorf	76,0	80,0	2.000	AN BONUS	10/2002	294.359	372.957	205.200	154.581	175.374	123.724	107.542	195.257	97.192	175.814	213.164	403.595	2.518.759	555
28307	Bremen-Mahndorf	76,0	80,0	2.000	AN BONUS	10/2002	273.313	347.913	198.042	141.516	157.718	111.171	97.912	174.195	83.630	167.117	206.265	392.475	2.351.267	518
28307	Bremen-Mahndorf	76,0	80,0	2.000	AN BONUS	10/2002	263.774	305.684	211.134	148.165	171.471	105.634	99.664	192.676	94.839	179.341	145.736	415.028	2.333.146	514
28307	Bremen-Mahndorf	76,0	80,0	2.000	AN BONUS	11/2002	292.060	367.328	235.607	157.672	181.696	115.435	103.633	221.047	104.550	168.634	154.076	436.380	2.538.118	559
28307	Bremen-Mahndorf	76,0	80,0	2.000	AN BONUS	11/2002	289.954	374.204	235.986	168.493	190.306	134.631	111.328	224.146	112.568	193.900	143.096	478.979	2.657.591	586
28307	Bremen	82,0	138,0	2.000	Enercon	07/2010	655.469	773.865	515.795	395.323	390.227	275.547	281.584	436.717	270.766	478.043	491.783	781.126	5.746.245	1088
28307	Bremen/Mahndf. Mar	82,0	108,0	2.300	Enercon	08/2011	482.546	567.159	426.443	309.979	324.790	234.949	205.461	374.168	194.821	319.884	350.959	723.453	4.514.612	855
28307	Bremen/Mahndf. Mar	82,0	108,0	2.300	Enercon	09/2011	504.572	604.174	407.869	302.686	306.033	209.788	193.430	359.790	199.017	327.596	391.969	690.596	4.497.520	852
28307	Bremen/Mahndf. Mar	82,0	108,0	2.300	Enercon	09/2011	575.121	688.128	454.479	337.800	345.300	227.378	225.216	405.020	211.549	386.239	443.246	762.759	5.062.235	959
28307	Bremen/Mahndf. Mar	82,0	108,0	2.300	Enercon	09/2011	588.766	698.512	470.338	344.048	352.034	269.086	218.191	415.924	211.741	393.814	451.946	792.057	5.206.457	986
28307	Bremen/Mahndf. Mar	82,0	108,0	2.300	Enercon	10/2011	529.001	597.681	441.647	329.676	330.001	255.348	202.311	396.631	219.093	332.908	365.040	736.239	4.735.576	897
28357	Bremen/Blockland	82,0	100,0	2.000	REpower	04/2010	390.505	513.365	323.815	257.963	242.323	192.554	158.540	288.484	153.215	285.063	264.405	535.402	3.605.634	683
28357	Bremen/Blockland	82,0	100,0	2.000	REpower	04/2010	400.305	515.678	304.983	250.445	243.984	186.299	133.276	273.583	145.230	279.865	291.857	505.449	3.530.954	669
28357	Bremen/Blockland	92,5	100,0	2.000	REpower	06/2010	638.238	716.627	480.775	432.670	400.162	317.735	269.838	398.170	300.080	423.702	494.582	746.396	5.618.975	836
28357	Bremen/Blockland	92,5	100,0	2.000	REpower	07/2010	715.705	826.808	560.071	456.525	444.378	296.182	323.096	485.359	327.441	515.102	527.020	791.203	6.268.890	933
HESSEN																				
34454	Kohlgrund	82,0	108,0	2.300	Enercon	10/2011	376.078	522.395	309.638	227.230	240.703	143.515	139.498	226.200	137.493	269.340	232.247	565.184	3.389.521	642
34454	Bad Arolsen OT Mas	90,0	125,0	2.000	Vestas	09/2012	529.118	617.599	303.305	225.249	250.159	128.746	117.257	232.403	134.345	339.301	263.144	548.118	3.688.744	580
34474	Neudorf	82,0	108,0	2.000	Enercon	01/2009	419.885	490.440	308.540	225.324	232.735	132.565	125.939	203.469	127.483	275.240	212.194	600.676	3.354.490	635
34474	Neudorf	82,0	138,0	2.300	Enercon	10/2013	345.609	422.692	303.208	229.240	263.608	158.406	134.863	260.160	159.929	249.415	183.961	643.681	3.354.772	635
34519	Flechtdorf III	92,5	100,0	2.050	REpower	09/2010	416.950	160.558	k.A	k.A	250.426	93.476	139.974	225.954	121.009	249.095	252.878	366.531	2.276.851	339
34519	Flechtorf IV	92,5	100,0	2.050	REpower	12/2011	410.795	538.885	309.951	211.963	236.700	128.822	160.454	204.319	132.198	253.070	285.579	447.729	3.320.465	494
34519	Flechtdorf	90,0	125,0	2.000	Vestas	10/2012	527.380	691.028	368.959	301.803	330.203	230.737	210.666	305.192	227.400	395.371	425.442	643.965	4.658.146	732
34519	Flechtdorf	90,0	125,0	2.000	Vestas	10/2012	527.380	691.028	368.959	301.803	330.203	230.737	210.666	283.741	230.654	399.013	420.935	679.353	4.674.472	735
34519	Diemelsee / Adorf	62,0	68,5	1.000	DeWind	02/2002	190.392	234.859	130.908	93.628	107.013	47.956	44.490	92.490	48.338	112.466	99.096	257.488	1.459.124	483
34519	Wirmighausen	77,0	100,0	1.500	REpower	08/2003	329.455	398.603	240.654	175.334	164.517	119.342	104.119	163.610	102.430	215.759	222.986	403.399	2.640.208	567
35080	Bad Endbach	54,0	70,0	1.000	Fuhrländer	11/2002	67.785	89.612	76.322	60.284	65.562	40.524	46.414	52.369	44.187	57.587	39.591	k.A	640.237	280
35279	Speckswinkel	62,0	68,5	1.000	DeWind	09/2003	120.100	152.506	103.341	62.000	75.612	k.A	36.508	70.774	28.414	69.424	36.767	225.651	981.097	325
35315	Erbenhausen/Homb.	62,0	68,5	1.000	DeWind	12/2002	122.591	161.255	81.616	53.377	87.856	24.925	33.951	63.420	27.237	65.512	39.861	218.219	979.820	325
35325	Mücke	82,0	108,0	2.300	Enercon	05/2012	586.812	721.480	308.327	199.795	311.546	140.545	169.049	248.633	158.014	321.709	225.748	604.668	3.996.326	757
35325	Mücke	82,0	108,0	2.300	Enercon	05/2012	614.286	794.123	377.709	241.561	369.308	165.204	198.126	291.587	193.698	363.576	260.773	689.723	4.559.674	863
35325	Mücke	82,0	108,0	2.300	Enercon	05/2012	548.756	674.281	300.829	197.889	311.899	148.885	169.282	221.861	159.123	302.499	207.623	607.579	3.850.506	729
35325	Mücke	82,0	108,0	2.300	Enercon	05/2012	644.410	786.398	346.611	229.931	360.494	139.092	191.082	281.789	165.852	351.612	248.746	670.323	4.416.340	836
35325	Mücke	82,0	108,0	2.300	Enercon	06/2012	541.423	680.847	349.446	239.034	349.756	166.168	193.138	244.726	181.424	305.341	221.498	645.437	4.118.238	780
35325	Mücke	82,0	108,0	2.300	Enercon	06/2012	645.627	753.439	353.429	226.616	341.450	140.588	165.340	262.557	157.522	353.149	247.395	678.878	4.325.990	819
35325	Mücke	82,0	108,0	2.300	Enercon	06/2012	530.610	638.743	295.948	205.423	288.942	144.609	158.229	205.723	157.132	289.643	202.981	568.615	3.686.598	698
35325	Mücke	82,0	108,0	2.300	Enercon	06/2012	622.789	722.470	300.735	188.515	295.508	131.310	162.343	229.644	154.475	326.099	240.384	615.533	3.989.805	755
35325	Mücke	82,0	108,0	2.300	Enercon	07/2012	506.866	585.147	293.872	197.509	289.569	129.421	144.204	188.439	149.341	271.554	192.974	574.414	3.523.310	667
35325	Mücke	82,0	108,0	2.300	Enercon	07/2012	484.834	606.516	270.644	174.764	294.616	133.777	151.650	212.857	147.002	263.522	176.015	617.840	3.534.037	669

Betriebsergebnisse 2014

PLZ	Ort	Duchmesser	Nabenhöhe	Leistung	Hersteller	Inbetrieb-nahme	Januar	Februar	März	April	Mai	Juni	Juli	August	September	Oktober	November	Dezember	Jahresertrag	kWh je m² Rotorfläche
HESSEN																				
35325	Mücke	82,0	108,0	2.300	Enercon	07/2012	561.824	697.504	309.410	208.751	319.781	141.108	164.761	232.450	168.329	307.817	223.998	637.991	3.973.724	752
35325	Mücke	82,0	108,0	2.300	Enercon	08/2012	436.061	540.308	248.291	169.429	243.797	106.020	124.218	151.364	128.127	231.075	171.724	518.150	3.068.564	581
35325	Mücke	82,0	108,0	2.300	Enercon	08/2012	431.985	515.103	269.152	180.171	261.358	119.444	129.856	171.159	140.974	233.305	164.636	529.737	3.146.880	596
35325	Mücke	82,0	108,0	2.300	Enercon	09/2012	646.826	759.575	325.821	208.827	351.948	160.033	179.905	268.471	172.166	354.076	243.761	688.384	4.359.793	826
35327	Ulrichstein-Kölzen	82,0	138,0	2.300	Enercon	05/2011	759.709	916.829	492.434	330.603	447.872	215.719	283.601	335.922	295.391	536.630	438.845	777.094	5.830.649	1104
35327	Ulrichstein-Kölzen	82,0	138,0	2.300	Enercon	06/2011	759.709	916.829	492.434	330.603	447.872	215.719	283.601	335.922	295.391	536.630	438.845	777.094	5.830.649	1104
35327	Helpershain-Meiche	82,0	138,0	2.300	Enercon	11/2011	653.975	743.008	446.403	270.912	388.011	152.283	201.713	314.516	209.501	420.549	322.440	819.957	4.943.268	936
35327	Helpershain-Meiche	82,0	138,0	2.300	Enercon	11/2011	653.975	743.008	446.403	270.912	388.011	152.283	201.713	314.516	209.501	420.549	322.440	819.957	4.943.268	936
35327	Ulrichstein/Platte	82,0	138,0	2.300	Enercon	11/2012	867.449	995.003	554.467	334.146	532.273	240.446	313.597	417.578	305.834	572.728	493.438	857.893	6.484.852	1228
35327	Ulrichstein/Platte	82,0	138,0	2.300	Enercon	01/2013	843.123	917.971	494.565	309.879	477.014	206.280	275.407	376.610	246.620	533.410	443.316	809.555	5.933.750	1124
35327	Ulrichstein/Platte	82,0	138,0	2.300	Enercon	01/2013	872.471	982.657	541.391	354.221	521.287	220.040	293.455	415.794	300.066	570.228	452.520	860.939	6.385.069	1209
35327	Ulrichstein/Platte	82,0	138,0	2.300	Enercon	01/2013	855.763	975.288	530.772	337.805	526.279	235.085	306.728	412.375	300.595	556.239	414.313	868.219	6.319.461	1197
35327	Ulrichstein/Platte	82,0	138,0	2.300	Enercon	02/2013	838.633	947.758	515.421	324.631	492.301	219.379	273.792	399.361	275.864	534.357	401.406	841.758	6.064.661	1148
35327	Ulrichstein/Platte	82,0	138,0	2.300	Enercon	02/2013	794.134	887.162	493.394	314.738	481.917	214.803	272.219	339.309	269.359	507.336	414.569	799.246	5.788.186	1096
35327	Ulrichstein/Platte	82,0	138,0	2.300	Enercon	12/2012	777.892	877.488	489.141	307.295	454.420	196.862	250.077	291.924	264.773	488.185	431.465	767.779	5.597.301	1060
35327	Ulrichst.-Wohnfeld	60,0	70,0	1.000	NEG Micon	06/2000	172.378	201.264	105.582	70.010	86.627	50.486	52.917	56.029	58.655	109.921	91.015	148.302	1.203.186	426
35329	Burg-Gemünden	62,0	69,0	1.300	Nordex	06/2001	167.909	204.776	100.485	77.739	103.316	42.634	47.148	79.650	44.078	96.799	60.247	258.117	1.282.898	425
35329	Rülfenrod	77,0	85,0	1.500	GE	06/2002	205.731	291.874	102.574	93.214	136.565	61.858	68.059	97.900	54.974	109.921	75.388	270.239	1.568.297	337
35644	Hohenahr	116,8	141,0	2.400	Nordex	11/2012	417.513	468.464	462.718	361.736	397.926	208.066	181.511	336.950	78.248	324.945	314.968	577.114	4.130.159	385
35644	Hohenahr	116,8	141,0	2.400	Nordex	11/2012	469.804	498.958	509.013	381.441	426.089	249.911	197.768	387.902	103.776	327.109	337.215	660.795	4.549.781	425
35644	Hohenahr	116,8	141,0	2.400	Nordex	11/2012	571.895	608.270	525.611	352.288	463.653	268.248	184.133	371.225	107.006	367.643	370.018	627.719	4.817.709	450
35644	Hohenahr	116,8	141,0	2.400	Nordex	12/2012	436.322	529.484	501.506	365.575	452.458	252.271	179.862	374.773	85.789	349.051	353.694	647.957	4.528.742	423
35644	Hohenahr	116,8	141,0	2.400	Nordex	12/2012	562.758	606.859	515.097	371.524	421.201	272.539	136.741	421.732	89.124	394.392	333.668	702.857	4.828.492	451
35644	Hohenahr	116,8	141,0	2.400	Nordex	03/2013	486.263	541.421	499.559	360.729	457.094	269.144	209.169	342.957	75.210	343.761		532.554	4.117.861	384
35644	Hohenahr	116,8	141,0	2.400	Nordex	03/2013	555.140	611.257	505.583	365.486	484.419	286.782	199.430	378.155	104.328	353.948	293.092	695.640	4.833.260	451
35768	Siegbach	100,0	140,0	2.500	Nordex	11/2011	400.130	440.908	449.061	354.486	362.594	199.733	270.739	318.806	138.944	119.257	257.158	548.371	3.860.187	491
35768	Siegbach	100,0	140,0	2.500	Nordex	11/2011	458.491	442.880	473.692	320.165	289.407	199.320	180.828	109.184	215.791	133.357	279.803	613.403	3.716.321	473
35768	Siegbach	100,0	140,0	2.500	Nordex	11/2011	390.984	544.169	532.256	417.724	437.444	229.876	276.449	358.731	255.594	138.005	354.886	618.011	4.554.129	580
36205	Roter Berg, Sontra	82,0	108,6	1.500	Vestas	06/2005	250.619	323.028	191.850	133.007	186.088	65.309	70.176	157.182	61.527	148.779	104.599	383.803	2.075.967	393
36266	Lengers	77,0	85,0	1.500	SÜDWIND	12/2002	10.381	278.809	166.417	109.467	161.308	67.776	73.441	137.339	55.153	152.938	111.945	304.372	1.629.346	350
36289	Friedewald	58,6	89,0	1.000	Enercon	11/2003	173.672	202.345	143.435	95.471	119.204	56.014	69.831	88.933	68.938	107.381	93.807	276.723	1.495.754	555
36304	Billertshausen	62,0	68,5	1.000	DeWind	11/2002	158.566	214.434	113.732	68.860	111.738	36.223	42.812	85.154	36.416	88.515	36.293	263.581	1.256.324	416
36304	Billertshausen	62,0	68;5	1.000	DeWind	01/2003	151.890	195.687	109.668	63.212	104.566	34.516	41.870	69.873	39.414	79.070	40.459	260.978	1.191.203	395
36320	Kirtorf	62,0	68,5	1.000	DeWind	06/2001	44.469	168.322	94.350	53.053	95.507	28.019	39.019	75.803	32.113	71.540	45.360	208.923	956.478	317
36355	Hartmannshain	82,0	108,0	2.000	Enercon	08/2010	351.564	438.664	337.539	220.988	324.091	186.591	206.176	216.420	206.431	262.571	197.761	548.761	3.497.557	662
36355	Hartmannshain	82,0	108,0	2.000	Enercon	08/2010	360.339	455.579	361.334	241.191	336.929	189.923	211.106	221.359	217.830	273.774	211.351	553.134	3.633.849	688
36355	Hartmannshain	82,0	108,0	2.000	Enercon	09/2010	467.448	572.639	400.990	271.481	415.253	229.472	208.307	270.316	272.081	341.152	295.965	608.750	4.353.854	824
36355	Hartmannshain	65,0	67,0	1.500	Tacke	01/1999	158.829	221.275	155.349	97.965	181.102	41.425	40.996	100.374	90.102	114.168	79.793	337.388	1.618.766	488
36355	Hartmannshain	77,0	80,0	1.500	GE	10/2004	290.141	376.117	270.683	185.787	284.482	163.914	186.832	178.689	187.519	216.616	173.281	460.164	2.974.225	639
36355	Hartmannshain	77,0	80,0	1.500	GE	10/2004	295.469	381.070	250.827	175.422	276.106	156.217	178.179	177.082	175.900	215.361	185.181	455.761	2.922.575	628
36355	Hartmannshain	77,0	80,0	1.500	GE	10/2004	216.372	303.606	227.318	150.230	234.304	132.282	154.836	146.776	141.089	175.899	131.666	370.910	2.385.288	512
36369	Helpershain-Meiche	82,0	138,0	2.300	Enercon	10/2011	694.907	824.272	472.387	276.423	417.593	183.972	222.795	334.136	235.097	461.457	363.731	832.666	5.319.436	1007
36369	Helpershain-Meiche	82,0	138,0	2.300	Enercon	09/2011	694.907	824.272	472.387	276.423	417.593	183.972	222.795	334.136	235.097	461.457	363.731	832.666	5.319.436	1007
36369	Dirlammen	62,0	68,0	1.300	AN BONUS	09/2000	146.393	207.804	139.887	78.518	114.381	46.212	53.339	69.727	24.423	117.581	83.121	292.376	1.373.762	455
36369	Engelrod	62,0	68,0	1.300	AN BONUS	11/2000	180.174	234.126	137.037	75.007	108.654	45.387	51.764	73.202	63.777	125.242	89.996	281.569	1.465.935	486
36369	Engelrod	62,0	68,0	1.300	AN BONUS	11/2000	205.946	256.434	131.436	70.402	89.384	46.505	50.309	67.558	48.378	91.847	97.773	248.917	1.404.889	465
36381	Wallroth	80,0	100,0	2.000	Vestas	12/2004	313.994	397.465	196.752	146.944	243.988	118.697	121.838	134.990	124.966	178.166	151.086	460.756	2.589.642	515
36381	Wallroth	80,0	100,0	2.000	Vestas	12/2004	385.187	458.713	257.745	190.513	298.313	141.676	157.604	189.999	93.569	243.130	202.805	548.120	3.167.374	630
36381	Wallroth	80,0	100,0	2.000	Vestas	12/2008	311.185	387.362	219.185	185.320	217.095	110.922	119.424	130.885	140.922	209.066	170.386	430.017	2.631.769	524
36381	Wallroth/Schlüchte	90,0	105,0	2.000	Vestas	01/2012	409.617	474.108	340.830	259.639	376.968	154.548	223.528	261.564	212.711	327.002	271.227	640.617	3.952.359	621
36399	Freiensteinau/Stei	90,0	105,0	2.000	Vestas	10/2008	327.983	419.080	321.100	251.422	325.272	191.164	209.303	179.450	194.187	236.695	200.360	587.459	3.443.475	541
36399	Freiensteinau/Stei	90,0	105,0	2.000	Vestas	10/2008	343.627	415.978	316.103	239.216	299.411	170.311	196.971	174.900	181.124	237.592	212.872	490.296	3.278.401	515
36399	Freiensteinau/Stei	90,0	105,0	2.000	Vestas	10/2008	364.490	476.378	313.952	223.377	319.634	171.049	197.381	197.401	180.066	238.966	208.572	600.384	3.491.650	549
36399	Freiensteinau/Stei	90,0	105,0	2.000	Vestas	10/2008	335.278	441.729	303.847	224.672	318.608	179.018	199.775	183.917	176.655	232.821	197.188	596.562	3.390.070	533
36399	Freiensteinau/Stei	90,0	105,0	2.000	Vestas	07/2009	356.045	450.231	276.498	214.323	298.010	158.682	162.313	181.987	154.485	237.214	186.415	562.346	3.238.549	509
36399	Freiensteinau/Stei	90,0	105,0	2.000	Vestas	07/2009	328.095	422.957	286.811	224.330	310.442	181.447	185.940	176.920	170.043	204.750	150.990	571.252	3.213.977	505
36399	Freiensteinau/Stei	90,0	105,0	2.000	Vestas	07/2009	361.950	461.955	307.406	217.564	317.332	173.878	195.128	193.965	179.328	239.050	205.502	580.730	3.433.788	540
36399	Freiensteinau/Stei	90,0	105,0	2.000	Vestas	07/2009	296.390	378.236	264.194	204.951	249.449	168.630	137.334	160.092	159.766	201.343	179.056	540.345	2.939.786	462
36399	Freiensteinau/Stei	90,0	105,0	2.000	Vestas	07/2009	305.960	394.702	317.553	251.341	324.489	199.879	211.126	158.517	187.079	227.298	194.683	573.089	3.345.716	526
63607	Wächtersbach	112,0	140,0	3.000	Vestas	10/2013	394.296	591.063	496.943	375.741	527.698	304.288	341.712	352.881	305.623	436.613	299.997	907.790	5.334.645	541
63607	Wächtersbach	112,0	140,0	3.000	Vestas	10/2013	460.227	437.112	469.018	372.976	522.763	282.717	315.510	322.840	227.914	461.630	485.824	928.866	5.287.397	537
63607	Wächtersbach	112,0	140,0	3.000	Vestas	11/2013	477.173	680.169	513.049	407.926	516.412	284.831	308.208	232.148	287.268	428.118	458.975	932.589	5.526.866	561
63607	Wächtersbach	112,0	140,0	3.000	Vestas	11/2013	498.164	628.487	476.760	344.002	466.697	235.178	281.092	339.089	249.496	420.398	437.199	840.928	5.217.490	530
63607	Wächtersbach	112,0	140,0	3.000	Vestas	11/2013	438.213	626.923	575.247	418.721	557.342	282.221	323.484	398.429	311.901	419.407	420.809	997.174	5.769.871	586
63607	Wächtersbach	112,0	140,0	3.000	Vestas	12/2013	84.665	309.923	435.603	275.540	443.083	224.260	232.485	287.766	242.982	344.690	337.501	836.118	4.054.616	412
63607	Wächtersbach	112,0	140,0	3.000	Vestas	12/2013	100.715	468.033	468.130	295.828	449.841	248.194	269.853	314.302	271.789	405.222	442.655	861.901	4.596.463	467
63607	Wächtersbach	112,0	140,0	3.000	Vestas	12/2013	535.205	613.764	533.350	420.562	428.215	287.086	321.609	363.210	283.612	435.131	462.089	992.916	5.676.749	576
63607	Wächtersbach	112,0	140,0	3.000	Vestas	12/2013	581.322	497.411	499.772	387.910	548.973	250.008	337.343	213.995	284.194	404.534	331.651	922.998	5.260.111	534
63607	Wächtersbach	112,0	140,0	3.000	Vestas	12/2013	517.514	642.874	457.203	396.135	541.752	314.182	347.363	328.261	302.528	381.455	361.755	960.083	5.551.105	563
63607	Wächtersbach	112,0	140,0	3.000	Vestas	01/2014	k.A	432.928	432.598	347.328	465.402	235.607	293.931	298.017	283.199	339.916	374.488	795.128	4.298.692	436

Betriebsergebnisse 2014

PLZ	Ort	Duchmesser	Nabenhöhe	Leistung	Hersteller	Inbetrieb-nahme	Januar	Februar	März	April	Mai	Juni	Juli	August	September	Oktober	November	Dezember	Jahresertrag	kWh je m² Rotorfläche
HESSEN																				
63607	Wächtersbach	112,0	140,0	3.000	Vestas	01/2014	2.245	97.765	423.779	358.624	457.566	262.578	286.366	285.232	283.539	353.422	305.526	827.749	3.944.391	400
63697	Hirzenhain	62,0	68,5	1.000	DeWind	12/2001	73.584	114.581	84.434	70.274	70.382	34.909	39.753	44.646	32.778	60.026	52.986	159.740	838.093	278
63697	Hirzenhain	62,0	68,5	1.000	DeWind	12/2001	74.582	115.424	78.844	66.390	70.043	33.072	39.375	42.539	31.563	59.172	51.838	145.899	808.741	268
64807	Dieburg	53,0	70,0	1.000	Fuhrländer	10/1999	142.000	168.000	88.000	60.000	98.000	34.000	46.000	76.000	36.000	98.000	86.000	220.000	1.152.000	522
64807	Dieburg	53,0	70,0	1.000	Fuhrländer	10/1999	142.000	169.000	96.000	59.000	98.000	34.000	49.000	77.000	38.000	101.000	85.000	219.000	1.167.000	529
64823	Binselberg	82,0	138,0	2.000	Enercon	12/2010	624.000	698.000	430.000	277.000	406.000	181.000	243.000	345.000	206.000	409.000	376.000	718.000	4.913.000	930
64823	Binselberg	82,0	138,0	2.000	Enercon	01/2011	597.000	667.000	424.000	264.000	395.000	159.000	220.000	329.000	195.000	403.000	370.000	727.000	4.750.000	899
HAMBURG																				
21039	Neuengamme	58,6	70,5	1.000	Enercon	09/2003	217.000	174.600	141.100	122.900	123.800	104.500	71.100	112.600	85.000	92.800	113.400	269.500	1.628.300	604
MECKLENBURG-VORPOMMERN																				
17039	Beseritz	71,0	85,0	2.300	Enercon	02/2008	374.637	362.961	258.705	200.849	258.476	118.037	128.945	228.795	151.404	171.935	212.552	330.553	2.797.849	707
17039	Beseritz	71,0	85,0	2.300	Enercon	02/2008	368.764	339.605	245.167	209.564	269.881	123.394	151.810	197.472	150.955	162.097	220.586	278.946	2.718.241	687
17089	Grapzow	80,0	100,0	2.000	Vestas	05/2004	329.662	182.066	181.303	204.216	252.819	158.389	139.546	184.150	152.295	147.425	154.418	154.136	2.240.425	446
17089	Grapzow	80,0	100,0	2.000	Vestas	05/2004	335.254	186.959	232.776	194.895	233.203	143.415	169.452	173.549	144.505	148.422	167.170	248.614	2.378.214	473
17089	Grapzow	80,0	100,0	2.000	Vestas	05/2004	429.304	259.029	262.607	239.089	242.229	138.715	170.565	208.386	171.301	178.610	224.160	279.364	2.803.359	558
17089	Grapzow	80,0	100,0	2.000	Vestas	05/2004	382.466	210.446	190.374	205.365	232.945	142.968	144.471	181.681	154.577	160.657	205.269	268.630	2.479.849	493
17089	Grapzow	80,0	100,0	2.000	Vestas	06/2004	330.290	199.835	191.918	136.778	232.649	146.339	139.587	201.298	158.522	192.852	159.821	271.634	2.361.523	470
17089	Grapzow	80,0	100,0	2.000	Vestas	06/2004	328.686	208.796	180.182	199.691	229.380	132.464	131.336	167.304	149.049	155.725	207.411	200.293	2.290.317	456
17089	Grapzow	80,0	100,0	2.000	Vestas	06/2004	326.107	181.850	230.091	195.233	207.425	133.535	145.241	167.782	151.489	147.436	170.391	224.292	2.280.872	454
17089	Grapzow	80,0	100,0	2.000	Vestas	06/2004	350.900	202.391	265.776	229.213	253.435	152.317	170.496	208.528	176.063	158.333	194.537	227.522	2.589.511	515
17089	Grapzow	80,0	100,0	2.000	Vestas	07/2004	399.167	248.129	252.536	236.119	236.298	133.414	171.479	193.420	164.507	165.797	219.259	271.715	2.691.840	536
17091	Breesen	101,0	135,0	3.050	Enercon	05/2013	804.823	661.780	560.736	520.096	675.076	398.141	394.885	523.476	457.407	505.660	544.129	612.327	6.658.536	831
17091	Breesen	101,0	135,0	3.050	Enercon	06/2013	1.056.912	920.423	628.709	552.237	656.303	380.031	415.202	629.664	498.646	629.487	723.782	659.268	7.750.664	967
17091	Breesen	101,0	135,0	3.050	Enercon	06/2013	979.596	872.113	620.630	547.938	619.115	316.886	407.437	566.151	485.543	554.495	651.760	656.316	7.277.980	908
17091	Breesen	101,0	135,0	3.050	Enercon	07/2013	842.278	847.845	347.172	506.927	652.095	335.309	355.353	559.584	419.110	522.326	606.730	683.024	6.677.753	833
17091	Breesen	101,0	135,0	3.050	Enercon	07/2013	871.645	686.989	525.598	495.448	608.183	273.317	390.763	458.983	382.362	437.342	590.185	560.620	6.281.435	784
17091	Breesen	101,0	135,0	3.050	Enercon	08/2013	920.390	795.204	594.864	531.428	601.308	389.355	435.969	627.426	474.484	588.345	633.236	726.953	7.318.962	914
17091	Breesen	101,0	135,0	3.050	Enercon	12/2013	324.067	326.456	445.429	401.808	570.985	343.799	2.826.401	465.587	270.357	495.046	543.399	458.791	7.472.125	933
17098	Friedland	60,0	69,0	1.300	Nordex	09/1999	162.854	146.086	148.261	104.883	112.952	78.176	91.050	k.A	k.A	79.158	k.A	267.739	1.191.159	421
17098	Friedland	77,0	100,0	1.500	Enron Wind	03/2002	353.308	383.435	256.864	232.402	277.735	166.271	187.047	203.326	171.539	176.071	195.110	327.312	2.930.420	629
17111	Beggerow/Borrentin	82,0	108,0	2.300	Enercon	10/2012	563.871	442.464	364.308	272.023	300.402	214.662	205.406	322.790	268.754	289.104	314.878	713.071	4.271.733	809
17111	Beggerow/Borrentin	82,0	108,0	2.300	Enercon	10/2012	582.558	485.372	417.066	312.359	286.767	183.118	295.206	271.344	260.524	284.643	367.112	596.264	4.342.333	822
17111	Beggerow/Borrentin	82,0	108,0	2.300	Enercon	11/2012	539.906	584.423	463.272	335.800	367.347	280.449	275.599	390.788	309.828	337.250	339.420	836.809	5.060.891	958
17111	Beggerow/Borrentin	82,0	108,0	2.300	Enercon	11/2012	539.536	409.051	368.425	317.633	322.792	223.377	294.851	283.805	288.782	272.943	346.223	595.822	4.263.240	807
17111	Beggerow/Borrentin	82,0	108,0	2.300	Enercon	12/2012	594.313	650.762	487.863	323.105	362.822	286.180	252.956	429.214	306.636	390.155	411.898	853.256	5.349.160	1013
17111	Beggerow/Borrentin	82,0	108,0	2.300	Enercon	12/2012	539.939	569.396	431.330	313.451	306.519	239.063	279.510	309.513	263.959	340.308	331.328	709.530	4.633.846	877
17111	Beggerow/Borrentin	82,0	108,0	2.300	Enercon	01/2013	642.592	624.645	456.677	296.679	336.826	221.997	248.889	408.051	289.326	375.783	406.406	810.074	5.117.945	969
17111	Beggerow	101,0	99,0	3.050	Enercon	03/2013	886.654	718.938	578.965	444.552	509.783	387.796	362.288	496.424	423.199	451.808	394.735	1.059.773	6.714.915	838
17111	Beggerow	101,0	99,0	3.050	Enercon	04/2013	953.864	833.350	585.410	428.916	454.333	261.571	413.243	532.847	369.371	474.868	539.930	1.016.955	6.864.658	857
17166	Bartelshagen	70,0	65,0	1.800	Enercon	01/2001	348.714	240.809	225.506	217.859	210.360	130.059	145.686	168.338	144.065	133.579	186.382	kA	2.151.357	559
17179	Walkendorf/Dalwitz	101,0	135,0	3.050	Enercon	11/2013	723.859	676.912	519.769	615.504	659.283	460.793	535.914	628.451	338.502	584.456	592.783	974.253	7.310.479	912
17179	Walkendorf/Dalwitz	101,0	135,0	3.050	Enercon	11/2013	326.052	781.755	511.570	582.661	593.422	410.673	581.587	597.949	335.362	516.612	633.583	1.153.477	7.024.703	877
17179	Walkendorf/Dalwitz	101,0	135,0	3.050	Enercon	12/2013	k.A	315.541	383.390	590.518	619.142	438.978	565.355	567.684	298.425	k.A	k.A	kA	3.779.033	472
17179	Walkendorf/Dalwitz	101,0	135,0	3.050	Enercon	12/2013	207.434	800.707	581.009	625.048	651.577	409.311	608.107	601.588	363.063	545.347	654.012	1.165.759	7.212.962	900
17179	Walkendorf/Dalwitz	101,0	135,0	3.050	Enercon	12/2013	490.360	814.864	574.006	649.879	652.529	459.284	592.938	544.490	355.203	538.334	656.187	1.129.035	7.457.109	931
17179	Walkendorf/Dalwitz	101,0	135,0	3.050	Enercon	01/2014	k.A	202.439	581.801	656.075	625.304	420.670	594.565	569.053	361.997	578.428	671.363	1.155.946	6.417.641	801
17179	Walkendorf/Dalwitz	101,0	135,0	3.050	Enercon	09/2013	1.068.186	949.072	587.758	663.279	714.431	485.406	587.324	668.013	349.763	503.196	614.405	1.259.822	8.450.655	1055
17179	Walkendorf/Dalwitz	101,0	135,0	3.050	Enercon	09/2013	235.142	469.635	578.070	623.338	658.494	405.231	581.466	676.260	158.457	10.439	659.387	1.259.622	6.315.541	788
17309	Züsedom	71,0	85,0	2.000	Enercon	06/2007	424.306	316.678	334.080	216.464	247.067	141.350	146.075	171.654	165.538	140.459	163.475	339.388	2.806.534	709
17309	Züsedom/Damerow	71,0	98,0	2.300	Enercon	11/2010	555.890	473.709	422.074	307.799	382.460	215.921	224.224	238.502	264.431	224.548	253.932	379.324	3.942.814	996
17309	Züsedom/Damerow	71,0	98,0	2.300	Enercon	11/2010	619.067	581.043	435.912	304.810	327.451	198.349	221.971	257.996	266.256	270.503	271.505	421.382	4.176.245	1055
17309	Damerow/Rollwitz	82,0	138,0	2.300	Enercon	05/2012	587.092	477.536	388.499	281.496	347.533	189.488	176.612	251.724	224.967	213.685	246.438	406.137	3.791.207	718
17309	Fahrenwalde	82,0	138,0	2.300	Enercon	08/2012	502.496	546.625	453.592	348.249	380.408	229.550	258.453	274.111	298.772	276.907	289.222	451.041	4.309.426	816
17309	Fahrenwalde	82,0	138,0	2.300	Enercon	08/2012	574.325	560.330	506.122	404.081	465.814	275.425	294.889	312.555	346.502	296.761	303.474	494.892	4.835.170	916
17309	Fahrenwalde	82,0	138,0	2.300	Enercon	08/2012	542.610	504.461	463.727	375.909	443.986	264.742	271.574	287.959	321.853	268.941	299.011	470.465	4.515.238	855
17309	Fahrenwalde	82,0	138,0	2.300	Enercon	09/2012	507.617	500.164	470.135	368.620	419.976	242.297	275.699	261.561	318.521	269.190	309.888	431.790	4.375.458	829
17309	Fahrenwalde	82,0	138,0	2.300	Enercon	10/2012	627.084	548.780	453.102	338.345	393.733	223.261	261.235	284.078	302.611	291.500	291.191	451.236	4.466.156	846
17309	Fahrenwalde	82,0	138,0	2.300	Enercon	10/2012	525.485	567.891	492.796	355.948	429.338	246.841	257.004	285.906	305.618	305.484	310.032	467.672	4.550.015	862
17309	Fahrenwalde	82,0	138,0	2.300	Enercon	10/2012	522.142	521.766	430.701	340.208	407.634	232.979	236.768	264.842	255.239	280.211	266.554	441.393	4.200.437	795
17309	Fahrenwalde	82,0	138,0	2.300	Enercon	11/2012	668.266	605.455	484.098	367.081	430.475	250.543	254.479	286.188	318.306	335.289	356.148	466.278	4.822.606	913
17309	Fahrenwalde	82,0	138,0	2.300	Enercon	11/2012	606.321	476.768	475.712	356.531	412.156	220.867	270.490	241.280	308.053	266.875	313.701	419.173	4.367.927	827
17309	Fahrenwalde	82,0	138,0	2.300	Enercon	12/2012	628.070	537.300	430.913	358.103	451.977	251.292	281.433	260.432	325.409	298.233	321.002	432.754	4.576.918	867
17309	Fahrenwalde	101,0	100,0	3.050	Enercon	12/2012	918.955	793.833	658.372	493.070	424.351	315.090	361.296	355.587	448.162	475.303	472.558	585.741	6.302.318	787
17309	Züsedom	82,0	138,0	2.300	Enercon	12/2012	674.142	634.962	509.492	434.374	509.773	325.154	304.707	346.240	385.767	359.257	359.425	534.265	5.377.558	1018
17309	Täppelberg	60,0	69,0	1.300	Nordex	06/1999	223.166	100.213	115.590	114.745	139.970	78.415	87.317	95.944	85.491	102.262	k.A	k.A	1.143.113	404
17328	Nadrensee	90,0	105,0	2.000	Vestas	03/2005	607.332	448.234	378.797	299.650	323.421	239.621	210.459	297.573	198.574	262.368	359.847	478.947	4.104.823	645
17328	Nadrensee	90,0	105,0	2.000	Vestas	03/2005	658.161	422.806	364.342	332.757	389.802	218.163	243.444	247.659	269.195	275.131	407.010	444.194	4.272.664	672
17329	Nadrensee	90,0	105,0	2.000	Vestas	01/2005	704.200	585.391	402.740	369.529	340.778	204.048	213.553	273.481	318.461	325.349	422.358	514.799	4.674.687	735
17329	Nadrensee	90,0	105,0	2.000	Vestas	01/2005	604.095	474.674	340.824	297.526	340.747	208.936	191.029	253.608	241.426	263.189	353.425	453.426	4.022.905	632
17329	Nadrensee	90,0	105,0	2.000	Vestas	01/2005	635.278	535.850	379.495	314.390	345.699	201.547	227.629	240.160	261.764	281.280	361.756	447.111	4.231.959	665

Betriebsergebnisse 2014

PLZ	Ort	Duchmesser	Nabenhöhe	Leistung	Hersteller	Inbetrieb-nahme	Januar	Februar	März	April	Mai	Juni	Juli	August	September	Oktober	November	Dezember	Jahresertrag	kWh je m² Rotorfläche
MECKLENBURG-VORPOMMERN																				
17329	Nadrensee	90,0	105,0	2.000	Vestas	01/2005	617.102	446.740	380.408	316.784	368.965	214.554	199.107	264.076	250.370	248.480	356.059	440.929	4.103.574	645
17329	Nadrensee	90,0	105,0	2.000	Vestas	02/2005	586.993	562.307	375.253	229.236	373.493	233.925	200.363	305.799	271.379	298.532	339.748	463.857	4.240.885	667
17329	Nadrensee	90,0	105,0	2.000	Vestas	02/2005	621.446	529.268	367.654	361.731	361.564	181.264	223.171	273.038	316.035	290.542	384.808	472.637	4.383.158	689
17329	Nadrensee	90,0	105,0	2.000	Vestas	02/2005	648.642	544.758	418.121	331.185	385.641	250.227	195.186	324.941	248.414	303.573	360.021	506.646	4.517.355	710
17329	Nadrensee	90,0	105,0	2.000	Vestas	02/2005	631.928	481.251	403.344	253.735	386.497	252.314	240.730	k.A	165.443	281.015	383.141	431.775	3.911.173	615
17329	Nadrensee	90,0	105,0	2.000	Vestas	02/2005	610.811	453.240	407.625	322.718	424.417	268.441	235.794	312.472	265.068	250.639	331.633	490.799	4.373.657	687
17329	Nadrensee	90,0	105,0	2.000	Vestas	02/2005	732.279	548.843	413.338	325.325	405.493	235.262	274.160	287.074	279.550	308.257	431.842	470.545	4.711.968	741
17329	Nadrensee	90,0	125,0	2.000	Vestas	12/2008	636.376	449.443	410.836	297.945	446.153	287.112	276.194	294.485	251.709	270.376	383.228	489.582	4.493.439	706
17349	Kublank	82,0	138,0	2.300	Enercon	10/2012	646.418	599.214	353.591	369.531	447.413	297.571	256.606	357.619	360.363	394.196	349.824	357.047	4.789.393	907
17349	Kublank	82,0	138,0	2.300	Enercon	10/2012	651.188	629.209	377.068	394.846	501.440	311.441	256.045	374.163	384.765	401.020	343.616	372.553	4.997.354	946
17349	Kublank	82,0	138,0	2.300	Enercon	11/2012	577.471	490.418	324.129	330.817	437.844	239.659	252.019	330.094	346.624	329.288	309.517	321.443	4.289.323	812
17349	Kublank	82,0	138,0	2.300	Enercon	11/2012	693.781	610.452	338.408	344.347	472.180	275.958	266.138	362.567	362.166	380.987	321.523	345.625	4.774.132	904
17349	Kublank	82,0	138,0	2.300	Enercon	11/2012	687.418	646.809	344.556	353.329	503.179	316.342	266.056	375.103	363.710	384.050	293.553	356.216	4.890.321	926
17349	Kublank	82,0	138,0	2.300	Enercon	12/2012	607.580	561.102	353.818	381.896	530.940	338.083	304.114	388.774	366.982	369.441	257.466	372.948	4.833.144	915
17349	Kublank	82,0	138,0	2.300	Enercon	12/2012	570.686	476.246	307.675	336.157	455.095	285.067	244.805	334.395	330.739	341.245	302.313	322.747	4.307.170	816
17349	Kublank	82,0	100,0	2.300	Enercon	02/2013	586.030	500.514	346.896	375.416	496.631	274.527	279.651	329.664	383.565	353.024	313.981	319.796	4.559.695	863
17349	Kublank	82,0	138,0	2.300	Enercon	03/2013	585.827	484.960	303.229	335.067	440.090	259.559	274.008	305.978	358.210	352.430	283.771	323.569	4.306.698	816
17390	Klein Bünzow	70,0	114,0	2.000	Enercon	08/2004	506.615	400.088	342.102	251.861	265.575	193.404	210.707	287.691	240.749	231.252	266.218	542.871	3.739.133	972
17390	Klein Bünzow	71,0	113,0	2.300	Enercon	11/2008	465.800	375.565	312.528	280.263	259.593	194.637	231.688	274.861	253.220	224.289	253.408	510.925	3.636.777	919
17390	Klein Bünzow	71,0	113,0	2.300	Enercon	11/2008	472.938	373.121	323.414	327.046	276.015	192.885	285.861	276.362	265.307	229.888	241.922	519.864	3.784.623	956
17390	Klein Bünzow	71,0	113,0	2.300	Enercon	12/2008	476.777	375.084	328.484	333.314	284.093	199.073	290.749	277.278	278.031	231.743	266.503	528.945	3.870.074	977
17390	Klein Bünzow	71,0	113,0	2.300	Enercon	02/2009	501.374	387.672	342.083	331.076	293.418	202.112	295.688	275.447	276.648	222.876	260.671	573.035	3.962.100	1001
17390	Klein Bünzow	71,0	113,0	2.300	Enercon	03/2009	489.793	390.599	339.748	331.558	299.176	202.257	292.015	282.083	276.730	221.726	278.507	542.447	3.946.639	997
17391	Iven/Fuchsberg	90,0	105,0	3.000	Vestas	12/2007	576.122	501.878	435.110	359.676	9.564	110.008	291.902	k.A	279.186	266.920	322.097	625.208	3.777.671	594
17391	Iven/Fuchsberg	90,0	105,0	3.000	Vestas	12/2007	648.818	594.756	437.718	396.536	438.852	216.904	283.720	301.440	277.564	122.976	325.750	643.626	4.688.660	737
17391	Iven/Fuchsberg	90,0	105,0	3.000	Vestas	12/2007	628.350	514.006	464.300	240.898	451.772	281.408	333.764	261.406	307.594	271.482	341.354	613.420	4.709.754	740
17391	Iven/Fuchsberg	90,0	105,0	3.000	Vestas	12/2007	582.498	529.958	281.758	378.954	10.812	117.080	316.844	271.092	254.890	280.918	332.496	589.742	3.947.042	620
17391	Iven/Fuchsberg	90,0	105,0	3.000	Vestas	12/2007	652.241	551.586	467.451	428.088	12.800	121.439	313.988	k.A	321.093	292.050	328.837	657.440	4.147.013	652
17391	Iven	90,0	120,0	2.500	Nordex	10/2007	469.972	16.516	212.020	401.434	469.572	181.925	293.884	239.453	300.619	285.830	298.811	719.136	3.889.172	611
17391	Iven	90,0	120,0	2.500	Nordex	10/2007	697.607	659.717	558.913	405.071	504.046	319.277	305.748	k.A	301.629	320.608	379.691	815.731	5.268.038	828
17391	Iven	90,0	120,0	2.500	Nordex	04/2008	702.121	345.407	570.987	473.436	528.984	210.597	195.108	k.A	296.695	341.526	353.982	841.621	4.860.464	764
17391	Krien	90,0	105,0	2.000	Vestas	11/2008	632.916	509.604	456.900	379.982	408.708	226.298	318.596	329.262	286.282	280.828	333.932	718.488	4.881.796	767
17391	Krien	90,0	105,0	2.000	Vestas	12/2008	659.064	560.108	470.302	338.466	441.756	273.844	331.468	344.952	301.496	315.120	357.736	724.608	5.118.920	805
17391	Krien	90,0	105,0	2.000	Vestas	12/2008	622.976	465.164	442.980	379.736	433.764	283.072	325.482	304.382	300.156	277.768	344.100	657.558	4.837.138	760
17391	Krien	90,0	105,0	2.000	Vestas	12/2008	543.904	466.828	429.408	351.934	388.888	237.102	272.986	299.798	282.212	240.254	333.302	649.436	4.496.052	707
17391	Krien	90,0	105,0	2.000	Vestas	01/2009	559.128	438.116	425.856	376.752	419.308	281.808	329.620	286.092	294.634	252.162	280.416	620.032	4.563.924	717
17391	Iven	101,0	99,0	3.050	Enercon	10/2011	804.464	692.759	604.423	461.520	514.080	340.659	368.767	405.523	306.629	326.935	367.360	813.481	6.006.600	750
17391	Postlow	70,0	98,0	1.800	Enercon	05/2002	426.391	332.659	281.272	223.525	261.929	146.971	218.376	215.865	200.282	185.656	240.132	473.879	3.206.937	833
17392	Sarnow/Panschow	71,0	113,0	2.300	Enercon	07/2011	426.695	412.137	243.490	211.065	307.688	173.131	166.370	231.014	212.739	224.557	226.441	296.312	3.131.639	791
17392	Spantekow/Panschow	90,0	105,0	2.000	Vestas	12/2011	532.615	467.682	308.498	302.295	398.593	212.673	250.916	299.050	264.053	276.230	231.045	496.657	4.040.307	635
17392	Spantekow/Panschow	90,0	105,0	2.000	Vestas	01/2012	573.413	521.344	309.246	306.386	377.909	234.817	252.199	293.342	265.635	273.969	274.521	487.092	4.169.873	655
17392	Spantekow/Panschow	90,0	105,0	2.000	Vestas	01/2012	641.073	560.286	338.181	273.638	414.806	269.163	236.531	301.179	282.693	309.800	317.713	520.007	4.465.070	702
17392	Spantekow/Panschow	90,0	105,0	2.000	Vestas	02/2012	553.436	476.686	344.171	316.717	447.985	263.045	268.959	323.043	288.470	252.124	274.996	521.579	4.331.211	681
17392	Müggenburg	72,0	64,0	1.500	NEG Micon	11/2001	257.501	239.277	147.221	126.519	134.793	87.842	104.263	135.406	115.213	108.041	111.306	221.350	1.788.732	439
17392	Müggenburg	72,0	64,0	1.500	NEG Micon	11/2001	259.005	233.516	158.203	134.472	112.917	65.840	104.868	144.455	114.086	100.857	98.828	237.284	1.764.331	433
17392	Müggenburg	72,0	64,0	1.500	NEG Micon	11/2001	365.978	258.804	192.565	149.118	146.317	94.723	116.492	177.495	132.586	141.937	137.216	315.757	2.228.988	547
17438	Wolgast	66,0	93,0	1.500	Enercon	08/1997	242.496	219.469	223.372	186.315	189.368	113.664	154.867	163.263	133.405	121.833	126.548	361.744	2.236.344	654
18233	Neu Bukow/Buschmüh	77,0	0,0	1.500	Nordex	09/2010	492.456	327.277	315.520	291.815	238.147	180.124	171.876	160.794	220.511	213.657	250.180	469.459	3.331.816	716
18233	Neu Bukow/Buschmüh	77,0	0,0	1.500	Nordex	09/2010	508.103	363.024	323.555	295.207	248.680	186.981	169.295	64.112	237.505	235.980	259.072	491.249	3.382.763	726
18239	Satow/Hohen Luckow	104,0	128,0	3.370	REpower	11/2013	879.638	768.985	630.373	628.873	585.800	354.786	497.041	543.860	482.566	450.966	538.708	1.068.273	7.429.869	875
18239	Satow/Hohen Luckow	104,0	128,0	3.370	REpower	11/2013	947.717	747.622	604.685	632.311	566.444	336.033	468.844	569.008	414.307	454.437	618.086	1.112.895	7.472.389	880
18239	Satow/Hohen Luckow	104,0	128,0	3.370	REpower	11/2013	1.000.050	818.614	653.870	651.894	592.607	359.691	461.553	457.756	435.058	484.268	651.567	1.162.951	7.729.879	910
18239	Satow/Hohen Luckow	104,0	128,0	3.370	REpower	11/2013	829.609	868.194	709.728	651.048	644.721	412.178	503.299	603.221	501.458	492.768	599.839	1.195.115	8.011.178	943
18239	Satow/Hohen Luckow	104,0	128,0	3.370	REpower	11/2013	1.009.557	801.429	710.979	692.349	621.007	427.892	517.243	540.499	579.317	492.917	699.152	1.162.234	8.254.575	972
18239	Satow/Hohen Luckow	104,0	128,0	3.370	REpower	11/2013	933.083	800.468	612.094	678.614	592.252	372.553	447.402	530.213	348.872	447.305	569.937	1.140.788	7.473.581	880
18239	Satow/Hohen Luckow	104,0	128,0	3.370	REpower	12/2013	1.047.568	779.369	697.171	697.276	645.906	438.732	469.628	579.340	546.839	475.035	665.924	464.887	7.507.675	884
18239	Satow/Hohen Luckow	104,0	128,0	3.370	REpower	12/2013	864.463	746.670	697.056	692.288	584.450	398.350	470.874	522.675	492.117	451.576	642.834	1.173.200	7.736.553	911
18239	Satow/Hohen Luckow	104,0	128,0	3.370	REpower	12/2013	774.966	709.218	664.032	647.883	602.944	403.014	507.698	518.128	518.638	425.713	650.226	1.120.913	7.543.373	888
18239	Satow/Hohen Luckow	104,0	128,0	3.370	REpower	01/2014	962.743	771.779	639.131	685.503	637.340	431.886	494.332	549.575	529.889	459.487	653.656	1.144.108	7.959.429	937
18239	Satow/Hohen Luckow	104,0	128,0	3.370	REpower	01/2014	1.084.641	763.117	734.811	706.144	651.326	450.149	497.869	624.502	588.216	476.965	707.046	1.205.599	8.490.385	999
18239	Satow/Hohen Luckow	104,0	128,0	3.370	REpower	01/2014	k.A	308.124	664.985	675.539	564.612	437.292	551.894	530.476	593.554	487.064	703.443	1.118.051	6.635.034	781
18239	Satow/Hohen Luckow	104,0	128,0	3.370	REpower	01/2014	k.A	134.909	717.098	681.173	684.818	466.962	565.455	571.144	618.612	462.602	695.261	1.146.974	6.745.008	794
18246	Jürgenshagen	76,0	80,0	2.000	AN BONUS	08/2002	320.157	231.136	220.674	235.954	214.220	157.927	142.454	184.722	213.425	114.227	189.770	438.048	2.662.714	587
18246	Jürgenshagen	76,0	80,0	2.000	AN BONUS	09/2002	331.371	240.938	224.329	216.478	196.976	128.586	135.072	171.158	183.752	112.296	193.379	427.748	2.562.083	565
18246	Bützow	71,0	113,0	2.300	Enercon	06/2012	406.500	323.257	296.191	258.477	250.530	184.707	167.616	231.162	188.904	174.571	239.894	503.535	3.225.344	815
18246	Jürgenshagen	62,0	80,0	1.300	AN BONUS	08/2002	251.760	188.066	181.904	153.015	150.019	80.975	99.147	133.332	151.154	91.651	153.871	288.561	1.923.455	637
18258	Rukieten	101,0	135,0	3.050	Enercon	08/2013	327.930	880.558	568.734	596.243	600.866	371.879	527.452	566.968	440.347	473.626	549.666	1.054.303	6.958.572	869
18258	Rukieten	101,0	135,0	3.050	Enercon	10/2013	845.771	590.822	617.805	642.337	584.388	392.642	524.309	505.041	394.756	326.260	575.251	1.050.834	7.050.216	880
18258	Rukieten	101,0	135,0	3.050	Enercon	10/2013	942.509	665.971	620.656	602.413	602.842	400.582	467.819	577.977	503.348	439.215	605.865	1.119.559	7.548.756	942
18258	Rukieten	101,0	135,0	3.050	Enercon	11/2013	932.922	795.761	607.800	603.268	625.401	409.684	510.332	564.125	474.087	486.686	623.107	1.019.596	7.652.769	955

Betriebsergebnisse 2014

PLZ	Ort	Duchmesser	Nabenhöhe	Leistung	Hersteller	Inbetriebnahme	Januar	Februar	März	April	Mai	Juni	Juli	August	September	Oktober	November	Dezember	Jahresertrag	kWh je m² Rotorfläche
MECKLENBURG-VORPOMMERN																				
18258	Rukieten	101,0	135,0	3.050	Enercon	11/2013	1.017.191	835.352	636.661	654.025	602.655	377.548	514.474	506.288	500.971	482.378	643.477	989.857	7.760.877	969
18258	Rukieten	101,0	135,0	3.050	Enercon	11/2013	946.142	850.025	642.660	630.026	596.902	317.598	533.924	513.169	449.992	429.275	642.120	557.943	7.109.776	887
18273	Sarmstorf/Bredenti	101,0	99,0	3.050	Enercon	11/2013	539.215	400.718	495.908	537.128	448.336	305.606	404.754	447.208	449.095	369.108	484.611	1.002.328	5.884.015	734
18273	Sarmstorf/Bredenti	101,0	99,0	3.050	Enercon	11/2013	582.945	488.000	459.255	523.805	502.780	338.286	421.494	495.362	453.031	359.630	527.181	1.074.102	6.225.871	777
18273	Sarmstorf/Bredenti	101,0	99,0	3.050	Enercon	11/2013	588.268	672.702	488.779	532.487	470.000	307.151	412.308	510.786	429.881	418.540	503.687	1.098.250	6.432.839	803
18276	Mistorf	76,0	80,0	2.000	AN BONUS	11/2001	435.131	297.472	312.397	247.200	246.317	167.447	204.131	226.033	191.010	149.383	240.583	448.222	3.165.326	698
18276	Mistorf	76,0	80,0	2.000	AN BONUS	11/2001	375.242	249.173	262.573	230.527	198.078	145.944	196.313	191.376	158.188	123.626	206.344	414.766	2.752.150	607
18276	Mistorf	76,0	80,0	2.000	AN BONUS	12/2001	402.916	311.617	263.181	219.196	208.236	114.120	170.498	193.621	152.885	138.823	214.179	397.419	2.786.691	614
18276	Mistorf	76,0	80,0	2.000	AN BONUS	12/2001	347.155	274.512	269.253	217.637	221.100	138.987	167.296	196.739	117.342	122.929	164.755	397.334	2.635.039	581
18276	Mistorf	76,0	80,0	2.000	AN BONUS	12/2001	412.619	322.018	200.570	219.684	214.492	132.375	162.722	218.869	145.124	145.859	201.323	442.991	2.818.646	621
18276	Mistorf	76,0	80,0	2.000	AN BONUS	12/2001	409.244	273.620	292.524	218.907	224.691	143.806	190.255	217.432	143.588	150.954	210.816	469.359	2.945.196	649
18276	Mistorf	76,0	80,0	2.000	AN BONUS	12/2001	407.836	345.338	293.396	235.275	218.139	144.571	195.098	221.202	162.422	158.104	213.970	464.698	3.060.049	675
18276	Mistorf	76,0	80,0	2.000	AN BONUS	12/2001	406.455	362.359	254.092	207.789	234.691	148.973	201.413	242.324	172.661	165.695	198.873	484.343	3.079.668	679
18276	Mistorf	76,0	80,0	2.000	AN BONUS	01/2002	412.461	346.883	293.958	222.657	185.396	125.352	191.918	207.294	161.738	158.133	205.675	466.962	2.978.427	657
18276	Mistorf	76,0	80,0	2.000	AN BONUS	11/2001	459.315	319.244	295.565	261.156	257.270	175.052	213.906	228.263	198.995	155.746	247.352	468.209	3.280.073	723
18276	Mistorf	76,0	80,0	2.000	AN BONUS	01/2002	397.167	343.175	281.156	214.161	226.946	141.365	197.708	226.786	171.368	171.339	215.382	488.786	3.075.339	678
18276	Mistorf	71,0	114,0	2.000	Enercon	11/2004	561.066	456.141	395.694	367.137	339.222	224.328	283.070	260.938	277.906	249.587	330.838	529.919	4.275.846	1080
18276	Mistorf	71,0	113,0	2.000	Enercon	12/2004	500.225	451.615	364.771	340.214	314.322	178.605	266.045	279.530	226.949	227.494	300.726	586.180	4.036.676	1020
18276	Bredentin	101,0	99,0	3.050	Enercon	12/2013	317.784	658.721	544.814	537.675	500.448	344.431	470.161	480.192	465.457	406.715	520.882	912.313	6.159.593	769
18276	Bredentin	101,0	99,0	3.050	Enercon	12/2013	1.920	454.499	491.262	502.540	456.321	331.799	417.446	466.776	390.413	403.369	409.928	908.102	5.234.375	653
18276	Mistorf	70,0	98,0	1.800	Enercon	10/2003	382.286	292.878	282.773	216.115	229.950	146.131	201.753	184.099	175.355	149.446	223.452	415.824	2.900.062	754
18320	Daskow	54,0	60,0	1.000	AN BONUS	12/1998	171.877	90.848	166.117	136.486	123.584	106.770	98.009	109.359	104.718	78.216	58.741	197.416	1.442.141	630
18320	Daskow	54,0	60,0	1.000	AN BONUS	12/2000	237.003	95.505	164.364	138.704	120.671	95.215	98.325	106.507	99.419	82.989	115.298	228.572	1.582.572	691
18320	Trinwillershagen	77,0	100,0	1.500	GE	05/2003	533.582	457.216	383.913	330.897	331.528	247.314	242.250	339.110	274.693	273.539	279.789	532.042	4.225.873	907
18320	Trinwillershagen	77,0	100,0	1.500	GE	06/2003	554.700	444.178	361.001	310.428	268.640	234.346	232.681	314.721	263.982	280.775	289.048	497.853	4.052.353	870
18320	Trinwillershagen	77,0	100,0	1.500	GE	06/2003	558.780	470.134	378.352	344.813	318.113	238.621	260.393	320.223	292.874	287.151	306.281	511.747	4.287.482	921
18320	Trinwillershagen	77,0	100,0	1.500	GE	06/2003	538.273	416.230	354.934	312.618	330.964	250.163	247.930	293.412	258.635	152.375	304.391	466.465	3.926.390	843
18507	Grimmen	82,0	108,0	2.000	Enercon	05/2009	540.967	489.819	396.644	358.944	366.454	257.442	260.836	352.305	278.499	271.868	295.065	676.177	4.545.020	861
18507	Grimmen	82,0	108,0	2.000	Enercon	05/2009	599.832	508.860	359.387	415.818	356.050	224.878	321.112	343.250	287.743	273.077	324.066	622.016	4.636.089	878
18507	Grimmen	82,0	108,0	2.000	Enercon	05/2009	559.321	437.669	411.789	423.643	385.763	270.311	348.723	311.116	319.376	252.881	277.966	615.469	4.614.027	874
18507	Grimmen	82,0	108,0	2.000	Enercon	05/2009	456.815	433.135	364.728	365.221	351.822	225.181	299.513	293.701	278.818	259.078	291.424	559.900	4.179.336	791
18507	Grimmen	82,0	108,0	2.000	Enercon	06/2009	566.445	423.800	354.088	400.519	332.772	208.072	298.826	320.819	291.074	260.218	314.270	581.803	4.352.706	824
18507	Grimmen	82,0	108,0	2.300	Enercon	06/2013	599.272	477.292	386.844	408.077	364.302	214.498	329.164	302.874	295.260	247.203	355.096	627.938	4.607.820	873
18507	Grimmen	62,0	68,0	1.300	AN BONUS	09/1999	254.139	195.695	202.660	185.834	164.834	85.822	139.723	145.479	116.899	98.026	115.618	290.495	1.995.224	661
18507	Grimmen	62,0	68,0	1.300	AN BONUS	10/1999	237.269	209.195	197.314	178.944	158.560	63.650	132.465	135.100	109.555	98.677	111.636	285.790	1.918.155	635
19077	Uelitz	90,0	80,0	2.500	Nordex	05/2006	329.350	342.177	330.285	248.184	310.066	205.961	200.760	245.380	170.807	190.334	248.804	543.312	3.365.420	529
19077	Uelitz	90,0	80,0	2.500	Nordex	05/2006	397.274	353.351	325.944	317.345	273.220	209.600	217.120	251.996	189.633	190.465	239.273	459.343	3.424.564	538
19077	Uelitz	90,0	80,0	2.500	Nordex	06/2006	400.441	300.095	95.840	253.147	270.174	174.002	184.557	222.228	156.100	167.297	247.235	417.051	2.888.167	454
19077	Uelitz	90,0	80,0	2.500	Nordex	06/2006	364.188	338.945	29.475	k.A	189.119	169.487	152.393	209.492	153.644	162.471	222.186	469.015	2.460.415	387
19077	Uelitz	77,0	0,0	1.500	SÜDWIND	11/2005	353.811	333.891	256.734	260.443	255.465	152.367	198.443	161.572	177.125	173.622	259.487	366.940	2.949.900	633
19077	Uelitz	70,0	0,0	1.500	SÜDWIND	12/2005	266.899	274.961	252.609	236.696	235.709	148.770	171.481	159.900	145.194	156.023	220.501	383.051	2.651.794	689
19370	Parchim/Dargelütz	71,0	85,0	2.300	Enercon	01/2011	331.146	311.774	267.155	193.958	222.814	130.971	135.671	181.417	128.810	163.834	196.218	414.145	2.677.913	676
19370	Parchim/Dargelütz	71,0	85,0	2.300	Enercon	01/2011	330.346	348.477	246.201	192.822	232.544	130.659	133.810	179.812	124.485	166.807	201.133	417.168	2.704.264	683
19370	Parchim/Dargelütz	71,0	85,0	2.300	Enercon	01/2011	363.819	338.665	268.046	226.424	248.316	138.998	162.424	188.628	149.168	178.426	232.373	454.031	2.949.318	745
19370	Parchim/Dargelütz	71,0	85,0	2.300	Enercon	02/2011	346.041	281.933	272.114	210.901	237.642	127.888	151.661	167.296	154.339	154.895	214.961	422.404	2.742.075	693
19370	Parchim/Dargelütz	71,0	85,0	2.300	Enercon	02/2011	303.029	282.037	251.342	209.740	224.231	105.598	148.772	158.460	136.930	144.635	188.511	436.496	2.589.781	654
19370	Parchim/Dargelütz	71,0	85,0	2.300	Enercon	02/2011	315.218	285.972	254.583	217.335	238.625	139.716	147.861	167.558	136.607	144.800	147.903	433.836	2.630.014	664
19374	Friedrichsruhe/Fra	71,0	113,0	2.300	Enercon	12/2011	450.469	491.083	334.750	288.201	254.618	161.342	168.874	255.495	183.238	233.806	276.890	625.794	3.724.560	941
19374	Friedrichsruhe/Kla	71,0	113,0	2.300	Enercon	01/2012	443.248	478.890	365.709	262.136	284.805	164.669	185.158	263.949	181.663	228.060	222.597	607.193	3.688.077	932
19374	Friedrichsruhe/Kla	71,0	113,0	2.300	Enercon	01/2012	451.357	482.390	350.914	290.848	310.183	211.751	194.006	264.544	201.566	244.353	245.888	614.303	3.862.103	975
19374	Friedrichsr.Kladru	71,0	113,0	2.300	Enercon	02/2012	378.661	385.071	287.963	248.602	254.660	151.285	160.334	243.454	167.951	206.255	223.768	596.611	3.304.615	835
19374	Friedrichsr.Kladru	71,0	113,0	2.300	Enercon	02/2012	382.662	423.441	299.472	221.247	250.820	137.645	161.393	246.229	147.721	216.193	194.540	568.135	3.249.498	821
19374	Domsühl/Frauenmark	71,0	113,0	2.300	Enercon	08/2012	522.469	461.144	348.097	277.513	256.709	170.585	164.930	262.441	182.455	240.914	295.880	619.450	3.802.587	960
23923	Lüdersdorf/Selmsdo	82,0	98,0	2.300	Enercon	11/2013	505.861	513.251	364.156	306.944	k.A	237.226	225.694	240.849	210.494	289.513	k.A	601.208	3.495.196	662
23923	Lüdersdorf/Selmsdo	82,0	98,0	2.300	Enercon	11/2013	703.839	583.347	433.468	326.408	k.A	217.073	244.597	285.348	213.683	340.753	k.A	659.914	4.008.430	759
23923	Lüdersdorf/Selmsdo	82,0	98,0	2.300	Enercon	11/2013	451.299	542.179	394.292	304.074	k.A	208.114	229.615	264.363	202.560	319.975	k.A	621.469	3.537.940	670
23923	Lüdersdorf/Selmsdo	82,0	98,0	2.300	Enercon	12/2013	787.142	607.652	382.369	370.316	k.A	228.852	226.769	360.468	244.211	383.883	k.A	745.190	4.336.852	821
23923	Lüdersdorf/Selmsdo	82,0	98,0	2.300	Enercon	01/2012	581.134	585.984	430.426	354.018	385.777	260.598	306.854	394.488	288.601	351.108	367.156	742.852	5.048.996	956
23942	Selmsdorf	71,0	98,0	2.000	Enercon	05/2007	508.971	527.335	359.120	271.061	284.463	211.796	214.674	281.546	204.211	273.723	288.173	587.209	4.012.282	1013
23942	Selmsdorf	71,0	98,0	2.000	Enercon	05/2007	578.911	569.008	355.780	265.687	284.570	219.838	210.940	315.390	196.672	324.039	306.569	618.287	4.245.691	1072
23942	Selmsdorf	71,0	98,0	2.000	Enercon	05/2007	497.564	548.437	360.021	259.447	272.180	211.452	204.669	268.808	179.818	288.124	273.590	574.339	3.938.449	995
23942	Selmsdorf	71,0	98,0	2.000	Enercon	05/2007	524.223	550.124	364.619	259.324	253.200	194.557	201.978	292.550	189.220	295.307	286.237	594.190	4.005.529	1012
23942	Selmsdorf	71,0	98,0	2.000	Enercon	05/2007	488.506	455.352	345.781	269.140	280.510	201.185	212.171	276.725	187.759	234.212	256.067	552.716	3.760.124	950
23942	Selmsdorf	71,0	98,0	2.000	Enercon	06/2007	549.058	559.007	379.032	270.541	265.225	177.798	219.919	304.122	202.505	311.834	313.823	610.089	4.162.953	1051
23942	Selmsdorf	71,0	98,0	2.000	Enercon	06/2007	525.407	544.497	367.082	271.220	283.566	192.835	212.396	289.142	203.507	305.020	295.106	594.989	4.084.767	1032
23942	Selmsdorf	71,0	98,0	2.000	Enercon	06/2007	460.762	481.106	355.002	267.524	264.214	202.102	213.227	296.945	214.306	274.107	297.839	598.666	3.925.800	992
23970	Wismar/Kalsow	77,0	85,0	1.500	Nordex	12/2010	341.525	288.816	212.039	217.238	189.699	187.578	105.000	206.965	155.415	217.465	247.843	370.152	2.739.735	588
23970	Wismar/Kalsow	77,0	85,0	1.500	Nordex	12/2010	360.859	321.970	225.228	228.256	182.591	165.932	109.040	195.659	161.656	221.853	254.346	363.856	2.791.246	599

Betriebsergebnisse 2014

PLZ	Ort	Duchmesser	Nabenhöhe	Leistung	Hersteller	Inbetrieb-nahme	Januar	Februar	März	April	Mai	Juni	Juli	August	September	Oktober	November	Dezember	Jahresertrag	kWh je m² Rotorfläche
NIEDERSACHSEN																				
21368	Dahlenburg	80,0	100,0	2.000	Vestas	10/2002	395.531	412.155	207.068	241.004	250.746	178.323	163.399	243.446	157.407	220.495	220.410	501.374	3.191.358	635
21368	Dahlenburg	80,0	100,0	2.000	Vestas	10/2002	406.961	430.032	312.678	239.918	258.694	170.099	172.801	244.791	157.902	228.800	223.977	546.794	3.393.447	675
21368	Dahlenburg	80,0	100,0	2.000	Vestas	10/2002	410.450	396.333	308.971	260.643	284.562	193.632	169.151	273.667	187.976	238.921	222.332	583.303	3.529.941	702
21368	Dahlenburg	80,0	100,0	2.000	Vestas	10/2002	458.407	482.556	218.712	255.606	279.070	198.215	180.339	274.783	195.597	265.333	268.866	563.143	3.640.627	724
21368	Dahlenburg	80,0	100,0	2.000	Vestas	10/2002	417.554	455.722	329.226	243.020	259.235	178.268	172.887	194.672	179.576	246.987	248.533	528.122	3.453.802	687
21368	Dahlenburg	80,0	100,0	2.000	Vestas	11/2002	367.434	437.387	304.414	245.424	251.568	188.799	145.934	261.217	175.481	248.407	242.446	484.013	3.352.524	667
21368	Dahlenburg	80,0	100,0	2.000	Vestas	11/2002	398.861	370.387	283.508	250.393	240.563	172.623	166.518	226.351	164.248	194.336	246.315	521.242	3.235.345	644
21368	Dahlenburg	80,0	100,0	2.000	Vestas	11/2002	382.098	336.061	286.055	248.122	232.429	178.844	153.154	217.065	160.131	178.781	233.433	473.649	3.079.822	613
21368	Dahlenburg	80,0	100,0	2.000	Vestas	11/2002	151.783	332.766	288.432	229.602	232.696	166.303	152.683	213.493	159.069	193.006	222.813	481.315	2.823.961	562
21368	Dahlenburg	80,0	100,0	2.000	Vestas	11/2002	392.333	393.777	305.095	249.603	257.495	179.895	177.723	239.715	171.345	212.877	247.113	522.198	3.349.169	666
21368	Dahlenburg	80,0	100,0	2.000	Vestas	11/2002	462.364	439.126	334.592	263.130	303.395	208.978	202.534	264.193	207.602	260.360	289.135	565.751	3.801.160	756
21368	Dahlenburg	80,0	100,0	2.000	Vestas	12/2002	395.277	358.783	301.051	261.575	244.693	173.321	168.425	222.594	163.974	195.878	235.171	532.976	3.253.718	647
21368	Dahlenburg	80,0	100,0	2.000	Vestas	12/2002	377.871	389.548	313.841	250.342	271.649	183.391	177.258	248.376	169.749	224.939	221.580	548.756	3.377.300	672
21368	Dahlenburg	80,0	100,0	2.000	Vestas	12/2002	394.731	417.910	339.120	265.073	264.911	185.487	176.279	235.223	177.301	246.476	262.219	555.318	3.520.048	700
21368	Dahlenburg	80,0	100,0	2.000	Vestas	12/2002	338.561	386.855	309.309	238.567	239.047	184.734	150.423	252.650	169.866	222.671	188.946	534.128	3.215.757	640
21368	Dahlenburg	80,0	100,0	2.000	Vestas	12/2002	447.309	466.465	327.112	247.530	256.911	172.373	151.484	259.311	163.433	242.238	231.959	544.359	3.510.484	698
21368	Dahlenburg	80,0	100,0	2.000	Vestas	01/2003	404.663	429.092	317.800	239.202	228.971	178.705	142.185	262.147	108.740	226.310	188.511	513.506	3.239.832	645
21398	Neetze/Süttorf	80,0	100,0	2.000	Vestas	06/2004	377.013	383.863	289.532	244.689	234.036	188.147	157.559	207.622	151.344	217.061	219.194	456.510	3.126.570	622
21398	Neetze/Süttorf	80,0	100,0	2.000	Vestas	06/2004	411.599	401.386	291.888	237.091	220.098	164.503	143.279	231.820	138.532	229.469	232.840	525.380	3.227.885	642
21734	Oederquart	63,0	60,0	1.500	Vestas	12/1997	252.582	133.913	181.054	130.949	146.838	125.900	66.123	131.512	84.021	121.054	132.993	k.A	1.506.939	483
26349	Jade/Achtermeer	66,0	67,0	1.650	Vestas	12/2001	330.388	263.259	220.664	62.757	158.085	149.465	99.374	150.776	73.278	147.731	185.398	k.A	1.841.175	538
26382	Wilhelmshv./Sengwa	100,0	100,0	2.500	GE	10/2008	903.024	882.068	606.118	476.953	477.297	345.822	312.700	469.959	289.089	546.100	516.753	k.A	5.825.883	742
26382	Wilhelmshaven	80,0	80,0	2.500	Nordex	12/2000	567.765	509.591	420.703	344.672	304.403	247.637	192.390	293.667	204.729	310.991	323.119	k.A	3.719.667	740
26382	Wilhelmshaven	71,0	98,0	2.300	Enercon	06/2008	672.510	664.645	477.876	396.745	329.009	257.607	221.582	359.937	222.734	405.309	409.835	800.343	5.218.132	1318
26386	Wilhelmshaven	82,0	80,0	2.000	REpower	04/2005	620.414	550.595	421.613	342.601	288.777	196.420	229.244	297.031	204.603	245.827	339.541	688.827	4.425.493	838
26655	Westerstede	62,0	68,0	1.300	AN BONUS	01/1999	226.407	215.966	156.937	107.205	110.800	86.398	74.809	115.760	65.518	107.027	133.408	269.502	1.669.737	553
26655	Garnholt	62,0	68,0	1.300	AN BONUS	12/2001	169.851	200.505	131.470	89.996	90.320	64.439	65.392	101.095	57.228	106.173	107.944	k.A	1.184.413	392
26670	Südergeorgsfehn	70,0	98,0	1.800	Enercon	01/2002	426.768	453.150	297.155	209.935	215.367	145.012	164.716	195.585	144.152	252.218	273.943	528.064	3.306.065	859
26670	Südergeorgsfehn	70,0	98,0	1.800	Enercon	01/2002	438.696	458.383	300.921	205.934	229.999	151.246	164.249	214.361	139.288	263.400	251.362	573.671	3.391.510	881
26683	Scharrel	62,0	68,0	1.300	AN BONUS	09/2000	218.308	223.093	150.649	77.213	95.607	72.099	63.156	117.066	56.951	158.202	99.178	290.305	1.621.827	537
26759	Hinte	70,0	65,0	1.800	Enercon	10/2001	476.835	433.682	299.127	267.974	228.916	152.925	171.761	248.466	170.819	285.146	230.000	583.529	3.549.180	922
26802	Moormerland	70,0	65,0	1.800	Enercon	01/2003	437.704	469.349	225.117	190.817	206.145	109.022	134.940	218.305	120.648	222.256	222.253	368.391	2.924.947	760
26817	Klostermoor	66,0	67,0	1.500	Enercon	05/1999	284.595	277.998	188.878	126.198	132.666	86.426	89.922	136.573	81.248	155.928	168.114	314.400	2.042.946	597
26817	Klostermoor	66,0	67,0	1.500	Enercon	06/1999	294.145	311.034	196.803	145.562	130.820	86.967	80.202	141.489	80.498	163.459	149.679	332.325	2.112.983	618
26817	Rhauderfehn	70,0	65,0	1.800	Enercon	06/2001	300.274	255.758	204.211	145.218	150.562	94.486	97.303	152.114	88.243	159.256	165.665	350.390	2.163.480	562
26826	Weenermoor	66,0	67,0	1.500	Enercon	11/1998	318.202	320.871	194.672	145.296	153.870	95.356	97.909	k.A	104.651	152.578	189.662	294.547	2.067.614	604
26826	Weenermoor	66,0	67,0	1.500	Enercon	11/1998	328.562	330.338	198.170	134.794	156.443	89.001	107.008	k.A	95.647	157.265	193.093	291.652	2.081.973	609
26826	Weenermoor	66,0	67,0	1.500	Enercon	01/1999	334.512	332.252	195.113	144.284	160.594	94.554	100.329	k.A	101.766	171.309	187.607	295.386	2.117.706	619
26826	Weenermoor	66,0	67,0	1.500	Enercon	01/1999	356.018	350.897	208.964	148.574	177.469	100.424	113.492	k.A	105.826	177.173	198.696	330.466	2.267.999	663
26849	Filsum	70,0	65,0	1.800	Enercon	05/2002	364.811	436.981	252.130	156.271	179.442	116.798	115.479	205.778	111.616	183.624	206.771	299.320	2.629.021	683
26849	Filsum	70,0	65,0	1.800	Enercon	05/2002	335.664	381.962	239.332	150.961	177.649	114.323	115.683	193.424	108.456	169.643	177.385	274.230	2.438.712	634
26899	Rhede	70,0	98,0	1.800	Enercon	06/2001	551.497	604.456	359.574	250.995	235.512	152.704	172.996	177.600	154.848	331.933	316.372	609.039	3.917.526	1018
26899	Rhede	70,0	98,0	1.800	Enercon	07/2001	518.182	505.465	351.817	269.940	241.006	165.968	169.613	162.054	166.109	319.728	279.178	616.449	3.765.509	978
26899	Rhede	70,0	98,0	1.800	Enercon	09/2001	551.153	623.305	352.987	256.275	238.524	175.301	174.017	182.977	156.771	342.410	308.239	611.906	3.973.865	1033
26904	Börger	70,0	98,0	1.800	Enercon	12/2002	452.511	526.430	290.365	209.938	207.799	133.070	133.131	232.704	117.489	280.012	250.728	513.660	3.347.837	870
26904	Börger	70,0	98,0	1.800	Enercon	02/2003	475.788	518.472	295.796	203.937	220.504	137.416	114.286	231.645	120.763	276.969	250.876	509.656	3.356.108	872
26906	Neudersum	70,0	80,0	1.800	Enercon	10/2002	408.545	452.767	265.580	211.425	196.027	139.231	128.316	153.457	112.272	232.513	197.016	542.603	3.039.752	790
26906	Neudersum	70,0	80,0	1.800	Enercon	10/2002	406.812	470.021	252.692	190.474	186.625	123.817	117.850	141.213	99.817	220.483	208.049	515.673	2.933.526	762
26906	Neudersum	70,0	80,0	1.800	Enercon	10/2002	390.565	456.913	244.489	187.221	183.883	119.012	118.713	133.027	97.079	214.699	205.556	498.890	2.850.047	741
26907	Walchum	70,5	80,0	1.500	Tacke	11/1999	k.A	476.673	267.692	k.A	187.670	110.029	108.871	215.637	111.230	231.402	214.518	498.449	2.422.171	620
26939	Ovelgönne	66,0	67,0	1.650	Vestas	11/2001	277.629	267.891	178.054	157.076	121.477	106.160	75.226	141.349	81.730	142.735	147.984	k.A	1.697.311	496
26939	Ovelgönne	66,0	67,0	1.650	Vestas	12/2001	321.858	335.999	185.027	139.922	119.065	96.179	59.461	163.435	65.402	173.317	180.119	k.A	1.839.784	538
26969	Butjadingen/Inte	71,0	85,0	2.300	Enercon	09/2011	657.809	628.244	401.943	296.693	288.820	269.200	177.945	339.964	218.356	389.842	397.404	k.A	4.066.220	1027
26969	Butjadingen/Inte	71,0	85,0	2.300	Enercon	10/2011	546.541	553.234	360.321	302.180	283.550	236.770	176.068	315.705	198.908	337.867	285.748	k.A	3.596.892	908
26969	Butjadingen/Inte	71,0	85,0	2.300	Enercon	10/2011	572.469	578.372	304.842	291.192	251.337	233.183	165.437	298.556	177.348	368.608	358.799	k.A	3.600.143	909
26969	Butjadingen/Inte	71,0	85,0	2.300	Enercon	10/2011	627.876	660.745	400.868	315.263	284.853	221.047	168.133	315.302	196.415	388.806	379.935	k.A	3.959.243	1000
26969	Butjadingen/Inte	71,0	85,0	2.300	Enercon	11/2011	490.816	512.189	354.702	322.901	290.266	245.810	202.852	271.915	215.372	320.319	259.596	k.A	3.486.738	881
26969	Butjadingen/Inte	71,0	85,0	2.300	Enercon	11/2011	520.490	541.218	371.806	318.417	294.925	234.541	193.600	287.482	197.691	341.161	299.276	k.A	3.600.607	909
26969	Butjadingen/Inte	71,0	85,0	2.300	Enercon	11/2011	541.190	591.172	353.233	305.204	288.549	245.505	196.165	274.033	190.798	347.191	312.962	k.A	3.646.002	921
26969	Butjadingen/Ahndei	71,0	85,0	2.300	Enercon	11/2012	566.619	556.044	372.566	335.224	316.277	271.911	206.214	327.595	217.825	326.213	369.735	674.241	4.540.464	1147
27211	Bassum/Albringhaus	70,5	85,0	1.500	Enron Wind	09/2001	283.306	283.504	189.433	155.423	127.076	88.198	k.A	k.A	77.505	140.758	165.614	357.408	1.868.225	479
27211	Bassum/Albringhaus	70,5	85,0	1.500	Enron Wind	09/2001	338.636	k.A	227.634	162.492	148.530	92.507	89.587	182.562	84.930	170.739	202.906	403.632	2.104.155	539
27211	Bassum/Albringhaus	70,5	85,0	1.500	Enron Wind	09/2001	361.358	377.283	242.467	176.338	156.365	105.933	89.886	198.187	92.674	167.927	205.621	396.378	2.570.417	658
27239	Twistringen	70,0	85,0	1.800	Enercon	10/2001	336.596	392.002	249.431	178.997	177.489	123.556	106.276	207.976	101.914	201.331	167.907	453.892	2.697.367	701
27245	Bahrenborstel/Holz	71,0	114,0	2.000	Enercon	11/2004	475.923	477.821	343.868	222.087	259.514	169.235	144.589	263.224	154.723	288.275	248.031	655.282	3.702.572	935
27245	Bahrenborstel/Holz	71,0	113,0	2.000	Enercon	12/2004	512.676	491.600	340.382	245.974	246.351	164.913	139.672	268.400	154.008	283.705	281.812	641.088	3.770.581	952
27245	Bahrenborstel/Holz	71,0	113,0	2.000	Enercon	12/2004	561.300	541.566	364.668	247.055	255.358	160.052	138.210	278.062	167.166	308.249	317.552	644.722	3.983.960	1006
27245	Bahrenborstel/Holz	71,0	113,0	2.000	Enercon	12/2004	439.501	440.428	309.529	230.291	225.189	163.321	144.200	232.845	147.396	250.896	258.280	585.377	3.427.253	866
27245	Bahrenborstel/Holz	71,0	113,0	2.000	Enercon	12/2004	475.563	469.092	303.478	221.460	230.366	151.186	119.632	238.935	140.481	266.277	278.898	531.435	3.426.803	866
27245	Bahrenborstel/Holz	71,0	113,0	2.000	Enercon	01/2005	468.478	424.746	305.729	212.777	229.168	135.134	127.682	226.749	141.247	233.829	275.241	569.393	3.350.173	846

Betriebsergebnisse 2014

PLZ	Ort	Duchmesser	Nabenhöhe	Leistung	Hersteller	Inbetrieb-nahme	Januar	Februar	März	April	Mai	Juni	Juli	August	September	Oktober	November	Dezember	Jahresertrag	kWh je m² Rotorfläche
NIEDERSACHSEN																				
27245	Bahrenborstel/Holz	71,0	113,0	2.000	Enercon	02/2005	428.513	363.152	311.012	229.733	226.167	157.679	141.891	216.344	145.991	228.418	236.154	550.561	3.235.615	817
27245	Bahrenborstel/Holz	71,0	113,0	2.000	Enercon	02/2005	448.270	385.636	281.225	210.838	226.161	139.010	135.376	215.096	133.818	232.737	273.260	545.904	3.227.331	815
27245	Bahrenborstel/Holz	71,0	113,0	2.000	Enercon	03/2005	518.081	457.198	321.547	228.098	236.240	140.395	142.308	231.254	144.767	276.408	326.351	562.516	3.585.163	906
27245	Bahrenborstel/Holz	71,0	113,0	2.000	Enercon	03/2005	470.830	365.110	317.326	247.260	233.386	162.195	153.708	199.618	159.361	235.450	305.552	537.658	3.387.454	856
27245	Bahrenborstel/Holz	71,0	113,0	2.000	Enercon	03/2005	550.528	487.447	341.979	228.970	272.756	145.481	159.873	251.698	151.109	296.927	343.237	624.814	3.854.819	974
27245	Bahrenborstel/Holz	71,0	113,0	2.000	Enercon	04/2005	440.645	403.534	283.257	216.201	238.050	144.833	117.369	218.915	133.124	250.974	267.917	544.810	3.259.629	823
27245	Bahrenborstel/Holz	71,0	113,0	2.000	Enercon	04/2005	521.628	473.594	317.826	229.064	254.380	143.506	146.527	241.943	144.549	282.718	328.448	580.624	3.664.807	926
27245	Bahrenborstel/Holz	71,0	113,0	2.000	Enercon	04/2005	503.193	464.745	311.993	228.729	237.610	150.957	141.164	219.423	145.498	262.320	303.785	541.799	3.511.216	887
27245	Kirchdorf/Dillenbe	82,0	138,0	2.000	Enercon	02/2009	833.998	796.350	529.288	371.943	403.990	267.603	244.100	463.679	256.844	498.937	458.813	873.249	5.998.794	1136
27245	Kirchdorf/Dillenbe	82,0	138,0	2.000	Enercon	02/2009	835.463	778.184	572.374	376.753	425.902	284.001	280.315	473.275	293.680	487.248	531.405	877.995	6.216.595	1177
27245	Kirchdorf/Dillenbe	82,0	138,0	2.000	Enercon	03/2009	795.864	778.996	546.797	369.300	416.667	224.440	277.324	469.066	261.026	484.746	511.068	858.867	5.994.161	1135
27246	Borstel	92,5	100,0	2.000	REpower	12/2013	k.A	595.119	456.982	324.820	361.442	233.691	226.271	368.560	194.920	356.907	321.123	662.502	4.102.337	610
27246	Borstel	62,0	68,0	1.300	AN BONUS	10/2001	216.198	235.025	166.579	118.986	122.050	79.326	67.789	114.899	59.350	110.802	115.760	252.615	1.659.379	550
27248	Ehrenburg/Wesenste	71,0	113,0	2.000	Enercon	10/2005	531.898	522.795	390.743	278.499	286.094	182.124	192.573	301.969	167.789	242.552	247.392	588.684	3.933.112	993
27248	Ehrenburg/Wesenste	71,0	113,0	2.000	Enercon	10/2005	505.995	493.970	372.864	269.216	271.165	163.318	184.789	302.270	163.944	209.311	231.860	544.801	3.713.503	938
27248	Ehrenburg/Wesenste	71,0	113,0	2.000	Enercon	10/2005	491.167	463.791	365.912	269.716	278.438	167.102	185.011	302.311	165.096	235.519	221.988	586.148	3.732.199	943
27248	Ehrenburg/Wesenste	71,0	113,0	2.000	Enercon	10/2005	553.205	533.254	390.379	274.640	274.963	165.767	179.978	300.492	168.592	234.932	251.329	581.972	3.909.503	987
27248	Ehrenburg/Wesenste	82,0	108,0	2.000	Enercon	07/2006	623.038	622.861	443.867	327.112	329.930	203.385	220.219	378.521	216.945	300.430	299.379	721.078	4.686.765	887
27248	Ehrenburg/Wesenste	82,0	108,0	2.000	Enercon	07/2006	624.737	586.022	448.337	312.829	212.077	207.076	221.531	384.934	204.727	299.969	278.968	726.678	4.507.885	854
27248	Ehrenburg/Wesenste	82,0	108,0	2.000	Enercon	07/2006	613.378	623.914	447.375	334.686	326.770	215.156	230.245	378.448	208.490	248.124	297.144	718.733	4.642.463	879
27248	Ehrenburg/Wesenste	82,0	108,0	2.000	Enercon	07/2006	670.458	674.701	464.551	340.526	329.216	207.398	230.364	393.382	218.335	320.041	250.141	681.073	4.780.186	905
27248	Ehrenburg/Stocksdo	70,0	98,0	1.800	Enercon	09/2004	415.649	419.755	293.912	202.488	201.904	128.365	124.565	238.550	123.017	179.137	165.362	487.837	2.980.541	774
27248	Ehrenburg	70,0	98,0	1.800	Enercon	10/2004	416.567	436.266	290.348	213.592	208.949	143.015	127.643	222.969	126.014	229.467	254.704	500.197	3.169.731	824
27249	Maasen	71,0	98,0	2.000	Enercon	11/2004	429.495	387.009	307.466	220.475	225.551	158.631	146.444	243.198	145.575	226.456	256.928	561.331	3.308.559	836
27249	Maasen	71,0	98,0	2.000	Enercon	04/2006	633.117	661.172	433.111	293.365	305.012	194.804	188.727	373.006	182.022	372.668	394.849	674.365	4.706.218	1189
27249	Maasen	71,0	98,0	2.000	Enercon	05/2006	595.449	613.852	424.237	301.917	298.574	204.756	203.312	356.129	195.185	353.817	355.366	721.638	4.624.232	1168
27249	Maasen	82,0	108,0	2.000	Enercon	08/2008	674.862	651.218	427.493	305.159	315.917	190.334	215.279	367.455	194.740	378.130	412.425	710.261	4.843.273	917
27249	Maasen/Ohlendorf	71,0	113,0	2.300	Enercon	12/2008	540.033	529.632	376.908	274.890	259.752	172.064	176.614	296.556	165.207	288.573	310.532	669.681	4.060.442	1026
27249	Maasen/Ohlendorf	71,0	113,0	2.300	Enercon	12/2008	543.804	513.132	376.471	264.964	258.119	161.905	174.039	299.716	160.792	279.307	301.732	662.375	3.996.356	1009
27249	Maasen/Ohlendorf	71,0	113,0	2.300	Enercon	12/2008	529.615	506.222	374.006	259.070	255.968	159.563	172.999	289.736	160.248	259.165	296.569	649.397	3.912.558	988
27249	Maasen/Ohlendorf	71,0	113,0	2.300	Enercon	12/2008	526.819	510.092	358.020	261.501	243.743	159.625	171.647	276.067	157.727	251.710	304.581	622.649	3.844.181	971
27249	Maasen	70,0	98,0	1.800	Enercon	11/2004	360.955	354.441	247.505	169.269	181.630	119.589	95.092	192.280	99.501	183.806	209.197	437.808	2.651.073	689
27251	Haaßel/Anstedt	71,0	113,0	2.000	Enercon	10/2005	580.444	537.254	391.747	264.913	269.992	173.158	182.512	299.926	168.201	302.403	348.395	637.431	4.156.376	1050
27251	Scholen	71,0	98,0	2.000	Enercon	02/2008	486.806	468.302	314.564	222.845	232.410	144.294	141.398	262.431	132.736	208.951	207.587	532.520	3.354.844	847
27251	Scholen	70,0	98,0	1.800	Enercon	08/2004	349.262	360.733	254.177	171.916	203.702	130.548	125.361	222.804	116.150	148.988	129.929	440.340	2.653.910	690
27251	Scholen	70,0	98,0	1.800	Enercon	08/2004	365.036	359.388	242.282	173.305	177.925	110.387	103.200	186.943	111.536	155.464	157.772	421.932	2.565.170	667
27252	Schwaförden	71,0	114,0	2.000	Enercon	09/2005	524.853	483.964	360.817	270.875	272.055	172.531	175.088	290.421	172.702	228.954	204.482	612.244	3.768.986	952
27252	Schwaförden	71,0	114,0	2.000	Enercon	09/2005	517.274	468.515	359.995	274.450	264.732	169.171	178.300	291.964	169.728	225.063	211.971	587.583	3.718.746	939
27252	Schwaförden	71,0	114,0	2.000	Enercon	09/2005	521.463	466.073	366.752	268.927	265.783	173.602	179.547	286.558	174.901	222.451	216.485	603.401	3.745.943	946
27252	Schwaförden	71,0	114,0	2.000	Enercon	09/2005	499.538	421.395	334.175	270.933	255.081	169.381	170.357	265.670	170.723	217.829	221.544	575.866	3.572.492	902
27252	Schwaförden	71,0	114,0	2.000	Enercon	09/2005	531.634	506.223	368.299	272.872	247.314	169.443	176.635	254.844	168.381	216.754	239.304	540.972	3.692.675	933
27252	Schwaförden	71,0	113,0	2.000	Enercon	10/2005	530.005	555.025	373.195	274.209	261.478	179.388	186.483	298.980	182.465	314.720	307.847	632.843	4.096.638	1035
27252	Schwaförden	71,0	113,0	2.000	Enercon	11/2005	501.325	522.165	338.803	256.592	239.022	176.648	174.001	269.683	163.034	285.943	303.272	564.821	3.795.309	959
27252	Schwaförden	71,0	113,0	2.000	Enercon	11/2005	528.726	549.823	360.579	263.960	248.913	174.356	178.276	288.639	175.132	302.391	312.434	605.846	3.989.075	1008
27252	Schwaförden	71,0	113,0	2.000	Enercon	11/2005	503.881	504.908	353.035	261.946	243.882	170.031	170.465	283.126	167.600	266.972	298.441	590.433	3.814.720	964
27252	Schwaförden	71,0	113,0	2.000	Enercon	11/2005	473.101	508.941	354.472	253.305	241.062	171.450	169.936	265.851	159.969	279.596	290.169	601.404	3.769.256	952
27252	Schwaförden	71,0	113,0	2.000	Enercon	11/2005	496.535	510.905	356.960	252.152	249.121	169.562	171.527	281.464	154.329	282.905	293.666	590.642	3.809.768	962
27252	Schwaförden	71,0	113,0	2.000	Enercon	11/2005	501.716	499.265	342.810	236.888	216.933	157.480	166.842	242.908	157.014	275.391	319.992	496.658	3.613.897	913
27252	Schwaförden	71,0	113,0	2.000	Enercon	12/2005	573.717	554.437	378.167	255.468	249.476	169.820	153.693	303.731	165.960	314.344	343.339	638.827	4.100.979	1036
27252	Schwaförden	71,0	113,0	2.000	Enercon	12/2005	497.388	513.065	354.131	248.149	253.372	165.805	166.468	302.129	159.294	305.010	275.508	591.068	3.831.387	968
27252	Schwaförden	71,0	113,0	2.000	Enercon	12/2005	544.383	564.129	362.578	248.116	264.430	168.413	182.746	312.557	166.094	317.821	325.111	618.657	4.075.035	1029
27252	Schwaförden/Mallin	71,0	113,0	2.000	Enercon	01/2006	530.000	555.039	373.196	274.210	261.473	179.390	186.486	298.973	182.472	314.710	307.855	632.830	4.096.634	1035
27252	Schwaförden/Mallin	71,0	98,0	2.000	Enercon	11/2006	402.344	396.697	302.117	219.146	227.484	156.338	151.474	255.104	138.126	230.809	239.550	512.903	3.232.092	816
27252	Schwaförden/Schole	82,0	108,0	2.000	Enercon	11/2006	609.319	637.723	404.706	341.207	327.510	224.140	226.693	379.747	217.937	351.015	328.594	717.869	4.766.460	903
27252	Schwaförden/Schole	82,0	108,0	2.000	Enercon	11/2006	629.758	661.867	457.116	324.863	329.641	202.647	220.220	279.499	206.395	353.583	318.938	721.565	4.706.092	891
27252	Schwaförden/Cantru	82,0	108,0	2.000	Enercon	12/2006	700.040	707.283	482.354	338.767	352.540	221.519	233.053	391.953	216.783	316.276	368.974	729.358	5.058.900	958
27254	Siedenburg/Päpsen	71,0	98,0	2.000	Enercon	11/2007	416.419	428.132	292.129	222.868	221.758	136.877	136.934	246.029	134.140	240.822	236.461	564.899	3.277.468	828
27254	Siedenburg/Päpsen	71,0	98,0	2.000	Enercon	12/2007	421.245	416.811	310.530	225.244	218.915	130.225	138.484	247.051	129.986	226.616	235.130	558.677	3.258.914	823
27254	Siedenburg/Päpsen	71,0	98,0	2.000	Enercon	12/2007	433.227	428.994	301.243	221.179	207.162	134.636	141.141	220.354	130.095	224.295	241.697	497.219	3.181.242	804
27254	Siedenburg/Päpsen	71,0	98,0	2.000	Enercon	12/2007	458.048	461.210	316.170	218.742	213.959	147.558	127.157	248.245	134.383	233.821	219.443	561.868	3.340.604	844
27254	Siedenburg/Päpsen	71,0	98,0	2.000	Enercon	12/2007	481.205	495.307	322.130	216.834	219.477	136.933	142.072	242.889	131.725	252.335	271.432	520.553	3.432.892	867
27254	Siedenburg/Päpsen	71,0	98,0	2.000	Enercon	01/2008	466.663	428.337	335.226	228.316	218.805	148.500	139.492	257.873	135.641	257.077	260.632	570.126	3.446.688	871
27254	Siedenburg/Sieden	71,0	113,0	2.300	Enercon	10/2008	566.927	584.049	371.364	250.980	270.642	161.297	165.475	289.628	153.810	311.966	342.549	655.485	4.124.172	1042
27254	Siedenburg/Sieden	82,0	108,0	2.000	Enercon	08/2009	659.692	607.172	454.480	312.103	312.737	201.403	213.572	303.115	184.001	355.636	407.196	591.713	4.602.820	872
27257	Sudwalde	71,0	85,0	2.000	Enercon	12/2005	414.339	408.002	274.848	201.674	192.929	126.281	123.761	206.848	112.959	208.751	247.583	410.525	2.928.500	740
27257	Sudwalde	71,0	85,0	2.000	Enercon	12/2005	400.474	390.232	265.469	201.213	182.863	123.789	122.719	209.103	113.807	195.203	238.581	490.875	2.934.328	741
27308	Kirchlinteln	66,0	117,0	1.650	Vestas	05/2004	352.176	321.334	245.798	193.116	205.994	136.306	148.580	220.224	136.291	216.784	209.755	448.161	2.834.519	829
27308	Kirchlinteln	66,0	117,0	1.650	Vestas	05/2004	317.887	368.579	156.743	174.618	181.751	114.718	139.953	183.624	116.992	224.098	236.779	371.746	2.587.488	756
27321	Thedinghausen	71,0	85,0	2.000	Enercon	12/2005	344.403	367.358	k.A	182.928	174.557	140.556	97.999	206.334	113.204	184.536	193.267	451.704	2.456.846	621
27321	Thedinghausen	71,0	85,0	2.000	Enercon	12/2005	353.150	372.365	k.A	181.169	160.556	96.983	101.847	194.932	111.296	185.472	207.025	418.410	2.383.205	602

Betriebsergebnisse 2014

PLZ	Ort	Duchmesser	Nabenhöhe	Leistung	Hersteller	Inbetrieb-nahme	Januar	Februar	März	April	Mai	Juni	Juli	August	September	Oktober	November	Dezember	Jahresertrag	kWh je m² Rotorfläche
NIEDERSACHSEN																				
27321	Thedinghausen	71,0	85,0	2.000	Enercon	12/2005	420.950	454.754	k.A	189.195	197.512	130.982	109.720	245.829	114.797	212.183	230.396	485.964	2.792.282	705
27321	Thedinghausen	71,0	85,0	2.000	Enercon	12/2005	445.929	457.525	k.A	197.940	200.778	125.724	116.866	260.853	121.055	218.272	245.311	517.332	2.907.585	734
27321	Thedinghausen	71,0	85,0	2.000	Enercon	01/2006	387.787	420.433	k.A	171.725	193.688	137.531	99.218	231.990	114.229	181.181	206.305	487.080	2.631.167	665
27321	Thedinghausen	71,0	85,0	2.000	Enercon	01/2006	425.401	423.785	k.A	190.337	205.387	125.909	108.133	237.040	116.997	198.681	245.880	497.368	2.774.918	701
27321	Thedinghausen	71,0	85,0	2.000	Enercon	01/2006	362.600	371.122	k.A	186.143	184.628	127.106	89.743	192.726	107.161	179.681	218.585	418.700	2.438.195	616
27321	Thedinghausen	71,0	85,0	2.000	Enercon	01/2006	367.196	373.702	k.A	167.041	156.153	114.061	93.116	191.525	104.355	162.574	221.064	433.362	2.384.149	602
27327	Schwarme	82,0	108,0	2.000	Enercon	03/2010	602.390	604.290	370.404	k.A	k.A	221.977	160.171	330.483	201.137	355.025	396.964	673.730	3.916.571	742
27327	Schwarme	82,0	108,0	2.000	Enercon	03/2010	593.332	541.769	376.087	k.A	k.A	233.470	209.821	337.183	209.956	323.727	352.338	701.500	3.879.183	735
27327	Schwarme	82,0	108,0	2.000	Enercon	04/2010	618.634	605.828	388.069	k.A	k.A	220.087	204.800	366.267	203.078	367.071	356.525	698.676	4.029.035	763
27327	Schwarme	82,0	108,0	2.000	Enercon	04/2010	610.774	637.270	362.310	k.A	k.A	235.353	204.232	366.837	211.490	380.275	396.401	721.534	4.126.476	781
27327	Schwarme	82,0	108,0	2.000	Enercon	04/2010	636.037	655.661	396.515	k.A	k.A	216.187	205.017	372.857	208.081	389.875	398.341	714.066	4.192.637	794
27327	Schwarme	82,0	108,0	2.000	Enercon	09/2010	564.547	520.132	342.900	283.936	298.869	214.330	190.005	332.223	196.947	300.604	283.741	652.458	4.180.692	792
27327	Schwarme	82,0	108,0	2.000	Enercon	09/2010	619.989	623.114	372.194	270.539	312.194	216.870	189.173	354.109	186.127	361.753	339.548	684.087	4.529.697	858
27327	Schwarme	82,0	108,0	2.000	Enercon	10/2010	583.874	532.137	339.097	290.689	294.540	193.413	197.697	311.868	193.740	309.223	376.927	612.795	4.236.000	802
27327	Schwarme	82,0	108,0	2.000	Enercon	10/2010	645.078	622.108	361.552	296.002	296.149	179.078	197.538	344.818	195.785	304.705	371.626	684.268	4.498.707	852
27327	Martfeld	62,0	68,0	1.300	AN BONUS	02/2000	127.251	196.937	127.366	112.517	113.144	82.773	62.645	127.059	66.799	85.760	83.439	265.070	1.450.760	481
27327	Martfeld	62,0	68,0	1.300	AN BONUS	02/2000	204.850	201.116	124.101	109.245	108.483	83.842	59.646	128.606	64.421	101.627	103.183	243.982	1.533.102	508
27412	Wilstedt	82,0	108,0	2.000	Enercon	10/2008	513.940	632.146	428.618	353.427	344.053	272.528	212.699	302.238	207.663	349.341	357.164	661.237	4.635.054	878
27412	Wilstedt	82,0	108,0	2.000	Enercon	10/2008	522.931	652.624	438.608	352.687	345.667	273.202	226.989	343.662	230.668	370.887	374.893	736.619	4.869.437	922
27412	Wilstedt	82,0	108,0	2.000	Enercon	11/2008	615.666	706.876	459.420	330.281	354.465	263.908	224.652	362.906	199.817	406.658	388.583	728.177	5.041.409	955
27412	Wilstedt	82,0	108,0	2.000	Enercon	11/2008	561.699	676.946	447.708	334.084	345.256	206.503	217.862	338.605	208.653	398.281	393.973	715.285	4.844.855	917
27412	Wilstedt	82,0	108,0	2.000	Enercon	11/2008	513.561	673.277	447.055	343.970	353.685	260.754	231.166	343.042	189.334	389.882	363.436	711.886	4.821.048	913
27412	Wilstedt	82,0	108,0	2.000	Enercon	11/2008	550.812	684.430	439.490	340.161	343.421	231.190	238.310	339.005	215.136	390.309	409.971	712.542	4.894.777	927
27412	Wilstedt	82,0	108,0	2.000	Enercon	12/2008	482.175	557.416	424.279	359.844	334.973	259.003	225.587	321.537	216.291	329.287	360.520	697.338	4.568.250	865
27412	Wilstedt	82,0	108,0	2.000	Enercon	12/2008	468.756	577.236	420.480	372.875	339.546	255.958	238.292	307.047	226.649	350.333	372.820	701.756	4.631.748	877
27432	Iselersheim	70,0	65,0	1.500	SÜDWIND	12/2003	269.081	294.475	202.016	172.959	159.457	131.203	91.684	137.933	87.263	139.452	155.502	376.436	2.217.461	576
27432	Iselersheim	70,0	65,0	1.500	SÜDWIND	01/2004	271.909	316.783	189.829	177.225	157.580	120.798	88.077	145.225	82.625	156.522	155.155	388.092	2.249.820	585
27478	Cuxhaven-Altenbruc	54,0	70,0	1.000	AN BONUS	08/1999	254.286	218.241	17.208	146.813	106.948	100.490	79.575	106.703	92.847	98.977	131.323	282.048	1.635.459	714
27478	Cuxhaven/Altenbruc	62,0	68,0	1.300	Siemens	11/2008	371.155	350.209	242.157	216.765	190.775	148.218	107.806	192.757	123.120	202.812	205.541	389.837	2.741.152	908
27607	Langen/Holßel	82,0	98,0	2.300	Enercon	06/2012	526.167	526.236	385.595	392.308	350.171	309.550	220.230	306.298	231.171	323.355	282.701	604.615	4.458.397	844
27607	Langen/Holßel	82,0	98,0	2.300	Enercon	06/2012	624.950	482.649	375.483	382.753	335.517	354.276	244.839	305.716	262.854	309.927	357.914	588.201	4.625.079	876
27607	Langen/Holßel	82,0	98,0	2.300	Enercon	06/2012	631.045	533.745	375.043	374.781	298.233	264.845	199.536	294.178	245.820	329.488	348.889	570.842	4.466.445	846
27607	Langen/Holßel	82,0	98,0	2.300	Enercon	06/2012	638.495	511.425	377.735	396.487	356.620	330.360	254.805	295.719	238.139	325.579	396.625	580.359	4.702.348	890
27607	Langen/Holßel	82,0	98,0	2.300	Enercon	06/2012	727.628	663.839	442.993	422.655	367.481	269.513	239.151	341.906	256.803	405.308	437.099	602.246	5.176.622	980
27607	Langen/Holßel	82,0	98,0	2.300	Enercon	06/2012	661.958	518.016	408.869	423.077	330.805	221.151	250.774	302.607	244.511	333.357	380.642	489.507	4.565.274	864
27607	Langen/Holßel	82,0	98,0	2.300	Enercon	06/2012	653.063	495.865	400.503	431.520	335.087	283.138	252.010	279.087	253.092	322.641	385.986	546.043	4.638.035	878
27607	Langen/Holßel	82,0	98,0	2.300	Enercon	07/2012	656.614	503.986	403.279	422.603	357.505	365.524	267.065	330.305	256.277	327.506	372.363	633.922	4.896.949	927
27607	Langen/Holßel	82,0	98,0	2.300	Enercon	07/2012	604.142	559.842	386.189	382.543	323.948	286.105	196.153	326.785	240.133	354.889	297.560	585.957	4.544.246	860
27607	Langen/Holßel	82,0	98,0	2.300	Enercon	07/2012	667.216	561.043	452.963	450.220	357.698	373.948	239.468	392.960	312.666	377.984	354.338	717.872	5.258.376	996
27607	Langen/Holßel	82,0	98,0	2.300	Enercon	07/2012	586.199	555.367	380.087	376.513	349.934	302.323	224.574	329.940	216.106	352.030	320.019	567.424	4.560.516	864
27607	Langen/Holßel	82,0	98,0	2.300	Enercon	07/2012	711.812	680.449	373.085	410.290	382.459	332.263	236.038	399.266	236.425	431.252	417.898	682.507	5.293.744	1002
27607	Langen/Holßel	82,0	98,0	2.300	Enercon	07/2012	664.479	685.276	439.953	402.434	371.217	311.232	236.481	396.392	229.308	426.280	406.448	682.801	5.252.301	995
27607	Langen/Holßel	82,0	98,0	2.300	Enercon	07/2012	734.092	560.822	446.152	431.497	380.358	383.196	237.528	397.227	290.508	385.486	380.789	723.825	5.351.480	1013
27607	Langen/Holßel	82,0	98,0	2.300	Enercon	07/2012	740.947	686.921	457.234	433.995	369.972	291.217	239.805	331.015	263.724	433.184	434.547	687.630	5.370.191	1017
27607	Langen/Holßel	82,0	98,0	2.300	Enercon	07/2012	621.758	564.284	404.385	390.045	342.863	285.577	224.049	352.183	227.517	361.904	363.087	620.417	4.758.069	901
27607	Langen/Holßel	82,0	98,0	2.300	Enercon	08/2012	635.812	531.846	383.537	364.726	305.838	288.045	201.139	342.574	211.107	340.859	358.203	619.287	4.582.973	868
27607	Langen/Holßel	82,0	98,0	2.300	Enercon	08/2012	748.230	682.067	484.988	450.659	397.486	392.463	235.160	429.377	274.654	454.993	448.021	729.524	5.727.622	1085
27607	Langen/Holßel	82,0	98,0	2.300	Enercon	08/2012	726.145	595.449	459.225	462.626	392.404	391.799	246.425	389.213	279.278	403.515	390.632	706.015	5.442.726	1031
27607	Sievern,Langen	54,0	60,0	1.000	AN BONUS	12/1998	169.595	165.786	110.353	78.515	80.536	69.271	51.510	81.988	57.430	85.454	82.102	203.779	1.236.319	540
27607	Sievern,Langen	54,0	60,0	1.000	AN BONUS	06/2000	171.010	153.903	101.109	87.349	92.603	86.670	55.862	81.444	46.679	85.951	92.742	188.415	1.243.737	543
27607	Krempel/Langen	60,0	60,0	1.300	Nordex	01/1999	158.477	147.851	92.963	93.368	97.802	80.548	71.713	87.440	70.029	101.253	105.089	249.451	1.355.984	480
27607	Krempel/Langen	60,0	60,0	1.300	Nordex	04/1999	238.767	238.353	151.549	141.883	124.837	97.020	83.618	125.721	94.212	142.020	154.078	327.464	1.919.522	679
27607	Krempel/Langen	60,0	60,0	1.300	Nordex	09/1999	220.552	151.626	137.931	139.741	109.409	92.828	71.930	101.611	74.445	105.524	131.431	263.478	1.600.506	566
27607	Krempel/Langen	60,0	60,0	1.300	Nordex	10/1999	254.805	230.226	172.573	136.202	104.055	95.726	77.239	121.290	84.060	135.133	147.128	306.648	1.865.085	660
27607	Krempel/Langen	60,0	60,0	1.300	Nordex	10/1999	221.210	204.569	154.146	139.156	102.131	100.158	73.062	104.410	76.102	119.194	125.898	267.703	1.687.739	597
27607	Debstedt	54,0	60,0	1.000	AN BONUS	09/1999	167.259	103.484	128.543	121.315	60.220	90.308	58.355	90.560	68.320	88.946	78.479	223.772	1.279.561	559
27607	Debstedt	54,0	60,0	1.000	AN BONUS	11/1999	135.987	115.932	102.981	96.644	75.687	80.992	38.111	72.805	52.014	83.114	77.735	153.762	1.085.764	474
27607	Debstedt	54,0	60,0	1.000	AN BONUS	11/1999	157.652	122.717	121.156	110.527	83.646	67.706	55.167	76.131	56.898	64.243	73.262	165.458	1.154.563	504
27607	Debstedt	54,0	60,0	1.000	AN BONUS	11/1999	160.624	133.816	102.302	101.465	88.912	81.481	56.336	79.533	62.610	86.388	92.345	196.015	1.241.827	542
27612	Stotel	62,0	68,0	1.300	AN BONUS	05/2000	266.891	247.302	195.648	174.262	132.072	131.526	94.004	151.656	107.749	143.369	129.278	355.827	2.129.584	705
27612	Stotel	62,0	68,0	1.300	AN BONUS	05/2000	271.742	257.208	202.359	178.710	135.060	140.663	69.334	129.278	104.684	144.571	148.658	358.996	2.141.263	709
27624	Lintig/Wittgeeste	104,0	128,0	3.370	REpower	10/2013	k.A	1.039.923	733.328	641.152	545.553	464.661	431.062	591.387	470.854	607.246	688.873	892.833	7.106.872	837
27624	Lintig/Wittgeeste	104,0	128,0	3.370	REpower	11/2013	k.A	1.039.923	658.873	641.152	545.553	416.429	389.634	635.051	404.069	675.322	661.976	1.094.835	7.162.817	843
27624	Lintig/Wittgeeste	104,0	128,0	3.370	REpower	11/2013	k.A	1.039.923	646.576	641.152	545.553	392.694	405.579	548.159	429.872	588.036	691.393	1.027.301	6.956.238	819
27624	Lintig/Wittgeeste	104,0	128,0	3.370	REpower	11/2013	k.A	1.039.923	809.679	641.152	545.553	464.126	443.948	704.884	445.880	682.644	788.130	1.088.799	7.654.718	901
27624	Lintig/Wittgeeste	104,0	128,0	3.370	REpower	12/2013	k.A	1.039.923	793.942	641.152	545.553	371.904	433.388	637.033	434.082	687.822	760.468	1.042.561	7.387.828	870
27777	Grüppenbühren	66,0	67,0	1.650	Vestas	09/2000	219.677	260.593	177.174	122.827	120.572	87.687	65.082	136.660	65.287	121.139	143.813	k.A	1.520.511	444
27777	Grüppenbühren	66,0	67,0	1.650	Vestas	09/2000	265.221	258.861	177.140	134.521	122.027	80.316	73.734	138.794	69.275	74.574	155.660	k.A	1.550.123	453
27777	Bergedorf	62,0	68,0	1.300	AN BONUS	08/2001	200.672	137.363	136.740	100.671	91.269	60.683	56.872	110.952	48.037	107.679	112.330	254.288	1.417.556	470
27777	Bergedorf	62,0	68,0	1.300	AN BONUS	08/2001	188.196	146.858	132.575	89.826	89.481	54.518	54.978	45.822	42.886	98.514	105.321	232.784	1.281.759	425

Betriebsergebnisse 2014

PLZ	Ort	Duchmesser	Nabenhöhe	Leistung	Hersteller	Inbetrieb-nahme	Januar	Februar	März	April	Mai	Juni	Juli	August	September	Oktober	November	Dezember	Jahresertrag	kWh je m² Rotorfläche
NIEDERSACHSEN																				
27793	Wildeshausen	60,0	69,0	1.300	Nordex	09/2004	183.538	207.717	112.376	99.378	99.284	66.663	60.524	107.569	54.685	96.959	108.002	255.665	1.452.360	514
27793	Wildeshausen	60,0	69,0	1.300	Nordex	09/2004	184.844	210.064	131.303	99.084	99.758	67.117	58.508	109.586	53.635	96.441	106.166	254.313	1.470.819	520
27793	Düngstrup	60,0	69,0	1.300	Nordex	11/1999	161.042	171.640	118.312	95.928	90.579	74.739	59.542	102.329	101.404	88.332	104.716	228.501	1.397.064	494
27793	Düngstrup	60,0	69,0	1.300	Nordex	01/2000	183.067	204.578	130.181	98.678	94.704	73.396	49.352	107.214	85.361	97.393	106.584	233.990	1.464.498	518
27793	Düngstrup	60,0	69,0	1.300	Nordex	01/2000	179.158	191.020	118.930	92.762	93.996	65.174	53.893	100.223	79.688	91.918	98.423	221.109	1.386.294	490
27793	Düngstrup	60,0	69,0	1.300	Nordex	03/2000	112.276	678	133.097	101.932	100.062	65.664	61.211	109.583	89.095	99.601	109.548	249.844	1.232.591	436
27801	Dötlingen/Speyern	80,0	100,0	2.000	Vestas	09/2001	594.722	473.530	395.964	299.401	279.147	191.179	186.980	300.191	168.257	362.606	346.570	588.428	4.186.975	833
27801	Dötlingen/Speyern	80,0	100,0	2.000	Vestas	09/2001	563.350	537.768	393.524	296.354	274.936	181.383	184.664	291.600	178.535	290.527	333.682	568.412	4.094.735	815
28790	Schwanewede	70,5	65,0	1.500	Enron Wind	10/2001	195.020	191.210	126.052	107.140	90.229	73.349	55.489	88.811	50.950	93.102	107.292	254.403	1.433.047	367
28790	Schwanewede	70,5	65,0	1.500	Enron Wind	10/2001	185.756	229.290	144.144	122.804	103.643	81.663	55.019	112.813	41.090	111.270	122.916	284.145	1.594.553	408
28816	Groß Mackenstedt	80,0	100,0	2.000	Vestas	12/2002	475.351	502.590	328.859	237.564	237.174	160.920	132.756	274.081	139.463	227.109	294.494	k.A	3.010.361	599
28816	Groß Mackenstedt	66,0	78,0	1.650	Vestas	12/2002	261.580	282.302	185.311	143.941	96.239	87.678	72.585	147.047	76.875	137.213	136.777	k.A	1.627.548	476
28816	Groß Mackenstedt	66,0	78,0	1.650	Vestas	12/2002	280.769	278.732	191.948	145.529	127.592	93.008	72.758	151.165	79.105	149.389	158.177	k.A	1.728.172	505
28832	Achim	66,0	117,0	1.650	Vestas	12/2002	410.241	432.789	227.042	210.458	202.495	143.557	137.341	210.287	137.912	220.079	240.875	430.527	3.003.603	878
28832	Achim	66,0	117,0	1.650	Vestas	02/2003	379.600	405.599	278.627	219.910	207.683	139.606	139.692	212.222	138.738	226.184	233.123	404.018	2.985.002	873
28857	Syke/Okeler Bruch	94,0	93,0	2.300	GE	11/2005	549.479	521.991	375.990	k.A	k.A	223.308	178.184	358.072	183.588	308.908	314.976	740.748	3.755.244	541
28857	Syke/Okeler Bruch	94,0	93,0	2.300	GE	11/2005	570.778	555.165	361.746	k.A	k.A	206.124	151.728	293.640	176.996	292.332	353.872	665.164	3.627.545	523
28857	Syke/Okeler Bruch	94,0	93,0	2.300	GE	11/2005	606.980	587.237	376.344	k.A	k.A	211.688	185.232	349.784	177.504	317.252	361.596	720.312	3.893.929	561
28857	Syke/Okeler Bruch	94,0	93,0	2.300	GE	11/2005	637.311	629.614	392.321	k.A	k.A	207.140	180.756	357.896	160.012	329.968	367.200	702.860	3.965.078	571
28857	Syke	71,0	98,0	2.000	Enercon	12/2007	452.540	540.100	338.510	246.025	264.303	174.591	169.244	295.044	163.184	296.108	305.448	609.868	3.854.965	974
28857	Syke	70,0	98,0	1.800	Enercon	09/2003	421.756	429.294	283.312	212.198	203.933	147.382	121.070	239.897	130.413	250.091	238.790	497.012	3.175.148	825
28876	Oyten	66,0	117,0	1.650	Vestas	12/2000	362.074	398.330	249.107	203.971	196.219	142.971	123.411	220.053	136.622	216.031	242.655	383.993	2.875.437	840
28876	Oyten	66,0	117,0	1.650	Vestas	09/2002	368.778	371.179	271.472	208.692	159.212	123.308	127.488	206.383	134.605	182.334	225.869	390.692	2.770.012	810
29221	Celle/Gr. Hehlen	90,0	105,0	2.000	Vestas	11/2008	401.504	374.864	305.138	234.528	243.330	188.399	143.567	245.152	173.630	238.991	280.745	432.101	3.261.949	513
29221	Celle/Gr. Hehlen	90,0	95,0	2.000	Vestas	12/2008	457.492	403.056	320.209	229.414	237.335	124.944	140.787	249.191	165.661	257.184	295.236	516.566	3.397.075	534
29320	Hermannsburg	90,0	105,0	2.000	Vestas	03/2006	531.295	193.180	375.069	320.639	312.243	188.943	191.640	341.905	216.011	316.687	341.830	668.412	3.997.854	628
29320	Hermannsburg	90,0	105,0	2.000	Vestas	04/2006	523.660	554.565	398.256	304.284	307.422	224.195	166.135	312.370	206.325	293.846	323.790	646.628	4.261.476	670
29320	Hermannsburg	90,0	105,0	2.000	Vestas	04/2006	564.983	590.588	434.583	346.806	324.194	229.416	208.428	341.431	228.018	310.654	362.883	672.712	4.614.696	725
29320	Hermannsburg	90,0	105,0	2.000	Vestas	04/2006	547.829	568.231	380.830	343.494	338.890	219.255	221.459	336.504	247.098	295.373	354.487	646.786	4.500.236	707
29320	Hermannsburg	90,0	105,0	2.000	Vestas	04/2006	439.741	471.673	250.755	297.724	291.560	215.949	175.400	303.978	226.021	244.186	275.364	595.084	3.787.435	595
29320	Hermannsburg	90,0	105,0	2.000	Vestas	04/2006	394.589	417.390	360.140	295.124	312.509	229.468	206.502	312.797	211.993	250.416	233.456	608.609	3.832.993	603
29320	Hermannsburg	90,0	105,0	2.000	Vestas	01/2007	436.706	438.406	334.631	291.383	295.280	186.254	179.686	270.835	212.481	252.143	291.630	575.988	3.765.423	592
29320	Hermannsburg	90,0	95,0	2.000	Vestas	07/2007	400.024	416.521	335.354	257.065	277.085	192.088	168.066	281.647	191.094	232.451	257.661	506.649	3.515.705	553
29323	Wietze	90,0	105,0	2.000	Vestas	11/2011	k.A	478.139	367.563	260.278	240.639	195.362	96.209	177.667	106.403	293.125	267.447	603.863	3.086.695	485
29355	Beedenbostel	66,0	111,0	1.650	Vestas	10/2002	291.933	283.531	229.380	171.255	172.494	115.824	107.382	122.726	120.993	160.102	181.622	377.976	2.335.218	683
29355	Beedenbostel	66,0	111,0	1.650	Vestas	12/2002	269.737	290.929	230.354	158.395	170.640	109.200	118.192	120.850	112.187	162.280	173.664	375.140	2.291.568	670
29361	Ohe	77,0	111,5	1.500	SÜDWIND	10/2002	349.305	337.539	285.794	128.479	227.059	154.857	145.731	214.444	166.699	213.593	247.730	429.918	2.901.148	623
29361	Ohe	77,0	111,5	1.500	SÜDWIND	10/2002	383.481	373.435	300.816	234.015	241.193	167.696	154.544	221.197	174.135	238.696	227.882	440.933	3.158.023	678
29378	Wittingen	62,0	69,0	1.300	Nordex	10/2001	178.103	188.540	170.298	123.817	116.572	90.323	63.462	122.659	79.812	102.594	115.653	314.593	1.666.426	552
29392	Wesendorf/Westerho	92,5	85,0	2.000	REpower	08/2012	402.386	379.960	301.602	249.970	276.601	189.701	153.099	252.007	83.580	142.737	236.427	590.465	3.258.535	485
29393	Gr Oesingen/Schmar	82,0	108,0	2.000	Enercon	03/2009	479.077	467.874	356.141	256.872	245.972	178.358	167.158	260.948	187.877	276.193	318.229	568.023	3.762.722	712
29393	Gr Oesingen/Schmar	82,0	108,0	2.000	Enercon	03/2009	466.230	432.406	359.832	278.044	258.370	172.492	191.541	218.934	192.402	254.473	321.780	510.245	3.656.749	692
29393	Gr Oesingen/Schmar	82,0	108,0	2.000	Enercon	03/2009	418.278	362.132	351.679	279.595	271.421	163.298	191.474	243.177	197.878	237.164	284.055	561.270	3.561.421	674
29393	Gr Oesingen/Schmar	71,0	98,0	2.300	Enercon	05/2010	278.725	308.253	257.339	186.659	171.210	142.472	103.931	161.046	125.239	163.054	180.924	418.381	2.497.233	631
29439	Jeetzel	62,0	68,0	1.300	Siemens	06/2006	180.546	174.963	157.185	124.357	128.867	90.311	53.621	108.859	81.404	87.888	104.123	284.538	1.576.662	522
29487	Luckau	77,0	100,0	1.500	Fuhrländer	04/2007	267.378	274.710	245.573	215.336	230.550	155.587	149.593	195.732	147.994	167.576	210.411	439.922	2.700.362	580
29525	Uelzen/Klein Süste	80,0	100,0	2.000	Vestas	06/2004	351.352	370.593	277.832	230.461	228.108	177.474	134.574	238.889	161.635	184.498	215.879	518.486	3.089.781	615
29525	Uelzen/Masendorf	80,0	100,0	2.000	Vestas	01/2007	333.709	304.510	246.947	197.077	187.193	134.489	114.846	191.468	125.885	158.107	228.041	399.731	2.622.003	522
29525	Uelzen/Masendorf	80,0	100,0	2.000	Vestas	01/2007	350.710	302.181	269.844	229.061	219.018	168.685	138.154	198.267	155.202	164.230	238.809	443.348	2.877.509	572
29525	Uelzen/Masendorf	80,0	100,0	2.000	Vestas	01/2007	204.318	315.515	263.555	217.290	201.518	155.879	121.797	224.352	144.433	170.127	238.550	489.789	2.747.123	547
29525	Uelzen/Masendorf	80,0	100,0	2.000	Vestas	01/2007	368.446	313.385	287.138	246.132	216.771	174.135	149.797	213.836	160.058	162.739	258.794	452.658	3.003.889	598
29525	Uelzen/Masendorf	80,0	100,0	2.000	Vestas	02/2007	339.165	324.932	260.308	203.854	198.017	160.933	125.600	223.945	137.684	169.557	230.902	429.998	2.804.895	558
29525	Uelzen/Masendorf	80,0	100,0	2.000	Vestas	02/2007	354.357	319.478	264.188	220.310	211.272	150.841	136.260	212.575	137.938	161.089	243.521	461.346	2.873.175	572
29525	Uelzen/Westerweyhe	82,0	98,0	2.000	Enercon	04/2010	353.875	411.172	327.428	270.655	276.095	218.214	187.147	266.525	193.366	236.565	307.029	480.113	3.528.184	668
29559	Wrestedt/Lemke	101,0	99,0	3.050	Enercon	08/2013	489.998	422.498	450.518	422.059	412.997	276.724	242.275	404.850	282.591	315.208	392.704	761.025	4.873.447	608
29565	Wriedel	77,0	100,0	1.500	Enron Wind	11/2001	241.478	243.521	242.222	203.052	185.910	157.131	k.A	k.A	k.A	142.815	162.694	414.457	1.993.280	428
29565	Wriedel	77,0	100,0	1.500	Enron Wind	11/2001	276.620	308.188	230.463	90.216	211.821	140.695	k.A	k.A	k.A	170.494	210.004	447.068	2.085.569	448
29565	Wriedel	77,0	100,0	1.500	Enron Wind	11/2001	204.699	217.551	230.519	190.852	183.733	121.356	k.A	k.A	k.A	165.867	212.696	403.188	1.930.461	415
29582	Hanstedt/Brauel	90,0	95,0	2.000	Vestas	08/2008	363.304	441.424	304.229	266.385	198.698	200.000	155.533	122.690	163.311	176.368	218.972	525.527	3.136.441	493
29582	Hanstedt/Brauel	90,0	95,0	2.000	Vestas	08/2008	460.000	430.462	333.722	296.687	223.604	196.999	187.103	506.328	190.825	235.167	300.000	553.947	3.914.844	615
29582	Brauel	77,0	100,0	1.500	Fuhrländer	12/2002	252.772	323.088	256.455	192.116	196.979	115.640	125.201	210.700	113.027	161.675	203.994	421.630	2.573.277	553
29582	Brauel	77,0	100,0	1.500	Fuhrländer	12/2002	236.651	274.841	218.680	191.954	180.247	118.543	118.474	180.113	112.804	140.828	190.163	404.517	2.367.815	508
29690	Gilten/Suderbruch	82,0	108,0	2.300	Enercon	11/2012	497.120	472.546	357.656	259.715	293.254	185.665	157.177	303.003	172.705	278.389	276.279	693.208	3.946.717	747
29690	Gilten/Suderbruch	82,0	108,0	2.300	Enercon	11/2012	420.324	423.005	318.763	260.560	290.494	196.421	160.780	271.539	176.152	245.407	263.390	635.266	3.662.101	693
30539	Hannover/Kronsberg	70,5	64,7	1.500	Enron Wind	07/2000	250.267	264.399	201.617	114.837	142.153	93.988	k.A	134.979	86.602	146.954	145.069	370.111	1.950.976	500
30823	Garbsen	62,0	68,5	1.000	DeWind	06/2000	180.301	163.494	135.915	91.463	98.355	64.045	40.912	92.557	54.941	86.880	113.711	244.843	1.367.417	453
30880	Meerberg	66,0	67,0	1.500	Enercon	07/2000	303.256	256.876	207.349	152.379	159.994	98.045	67.530	156.913	102.673	146.177	167.141	402.746	2.221.079	649
30880	Meerberg	66,0	67,0	1.500	Enercon	08/2000	306.991	274.051	214.863	157.706	158.455	107.928	67.557	162.919	103.683	145.087	176.724	414.843	2.290.807	670
30890	Barsinghausen	70,5	100,0	1.500	Tacke	05/2000	333.128	319.975	237.977	188.187	196.967	121.207	85.494	188.587	109.241	204.881	165.154	548.649	2.699.447	692
30890	Ostermunzel (Barsi	60,0	70,0	1.000	NEG Micon	11/2000	202.857	179.389	136.709	106.469	113.550	80.983	50.418	121.229	73.414	101.192	124.334	298.170	1.588.714	562

Betriebsergebnisse 2014

PLZ	Ort	Duchmesser	Nabenhöhe	Leistung	Hersteller	Inbetrieb-nahme	Januar	Februar	März	April	Mai	Juni	Juli	August	September	Oktober	November	Dezember	Jahresertrag	kWh je m² Rotorfläche
NIEDERSACHSEN																				
30900	Wedemark	70,0	100,0	1.500	SÜDWIND	12/2001	345.192	317.978	238.892	194.777	180.053	138.294	103.616	184.364	132.627	181.826	202.458	418.035	2.638.112	685
30982	Pattensen/Schlieku	90,0	100,0	2.300	Nordex	10/2004	598.921	585.671	416.026	318.343	341.695	223.637	138.647	318.313	219.635	359.307	317.087	457.685	4.294.967	675
30982	Pattensen/Schlieku	90,0	100,0	2.300	Nordex	10/2004	580.850	550.181	402.530	319.315	345.676	218.926	100.141	318.964	91.029	362.377	363.793	801.413	4.455.195	700
30982	Pattensen/Schlieku	77,0	85,0	1.500	SÜDWIND	06/2004	332.017	308.038	248.499	184.655	193.854	127.491	84.336	180.475	130.545	199.637	170.457	473.152	2.633.156	565
30982	Pattensen/Schlieku	77,0	85,0	1.500	SÜDWIND	06/2004	400.057	391.189	246.520	190.379	180.700	126.389	86.741	187.514	134.350	234.742	212.792	334.941	2.726.314	585
31079	Almstedt-Breinum	77,0	61,4	1.500	GE	09/2002	183.970	229.526	169.587	136.140	137.949	76.416	45.198	111.655	55.198	77.567	91.117	371.777	1.686.100	362
31079	Almstedt-Breinum	77,0	61,4	1.500	GE	09/2002	234.314	238.551	94.368	133.292	154.579	71.937	48.375	131.353	17.708	100.783	105.312	407.548	1.738.120	373
31157	Sarstedt	70,5	85,0	1.500	Tacke	09/1999	285.835	290.986	227.891	160.241	160.721	92.655	55.367	120.658	102.057	175.022	137.888	269.484	2.078.805	533
31167	Bockenem	70,5	65,0	1.500	Enron Wind	12/2000	362.908	363.291	229.290	147.615	141.793	83.013	51.493	134.805	79.606	226.582	170.003	400.810	2.391.209	613
31167	Bockenem	70,5	65,0	1.500	Enron Wind	12/2000	338.956	311.419	85.265	138.079	140.904	74.582	56.130	113.554	80.114	231.264	181.606	418.116	2.169.989	556
31180	Giesen-Hasede	77,0	85,0	1.500	SÜDWIND	10/2002	327.964	274.661	232.682	22.398	193.256	119.824	78.842	184.849	118.943	162.122	156.878	468.385	2.340.804	503
31180	Giesen-Hasede	77,0	85,0	1.500	SÜDWIND	10/2002	362.909	343.718	248.793	177.855	201.472	127.922	81.008	189.818	117.603	164.841	181.175	483.342	2.680.456	576
31185	Hoheneggelsen	54,0	60,0	1.000	AN BONUS	11/1999	144.625	173.542	140.513	92.458	106.367	60.533	40.822	82.492	60.352	100.758	116.371	274.107	1.392.940	608
31188	Holle	77,0	70,0	1.500	GE	09/2003	333.945	349.588	218.439	140.393	158.978	81.872	65.098	159.337	83.248	213.199	230.825	388.490	2.423.412	520
31188	Holle	77,0	70,0	1.500	GE	09/2003	349.463	364.640	238.068	155.646	165.307	80.409	64.756	133.018	87.009	208.910	219.689	420.799	2.487.714	534
31241	Klein Solschen	82,4	90,0	2.300	AN BONUS	09/2003	518.367	525.402	387.497	274.785	289.673	194.811	125.341	296.322	196.889	296.742	293.791	731.263	4.130.883	775
31241	Ilsede/Gr. Bülten	82,0	85,0	2.000	Enercon	03/2009	541.881	521.579	387.988	k.A	k.A	210.083	135.912	308.905	205.215	314.025	287.653	749.622	3.662.863	694
31241	Klein Solschen	62,0	90,0	1.300	AN BONUS	09/2003	316.988	315.325	237.362	168.490	190.367	118.419	77.709	182.957	122.612	185.629	201.714	465.942	2.583.514	856
31241	Klein Solschen	62,0	90,0	1.300	AN BONUS	10/2003	323.232	323.212	234.104	152.465	192.426	106.701	73.347	175.948	115.511	185.062	186.455	429.972	2.498.435	828
31246	Gadenstedt	62,0	90,0	1.300	AN BONUS	10/2003	300.547	300.159	227.260	149.546	174.365	108.217	74.540	181.536	101.916	181.972	172.145	421.488	2.393.691	793
31249	Hohenhameln-Rötzum	62,0	90,0	1.300	AN BONUS	06/2002	282.619	269.588	229.825	154.417	183.710	116.094	71.057	186.986	110.189	178.967	152.546	418.682	2.354.680	780
31249	Hohenhameln-Rötzum	62,0	90,0	1.300	AN BONUS	06/2002	337.771	336.633	251.604	164.337	189.961	125.350	83.877	195.559	113.352	200.536	207.355	461.347	2.667.682	884
31249	Bierbergen	77,0	61,5	1.500	REpower	12/2006	394.130	355.862	256.744	144.329	204.701	116.560	73.089	192.135	117.521	179.614	230.404	511.002	2.776.091	596
31303	Burgdorf-Schillers	60,0	70,0	1.000	NEG Micon	10/2001	154.744	163.715	102.233	79.625	90.594	54.634	39.415	92.495	57.526	84.399	94.307	202.134	1.215.821	430
31303	Burgdorf-Schillers	60,0	70,0	1.000	NEG Micon	10/2001	157.941	149.578	118.005	81.632	91.767	64.417	47.596	94.240	61.436	88.874	98.231	186.267	1.239.984	439
31311	Uetze-Nord	70,0	85,0	1.500	SÜDWIND	09/2002	236.906	257.929	188.281	126.772	137.537	81.627	64.679	136.995	78.888	134.832	129.703	337.756	1.911.905	497
31311	Uetze-Nord	70,0	85,0	1.500	SÜDWIND	09/2002	227.473	252.013	185.573	122.542	130.268	87.062	62.515	129.820	77.939	133.067	136.507	304.768	1.849.547	481
31311	Uetze-Nord	70,0	85,0	1.500	SÜDWIND	09/2002	228.922	220.606	157.954	120.732	119.720	79.382	60.374	114.908	78.607	114.355	112.581	243.445	1.651.586	429
31311	Uetze-Süd	70,0	65,0	1.500	SÜDWIND	09/2002	210.194	217.276	156.786	99.685	111.185	73.173	50.750	121.084	62.153	114.154	118.776	279.258	1.614.474	420
31311	Uetze-Süd	70,0	65,0	1.500	SÜDWIND	09/2002	215.491	213.350	162.293	108.585	107.996	67.407	49.448	111.269	65.866	102.091	118.245	300.794	1.622.835	422
31319	Sehnde	70,5	64,7	1.500	Tacke	05/2000	346.183	290.708	248.031	171.403	179.010	119.900	71.503	181.974	108.648	158.500	183.336	468.640	2.527.836	648
31319	Sehnde	70,5	85,0	1.500	Tacke	05/2000	391.097	326.516	263.731	164.718	191.989	127.619	82.464	165.564	121.541	192.743	225.821	482.914	2.736.717	701
31535	Neustadt/Wulfelade	82,0	108,0	2.000	Enercon	02/2009	552.612	510.049	394.634	256.165	298.368	193.038	159.212	315.201	201.217	316.315	343.011	694.194	4.234.016	802
31535	Neustadt/Wulfelade	82,0	108,0	2.000	Enercon	03/2009	449.086	447.725	354.682	231.866	298.870	192.948	157.066	315.660	168.105	295.859	265.536	679.310	3.856.713	730
31535	Neustadt/Wulfelade	82,0	108,0	2.000	Enercon	03/2009	348.424	399.299	338.054	235.451	302.477	206.250	163.849	308.034	187.869	247.036	221.428	602.279	3.560.450	674
31535	Neustadt/Wulfelade	82,0	108,0	2.000	Enercon	03/2009	418.715	377.378	314.630	219.216	273.893	177.285	158.026	267.988	169.733	234.196	240.804	553.892	3.405.756	645
31535	Neustadt/Wulfelade	82,0	108,0	2.000	Enercon	03/2009	526.144	503.828	354.966	236.503	284.347	174.171	170.186	284.564	172.088	293.695	343.533	625.783	3.969.808	752
31535	Neustadt/Wulfelade	101,0	135,0	3.050	Enercon	10/2012	799.719	762.160	612.365	460.229	509.584	355.615	314.040	553.985	349.192	579.572	582.527	974.377	6.853.365	855
31535	Neustadt/Wulfelade	101,0	135,0	3.050	Enercon	11/2012	845.481	744.071	568.546	465.091	512.885	347.416	303.871	557.246	346.183	541.466	534.204	1.018.851	6.785.311	847
31535	Neustadt/Wulfelade	101,0	99,0	3.050	Enercon	12/2012	694.755	727.161	487.951	366.028	423.268	266.569	234.905	435.269	271.098	410.447	443.245	934.286	5.694.982	711
31535	Neustadt/Wulfelade	101,0	135,0	3.050	Enercon	02/2013	847.250	811.255	551.961	454.331	495.666	337.927	311.729	516.528	356.441	526.589	573.430	926.472	6.709.579	837
31535	Neustadt/Wulfelade	101,0	135,0	3.050	Enercon	04/2013	922.272	866.391	641.454	512.730	529.727	350.861	300.222	596.560	366.427	552.806	577.103	1.169.515	7.386.068	922
31535	Neustadt/Wulfelade	101,0	135,0	3.050	Enercon	04/2013	895.541	849.628	631.788	497.632	549.682	365.768	323.490	602.786	356.083	556.450	563.684	1.174.690	7.367.222	920
31535	Lutter-Büren	60,0	65,0	1.300	Nordex	01/1999	123.915	141.483	76.835	66.840	80.996	47.000	37.571	88.085	46.074	76.753	83.643	218.945	1.088.140	385
31535	Lutter-Büren	60,0	65,0	1.300	Nordex	01/1999	170.787	194.094	131.920	89.906	99.934	70.001	44.756	107.726	60.393	100.614	97.789	240.928	1.408.848	498
31535	Lutter-Büren	60,0	65,0	1.300	Nordex	01/1999	169.341	177.506	112.057	79.049	92.895	51.431	39.070	100.756	51.909	90.218	102.781	233.720	1.300.733	460
31535	Laderholz	60,0	65,0	1.300	Nordex	04/1999	166.402	150.230	118.210	91.890	88.583	62.795	41.746	94.023	46.747	83.573	99.649	210.016	1.253.864	443
31535	Laderholz	60,0	65,0	1.300	Nordex	04/1999	140.609	138.078	108.910	81.276	79.462	56.254	39.582	86.323	51.288	77.156	88.631	214.441	1.162.010	411
31535	Laderholz	60,0	65,0	1.300	Nordex	05/1999	142.435	134.623	110.485	83.928	86.011	60.712	41.721	86.644	52.571	76.267	70.998	217.172	1.163.567	412
31535	Nöpke	60,0	65,0	1.300	Nordex	10/1999	172.208	157.916	126.015	94.193	95.621	67.488	45.924	94.983	58.923	85.779	98.677	216.314	1.314.041	465
31535	Nöpke	60,0	65,0	1.300	Nordex	09/1999	176.322	184.121	123.412	87.819	93.651	64.684	46.701	102.216	59.058	93.207	103.947	232.480	1.367.618	484
31535	Mandelsloh	60,0	65,0	1.300	Nordex	01/2000	171.135	154.681	110.998	85.826	95.305	59.634	42.476	100.823	49.045	81.261	95.538	243.122	1.289.844	456
31535	Mandelsloh	60,0	65,0	1.300	Nordex	01/2000	160.970	155.412	111.496	85.576	87.573	54.701	43.292	88.714	50.176	76.115	91.144	220.557	1.225.726	434
31582	Springe	77,0	61,4	1.500	GE	05/2004	269.494	282.621	193.144	130.306	160.940	87.927	48.901	136.594	84.940	137.345	122.423	353.572	2.008.207	431
31592	Stolzenau-Frestorf	62,0	68,0	1.300	AN BONUS	12/2000	225.142	218.726	154.027	105.099	102.209	64.211	58.494	115.569	60.735	108.757	140.484	302.760	1.656.213	549
31592	Haustedt	62,0	68,0	1.300	AN BONUS	06/2001	217.284	217.838	152.334	99.285	108.869	66.809	57.211	118.950	62.741	101.448	135.834	126.154	1.464.757	485
31592	Frestorf/Stolzenau	60,0	70,0	1.000	NEG Micon	09/2003	219.781	203.333	134.889	91.866	99.879	60.599	53.436	107.214	58.147	100.064	132.186	263.801	1.525.195	539
31600	Uchte/Mensinghause	82,0	108,0	2.000	Enercon	11/2009	546.795	527.945	384.819	281.081	302.673	192.952	175.765	330.551	200.296	309.187	296.634	743.888	4.292.586	813
31600	Uchte/Mensinghause	82,0	108,0	2.000	Enercon	12/2009	505.495	485.345	355.694	261.230	282.623	179.308	169.309	320.116	184.094	298.764	270.486	714.841	4.027.305	763
31600	Uchte/Mensinghause	82,0	108,0	2.000	Enercon	12/2009	519.507	468.549	354.645	260.669	272.871	178.691	163.791	312.976	184.075	283.482	293.658	709.752	4.002.666	758
31600	Uchte/Mensinghause	82,0	108,0	2.000	Enercon	12/2009	556.557	478.176	385.612	276.150	273.445	182.943	161.584	310.114	191.197	255.323	330.539	679.968	4.081.608	773
31600	Uchte/Mensinghause	82,0	108,0	2.000	Enercon	12/2009	530.360	467.337	372.204	266.717	252.360	183.125	152.483	277.284	181.432	276.272	365.283	636.274	3.961.131	750
31600	Uchte/Mensinghause	82,0	108,0	2.000	Enercon	12/2010	624.201	584.990	416.325	290.941	312.371	202.919	167.812	333.979	199.702	331.823	396.795	715.049	4.576.907	867
31600	Uchte/Mensinghause	82,0	108,0	2.000	Enercon	12/2010	474.648	433.966	345.773	249.099	285.421	177.055	163.456	285.149	182.621	252.986	315.474	645.352	3.811.000	722
31600	Uchte/Mensinghause	82,0	108,0	2.000	Enercon	12/2010	548.800	492.458	377.250	263.329	282.618	158.958	162.859	273.807	175.768	269.235	341.122	648.794	3.994.998	756
31600	Uchte/Mensinghause	82,0	138,0	2.300	Enercon	03/2013	745.526	691.757	481.119	339.513	332.001	206.137	215.757	352.196	227.427	404.504	489.212	781.471	5.266.620	997
31600	Uchte/Mensinghause	82,0	138,0	2.300	Enercon	04/2013	665.679	585.171	436.438	333.253	344.988	205.870	210.754	342.525	224.714	344.724	431.773	773.148	4.899.037	928
31608	Marklohe/Oyle	71,0	98,0	2.000	Enercon	01/2007	409.030	383.440	311.868	225.190	230.099	157.797	135.368	245.763	146.561	239.951	271.041	505.932	3.262.040	824
31608	Marklohe	77,0	96,0	1.500	GE	10/2002	379.726	382.067	292.648	144.891	219.679	137.382	139.971	267.011	146.401	223.847	248.777	510.356	3.092.756	664
31613	Wietzen/Marklohe	60,0	70,0	1.000	NEG Micon	11/2002	211.433	207.201	149.601	107.771	110.558	76.018	62.628	121.681	72.274	115.454	119.959	267.885	1.622.463	574

PLZ	Ort	Duchmesser	Nabenhöhe	Leistung	Hersteller	Inbetrieb-nahme	Januar	Februar	März	April	Mai	Juni	Juli	August	September	Oktober	November	Dezember	Jahresertrag	kWh je m² Rotorfläche
NIEDERSACHSEN																				
31655	Stadthagen	62,0	68,0	1.300	AN BONUS	12/2001	180.507	211.696	151.401	77.290	122.656	61.245	52.669	141.391	62.017	109.215	104.895	360.557	1.635.539	542
31655	Stadthagen	62,0	68,0	1.300	AN BONUS	12/2001	212.797	226.569	171.296	116.186	119.607	59.549	50.086	134.710	47.388	108.683	123.635	357.122	1.727.628	572
31832	Springe	82,0	108,0	2.000	Enercon	10/2008	430.849	511.868	310.673	225.063	294.077	180.227	128.282	284.252	186.558	284.612	241.290	676.975	3.754.726	711
31832	Springe	82,0	108,0	2.000	Enercon	10/2008	414.848	479.736	320.792	234.153	299.582	186.863	121.504	288.133	184.881	284.102	246.249	698.310	3.759.153	712
31832	Springe	82,0	108,0	2.000	Enercon	10/2008	444.737	497.143	332.574	233.300	304.393	176.080	120.122	276.716	175.156	286.478	237.690	703.780	3.788.169	717
31832	Springe/Benningsen	82,0	108,0	2.000	Enercon	11/2008	452.280	478.902	313.307	235.605	290.698	183.577	119.768	248.346	181.909	236.305	279.710	642.463	3.662.870	694
31855	Aerzen/Lachemer Fo	77,0	100,0	1.500	Enron Wind	08/2001	223.338	244.072	124.918	70.632	143.543	49.539	43.996	125.920	48.797	93.639	90.758	392.660	1.651.812	355
31863	Coppenbrügge	77,0	85,0	1.500	Enron Wind	03/2001	325.641	381.770	252.465	132.439	206.427	86.826	90.115	186.227	84.546	176.407	159.749	428.243	2.510.855	539
37083	Geismar	66,0	67,0	1.500	Enercon	05/1998	160.332	160.565	137.197	87.995	91.009	60.218	38.112	83.537	37.559	78.983		228.863	1.164.370	340
38122	Geitelde	80,0	100,0	2.000	Vestas	03/2003	415.120	341.671	274.769	196.560	194.075	132.343	85.010	171.163	121.004	188.040	241.106	453.090	2.813.951	560
38239	Salzgitter-Blecken	71,0	86,0	2.000	Enercon	05/2007	428.831	360.035	284.234	k.A	k.A	153.800	90.500	206.900	146.900	218.500	279.600	609.700	2.779.000	702
38239	Salzgitter-Blecken	82,0	138,0	2.000	Enercon	06/2010	605.431	579.796	436.205	k.A	k.A	255.414	195.382	399.989	281.914	417.785	419.650	868.696	4.460.262	845
38239	Bleckenstedt	62,0	68,0	1.300	AN BONUS	11/2000	235.754	206.973	174.462	k.A	k.A	95.572	53.408	128.228	85.654	128.738	147.178	360.920	1.616.887	536
38275	Haverlah	70,0	65,0	1.800	Enercon	06/2002	316.317	352.519	207.032	140.500	150.127	88.241	56.497	106.369	84.926	176.719	164.571	438.809	2.282.627	593
38477	Jembke	80,0	100,0	2.000	Vestas	12/2002	308.309	311.546	268.131	204.711	240.253	19.920	105.523	196.693	110.733	190.665	179.941	511.879	2.648.304	527
38477	Jembke	80,0	100,0	2.000	Vestas	01/2003	337.635	314.508	281.725	221.636	240.025	23.628	99.549	222.358	159.983	198.452	226.072	500.765	2.826.336	562
38477	Jembke	80,0	100,0	2.000	Vestas	01/2003	327.494	303.943	285.039	210.627	235.464	22.361	112.810	202.479	156.822	184.293	217.450	502.685	2.761.467	549
38477	Jembke	80,0	100,0	2.000	Vestas	01/2003	322.182	315.343	279.378	202.380	222.683	23.402	92.788	204.221	147.973	191.537	162.636	463.831	2.628.354	523
38477	Jembke	80,0	100,0	2.000	Vestas	02/2003	303.645	266.336	272.582	200.355	213.839	20.898	99.145	187.857	140.210	185.374	188.263	449.681	2.528.185	503
38477	Jembke	80,0	100,0	2.000	Vestas	02/2003	333.267	292.060	283.308	214.954	237.927	23.402	107.501	203.069	154.180	200.065	215.448	452.161	2.717.342	541
38477	Jembke	80,0	100,0	2.000	Vestas	02/2003	316.601	280.011	268.197	218.717	229.890	19.999	104.432	183.479	119.740	178.234	214.514	451.158	2.584.972	514
38477	Jembke	80,0	100,0	2.000	Vestas	02/2003	311.863	291.520	267.619	192.570	228.628	19.812	98.933	198.329	151.158	180.779	199.413	453.396	2.594.020	516
38477	Jembke	80,0	100,0	2.000	Vestas	12/2002	318.655	335.819	264.128	139.968	187.865	144.976	127.000	216.814	117.204	201.944	213.586	252.614	2.520.573	501
38667	Bad Harzburg	70,0	65,0	1.800	Enercon	09/2001	270.871	325.253	191.930	122.699	146.854	88.370	49.208	149.811	68.612	158.562	131.308	465.439	2.168.917	564
48455	Bad Bentheim	80,0	100,0	2.000	Vestas	12/2001	488.629	568.243	317.899	194.670	248.462	95.973	20.917	230.655	118.724	282.249	233.663	555.898	3.355.982	668
48455	Bad Bentheim	80,0	100,0	2.000	Vestas	12/2001	466.071	543.362	313.998	193.504	245.445	117.163	134.136	206.313	129.003	257.977	216.089	556.006	3.379.067	672
48527	Nordhorn/Bimolten	70,0	98,0	1.800	Enercon	07/2002	302.765	376.389	226.268	174.761	161.519	97.359	112.619	186.869	103.548	169.177	137.734	457.403	2.506.411	651
48527	Nordhorn/Bimolten	70,0	98,0	1.800	Enercon	07/2002	317.449	407.653	209.350	154.892	139.228	97.937	108.983	160.215	96.497	174.915	174.072	338.617	2.379.808	618
48527	Nordhorn/Bimolten	70,0	98,0	1.800	Enercon	07/2002	341.780	434.571	225.023	157.808	159.753	87.880	104.697	194.151	92.717	191.813	168.756	430.736	2.589.685	673
48527	Nordhorn/Bimolten	70,0	98,0	1.800	Enercon	09/2002	376.590	471.176	244.640	167.646	179.279	89.035	119.556	215.086	104.873	215.943	204.589	445.579	2.833.992	736
49152	Bad Essen/Bohmte	71,0	114,0	2.000	Enercon	09/2005	423.917	489.922	300.057	210.178	240.667	135.313	107.893	239.410	123.780	244.209	207.946	593.393	3.316.685	838
49152	Bad Essen/Bohmte	71,0	114,0	2.000	Enercon	09/2005	412.997	472.771	289.343	201.606	232.702	131.213	99.911	225.986	120.177	232.048	212.465	587.357	3.218.576	813
49152	Bad Essen/Bohmte	71,0	114,0	2.000	Enercon	09/2005	421.683	475.876	285.915	201.670	231.921	125.013	122.501	227.161	104.731	239.166	216.989	597.485	3.250.111	821
49152	Bad Essen/Bohmte	71,0	113,0	2.000	Enercon	10/2005	399.277	413.253	288.219	298.787	228.257	101.909	119.802	220.370	130.534	201.944	214.729	566.509	3.183.590	804
49152	Bad Essen/Bohmte	71,0	113,0	2.000	Enercon	10/2005	412.913	458.118	279.053	200.161	232.702	103.935	128.142	231.102	121.288	227.554	228.938	575.150	3.199.056	808
49152	Bad Essen/Bohmte	71,0	113,0	2.000	Enercon	10/2005	432.096	474.133	307.982	206.447	230.795	117.983	116.131	236.022	122.050	238.077	237.833	594.400	3.313.949	837
49179	Ostercappeln	70,0	114,5	1.500	SÜDWIND	12/2003	269.334	376.197	242.349	173.478	178.115	97.320	89.611	179.259	90.453	196.524	172.990	468.856	2.534.486	659
49179	Ostercappeln	70,0	114,5	1.500	SÜDWIND	12/2003	283.000	334.948	202.584	156.837	173.950	93.436	91.883	153.546	82.141	176.327	152.922	410.076	2.311.650	601
49324	Westerhausen-Melle	90,0	105,0	2.000	Vestas	09/2005	485.712	519.857	310.025	249.058	242.417	127.458	143.313	250.261	121.331	276.627	285.197	577.503	3.588.759	564
49326	Melle/Dratum	77,0	111,5	1.500	SÜDWIND	11/2001	264.169	293.574	k.A	143.167	166.129	85.192	k.A	196.286	104.775	180.916	164.942	404.375	2.003.525	430
49326	Melle/Dratum	77,0	111,5	1.500	SÜDWIND	11/2001	330.919	350.588	k.A	158.113	174.719	93.672	k.A	217.446	119.562	200.780	194.758	457.092	2.297.649	493
49328	Melle/Westendorf	77,0	111,5	1.500	SÜDWIND	11/2001	337.646	375.304	k.A	141.362	161.095	67.770	k.A	184.916	79.020	189.137	179.208	444.517	2.159.975	464
49328	Melle/Westendorf	77,0	111,5	1.500	SÜDWIND	12/2001	243.819	313.349	k.A	146.716	160.088	78.676	k.A	173.496	81.978	165.477	134.879	362.381	1.860.859	400
49328	Melle-Bennien	77,0	111,5	1.500	SÜDWIND	08/2002	317.853	358.607	k.A	150.949	173.318	86.306	k.A	190.336	86.018	184.074	157.385	448.945	2.153.791	463
49328	Melle-Bennien	77,0	111,5	1.500	SÜDWIND	08/2002	314.385	346.111	k.A	134.575	166.278	72.683	k.A	192.091	77.782	175.464	169.834	435.173	2.084.376	448
49393	Lohne	80,0	100,0	2.000	Vestas	10/2003	431.270	478.442	303.761	203.181	216.743	97.806	112.815	192.380	91.094	238.450	267.783	536.012	3.169.737	631
49393	Lohne	80,0	100,0	2.000	Vestas	10/2003	437.934	481.576	277.010	194.599	208.909	50.008	110.658	208.398	97.529	173.663	265.696	527.306	3.033.286	603
49393	Lohne	80,0	100,0	2.000	Vestas	10/2003	407.381	419.199	273.236	196.415	201.832	118.112	117.358	190.765	95.033	208.732	224.259	494.914	2.947.236	586
49393	Lohne	80,0	100,0	2.000	Vestas	10/2003	408.891	411.995	285.156	201.517	215.791	120.756	113.912	190.264	105.461	197.808	234.813	513.025	2.999.389	597
49406	Barnstorf	82,0	108,0	2.300	Enercon	11/2011	685.235	670.275	459.490	331.453	347.278	210.640	221.107	375.929	203.936	373.379	430.119	739.028	5.047.869	956
49406	Barnstorf	82,0	108,0	2.300	Enercon	11/2011	616.810	606.087	449.926	333.031	342.680	222.312	240.620	369.360	215.641	355.307	409.758	731.739	4.893.271	927
49406	Barnstorf	82,0	108,0	2.300	Enercon	12/2011	690.531	697.164	477.794	341.755	353.744	211.550	234.371	359.811	215.038	362.678	425.076	737.987	5.107.499	967
49406	Barnstorf	82,0	108,0	2.300	Enercon	01/2012	639.341	670.566	463.057	341.450	349.034	226.113	220.654	376.909	225.403	363.978	382.835	771.379	5.030.719	953
49406	Barnstorf	82,0	108,0	2.300	Enercon	01/2012	629.873	678.669	455.297	307.766	318.572	205.520	204.170	380.789	197.327	366.780	325.244	757.285	4.827.292	914
49406	Barnstorf	82,0	108,0	2.300	Enercon	01/2012	665.214	682.568	460.820	298.787	339.907	187.401	212.039	383.614	195.292	367.927	398.108	750.614	4.942.291	936
49419	Wagenfeld/Ströhen	80,0	100,0	2.000	Vestas	10/2004	465.755	478.098	364.739	260.102	265.023	184.409	163.321	241.547	164.700	258.901	259.282	589.899	3.695.776	735
49419	Wagenfeld/Ströhen	80,0	100,0	2.000	Vestas	10/2004	541.123	522.074	361.031	248.330	271.310	161.959	152.433	232.839	149.529	283.735	334.679	608.582	3.867.624	769
49419	Wagenfeld	82,0	138,0	2.000	Enercon	06/2010	775.229	729.035	509.138	371.088	377.715	227.361	258.919	348.094	253.095	426.871	503.692	796.296	5.576.533	1056
49419	Wagenfeld	82,0	138,0	2.000	Enercon	07/2010	790.657	747.495	522.612	367.131	379.549	226.161	230.367	364.316	254.473	440.316	491.410	802.649	5.617.136	1064
49419	Wagenfeld	77,0	96,0	1.500	Enron Wind	12/2001	436.638	417.612	308.171	219.458	235.299	125.904	120.293	210.342	135.585	215.026	226.502	516.026	3.166.856	680
49448	Lemförde	70,0	114,0	2.000	Enercon	11/2004	518.831	521.402	348.984	240.606	246.768	141.443	158.475	280.002	153.201	289.979	298.202	680.833	3.878.726	1008
49448	Lemförde	70,0	114,0	2.000	Enercon	11/2004	495.027	493.259	339.844	237.357	200.734	139.150	155.292	275.342	158.070	278.070	278.532	675.302	3.725.979	968
49448	Lemförde	70,0	114,0	2.000	Enercon	11/2004	463.944	501.699	329.853	224.972	240.992	134.371	131.005	273.841	139.602	256.245	237.038	658.014	3.591.576	933
49448	Lemförde	70,0	114,0	2.000	Enercon	11/2004	463.429	450.523	332.161	222.469	262.172	125.281	149.062	264.134	147.256	230.723	266.914	653.158	3.567.282	927
49448	Lemförde	70,0	114,0	2.000	Enercon	12/2004	481.852	500.687	325.911	227.238	262.977	125.139	146.827	279.029	140.739	278.435	267.911	670.607	3.707.352	963
49448	Lemförde	70,0	114,0	2.000	Enercon	12/2004	474.706	465.377	332.663	226.446	254.654	123.468	148.657	264.521	149.546	231.404	275.909	630.724	3.578.075	930
49448	Lemförde	70,0	114,0	2.000	Enercon	12/2004	468.990	462.315	338.487	229.057	252.823	125.698	143.179	250.440	143.481	254.064	282.494	622.814	3.573.842	929
49448	Lemförde	70,0	114,0	2.000	Enercon	12/2004	482.081	494.592	334.913	227.367	258.727	134.787	139.418	279.544	140.054	282.555	258.412	668.170	3.700.620	962
49448	Lemförde	70,0	114,0	2.000	Enercon	12/2004	512.060	507.117	352.436	238.737	260.627	131.055	122.267	280.395	152.384	280.680	297.365	671.695	3.806.818	989
49448	Lemförde	70,0	114,0	2.000	Enercon	12/2004	496.293	491.844	333.825	226.510	236.566	127.017	142.696	257.457	142.018	261.377	291.141	626.261	3.633.005	944

Betriebsergebnisse 2014

PLZ	Ort	Duchmesser	Nabenhöhe	Leistung	Hersteller	Inbetrieb-nahme	Januar	Februar	März	April	Mai	Juni	Juli	August	September	Oktober	November	Dezember	Jahresertrag	kWh je m² Rotorfläche
49453	Barver	80,0	100,0	2.000	Vestas	06/2002	452.222	426.241	328.184	227.529	238.679	137.894	142.929	204.327	147.596	233.215	297.260	602.925	3.439.001	684
49453	Barver	80,0	100,0	2.000	Vestas	06/2002	473.544	452.815	346.769	247.188	256.446	147.895	150.532	257.070	154.743	252.975	261.855	628.277	3.630.109	722
49453	Barver	80,0	100,0	2.000	Vestas	06/2002	406.675	414.301	255.666	226.784	249.256	158.114	139.447	235.486	135.515	258.940	286.842	602.012	3.369.038	670
49453	Barver	80,0	100,0	2.000	Vestas	07/2002	490.286	463.487	320.896	194.989	46.817	141.604	128.207	221.688	139.458	263.445	324.723	574.322	3.309.922	658
49453	Barver	80,0	100,0	2.000	Vestas	07/2002	466.272	455.674	313.648	221.913	246.906	135.139	145.162	204.162	139.224	242.327	311.459	559.947	3.441.833	685
49565	Bramsche/Thiene	90,0	105,0	2.300	Nordex	06/2007	559.113	630.216	332.523	236.571	258.913	138.720	138.615	315.763	124.820	332.632	293.914	697.500	4.059.300	638
49565	Bramsche/Thiene	90,0	105,0	2.300	Nordex	06/2007	136.013	645.783	344.796	234.004	259.556	135.257	127.042	308.518	117.752	334.575	260.158	700.851	3.604.305	567
49565	Bramsche/Thiene	90,0	105,0	2.300	Nordex	07/2007	569.643	638.848	361.617	231.306	265.010	135.376	140.105	332.387	138.552	360.272	305.640	751.716	4.230.472	665
49565	Bramsche/Thiene	90,0	105,0	2.300	Nordex	07/2007	554.415	635.324	370.800	264.076	252.557	139.190	139.920	334.837	136.121	343.171	259.783	757.266	4.187.460	658
49565	Bramsche/Thiene	90,0	105,0	2.300	Nordex	07/2007	529.458	588.145	380.587	258.127	265.629	147.768	138.450	332.888	98.760	319.401	268.627	769.023	4.096.863	644
49565	Bramsche/Thiene	90,0	105,0	2.300	Nordex	07/2007	506.984	514.857	346.742	244.552	251.960	142.731	141.907	280.804	126.552	267.320	216.911	620.865	3.662.185	576
49565	Bramsche/Thiene	90,0	105,0	2.300	Nordex	07/2007	525.103	584.258	326.446	212.311	247.581	139.874	136.963	273.202	115.785	276.398	210.080	676.521	3.724.522	585
49565	Bramsche/Thiene	90,0	105,0	2.300	Nordex	08/2007	533.897	598.509	325.850	219.875	252.323	140.456	126.534	293.023	119.623	292.220	239.698	688.592	3.830.600	602
49565	Bramsche/Thiene	90,0	105,0	2.300	Nordex	08/2007	541.277	529.001	352.942	210.328	202.863	132.933	129.065	287.403	118.853	303.362	278.704	692.027	3.778.758	594
49565	Bramsche/Thiene	90,0	105,0	2.300	Nordex	08/2007	496.713	516.973	341.510	236.027	239.582	143.015	134.450	263.327	125.686	250.215	238.923	638.874	3.625.295	570
49565	Bramsche/Thiene	90,0	105,0	2.300	Nordex	08/2007	541.722	574.219	365.503	254.596	241.907	142.895	128.367	249.630	133.551	259.518	273.569	625.489	3.790.966	596
49565	Bramsche/Thiene	90,0	105,0	2.300	Nordex	08/2007	363.501	k.A	294.746	236.683	238.775	94.106	142.048	278.194	123.139	270.917	288.412	664.125	2.994.646	471
49626	Bippen	82,4	100,0	2.300	AN BONUS	12/2004	529.608	610.564	355.980	241.644	245.472	153.224	151.080	272.968	129.352	326.816	295.788	604.844	3.917.340	735
49626	Bippen	82,4	100,0	2.300	AN BONUS	12/2004	487.600	587.252	318.780	224.786	237.120	143.648	135.472	249.224	125.868	299.212	270.752	555.600	3.635.314	682
49626	Bippen	82,4	100,0	2.300	AN BONUS	12/2004	504.426	567.495	331.184	221.768	227.920	118.664	135.096	273.592	117.248	304.512	300.088	459.628	3.561.621	668
49626	Bippen	82,4	100,0	2.300	AN BONUS	12/2004	485.080	546.819	361.920	221.393	259.388	148.852	132.728	287.564	115.604	315.396	253.844	639.332	3.767.920	707
49626	Bippen	82,4	100,0	2.300	AN BONUS	12/2004	473.668	539.698	328.404	228.485	226.680	135.804	137.228	271.784	107.840	282.856	238.640	589.252	3.560.339	668
49626	Bippen	82,4	100,0	2.300	AN BONUS	12/2004	466.330	562.399	338.148	228.436	229.876	139.124	145.336	258.828	121.353	272.728	298.840	555.288	3.614.686	678
49626	Bippen	82,4	100,0	2.300	AN BONUS	12/2004	496.456	606.730	374.408	254.516	248.836	131.308	150.504	257.268	129.396	315.124	279.224	556.512	3.800.282	713
49626	Bippen	82,4	100,0	2.300	AN BONUS	12/2004	440.262	514.873	347.228	252.416	245.260	126.732	131.128	272.372	128.112	284.888	243.508	609.688	3.596.467	674
49626	Bippen	82,4	100,0	2.300	AN BONUS	12/2004	492.392	599.777	381.008	264.528	234.344	140.840	134.428	210.116	139.580	286.292	271.844	579.960	3.735.109	700
49626	Bippen	82,4	100,0	2.300	AN BONUS	12/2004	437.288	504.911	321.016	239.620	239.252	135.888	128.952	263.532	137.020	272.604	224.640	521.712	3.426.435	643
49626	Bippen	82,4	100,0	2.300	AN BONUS	12/2004	481.508	535.828	356.144	259.812	234.512	132.660	144.352	205.368	134.852	253.344	275.220	564.568	3.578.168	671
49626	Bippen/Hartlage	82,4	100,0	2.300	AN BONUS	05/2005	468.392	578.500	352.366	238.094	221.368	108.392	118.060	242.136	124.976	263.478	284.316	549.136	3.549.214	666
49685	Emstek/Garther Hei	82,0	108,0	2.000	Enercon	09/2009	528.907	580.485	386.595	258.696	271.977	180.403	187.351	314.961	177.918	347.377	348.973	632.338	4.215.981	798
49685	Emstek/Garther Hei	82,0	108,0	2.000	Enercon	09/2009	603.901	658.079	424.438	292.776	299.527	190.055	197.504	335.929	176.756	387.085	389.140	665.128	4.620.318	875
49696	Peheim (Molbergen)	62,0	68,0	1.300	AN BONUS	05/2001	228.960	278.333	139.049	87.275	116.629	71.783	63.889	130.641	56.006	123.005	118.893	296.037	1.710.500	567
49696	Peheim (Molbergen)	62,0	68,0	1.300	AN BONUS	06/2001	192.946	227.596	122.683	73.816	106.059	59.238	59.690	114.824	53.871	103.443	103.880	273.480	1.491.526	494
49716	Meppen	70,0	98,0	1.800	Enercon	01/2001	346.924	421.056	237.375	176.489	174.243	107.065	111.717	180.775	102.402	196.926	189.135	431.603	2.675.710	695
49716	Meppen	70,0	98,0	1.800	Enercon	09/2001	408.663	500.656	269.026	192.911	187.368	114.281	120.744	234.398	111.659	243.188	222.556	513.992	3.119.442	811
49716	Meppen	70,0	98,0	1.800	Enercon	09/2001	374.393	448.420	257.151	178.716	170.485	102.901	116.170	211.510	106.922	224.192	203.634	451.679	2.846.173	740
49740	Haselünne	70,5	85,0	1.500	Tacke	10/1999	282.795	356.688	k.A	98.259	99.649	85.660	75.209	156.841	72.905	152.880	165.777	332.262	1.878.925	481
49740	Haselünne	70,5	85,0	1.500	Tacke	11/1999	237.379	322.413	143.114	132.639	114.162	70.794	60.129	k.A	k.A	139.501	157.227	331.070	1.708.428	438
49740	Haselünne	70,5	85,0	1.500	Tacke	11/1999	275.003	360.098	204.860	148.971	138.178	84.173	85.817	150.893	74.781	151.809	162.492	k.A	1.837.075	471
49757	Lahn	76,0	80,0	2.000	AN BONUS	12/2000	326.863	361.600	228.974	169.402	173.547	106.973	97.759	188.419	94.763	166.008	194.175	k.A	2.108.483	465
49757	Lahn	76,0	80,0	2.000	AN BONUS	12/2000	344.616	344.614	238.640	163.303	164.280	111.806	115.479	108.038	97.812	160.019	211.604	k.A	2.060.211	454
49757	Lahn	76,0	80,0	2.000	AN BONUS	12/2000	344.465	361.426	243.221	171.101	169.685	109.585	115.718	191.257	104.035	181.951	195.532	k.A	2.187.976	482
49757	Lahn	76,0	80,0	2.000	AN BONUS	12/2000	315.960	426.470	196.776	161.783	174.102	110.723	111.189	198.548	98.990	181.660	211.706	k.A	2.187.907	482
49757	Lahn	76,0	80,0	2.000	AN BONUS	12/2000	344.350	386.874	235.547	164.197	158.162	101.605	110.576	183.791	90.996	164.686	201.420	k.A	2.142.204	472
49757	Lahn	76,0	80,0	2.000	AN BONUS	12/2000	355.408	422.957	256.668	177.194	174.692	102.143	105.694	197.737	99.741	185.597	135.080	k.A	2.212.911	488
49757	Lahn	76,0	80,0	2.000	AN BONUS	01/2001	328.567	399.914	228.695	164.585	167.627	97.726	103.387	180.943	102.140	202.809	217.921	k.A	2.194.314	484
49762	Sustrum	65,0	80,0	1.500	Tacke	11/1998	278.483	320.179	153.045	125.762	121.124	63.561	71.147	122.786	61.357	135.116	140.090	290.604	1.883.254	568
49762	Sustrum	65,0	80,0	1.500	Tacke	12/1998	290.090	362.546	199.467	143.688	123.825	80.392	70.465	133.772	68.724	153.472	141.047	372.207	2.139.695	645
49774	Lähden	70,0	98,0	1.500	Enercon	03/2000	334.318	410.914	248.916	190.550	191.935	119.633	132.428	206.374	116.544	211.723	173.483	468.363	2.805.181	729
49774	Lähden	70,0	98,0	1.500	Enercon	03/2000	339.248	389.880	264.212	186.954	186.255	100.819	122.489	208.242	112.494	202.820	188.531	478.130	2.780.074	722
49838	Lengerich	70,0	98,0	1.800	Enercon	12/2002	407.427	463.083	278.355	198.345	213.383	124.364	133.069	227.998	122.805	231.801	212.328	528.477	3.141.435	816
49849	Wilsum	70,0	98,0	1.800	Enercon	06/2001	409.104	486.135	301.047	191.802	203.224	121.619	79.705	242.134	132.319	264.111	209.622	570.429	3.211.251	834
49849	Wilsum	70,0	98,0	1.800	Enercon	06/2001	412.073	493.437	302.963	210.502	205.656	112.999	134.161	268.926	122.144	276.922	214.127	577.595	3.331.505	866
49849	Wilsum	70,0	98,0	1.800	Enercon	07/2001	356.871	419.027	273.755	193.528	188.967	105.360	121.887	209.039	120.140	213.480	195.739	505.493	2.903.286	754
NORDRHEIN-WESTFALEN																				
32130	Enger/Ringsthof	58,6	70,5	1.000	Enercon	02/2002	180.580	214.297	120.089	74.584	94.417	46.358	50.486	103.282	49.872	105.385	93.275	268.462	1.401.087	519
32699	Extertal	71,0	85,0	2.000	Enercon	03/2006	279.253	325.476	239.571	165.413	187.097	125.284	100.733	180.655	130.780	183.610	214.562	461.635	2.594.069	655
32758	Nienhagen	71,0	100,0	2.000	Enercon	08/2008	359.378	365.987	238.186	144.577	174.900	84.536	77.803	193.268	84.924	201.323	206.078	497.892	2.628.852	664
32758	Nienhagen	71,0	100,0	2.000	Enercon	08/2008	364.638	368.815	251.284	137.823	173.690	77.614	76.821	196.228	82.756	194.688	222.536	444.233	2.591.126	654
32758	Nienhagen	71,0	100,0	2.000	Enercon	08/2008	400.005	401.595	261.457	150.593	183.287	90.117	85.837	196.237	97.199	215.244	255.660	433.111	2.770.342	700
33142	Büren	82,0	138,0	2.000	Enercon	07/2009	671.289	600.588	435.098	301.102	228.426	179.535	145.544	348.578	200.938	409.382	442.490	722.618	4.685.588	887
33142	Büren	82,0	138,0	2.000	Enercon	07/2009	680.056	491.779	448.560	300.424	271.935	167.791	152.092	366.330	207.578	422.895	492.706	554.615	4.556.761	863
33142	Büren	82,0	138,0	2.000	Enercon	08/2009	768.292	643.556	493.398	310.617	290.058	179.741	176.019	373.879	215.400	467.282	560.191	727.967	5.206.400	986
33142	Büren	82,0	138,0	2.000	Enercon	08/2009	742.687	624.715	438.305	309.390	269.617	165.179	163.165	316.930	193.214	413.347	533.228	677.442	4.847.219	918
33142	Büren	82,0	138,0	2.000	Enercon	08/2009	648.793	604.355	451.717	299.078	264.853	153.812	156.678	361.203	194.952	402.359	434.481	721.901	4.694.182	889
33142	Büren	82,0	138,0	2.000	Enercon	09/2009	633.508	535.633	404.770	264.319	263.791	135.603	134.780	326.685	175.233	358.644	418.543	664.041	4.315.550	817
33142	Büren	82,0	138,0	2.000	Enercon	09/2009	685.232	592.710	466.706	278.566	263.191	166.797	161.658	352.291	184.090	391.048	458.555	699.796	4.700.640	890
33142	Büren	82,0	138,0	2.000	Enercon	09/2009	742.127	636.391	488.039	300.167	237.712	157.097	161.186	337.544	193.251	413.033	512.111	708.018	4.886.676	925
33142	Büren	82,0	138,0	2.000	Enercon	09/2009	686.023	546.563	458.441	280.645	255.560	164.009	147.169	304.019	186.731	323.552	440.223	674.186	4.467.121	846
33142	Büren	82,0	138,0	2.000	Enercon	09/2009	626.445	511.657	452.150	297.685	243.303	162.717	158.672	291.680	202.142	330.605	453.548	650.913	4.381.517	830
33142	Büren	90,0	105,0	2.000	Vestas	05/2012	482.802	583.541	418.960	247.179	300.749	152.884	139.701	345.446	172.751	340.695	344.206	723.738	4.252.652	668

Betriebsergebnisse 2014

PLZ	Ort	Duchmesser	Nabenhöhe	Leistung	Hersteller	Inbetrieb-nahme	Januar	Februar	März	April	Mai	Juni	Juli	August	September	Oktober	November	Dezember	Jahresertrag	kWh je m² Rotorfläche
33142	Büren	90,0	105,0	2.000	Vestas	05/2012	578.113	592.583	412.292	258.899	302.711	160.446	139.757	331.772	173.055	349.267	337.045	743.432	4.379.372	688
33175	Bad Lippspringe	72,0	64,0	1.500	NEG Micon	11/2001	260.414	246.371	188.296	120.249	152.663	63.817	81.448	142.584	66.549	146.107	148.525	335.971	1.952.994	480
33178	Dörenhagen	72,0	64,0	1.500	NEG Micon	08/2002	349.372	346.316	245.975	136.626	143.737	67.770	67.635	143.725	80.757	185.614	274.400	346.011	2.387.938	587
33334	Gütersloh	77,0	100,0	1.500	SÜDWIND	04/2009	285.588	264.711	214.091	125.551	129.540	72.333	76.589	145.832	89.438	176.571	178.975	323.768	2.082.987	447
41460	Neuss	90,0	80,0	2.000	Vestas	06/2011	617.663	657.881	368.765	216.223	288.433	143.131	145.571	279.739	130.691	359.441	423.005	567.677	4.198.220	660
41517	Grevenbroich	54,0	70,0	1.000	AN BONUS	02/2000	166.902	189.595	93.643	57.311	93.990	37.636	38.530	90.664	38.619	97.332	129.711	231.976	1.265.909	553
47624	Kevelaer	77,0	100,0	1.500	SÜDWIND	12/2004	449.531	513.266	278.669	199.300	214.280	110.718	117.022	221.822	120.108	260.872	255.056	481.848	3.222.492	692
47929	Grefrath	77,0	100,0	1.500	GE	03/2003	416.204	473.792	251.115	165.990	199.413	77.651	97.549	206.100	93.849	216.221	230.044	461.516	2.889.444	621
48159	Flothbach 2	60,0	80,0	1.000	NEG Micon	12/2002	164.554	207.279	98.576	72.489	86.178	38.016	45.449	96.984	40.253	89.277	71.192	210.093	1.220.340	432
48159	Flothbach 2	60,0	80,0	1.000	NEG Micon	12/2002	147.617	199.109	105.875	71.632	78.409	39.742	47.267	86.120	42.000	88.002	67.472	218.092	1.191.337	421
48159	Münster-Sprakel	77,0	100,0	1.500	Fuhrländer	02/2003	244.569	323.429	192.847	125.399	131.082	70.298	86.130	135.770	64.217	158.737	141.146	320.265	1.993.889	428
48336	Sassenberg	82,0	108,0	2.000	Enercon	02/2010	425.324	484.746	282.345	178.401	204.059	115.613	120.010	236.506	122.449	246.189	218.111	528.565	3.162.318	599
48336	Sassenberg	82,0	108,0	2.000	Enercon	02/2010	421.614	480.511	296.515	183.737	225.569	127.489	139.505	257.838	128.339	257.589	209.078	586.495	3.314.279	628
48336	Sassenberg	82,0	108,0	2.000	Enercon	03/2010	474.354	515.928	331.104	207.708	232.311	122.666	133.755	265.129	139.471	269.154	255.702	609.143	3.556.425	673
48336	Sassenberg	82,0	108,0	2.000	Enercon	03/2010	367.935	405.255	251.449	183.558	195.594	120.015	132.801	210.285	121.467	198.340	188.546	509.980	2.885.225	546
48341	Altenberge-Kümper	60,0	70,0	1.000	NEG Micon	09/2002	158.967	201.931	100.457	73.853	79.419	37.678	40.986	85.270	36.269	79.981	66.776	219.001	1.180.588	418
48346	Ostbevern	70,0	98,0	1.800	Enercon	09/2003	285.231	337.887	206.286	142.616	154.616	84.121	89.408	162.541	87.369	171.242	158.752	418.101	2.298.170	597
48346	Ostbevern	70,0	98,0	1.800	Enercon	09/2003	267.805	296.650	196.194	140.392	143.807	82.290	87.863	156.134	86.576	160.942	156.794	402.911	2.178.358	566
48351	Everswinkel	90,0	95,0	2.000	Vestas	03/2010	486.684	568.700	341.387	214.502	236.993	110.963	149.958	274.201	140.982	282.777	259.544	629.266	3.695.957	581
48351	Everswinkel	90,0	95,0	2.000	Vestas	03/2010	458.602	522.373	337.489	227.360	157.136	109.542	143.534	268.933	144.713	271.391	256.686	582.103	3.479.862	547
48351	Everswinkel	90,0	95,0	2.000	Vestas	03/2010	448.267	423.201	331.332	220.350	245.787	98.917	130.348	252.627	131.394	269.565	237.458	632.720	3.421.966	538
48351	Everswinkel	90,0	95,0	2.000	Vestas	02/2013	453.568	541.331	234.945	214.679	238.266	114.764	126.292	276.695	123.740	281.932	227.784	609.208	3.443.204	541
48351	Everswinkel	90,0	95,0	2.000	Vestas	02/2013	402.664	496.131	313.337	201.192	253.756	119.644	145.369	273.540	137.772	260.381	233.064	626.358	3.463.208	544
48351	Everswinkel	90,0	95,0	2.000	Vestas	02/2013	427.130	495.171	301.644	183.610	233.647	106.108	129.160	238.677	126.557	213.437	247.533	565.482	3.268.156	514
48351	Everswinkel	90,0	95,0	2.000	Vestas	02/2013	462.833	512.375	353.877	223.715	224.530	118.175	136.673	277.692	137.673	292.566	252.593	639.341	3.632.043	571
48351	Everswinkel	90,0	95,0	2.000	Vestas	02/2013	458.757	460.134	327.390	212.388	232.820	105.233	131.686	269.596	122.939	270.752	248.449	595.676	3.435.820	540
48356	Nordwalde	60,0	80,0	1.000	NEG Micon	11/2002	184.474	228.885	106.376	73.634	93.556	48.019	53.795	100.104	55.223	101.183	93.173	254.628	1.393.050	493
48356	Nordwalde	60,0	80,0	1.000	NEG Micon	11/2002	183.098	172.835	108.818	73.593	90.261	39.953	57.811	99.513	53.271	106.728	90.614	234.820	1.311.315	464
48565	Hollich	92,5	100,0	2.000	REpower	12/2007	460.663	567.069	337.822	196.860	265.165	146.787	181.760	273.610	171.403	285.156	240.994	682.924	3.810.213	567
48565	Hollich	92,5	100,0	2.050	REpower	02/2011	513.363	644.312	368.074	244.576	273.471	140.914	170.969	312.351	163.851	325.937	293.141	645.622	4.096.581	610
48565	Steinfurt-Borghors	71,0	113,0	2.300	Enercon	11/2009	391.208	495.981	261.799	184.555	216.067	102.608	130.545	226.720	122.999	237.362	195.893	540.939	3.106.676	785
48565	Borghorst	82,0	108,0	2.000	Enercon	12/2009	470.208	585.721	324.917	213.145	259.733	120.884	162.116	279.099	142.073	300.651	171.061	618.183	3.647.791	691
48565	Steinfurt-Hollich	77,0	100,0	1.500	Enron Wind	11/2001	319.297	382.071	206.505	155.210	177.826	90.603	107.233	193.791	89.757	199.370	167.178	454.837	2.543.678	546
48565	Steinfurt-Hollich	77,0	100,0	1.500	Enron Wind	11/2001	317.283	368.937	196.455	164.351	171.026	89.486	105.679	186.212	101.063	183.267	162.698	444.158	2.490.615	535
48565	Hollich	77,0	100,0	1.500	REpower	12/2003	357.838	446.126	241.554	158.765	182.005	82.047	113.188	208.434	97.626	203.566	179.812	449.052	2.720.013	584
48565	Hollich	77,0	100,0	1.500	REpower	01/2004	343.279	451.409	245.547	167.179	192.618	87.503	121.088	214.410	107.952	218.206	196.611	456.622	2.802.424	602
48653	Coesfeld	70,0	86,0	1.800	Enercon	06/2002	379.003	439.022	258.899	170.551	198.159	97.203	122.851	188.772	106.036	215.746	226.041	484.698	2.886.981	750
48653	Coesfeld	70,0	98,0	1.800	Enercon	04/2002	366.081	426.998	261.804	176.158	186.489	98.612	124.222	184.146	108.452	209.898	226.168	460.341	2.829.369	735
48653	Coesfeld	70,0	86,0	1.800	Enercon	07/2002	406.591	483.232	286.979	195.840	211.560	104.880	131.993	210.402	117.642	242.733	243.676	495.220	3.130.748	814
48720	Rosendahl	70,0	98,0	1.800	Enercon	05/2002	428.572	520.791	282.095	176.243	202.508	89.976	122.572	210.755	102.217	260.834	231.001	468.726	3.096.290	805
48720	Rosendahl	70,0	98,0	1.800	Enercon	05/2002	441.358	522.970	286.792	184.524	219.436	97.840	132.802	227.901	116.898	257.761	244.445	539.929	3.272.656	850
48739	Legden	71,0	98,0	2.000	Enercon	10/2008	409.252	532.548	276.141	181.259	213.375	95.368	125.770	221.346	103.319	251.478	196.793	515.905	3.122.554	789
48739	Legden	71,0	98,0	2.000	Enercon	10/2008	425.813	508.434	279.600	184.923	209.759	99.304	126.950	223.191	106.801	250.694	225.305	514.138	3.154.912	797
49525	Lengerich	80,0	100,0	2.000	Vestas	11/2003	240.704	418.674	255.666	171.874	182.187	74.720	107.799	181.350	80.907	201.620	150.015	449.315	2.514.831	500
49525	Lengerich	80,0	100,0	2.000	Vestas	11/2003	325.465	379.711	243.014	176.964	178.469	76.284	120.941	159.750	80.169	165.546	133.417	414.866	2.454.596	488
49525	Lengerich	80,0	100,0	2.000	Vestas	11/2003	336.141	400.729	249.914	176.619	181.717	82.810	103.879	170.012	87.181	192.971	144.206	465.057	2.591.236	516
50126	Bergheim-Rommersk.	77,0	61,5	1.500	REpower	06/2005	272.376	305.937	154.923	78.493	164.209	63.660	72.398	123.771	56.827	162.718	189.312	335.629	1.980.253	425
50169	Kerpen	62,0	68,0	1.300	AN BONUS	09/2000	232.759	257.526	147.308	76.818	131.031	52.013	65.446	107.285	44.795	88.875	159.398	262.159	1.625.413	538
50169	Kerpen	62,0	68,0	1.300	AN BONUS	09/2000	215.849	243.832	142.692	75.036	125.324	33.987	69.554	104.673	43.483	106.079	137.462	271.236	1.569.207	520
50181	Bedburg	80,0	100,0	2.000	Vestas	01/2006	523.619	588.466	333.315	192.300	303.416	117.379	150.578	280.140	119.015	288.356	293.431	636.287	3.826.302	761
50181	Bedburg	80,0	100,0	2.000	Vestas	01/2006	521.476	602.719	325.450	202.805	301.519	112.851	145.284	297.912	120.761	293.913	317.466	654.770	3.896.926	775
50181	Bedburg	80,0	100,0	2.000	Vestas	01/2006	525.188	567.740	325.878	173.428	292.578	101.775	147.843	292.030	115.338	264.416	347.603	653.415	3.807.232	757
50181	Bedburg	80,0	100,0	2.000	Vestas	01/2006	340.167	603.831	329.369	179.712	298.794	113.390	159.372	300.992	127.816	297.205	309.858	637.355	3.697.861	736
50181	Bedburg	80,0	100,0	2.000	Vestas	02/2006	546.035	618.721	351.509	185.005	279.484	128.421	154.945	270.099	133.921	303.688	379.785	548.301	3.899.914	776
50181	Bedburg	80,0	100,0	2.000	Vestas	02/2006	526.039	604.427	363.675	193.504	300.541	113.929	154.367	266.452	122.321	302.136	347.273	619.305	3.913.969	779
50181	Bedburg	80,0	100,0	2.000	Vestas	02/2006	504.595	577.038	324.163	191.862	301.684	123.218	149.866	269.333	118.560	275.453	286.575	634.941	3.757.288	747
50181	Bedburg	80,0	100,0	2.000	Vestas	02/2006	529.720	612.450	340.956	214.727	300.160	116.743	154.825	303.024	130.819	314.782	286.582	644.776	3.949.564	786
50181	Bedburg	80,0	100,0	2.000	Vestas	02/2006	489.857	567.892	321.889	192.773	288.699	113.474	152.306	257.583	124.847	287.822	251.949	639.330	3.688.421	734
50181	Bedburg	80,0	100,0	2.000	Vestas	02/2006	485.174	541.624	293.190	186.303	286.570	109.125	131.063	235.136	116.406	255.292	290.978	605.844	3.536.705	704
50181	Bedburg	80,0	100,0	2.000	Vestas	02/2006	470.261	533.119	311.179	181.874	290.083	121.742	144.846	239.258	123.177	236.316	296.858	558.778	3.507.491	698
50181	Bedburg	80,0	100,0	2.000	Vestas	02/2006	492.381	525.029	314.867	191.728	297.290	114.391	144.001	252.898	116.605	261.417	267.903	591.964	3.570.474	710
50189	Elsdorf	77,0	61,5	1.500	REpower	06/2007	310.314	366.895	204.082	112.603	181.141	70.383	96.235	166.870	26.194	148.531	186.839	370.831	2.240.918	481
50189	Elsdorf	77,0	61,5	1.500	REpower	08/2007	309.380	368.612	200.918	115.977	174.730	69.596	91.004	153.170	64.053	163.833	174.838	383.474	2.269.585	487
50259	Bergheim/Rommerski	77,0	61,4	1.500	GE	11/2003	287.784	319.499	197.684	122.615	177.989	81.838	90.215	143.368	69.566	172.043	162.867	370.936	2.196.404	472
50259	Bergheim/Rommerski	77,0	61,4	1.500	GE	11/2003	292.373	328.029	193.503	119.349	177.898	79.173	83.550	143.413	69.617	171.431	217.219	368.967	2.244.522	482
50389	Wesseling	77,0	96,5	1.500	SÜDWIND	09/2001	243.360	290.965	163.215	54.567	45.890	73.571	18.386	111.242	49.718	101.630	155.258	295.380	1.603.182	344
52070	Aachen/Vetsch.Berg	70,5	65,0	1.500	Tacke	11/1999	403.687	503.628	184.382	106.584	198.966	54.865	68.212	210.459	63.200	255.338	177.857	376.537	2.603.715	667
52146	Würselen	77,0	100,0	1.500	GE	11/2005	465.265	501.091	243.708	174.703	254.920	96.266	123.254	255.633	107.808	284.421	215.697	477.505	3.200.271	687
52249	Halde Nierchen	54,0	60,0	1.000	Nordex	12/1997	217.497	269.402	114.895	75.007	129.657	37.326	50.454	127.812	45.190	121.437	91.826	262.643	1.543.146	674
52249	Halde Nierchen	54,0	60,0	1.000	Nordex	06/1998	100.430	129.161	56.441	43.327	64.868	24.408	32.349	57.352	28.589	56.622	46.635	155.831	796.013	348
52382	Niederzier	77,0	100,0	1.500	GE	05/2005	346.687	439.777	223.200	139.767	196.062	93.650	132.255	252.947	96.875	232.182	190.991	508.742	2.853.135	613

Betriebsergebnisse 2014

PLZ	Ort	Duchmesser	Nabenhöhe	Leistung	Hersteller	Inbetrieb-nahme	Januar	Februar	März	April	Mai	Juni	Juli	August	September	Oktober	November	Dezember	Jahresertrag	kWh je m² Rotorfläche
NORDRHEIN-WESTFALEN																				
52382	Niederzier	77,0	100,0	1.500	GE	05/2005	241.118	406.655	245.344	172.489	218.590	109.207	131.887	253.319	108.928	240.777	255.386	498.343	2.882.043	619
52391	Vettweiß-Ginnick	58,6	70,5	1.000	Enercon	10/2001	225.359	288.206	108.842	74.664	131.632	58.250	64.666	109.958	49.690	122.712	84.023	250.125	1.568.127	581
52391	Vettweiß/Nörvenich	70,5	64,5	1.500	GE	08/2002	247.519	290.948	141.980	103.216	145.881	45.199	76.387	109.402	47.975	136.747	148.179	311.208	1.804.641	462
52391	Vettweiß/Nörvenich	70,5	64,5	1.500	GE	08/2002	254.415	282.858	132.791	90.063	120.792	40.954	71.823	89.529	45.479	106.368	181.638	270.059	1.686.769	432
52428	Güsten	77,0	100,0	1.500	GE	12/2003	415.880	475.892	270.325	145.709	249.962	101.958	125.226	242.751	100.835	227.652	288.371	0	2.644.561	568
52428	Güsten	77,0	100,0	1.500	GE	12/2003	403.165	449.376	267.351	168.707	241.408	102.488	131.354	221.856	101.461	211.810	290.874	458.443	3.048.293	655
52428	Jülich	77,0	100,0	1.500	GE	06/2005	418.835	480.363	256.232	151.821	217.116	84.876	108.696	179.206	93.719	217.237	206.364	492.687	2.907.152	624
52428	Jülich	77,0	100,0	1.500	GE	06/2005	405.039	492.482	251.532	150.693	237.142	71.421	109.291	212.500	97.633	223.440	210.984	533.304	2.995.461	643
52445	Titz Rödingen Lot	92,5	100,0	2.050	REpower	12/2012	k.A	682.620	409.428	233.985	362.029	155.128	196.066	354.844	148.633	356.332	336.271	730.776	3.966.112	590
52445	Titz Rödingen Lot	92,5	100,0	2.050	REpower	12/2012	k.A	650.263	415.572	227.853	359.765	143.975	178.560	344.392	135.165	350.689	404.025	729.233	3.939.492	586
52457	Jülich II	92,5	100,0	2.050	REpower	12/2011	630.000	740.000	395.000	235.000	319.047	124.000	183.138	384.843	140.102	361.349	321.000	739.941	4.573.420	681
52457	Jülicher Börde	77,0	100,0	1.500	GE	09/2004	404.705	480.858	232.348	142.191	229.041	70.310	99.729	229.112	65.996	171.897	198.049	458.524	2.782.760	598
52457	Jülicher Börde	77,0	100,0	1.500	GE	09/2004	434.375	492.097	261.144	157.842	252.636	69.847	109.967	249.312	70.373	191.749	175.783	535.080	3.000.205	644
52525	Waldfeucht-Bockett	70,0	65,0	1.800	Enercon	08/2004	325.897	400.670	179.118	125.317	199.146	71.109	77.991	162.144	66.344	159.008	171.529	438.190	2.376.463	618
52525	Waldfeucht-Bockett	70,0	65,0	1.800	Enercon	08/2004	302.233	363.587	180.506	120.790	188.597	67.024	73.956	156.615	64.494	147.597	161.856	420.768	2.248.023	584
52525	Waldfeucht	70,0	85,0	1.800	Enercon	11/2004	450.784	552.080	248.420	149.732	245.870	82.580	103.186	203.154	76.457	237.867	236.760	535.630	3.122.520	811
52525	Waldfeucht	70,0	65,0	1.800	Enercon	12/2004	380.795	456.242	196.218	133.297	228.719	81.833	92.485	198.084	76.823	187.420	192.397	496.782	2.721.095	707
52531	Übach-Palenberg	77,0	85,0	1.500	REpower	06/2004	475.590	497.105	271.414	178.308	259.684	100.960	127.916	252.422	119.666	265.232	292.805	494.800	3.335.902	716
52538	Gangelt	70,0	98,0	1.800	Enercon	01/2004	488.126	570.714	258.039	165.759	256.808	94.614	k.A	249.617	90.625	262.069	272.905	492.951	3.202.227	832
52538	Gangelt	70,0	98,0	1.800	Enercon	01/2004	507.039	586.261	257.449	164.161	269.712	102.488	k.A	248.950	104.533	262.079	279.904	536.771	3.319.347	863
53925	Kall	80,0	85,0	2.000	Vestas	06/2008	461.739	612.240	251.038	135.112	241.037	92.007	113.010	215.046	82.497	312.244	261.233	425.315	3.202.518	637
53925	Kall	90,0	80,0	2.000	Vestas	08/2008	587.901	671.074	244.799	155.897	292.146	103.703	100.499	243.166	90.596	279.749	294.937	478.726	3.543.193	557
53925	Kall	90,0	80,0	2.000	Vestas	08/2008	533.495	590.630	251.005	147.616	273.359	100.815	118.262	207.886	85.207	269.564	266.426	440.355	3.284.620	516
53925	Kall	90,0	80,0	2.000	Vestas	08/2008	642.017	703.469	314.349	141.435	276.285	125.886	165.516	273.104	124.959	401.307	380.273	431.198	3.979.798	626
53925	Kall	90,0	80,0	2.000	Vestas	08/2008	650.428	690.787	288.809	184.241	312.154	127.088	148.093	250.957	111.201	380.456	357.131	377.546	3.878.891	610
53937	Schöneseiffen-Schl	70,5	85,0	1.500	Enron Wind	09/2000	449.539	488.966	257.548	129.957	202.539	64.831	112.772	205.690	k.A	k.A	278.023	400.975	2.590.840	664
53937	Schleiden	70,5	85,0	1.500	Enron Wind	07/2000	109.395	274.999	219.451	111.310	180.188	68.118	93.703	179.337	69.111	240.930		k.A	1.546.542	396
53937	Schleiden	70,5	85,0	1.500	Enron Wind	08/2000	452.784	471.163	238.444	132.021	210.103	66.210	106.319	203.614	77.970	269.950	258.476	k.A	2.487.054	637
53937	Schleiden	70,5	85,0	1.500	Enron Wind	08/2000	450.444	475.332	244.299	136.520	164.871	79.737	112.686	209.997	93.198	288.791		k.A	2.255.875	578
53937	Schleiden	70,5	85,0	1.500	Enron Wind	08/2000	419.679	434.640	232.098	135.371	186.748	74.141	96.430	189.090	81.196	245.185	227.051	272.455	2.594.084	665
53937	Schleiden	70,5	85,0	1.500	Enron Wind	08/2000	406.037	440.623	239.800	102.877	6.616	75.560	95.660	186.525	75.618	252.160	209.598	351.409	2.442.483	626
53940	Losheim	77,0	85,0	1.500	SÜDWIND	01/2006	379.617	393.465	183.650	114.290	204.890	77.548	89.106	170.632	66.765	198.595	156.595	355.163	2.390.316	513
53940	Losheim	77,0	85,0	1.500	SÜDWIND	01/2006	373.817	426.298	168.243	101.722	193.365	70.613	76.772	148.210	57.628	190.123	153.067	338.244	2.298.102	494
53940	Hellenthal	70,0	85,0	1.500	SÜDWIND	03/2007	250.367	293.852	124.624	72.868	150.445	54.295	49.539	118.687	41.966	111.907	88.410	255.654	1.612.614	419
53940	Hellenthal	70,0	85,0	1.500	SÜDWIND	03/2007	311.719	370.550	162.987	93.374	172.491	68.826	83.607	103.808	55.609	173.034	130.669	285.475	2.012.149	523
57413	Finnentrop	58,6	70,5	1.000	Enercon	07/2003	195.982	235.016	133.299	86.297	130.269	50.414	60.046	109.551	56.715	120.402	93.071	249.578	1.520.640	564
57462	Olpe	70,0	98,0	1.800	Enercon	09/2002	337.096	388.906	242.746	155.921	178.313	102.123	114.707	135.780	103.393	206.816	215.837	298.656	2.480.294	644
57462	Olpe	70,0	98,0	1.800	Enercon	10/2002	376.063	430.887	253.028	159.967	193.648	106.443	117.411	145.104	108.109	231.066	239.445	343.148	2.704.319	703
58091	Hagen	70,0	98,0	1.800	Enercon	12/2001	605.147	655.286	331.483	198.803	271.634	103.276	136.629	270.284	124.252	k.A	348.707	572.040	3.617.541	940
59199	Bönen	90,0	95,0	2.000	Vestas	02/2007	485.685	572.913	342.958	227.760	253.717	82.922	126.753	283.531	114.424	255.084	216.215	614.323	3.576.285	562
59199	Bönen	90,0	95,0	2.000	Vestas	02/2007	456.521	549.389	310.752	211.948	233.224	97.341	121.934	254.106	106.711	242.599	219.634	582.949	3.387.108	532
59199	Bönen	90,0	95,0	2.000	Vestas	02/2007	453.688	573.806	311.891	212.284	255.637	99.646	127.167	296.634	104.925	259.602	173.679	654.245	3.523.204	554
59199	Bönen	90,0	95,0	2.000	Vestas	02/2007	467.807	544.359	304.619	182.060	253.226	95.904	122.968	260.791	111.032	237.402	211.106	634.108	3.425.382	538
59269	Beckum	54,0	70,0	1.000	AN BONUS	11/2000	137.395	163.167	106.471	64.842	83.807	29.024	39.249	87.227	40.416	3.016	50.439	205.727	1.010.780	441
59269	Beckum	54,0	70,0	1.000	AN BONUS	12/2000	149.882	198.618	120.123	74.593	83.593	41.054	42.482	102.353	43.020	86.816	28.307	161.190	1.132.031	494
59269	Beckum	62,0	68,0	1.300	AN BONUS	11/2000	196.884	200.000	160.000	97.417	114.843	52.000	57.380	133.456	54.336	130.642	111.812	178.153	1.486.923	493
59320	Ennigerloh	58,6	70,5	1.000	Enercon	03/2000	77.102	165.574	140.158	91.573	106.960	45.531	57.882	117.311	55.087	104.139	97.428	293.117	1.351.862	501
59379	Selm	71,0	113,0	2.000	Enercon	01/2006	394.986	491.025	273.789	183.403	200.381	88.845	115.867	228.495	81.352	226.075	186.525	544.253	3.014.996	762
59379	Selm	71,0	113,0	2.000	Enercon	01/2006	369.312	460.843	264.344	180.965	197.586	81.839	112.300	221.171	95.122	220.693	178.733	539.719	2.922.627	738
59379	Selm	71,0	113,0	2.000	Enercon	01/2006	350.406	458.624	255.009	183.391	201.125	85.952	118.923	219.934	106.008	212.286	166.474	545.557	2.903.689	733
59379	Selm	71,0	113,0	2.000	Enercon	01/2006	365.920	454.825	252.253	170.204	191.576	74.557	110.708	197.317	101.965	180.251	184.275	489.218	2.773.069	700
59457	Werl	70,0	98,0	1.800	Enercon	12/2001	490.027	571.783	253.070	185.155	221.316	86.278	100.499	265.262	96.186	319.499	208.261	592.103	3.389.439	881
59514	Welver-Ehningse	66,0	67,0	1.500	Enercon	12/2001	291.095	365.191	165.995	115.279	133.630	48.094	58.521	150.269	48.236	159.850	109.945	391.168	2.037.273	595
59514	Welver-Schwefe	58,6	70,5	1.000	Enercon	12/2002	195.000	235.000	115.000	80.000	85.000	32.000	40.000	100.000	35.000	100.000	70.000	250.000	1.337.000	496
59514	Welver	58,6	70,5	1.000	Enercon	07/2003	198.447	223.564	122.731	85.728	104.356	36.646	45.840	115.766	38.352	114.146	58.031	294.422	1.438.029	533
59514	Welver	58,6	70,5	1.000	Enercon	07/2003	227.827	253.490	128.967	90.838	107.735	38.474	49.422	122.371	39.664	140.862	71.220	288.595	1.559.465	578
59519	Möhnesee-Thein.	70,5	65,0	1.500	Enron Wind	09/2000	373.471	373.471	217.086	142.725	151.766	66.503	69.782	187.918	73.629	234.704	145.103	416.866	2.453.024	628
59519	Möhnesee-Wulfshof	66,0	67,0	1.650	Vestas	11/2000	273.750	302.345	232.012	111.104	133.706	56.024	55.167	145.140	54.820	178.093	138.846	363.485	2.044.492	598
59519	Möhnesee-Wulfshof	58,6	70,5	1.000	Enercon	06/2002	241.971	294.527	146.026	92.628	110.499	50.233	51.373	34.368	46.951	154.873	112.815	287.650	1.623.914	602
59609	Anröchte-Effeln	54,0	70,0	1.000	Nordex	12/1997	143.374	165.136	97.642	59.731	69.017	30.162	31.193	70.099	33.109	78.697	73.113	211.303	1.062.576	464
59609	Anröchte-Haarhöfe	70,5	65,0	1.500	Enron Wind	09/2000	353.008	406.159	221.964	147.379	142.992	66.197	67.831	161.746	68.185	201.522	158.147	373.544	2.368.674	607
59609	Haarhöfe	70,5	65,0	1.500	Enron Wind	12/2000	381.402	412.986	225.896	138.079	156.151	57.138	65.414	173.227	58.184	196.004	240.779	k.A	2.105.260	539
59609	Anröchte	58,6	70,5	1.000	Enercon	02/2003	239.024	271.088	139.969	94.603	110.965	52.209	50.560	112.245	52.695	139.604	116.818	283.181	1.662.961	617
59757	Arnsberg-Kirchlind	82,0	108,0	2.000	Enercon	12/2008	579.396	622.056	304.303	232.725	289.929	135.449	144.583	307.803	156.102	383.854	364.564	655.832	4.176.596	791
59757	Arnsberg-Kirchlind	82,0	108,0	2.300	Enercon	08/2009	645.319	723.638	368.855	230.932	285.497	134.017	143.619	302.966	154.163	384.604	330.033	628.465	4.332.108	820
59757	Arnsberg-Kirchlind	82,0	108,0	2.300	Enercon	09/2009	600.373	681.041	331.189	204.842	221.679	131.445	126.994	262.622	145.265	377.866	334.687	551.445	3.969.448	752
59872	Meschede	90,0	105,0	2.000	Vestas	09/2005	436.925	499.090	280.203	203.360	192.334	86.876	112.983	175.645	134.515	277.594	250.312	569.568	3.219.405	506
59872	Meschede	90,0	105,0	2.000	Vestas	09/2005	191.836	234.656	262.409	203.173	178.412	96.144	99.896	169.834	128.344	286.865	265.359	525.215	2.642.143	415
59872	Meschede	90,0	95,0	2.000	Vestas	10/2005	445.078	537.528	265.194	191.250	164.645	93.719	113.362	155.008	126.039	285.379	281.282	441.735	3.100.219	487
59872	Meschede	90,0	95,0	2.000	Vestas	10/2005	439.563	553.161	247.700	168.302	167.491	99.325	108.638	153.441	115.988	284.502	272.816	320.652	2.931.579	461

Betriebsergebnisse 2014

PLZ	Ort	Duchmesser	Nabenhöhe	Leistung	Hersteller	Inbetrieb-nahme	Januar	Februar	März	April	Mai	Juni	Juli	August	September	Oktober	November	Dezember	Jahresertrag	kWh je m² Rotorfläche
NORDRHEIN-WESTFALEN																				
59929	Radlinghausen	70,0	98,0	2.000	Enercon	10/2004	367.622	391.055	262.188	160.498	181.306	91.837	75.357	175.958	104.613	197.980	254.599	448.947	2.711.960	705
59929	Radlinghausen	70,0	98,0	2.000	Enercon	11/2004	392.599	404.466	282.522	161.402	193.689	94.150	81.775	188.175	113.871	215.572	312.239	525.112	2.965.572	771
59929	Radlinghausen	70,0	98,0	2.000	Enercon	10/2004	419.728	433.257	305.997	173.848	205.506	107.321	93.662	205.895	125.667	237.126	342.993	531.267	3.182.267	827
59929	Brilon-Madfeld	70,5	64,7	1.500	Tacke	08/1999	89.344	234.392	76.777	110.316	121.571	62.069	54.750	127.386	62.877	137.369	215.538	317.406	1.609.795	412
RHEINLAND-PFALZ																				
54316	Lampaden	70,0	65,0	1.500	SÜDWIND	12/2001	317.371	359.913	136.117	98.715	168.108	88.322	74.894	115.118	64.656	151.401	152.207	303.349	2.030.171	528
54317	Gusterath	62,0	69,0	1.300	Nordex	12/2000	268.147	313.901	119.222	90.699	151.264	67.459	72.367	110.563	52.195	120.400	95.678	260.053	1.721.948	570
54421	Hinzert-Pölert	70,0	85,0	1.500	SÜDWIND	08/2002	231.419	288.184	109.200	70.296	134.721	74.994	74.636	100.901	47.335	105.517	90.060	279.632	1.606.895	418
54421	Hinzert-Pölert	70,0	85,0	1.500	SÜDWIND	08/2002	250.225	300.802	105.073	78.386	131.868	63.308	70.621	89.270	31.489	104.879	84.543	254.887	1.565.351	407
54421	Reinsfeld	70,0	85,0	1.500	SÜDWIND	09/2002	168.898	227.183	74.888	64.832	109.201	60.671	59.145	68.038	36.200	82.968	74.638	199.388	1.226.050	319
54421	Reinsfeld	70,0	85,0	1.500	SÜDWIND	09/2002	138.514	236.614	80.211	66.497	117.534	53.154	43.439	74.467	28.588	91.057	75.848	186.794	1.192.717	310
54426	Berglicht	77,0	100,0	1.500	SÜDWIND	11/2002	386.588	433.653	181.359	113.148	206.800	64.931	98.546	160.075	60.096	189.434	172.600	332.466	2.399.696	515
54426	Berglicht	77,0	100,0	1.500	SÜDWIND	10/2002	396.194	445.175	192.492	117.837	213.509	76.330	100.116	162.364	62.101	141.655	181.845	313.356	2.402.974	516
54552	Beinhausen	80,0	100,0	2.000	Vestas	06/2003	366.310	399.822	185.713	134.627	170.718	28.851	68.627	144.237	86.957	182.176	237.618	349.676	2.355.332	469
54595	Watzerath	82,0	138,0	2.000	Enercon	07/2010	594.319	661.518	309.220	208.723	325.080	156.701	169.802	273.387	151.075	340.638	330.257	457.530	3.978.250	753
54595	Weinsheim	70,0	98,0	1.800	Enercon	02/2002	273.528	327.863	164.489	125.036	190.199	101.460	97.130	147.041	80.064	149.525	109.157	332.819	2.098.311	545
54611	Scheid	62,0	68,5	1.000	DeWind	04/2000	197.832	242.514	98.779	60.335	121.541	42.178	37.211	90.176	31.792	57.535	69.128	205.696	1.254.717	416
54636	Idesheim	90,0	105,0	2.000	Vestas	09/2009	376.122	462.384	238.205	177.836	284.854	107.309	172.646	212.693	116.902	201.436	180.266	483.666	3.014.319	474
54687	Arzfeld	70,0	85,0	1.800	Enercon	02/2003	353.792	412.025	204.324	137.448	223.122	109.943	137.685	181.623	95.714	192.134	160.929	390.283	2.599.022	675
55278	Undenheim	77,0	80,0	1.500	GE	12/2005	193.628	242.008	196.133	138.126	149.716	80.839	106.119	121.809	71.720	115.359	83.968	357.626	1.857.051	399
55278	Undenheim	77,0	80,0	1.500	GE	12/2005	189.587	222.300	164.242	123.564	164.052	71.148	93.329	123.160	62.800	108.239	75.029	341.185	1.738.635	373
55471	Wüschheim	82,0	138,0	2.300	Enercon	08/2013		k.A	430.809	312.703	394.190	242.095	271.252	332.691	235.317	377.911	418.150	490.150	3.505.268	664
55471	Wüschheim	82,0	138,0	2.300	Enercon	08/2013		k.A	400.792	289.013	390.259	227.883	178.157	311.752	214.920	373.185	417.056	452.458	3.255.475	616
55483	Kappel	71,0	113,0	2.300	Enercon	06/2013	289.265	385.669	185.401	135.166	184.739	117.472	118.587	154.336	86.793	168.966	141.371	442.387	2.410.152	609
55483	Kappel	71,0	113,0	2.300	Enercon	07/2013	284.287	357.347	219.344	139.143	196.440	94.762	121.385	147.789	89.529	173.445	172.698	419.936	2.416.105	610
55483	Kappel	71,0	113,0	2.300	Enercon	07/2013	284.031	357.199	186.947	130.787	184.667	95.075	108.063	148.645	80.443	162.972	163.424	421.350	2.323.603	587
55483	Kappel	82,0	138,0	2.300	Enercon	07/2013	485.522	610.606	322.347	237.758	345.474	225.676	220.106	272.341	181.568	294.240	281.926	607.044	4.084.608	773
55483	Kappel	82,0	138,0	2.300	Enercon	07/2013	424.895	504.433	270.176	178.731	249.627	124.379	149.853	194.820	74.396	210.440	244.104	494.449	3.120.303	591
55483	Kappel	82,0	138,0	2.300	Enercon	08/2013	442.438	554.791	307.055	203.879	284.625	166.991	167.311	214.135	85.648	238.794	249.427	590.086	3.505.180	664
55483	Kappel	82,0	138,0	2.300	Enercon	07/2013	440.399	549.427	307.931	211.231	286.612	150.741	179.214	214.545	96.806	227.753	245.805	575.994	3.486.458	660
55767	Gimbweiler	90,0	105,0	2.000	Vestas	03/2008	557.917	608.226	366.028	237.802	359.874	197.289	183.209	240.927	158.187	279.846	310.343	567.514	4.067.162	639
55767	Gimbweiler	90,0	105,0	2.000	Vestas	03/2008	535.207	560.950	343.607	219.508	341.242	175.886	178.906	236.547	155.957	269.517	298.191	558.059	3.873.577	609
55767	Niederhambach	104,0	128,0	3.400	REpower	03/2013	490.608	572.157	285.035	225.068	392.202	178.725	165.026	155.328	59.690	159.469	100.804	557.099	3.341.211	393
55767	Niederhambach	104,0	128,0	3.400	REpower	03/2013	525.227	585.886	292.868	256.102	347.583	199.820	202.020	123.569	20.815	203.400	94.459	491.569	3.343.318	394
55767	Niederhambach	104,0	128,0	3.400	REpower	06/2013	552.692	589.552	324.901	261.909	431.065	222.573	238.865	149.830	26.527	170.936	94.149	532.043	3.595.042	423
55767	Niederhambach	104,0	128,0	3.400	REpower	06/2013	445.330	570.144	303.585	249.988	417.466	199.353	224.101	143.654	17.590	159.093	103.811	507.864	3.341.979	393
55767	Niederhambach	104,0	128,0	3.400	REpower	06/2013	589.857	664.373	362.441	312.587	477.004	215.095	253.019	175.937	34.443	220.425	103.395	558.231	3.966.807	467
55776	Hahnweiler	64,0	91,5	1.250	DeWind	12/2002	219.658	260.455	175.272	98.766	160.824	101.325	92.251	85.332	90.191	111.830	87.252	132.501	1.615.657	502
55776	Hahnweiler	64,0	91,5	1.250	DeWind	12/2002	220.740	282.606	177.582	127.233	182.820	111.401	94.219	98.543	95.326	120.824	131.768	271.071	1.914.133	595
55777	Fohren-Linden	90,0	105,0	2.300	Nordex	11/2006	310.209	352.750	253.972	179.064	299.367	47.483	169.619	200.865	118.142	218.363	146.936	468.005	2.764.775	435
55777	Fohren-Linden	90,0	105,0	2.300	Nordex	11/2006	392.970	542.149	288.688	203.805	364.335	143.710	197.165	274.035	140.800	285.298	35.886	k.A	2.868.841	451
55777	Fohren-Linden	90,0	105,0	2.300	Nordex	12/2006	526.041	606.742	295.393	181.338	195.123	119.593	106.466	247.463	118.932	294.205	241.682	589.019	3.521.997	554
55777	Fohren-Linden	90,0	105,0	2.300	Nordex	12/2006	530.985	619.587	407.011	270.586	346.180	61.579	270.646	296.107	223.864	227.651	300.355	634.077	4.188.628	658
55777	Fohren-Linden	90,0	105,0	2.300	Nordex	12/2006	463.473	445.020	420.760	281.979	409.956	266.108	268.639	297.454	230.667	302.362	323.860	544.497	4.254.775	669
55777	Berschweiler	100,0	100,0	2.500	Nordex	05/2010	569.803	657.993	328.947	234.927	394.922	173.484	202.247	274.060	175.316	291.943	276.381	587.407	4.167.430	531
55777	Mettweiler	66,0	67,0	1.500	Enercon	09/2000	254.936	322.602	145.525	99.226	162.287	82.317	88.892	101.451	72.555	138.256	135.000	293.049	1.896.096	554
55777	Mettweiler	58,6	70,5	1.000	Enercon	04/2003	210.038	276.518	133.938	92.012	149.352	72.761	80.349	96.986	64.537	120.463	110.199	244.232	1.651.385	612
56288	Laubach	92,5	100,0	2.050	REpower	01/2011	429.905	522.515	278.570	209.954	304.174	163.590	187.957	225.371	127.997	232.334	231.419	493.352	3.407.138	507
56368	Berghausen	62,0	68,0	1.300	AN BONUS	08/2001	172.118	214.393	106.556	80.600	121.500	53.556	69.617	97.973	39.873	101.314	67.068	246.754	1.371.322	454
56745	Weibern	82,0	108,0	2.000	Enercon	06/2011	500.694	591.913	267.981	234.045	321.039	186.706	169.700	213.074	100.009	302.623	295.398	383.541	3.566.723	675
56745	Rieden	82,0	108,0	2.000	Enercon	06/2011	530.348	619.613	259.858	250.505	326.251	180.437	181.553	182.810	98.832	297.952	326.793	551.603	3.806.555	721
56745	Rieden	82,0	108,0	2.000	Enercon	06/2011	496.321	564.728	281.287	249.009	340.244	204.381	185.707	232.572	113.556	292.166	313.981	562.278	3.836.230	726
56745	Weibern	82,0	108,0	2.000	Enercon	07/2011	524.630	643.999	269.934	220.197	312.689	174.956	165.786	169.276	84.128	292.250	312.109	512.168	3.682.122	697
56745	Rieden	71,0	113,0	2.300	Enercon	01/2012	496.447	608.441	251.888	193.501	277.995	166.441	164.664	165.481	96.974	285.610	287.832	513.900	3.509.174	886
56745	Weibern	71,0	113,0	2.300	Enercon	01/2012	606.534	735.565	333.355	247.500	362.422	201.465	201.014	273.060	142.386	382.621	397.779	657.152	4.540.853	1147
56761	Gamlen	90,0	100,0	2.300	Nordex	09/2006	413.401	524.132	190.619	139.841	169.556	111.956	146.287	238.790	81.973	211.002	155.994	516.796	2.900.347	456
56761	Gamlen	90,0	80,0	2.300	Nordex	09/2006	478.339	618.493	208.112	160.803	294.667	120.914	154.850	259.716	87.622	225.215	97.242	540.837	3.246.810	510
56761	Düngenheim	90,0	95,0	2.000	Vestas	12/2008	432.307	512.290	208.307	160.934	282.330	132.447	148.153	250.283	95.829	241.163	138.132	531.747	3.133.922	493
56761	Düngenheim	90,0	95,0	2.000	Vestas	12/2008	427.616	544.958	215.770	175.480	302.614	158.526	167.916	256.336	113.304	251.744	165.788	460.228	3.240.280	509
56767	Höchstberg	54,0	82,0	1.000	Fuhrländer	08/2000	159.107	172.729	89.053	76.060	81.285	57.811	61.733	71.251	49.368	95.111	96.289	137.525	1.147.322	501
56767	Höchstberg	54,0	82,0	1.000	Fuhrländer	08/2000	171.815	206.590	87.691	72.516	87.755	60.604	61.709	71.045	51.569	90.827	108.782	139.275	1.210.178	528
56814	Wirfus	80,0	100,0	2.000	Gamesa	03/2006	251.800	310.400	130.800	119.800	201.300	86.100	93.000	149.300	63.800	125.500	90.100	384.300	2.006.200	399
56814	Wirfus	80,0	100,0	2.000	Gamesa	03/2006	309.600	422.400	142.800	115.500	209.800	76.600	97.300	150.100	54.900	146.400	99.600	417.900	2.242.900	446
56814	Wirfus	80,0	100,0	2.000	Gamesa	04/2006	251.900	340.400	128.900	107.900	200.000	93.600	97.200	150.600	64.100	125.600	88.900	317.500	1.966.600	391
56814	Wirfus	80,0	100,0	2.000	Gamesa	04/2006	269.200	315.300	121.800	102.500	198.900	88.600	91.900	140.200	64.500	126.000	80.700	390.200	1.989.800	396
56814	Wirfus	80,0	100,0	2.000	Gamesa	12/2006	257.100	362.900	99.300	103.500	183.100	83.000	90.100	138.500	59.400	127.200	81.600	248.500	1.834.200	365
56869	Mastershausen	71,0	100,0	2.000	Enercon	06/2007	377.137	436.702	220.215	148.433	203.067	102.511	118.157	168.559	97.586	218.761	239.139	439.324	2.769.591	700
56869	Mastershausen	71,0	100,0	2.000	Enercon	06/2007	358.000	409.798	231.553	156.559	236.102	96.228	123.435	182.453	100.201	208.585	192.431	468.268	2.763.613	698
56869	Mastershausen	71,0	100,0	2.000	Enercon	07/2007	400.676	453.686	241.827	156.954	262.065	96.929	133.865	211.912	99.131	226.096	196.296	519.000	2.998.437	757
56869	Mastershausen	71,0	100,0	2.000	Enercon	07/2007	405.743	479.911	249.594	160.238	250.846	105.850	135.590	197.696	100.757	229.926	220.367	505.012	3.041.530	768

Betriebsergebnisse 2014

PLZ	Ort	Duchmesser	Nabenhöhe	Leistung	Hersteller	Inbetrieb-nahme	Januar	Februar	März	April	Mai	Juni	Juli	August	September	Oktober	November	Dezember	Jahresertrag	kWh je m² Rotorfläche
RHEINLAND-PFALZ																				
56869	Mastershausen	71,0	87,0	2.000	Enercon	07/2007	393.126	475.244	247.480	157.026	260.532	102.457	129.077	205.177	97.041	224.660	202.152	511.838	3.005.810	759
56869	Mastershausen	71,0	87,0	2.000	Enercon	07/2007	384.226	446.625	236.397	157.576	240.156	121.638	131.286	186.756	106.725	220.075	217.169	489.897	2.938.526	742
56869	Mastershausen	71,0	115,0	2.000	Enercon	08/2007	426.003	503.368	237.074	165.422	235.521	130.088	130.141	195.459	113.413	241.869	218.580	512.220	3.109.158	785
56869	Mastershausen	82,0	108,0	2.300	Enercon	07/2010	621.285	716.978	313.572	198.410	330.911	175.581	175.294	271.390	148.951	337.914	349.386	606.156	4.245.828	804
56869	Mastershausen	82,0	108,0	2.300	Enercon	07/2010	558.979	645.456	298.375	196.338	316.099	144.385	168.115	249.325	140.814	292.690	273.770	603.480	3.887.826	736
56869	Mastershausen	82,0	98,0	2.300	Enercon	08/2010	541.488	621.771	309.755	217.800	333.378	165.086	177.988	268.511	152.691	273.608	248.824	634.503	3.945.403	747
56869	Mastershausen	82,0	108,0	2.300	Enercon	12/2012	496.262	565.519	311.973	208.284	290.626	174.534	180.931	208.062	150.456	279.089	304.709	542.107	3.712.552	703
56869	Mastershausen	82,0	108,0	2.300	Enercon	12/2012	432.991	509.435	289.726	177.261	293.082	145.762	158.679	233.684	133.535	253.440	268.237	565.632	3.461.464	655
56869	Mastershausen	82,0	108,0	2.300	Enercon	12/2012	473.608	533.426	264.376	181.208	266.125	144.071	157.480	216.587	133.078	258.343	321.650	506.715	3.456.667	655
56869	Mastershausen	82,0	98,0	2.300	Enercon	02/2013	587.723	666.347	258.027	156.276	289.590	159.736	164.438	240.960	130.575	288.082	328.210	556.218	3.826.182	725
66894	Lambsborn Martinsh	92,5	92,0	2.000	REpower	12/2007	459.985	553.718	311.946	216.817	342.288	190.435	178.809	220.601	130.945	248.317	215.681	523.243	3.592.785	535
66894	Lambsborn Martinsh	92,5	92,0	2.000	REpower	12/2007	538.467	638.295	308.323	201.855	339.198	175.722	191.135	234.918	143.487	273.964	245.419	314.784	3.605.567	537
66894	Lambsborn Martinsh	92,5	92,0	2.000	REpower	12/2007	535.403	659.750	303.527	200.724	325.061	194.322	187.174	243.091	149.094	275.432	257.584	551.530	3.882.692	578
66894	Lambsborn Martinsh	92,5	92,0	2.000	REpower	12/2007	474.282	594.913	298.790	184.980	302.682	171.828	125.123	217.277	138.901	238.476	222.839	488.634	3.458.725	515
66894	Lambsborn Martinsh	92,5	92,0	2.000	REpower	12/2007	425.212	502.470	288.924	199.602	283.842	169.436	170.116	162.597	154.007	229.589	233.019	455.921	3.274.735	487
66894	Lambsborn Martinsh	92,5	92,0	2.000	REpower	12/2007	386.257	491.473	322.186	236.371	323.870	201.614	186.047	175.967	179.156	226.455	219.901	530.782	3.480.079	518
66894	Lambsborn Martinsh	92,5	92,0	2.000	REpower	12/2007	501.836	581.320	368.511	250.003	352.693	219.602	184.829	k.A	135.881	269.747	248.296	500.617	3.613.335	538
66894	Lambsborn Martinsh	92,5	92,0	2.000	REpower	12/2007	479.787	572.361	337.114	227.526	355.838	212.332	200.759	243.477	k.A	263.874	214.130	516.946	3.624.144	539
66894	Lambsborn Martinsh	92,5	92,0	2.000	REpower	12/2007	430.457	503.589	364.022	234.293	336.041	160.674	186.799	214.676	147.489	217.379	227.884	481.445	3.504.748	522
66894	Lambsborn Martinsh	92,5	92,0	2.000	REpower	12/2007	383.142	473.235	298.120	184.003	283.473	128.077	153.402	162.882	k.A	197.341	188.617	420.980	2.873.272	428
66894	Krähenberg	64,0	91,5	1.250	DeWind	03/2003	151.546	126.885	121.629	73.460	122.098	71.356	70.648	73.940	52.158	87.069	71.341	245.447	1.267.577	394
66894	Krähenberg	64,0	91,5	1.250	DeWind	03/2003	185.821	244.886	136.248	78.137	149.196	83.799	81.588	89.082	61.266	95.254	91.799	239.352	1.536.428	478
66909	Wahnwegen	90,0	105,0	2.000	Vestas	01/2011	383.381	471.583	278.778	207.857	324.346	159.288	169.072	205.627	142.049	191.975	189.417	561.821	3.285.194	516
66909	Wahnwegen	90,0	105,0	2.000	Vestas	01/2011	412.484	477.899	314.196	231.324	349.681	193.949	188.064	219.703	158.319	188.903	218.041	566.790	3.519.353	553
67246	Dirmstein	82,0	108,0	2.000	Enercon	12/2010	318.677	375.162	257.699	210.447	283.382	200.388	204.141	197.331	165.718	194.119	109.877	433.991	2.950.932	559
67246	Dirmstein	82,0	108,0	2.000	Enercon	03/2011	298.442	327.754	175.225	161.252	217.181	157.002	142.834	147.055	116.530	113.779	89.188	379.667	2.325.909	440
67246	Dirmstein	82,0	108,0	2.000	Enercon	03/2011	268.212	308.708	170.009	171.237	224.779	167.782	145.483	146.896	119.482	111.605	82.923	378.554	2.295.670	435
67259	Heuchelheim	80,0	100,0	2.000	Vestas	12/2002	247.031	301.000	198.000	148.933	219.000	142.000	140.000	134.000	110.191	138.000	78.915	349.977	2.207.047	439
SACHSEN-ANHALT																				
06279	Farnstädt	90,0	105,0	2.000	Vestas	08/2007	356.336	503.508	319.455	198.719	344.287	164.420	173.461	269.572	193.248	263.484	181.668	618.615	3.586.773	564
06279	Farnstädt	90,0	105,0	2.000	Vestas	08/2007	394.609	520.898	345.932	142.775	343.397	159.669	145.217	244.550	199.176	288.841	196.947	760.166	3.742.177	588
06279	Farnstädt	90,0	105,0	2.000	Vestas	08/2007	334.095	363.059	330.314	253.899	349.830	198.984	186.597	249.581	222.542	242.641	174.869	723.700	3.630.111	571
06279	Farnstädt	90,0	105,0	2.000	Vestas	08/2007	358.775	492.364	287.253	183.605	327.423	145.486	138.562	249.639	165.637	257.893	178.138	602.150	3.386.925	532
06279	Farnstädt	90,0	105,0	2.000	Vestas	08/2007	362.465	457.736	328.087	253.609	358.569	165.573	191.029	234.895	216.883	250.942	165.075	706.753	3.691.616	580
06279	Farnstädt	90,0	105,0	2.000	Vestas	08/2007	400.274	528.331	315.369	216.644	351.280	156.987	163.817	288.806	184.963	307.869	188.423	718.516	3.821.279	601
06279	Farnstädt	90,0	105,0	2.000	Vestas	08/2007	361.493	476.581	332.686	197.395	340.452	180.422	160.876	246.986	207.269	232.708	181.716	599.373	3.517.957	553
06279	Farnstädt	90,0	105,0	2.000	Vestas	09/2007	324.395	424.863	312.839	182.103	341.260	161.065	175.952	236.882	207.684	220.845	170.613	598.491	3.356.992	528
06279	Farnstädt	90,0	105,0	2.000	Vestas	09/2007	364.737	493.522	313.244	190.277	332.017	152.648	165.805	233.494	183.370	220.702	183.443	610.477	3.443.736	541
06279	Farnstädt	90,0	105,0	2.000	Vestas	09/2007	339.351	431.343	315.674	245.814	364.531	206.785	189.840	286.110	245.435	260.461	175.093	626.767	3.687.204	580
06279	Farnstädt	90,0	105,0	2.000	Vestas	09/2007	358.290	458.483	353.756	k.A	395.297	210.826	191.703	271.035	238.582	210.869	157.282	628.504	3.474.627	546
06279	Farnstädt	90,0	105,0	2.000	Vestas	09/2007	364.922	471.561	353.396	247.832	390.393	200.116	196.909	259.034	231.912	251.081	189.319	633.212	3.789.687	596
06279	Farnstädt	90,0	105,0	2.000	Vestas	09/2007	380.677	540.954	324.947	235.662	368.947	178.124	146.967	275.907	193.076	271.930	177.790	724.533	3.819.514	600
06279	Farnstädt	90,0	105,0	2.000	Vestas	10/2007	408.869	578.274	338.355	244.270	387.874	184.985	191.621	301.952	214.923	323.014	188.411	757.904	4.120.452	648
06279	Farnstädt	90,0	105,0	2.000	Vestas	10/2007	475.870	579.576	352.947	245.329	480.841	204.182	162.103	330.340	233.701	343.600	207.460	708.656	4.324.605	680
06295	Rottelsdorf	82,0	108,0	2.000	Enercon	05/2008	445.580	564.929	341.696	271.414	408.294	261.664	217.831	321.688	249.962	377.530	266.303	729.305	4.456.196	844
06295	Rottelsdorf	82,0	108,0	2.000	Enercon	05/2008	474.397	641.228	376.399	276.535	403.907	238.751	204.960	319.660	247.475	397.900	284.745	764.690	4.630.647	877
06295	Osterhausen	90,0	105,0	2.000	Vestas	12/2009	277.394	349.264	300.701	215.570	311.728	148.588	154.710	152.026	113.589	169.746	149.240	624.487	2.967.043	466
06295	Osterhausen	90,0	105,0	2.000	Vestas	12/2010	253.035	316.977	297.444	231.870	261.246	142.855	133.870	127.693	113.339	179.817	162.362	579.457	2.799.965	440
06295	Osterhausen	90,0	105,0	2.000	Vestas	01/2011	253.314	323.551	291.830	237.011	317.201	155.511	144.331	146.365	122.992	189.950	161.371	624.087	2.967.514	466
06295	Osterhausen	90,0	125,0	2.000	Vestas	12/2011	275.258	338.286	307.061	201.875	330.665	178.549	175.912	145.710	119.532	209.554	153.231	652.403	3.088.036	485
06308	Siersleben	90,0	105,0	2.000	Vestas	09/2008	415.200	524.609	289.158	244.957	315.108	209.051	120.231	249.624	173.831	320.012	230.927	617.107	3.709.815	583
06308	Siersleben	90,0	105,0	2.000	Vestas	09/2008	406.150	480.542	304.878	239.586	330.638	197.042	172.128	250.820	204.536	306.464	202.554	633.122	3.728.460	586
06308	Siersleben	90,0	105,0	2.000	Vestas	09/2008	449.924	543.966	321.464	261.666	258.102	192.698	174.102	263.870	193.054	336.658	k.A	657.148	3.652.652	574
06308	Siersleben	90,0	105,0	2.000	Vestas	04/2011	332.185	332.607	243.485	198.903	279.897	175.616	129.743	200.844	182.333	260.646	196.194	570.755	3.103.208	488
06308	Siersleben	90,0	105,0	2.000	Vestas	04/2011	404.653	442.036	240.834	213.703	246.421	183.819	136.794	206.762	161.189	275.339	223.892	544.487	3.279.929	516
06308	Siersleben	90,0	105,0	2.000	Vestas	04/2011	265.479	350.773	235.736	199.031	292.004	199.410	171.933	178.102	189.533	234.970	186.913	507.051	3.010.935	473
06308	Siersleben	90,0	105,0	2.000	Vestas	05/2011	326.353	346.886	262.011	224.128	318.746	213.513	179.747	218.511	216.381	261.312	160.056	582.892	3.310.536	520
06317	Asendorfer Kippe	90,0	105,0	2.000	Vestas	03/2007	409.840	463.601	337.737	299.950	372.273	228.334	187.624	282.682	259.231	315.081	217.240	681.477	4.055.070	637
06317	Asendorfer Kippe	90,0	105,0	2.000	Vestas	04/2007	415.130	516.091	343.417	279.570	393.863	180.728	178.470	321.615	239.729	338.586	235.115	741.069	4.183.383	658
06317	Asendorfer Kippe	90,0	105,0	2.000	Vestas	04/2007	343.373	497.995	331.476	161.701	k.A	202.155	164.455	289.597	245.174	295.034	200.100	736.276	3.467.336	545
06317	Asendorfer Kippe	90,0	105,0	2.000	Vestas	04/2007	449.016	549.306	343.685	294.593	364.078	235.747	180.720	355.179	261.288	353.635	213.657	796.729	4.397.633	691
06317	Asendorfer Kippe	90,0	105,0	2.000	Vestas	04/2007	441.073	493.102	358.152	307.639	395.264	233.964	171.737	324.601	263.862	331.884	254.077	676.676	4.252.031	668
06317	Asendorfer Kippe	90,0	105,0	2.000	Vestas	04/2007	499.890	602.166	346.477	295.582	377.792	242.608	164.381	332.504	251.707	363.973	228.931	772.610	4.478.621	704
06317	Asendorfer Kippe	90,0	105,0	2.000	Vestas	04/2007	463.265	558.681	352.256	242.798	374.012	246.876	161.711	348.078	248.550	349.063	222.740	756.474	4.324.504	680
06317	Asendorfer Kippe	90,0	105,0	2.000	Vestas	05/2007	453.998	550.975	329.731	291.664	316.391	222.845	161.805	322.479	217.557	328.678	192.498	697.226	4.085.847	642
06317	Asendorfer Kippe	90,0	105,0	2.000	Vestas	05/2007	362.325	447.656	317.856	267.890	314.632	179.713	150.563	278.231	198.363	274.711	177.565	677.041	3.646.546	573
06317	Asendorfer Kippe	90,0	105,0	2.000	Vestas	05/2007	394.083	498.540	304.370	259.083	338.867	181.511	151.668	286.125	193.279	301.026	194.112	717.377	3.820.041	600
06333	Quenstedt-Arnstedt	80,0	95,0	2.000	Vestas	08/2009	414.572	512.499	294.557	228.011	326.693	186.106	146.295	262.552	188.914	331.276	241.051	600.943	3.733.469	743
06333	Quenstedt-Arnstedt	80,0	95,0	2.000	Vestas	08/2009	413.416	517.512	288.705	233.358	323.657	200.240	133.361	267.290	177.388	329.240	227.622	639.297	3.751.086	746
06366	Köthen	71,0	113,0	2.000	Enercon	11/2005	436.371	462.395	338.092	254.441	276.167	193.922	132.544	225.662	166.416	250.506	236.657	660.932	3.634.105	918

Betriebsergebnisse 2014

PLZ	Ort	Duchmesser	Nabenhöhe	Leistung	Hersteller	Inbetrieb-nahme	Januar	Februar	März	April	Mai	Juni	Juli	August	September	Oktober	November	Dezember	Jahresertrag	kWh je m² Rotorfläche
SACHSEN-ANHALT																				
06366	Köthen	71,0	113,0	2.000	Enercon	11/2005	436.813	461.402	335.371	258.681	257.017	185.283	121.038	222.855	163.046	247.753	245.903	658.343	3.593.505	908
06366	Köthen	71,0	113,0	2.000	Enercon	11/2005	417.955	466.318	331.007	240.349	256.318	191.358	118.526	215.755	157.956	248.186	221.137	637.650	3.502.515	885
06366	Köthen	71,0	113,0	2.000	Enercon	11/2005	397.762	399.574	311.659	230.365	244.566	158.082	116.436	202.532	143.351	219.698	216.351	620.630	3.261.006	824
06366	Köthen	71,0	113,0	2.000	Enercon	12/2005	243.203	471.846	330.259	245.174	236.658	183.981	113.382	212.481	157.139	249.918	227.817	633.208	3.305.066	835
06366	Köthen	71,0	113,0	2.000	Enercon	12/2005	362.014	390.242	317.279	232.479	221.285	162.707	109.148	180.264	143.354	214.295	215.436	572.637	3.121.140	788
06366	Köthen	71,0	113,0	2.000	Enercon	12/2005	353.801	362.674	315.788	212.453	228.895	136.722	122.580	182.704	142.876	217.035	216.423	571.951	3.063.902	774
06366	Köthen	71,0	113,0	2.000	Enercon	12/2005	442.873	459.982	329.558	244.942	242.749	178.187	115.308	207.331	149.722	243.716	231.514	646.267	3.492.149	882
06366	Köthen	71,0	113,0	2.000	Enercon	12/2005	394.464	442.588	297.837	236.939	253.591	174.558	115.533	213.321	150.367	242.067	218.474	629.118	3.368.857	851
06366	Köthen	71,0	113,0	2.000	Enercon	12/2005	406.393	442.571	329.704	243.106	257.596	179.230	117.772	218.802	152.984	243.356	218.931	643.695	3.454.140	872
06366	Köthen	71,0	113,0	2.000	Enercon	01/2006	405.649	444.437	294.351	247.114	265.724	183.763	123.165	222.432	163.043	250.648	231.607	645.989	3.477.922	878
06366	Köthen	71,0	113,0	2.000	Enercon	01/2006	404.988	444.651	348.376	261.080	268.832	187.518	125.759	217.387	171.032	253.701	239.326	650.079	3.572.729	902
06366	Köthen	71,0	113,0	2.000	Enercon	01/2006	441.359	483.894	363.104	276.220	282.904	196.834	138.578	230.706	177.645	274.164	273.084	656.429	3.794.921	959
06366	Köthen	71,0	113,0	2.000	Enercon	01/2006	359.931	319.968	299.954	231.978	223.033	154.295	119.344	174.960	151.801	207.694	214.746	541.313	2.999.017	757
06366	Köthen	71,0	113,0	2.000	Enercon	01/2006	366.566	356.102	307.197	226.964	232.641	147.480	117.639	170.109	151.588	208.816	224.610	532.379	3.042.091	768
06366	Köthen	71,0	113,0	2.000	Enercon	01/2006	362.636	358.281	305.362	236.591	240.090	154.703	118.999	184.987	154.892	210.162	222.823	537.208	3.086.734	780
06366	Köthen	71,0	113,0	2.000	Enercon	01/2006	377.611	420.318	332.367	245.750	246.130	163.204	123.262	195.029	157.988	228.710	245.795	550.155	3.286.319	830
06369	Trebbichau Erw.	82,0	108,0	2.300	Enercon	10/2011	412.464	461.618	367.052	293.971	332.253	245.093	166.669	189.019	172.002	251.500	249.893	655.261	3.796.795	719
06369	Trebbichau Erw.	82,0	108,0	2.300	Enercon	10/2011	439.034	507.673	364.242	278.247	329.015	214.974	167.351	242.835	190.647	295.447	268.642	671.208	3.969.315	752
06420	Könnern II	82,4	90,0	2.300	AN BONUS	09/2003	349.094	391.966	262.821	206.271	261.032	184.647	114.291	193.363	k.A	231.342	175.788	569.208	2.939.823	551
06420	Könnern II	82,4	90,0	2.300	AN BONUS	09/2003	279.004	325.840	251.565	190.459	215.696	156.031	104.636	162.769	138.423	189.341	154.526	475.354	2.643.644	496
06420	Könnern II	82,4	90,0	2.300	AN BONUS	09/2003	335.998	366.883	259.096	192.061	217.797	159.062	39.144	166.791	138.575	203.600	173.317	520.680	2.773.004	520
06420	Könnern II	82,4	90,0	2.300	AN BONUS	09/2003	346.835	445.690	257.803	198.154	233.678	174.457	106.320	194.114	145.454	238.629	177.245	k.A	2.518.379	472
06420	Könnern II	82,4	90,0	2.300	AN BONUS	10/2003	334.136	395.163	246.637	188.676	208.639	153.510	95.469	172.617	131.108	200.972	175.183	509.426	2.811.536	527
06420	Könnern II	82,4	90,0	2.300	AN BONUS	10/2003	318.694	355.882	220.089	172.169	185.965	131.465	90.038	145.570	120.909	186.769	168.539	429.140	2.525.229	474
06420	Könnern II	82,4	90,0	2.300	AN BONUS	10/2003	336.065	385.772	270.861	210.529	236.936	164.305	107.662	178.426	146.153	212.764	185.423	538.136	2.973.032	558
06420	Könnern II	82,4	90,0	2.300	AN BONUS	10/2003	409.057	478.685	261.515	199.962	231.635	164.266	97.965	204.073	144.562	252.715	209.068	583.738	3.237.241	607
06420	Könnern II	82,4	90,0	2.300	AN BONUS	10/2003	375.854	464.471	246.948	191.335	223.450	152.525	93.799	197.635	129.591	236.655	197.265	573.748	3.083.276	578
06420	Könnern II	82,4	90,0	2.300	AN BONUS	10/2003	386.896	462.716	247.808	191.436	237.122	143.301	101.654	197.272	127.481	232.573	207.619	581.534	3.117.412	585
06420	Könnern III	82,0	100,0	2.000	REpower	03/2008	331.143	362.772	280.559	217.343	218.573	193.539	128.725	201.600	179.844	223.780	193.572	545.452	3.076.902	583
06420	Könnern III	82,0	100,0	2.000	REpower	03/2008	344.343	406.080	241.510	191.966	190.824	162.382	99.453	187.449	144.748	222.111	208.184	527.021	2.926.071	554
06425	Schackstedt I	90,0	95,0	2.000	Vestas	10/2007	441.392	473.785	350.300	261.544	372.753	276.830	181.903	276.188	244.908	303.481	243.523	678.538	4.105.145	645
06425	Alsleben	77,0	85,0	1.500	Nordex	11/2007		352.411	212.777	180.189	223.744	179.418	107.814	160.869	142.288	195.455	152.209	420.001	2.327.175	500
06449	Aschersleben	77,0	85,0	1.500	REpower	12/2004	275.844	320.988	237.228	174.597	203.722	168.488	85.520	168.137	132.239	191.670	163.293	414.542	2.536.268	545
06542	Mittelhausen	90,0	105,0	2.000	Vestas	12/2009	350.455	433.453	334.139	253.993	339.542	178.004	148.888	279.310	196.598	256.036	163.627	732.644	3.666.689	576
06542	Mittelhausen	90,0	105,0	2.000	Vestas	12/2009	284.799	348.948	300.114	222.302	274.645	144.866	121.409	216.691	159.936	204.300	139.395	644.649	3.062.054	481
06542	Mittelhausen	90,0	105,0	2.000	Vestas	12/2009	344.688	426.121	321.287	228.594	317.099	145.431	148.299	263.549	181.744	242.474	171.255	717.960	3.508.501	552
06542	Mittelhausen	90,0	105,0	2.000	Vestas	05/2010	348.381	426.432	324.899	237.648	321.618	161.778	146.613	272.354	186.180	252.996	166.630	720.452	3.565.981	561
06542	Mittelhausen	90,0	105,0	2.000	Vestas	06/2010	284.925	357.457	275.929	206.244	283.156	120.145	128.471	211.847	162.947	190.630	142.556	646.021	3.010.328	473
06542	Mittelhausen	90,0	105,0	2.000	Vestas	06/2010	323.298	389.315	306.748	220.421	306.719	132.194	145.681	236.447	164.006	218.279	166.803	680.881	3.290.792	517
06667	Weißenfels	82,0	108,0	2.300	Enercon	11/2012	449.380	554.228	348.245	230.448	293.948	142.677	125.514	286.244	165.613	308.170	192.480	739.733	3.836.680	727
06667	Weißenfels	82,0	98,0	2.300	Enercon	12/2012	486.410	617.372	357.828	212.311	290.488	126.525	122.299	275.767	149.498	327.915	217.746	727.644	3.911.803	741
06712	Döschwitz	70,5	65,0	1.500	GE	10/2002	260.790	337.914	220.410	140.205	163.923	91.404	70.293	k.A	k.A	194.430	k.A	420.381	1.899.750	487
29416	Fleetmark	77,0	85,0	1.500	REpower	10/2002	290.771	293.306	233.097	183.780	191.238	135.804	107.994	182.446	116.396	161.113	175.990	383.724	2.455.659	527
29416	Fleetmark	77,0	85,0	1.500	REpower	10/2002	247.960	303.267	215.684	184.399	185.650	132.189	100.288	177.384	113.471	154.388	169.901	394.721	2.379.302	511
29416	Fleetmark	77,0	85,0	1.500	REpower	11/2002	303.887	267.246	238.770	194.325	189.152	124.896	103.428	163.354	124.903	154.647	194.163	384.476	2.443.247	525
29416	Jeggeleben	82,0	93,6	1.500	NEG Micon	10/2003	349.113	344.208	306.120	238.238	252.938	167.933	145.696	245.359	167.227	169.378	225.249	142.440	2.753.899	521
38486	Jahrstedt	62,0	68,0	1.300	AN BONUS	11/1999	145.936	149.514	152.493	k.A	k.A	80.484	70.660	92.968	76.116	85.056	93.564	283.978	1.230.769	408
38828	Wegeleben	82,0	100,0	2.000	REpower	01/2007	366.498	401.899	329.099	268.128	269.890	176.975	146.028	219.728	190.958	262.468	288.673	551.593	3.471.937	657
38828	Wegeleben	82,0	100,0	2.000	REpower	01/2007	386.701	463.948	330.284	270.119	307.186	191.482	153.071	240.167	201.566	300.140	316.389	588.679	3.749.732	710
38828	Wegeleben	82,0	100,0	2.000	REpower	01/2007	366.680	388.975	335.505	280.927	279.972	213.919	135.432	218.234	196.707	263.579	248.296	586.509	3.514.735	666
38828	Wegeleben	82,0	100,0	2.000	REpower	01/2007	349.802	383.255	316.991	254.458	283.184	188.441	138.690	226.825	191.790	262.665	258.999	570.483	3.425.583	649
38828	Wegeleben	82,0	100,0	2.000	REpower	01/2007	367.053	392.282	323.371	259.993	286.872	187.475	142.379	235.387	189.008	280.552	254.855	592.313	3.511.540	665
38828	Wegeleben	82,0	98,0	2.000	Enercon	10/2008	411.549	482.954	347.453	276.088	312.460	211.439	151.355	261.090	197.421	311.709	321.944	602.865	3.888.327	736
38828	Wegeleben	82,0	98,0	2.000	Enercon	10/2008	405.328	469.716	341.649	267.914	309.180	218.816	149.336	256.920	194.178	307.604	309.898	541.086	3.771.625	714
38828	Wegeleben	82,0	98,0	2.000	Enercon	10/2008	365.305	411.664	331.557	266.856	290.302	229.964	136.574	233.729	203.478	273.786	252.257	580.550	3.576.022	677
38828	Wegeleben	82,0	98,0	2.000	Enercon	10/2008	387.811	417.371	338.073	272.290	294.070	233.096	131.039	259.049	192.598	297.214	249.489	639.006	3.711.106	703
38828	Wegeleben	82,0	98,0	2.000	Enercon	10/2008	416.916	439.629	340.880	281.110	301.862	217.084	127.346	258.127	189.157	294.415	237.955	644.005	3.748.486	710
38828	Wegeleben	82,0	98,0	2.000	Enercon	10/2008	402.474	452.740	353.005	277.284	307.520	229.750	133.617	261.197	206.202	317.058	302.721	608.014	3.851.582	729
38828	Wegeleben	82,0	98,0	2.000	Enercon	10/2008	376.551	421.559	319.669	256.762	285.177	226.416	126.609	245.811	190.080	284.573	241.782	589.549	3.564.538	675
39167	Klein Rodensleben	80,0	95,0	2.000	Vestas	12/2001	444.198	458.076	356.554	k.A	k.A	158.492	149.220	121.442	196.060	284.030	289.267	473.624	2.930.963	583
39167	Wellen	70,5	80,0	1.500	Tacke	11/1999		281.797	246.858	187.107	184.302	108.059	76.292	140.690	111.534		173.926	425.907	1.936.472	496
39221	Biere	82,0	93,6	1.500	NEG Micon	11/2002	k.A	k.A	k.A	k.A	169.579	175.715	152.144	176.301	205.678	222.297	267.381	463.874	1.832.969	347
39221	Biere	82,0	93,6	1.500	NEG Micon	11/2002	289.099	268.786	222.474	238.203	242.598	215.905	141.159	207.802	192.490	220.717	225.581	439.542	2.904.356	550
39317	Ferchland	62,0	80,0	1.300	AN BONUS	10/2002	171.651	159.321	149.263	113.466	126.166	85.940	60.914	93.099	70.302	86.547	90.767	258.853	1.466.289	486
39319	Redekin-Wulkow	90,0	105,0	2.000	Vestas	05/2011	469.647	404.597	326.033	271.046	292.325	151.505	152.209	159.493	187.178	235.201	271.297	602.195	3.522.726	554
39319	Redekin-Wulkow	90,0	105,0	2.000	Vestas	05/2011	498.179	475.581	346.972	288.312	305.388	197.733	123.396	250.804	198.076	208.099	196.393	527.410	3.616.343	568
39319	Redekin-Wulkow	90,0	105,0	2.000	Vestas	05/2011	441.771	372.886	333.511	284.490	302.890	181.448	165.826	223.808	205.908	231.173	268.898	491.072	3.503.681	551
39326	Samswegen	54,0	70,0	1.000	AN BONUS	07/2000	113.565	112.580	108.431	89.415	99.297	58.146	49.164	66.946	53.659	66.168	74.030	190.597	1.081.998	472
39326	Samswegen	54,0	70,0	1.000	AN BONUS	07/2000	125.014	120.261	119.884	91.579	101.692	43.737	46.760	71.003	53.497	70.382	83.085	206.439	1.133.333	495
39326	Hohenwarsleben	77,0	96,0	1.500	Enron Wind	09/2001	383.004	431.385	312.428	243.408	307.146	157.913	139.754	233.209	179.287	244.113	239.755	528.429	3.399.831	730

Betriebsergebnisse 2014

PLZ	Ort	Duchmesser	Nabenhöhe	Leistung	Hersteller	Inbetrieb-nahme	Januar	Februar	März	April	Mai	Juni	Juli	August	September	Oktober	November	Dezember	Jahresertrag	kWh je m² Rotorfläche
SACHSEN-ANHALT																				
39340	Fuchsberg	71,0	104,0	2.000	Enercon	07/2009	246.555	220.049	239.649	189.287	194.095	142.226	90.143	142.629	120.961	136.808	166.738	282.847	2.171.987	549
39340	Fuchsberg	71,0	98,0	2.300	Enercon	11/2011	210.723	214.531	246.894	192.228	190.096	141.143	101.122	127.737	119.157	136.399	160.510	284.216	2.124.756	537
39343	Hakenstedt	80,0	95,0	2.000	Vestas	09/2002	380.315	378.081	349.307	k.A	k.A	190.576	130.528	210.216	155.400	319.880	287.248	607.752	3.009.303	599
39343	Hakenstedt	80,0	95,0	2.000	Vestas	09/2002	380.894	387.978	359.107	k.A	k.A	189.528	125.552	208.560	174.756	318.116	254.044	440.216	2.838.751	565
39343	Bornstedt-Rottmers	82,4	90,0	2.300	AN BONUS	09/2004	391.040	454.873	367.225	269.001	292.382	211.556	118.326	256.258	183.882	259.977	222.130	673.711	3.700.361	694
39343	Bornstedt-Rottmers	82,4	90,0	2.300	AN BONUS	09/2004	437.573	469.447	379.776	271.755	290.088	208.586	115.758	252.344	179.198	258.325	231.118	684.799	3.778.767	709
39343	Bornstedt-Rottmers	82,4	90,0	2.300	AN BONUS	12/2003	421.837	469.157	367.249	258.297	270.506	187.054	111.793	240.086	166.868	219.923	237.203	487.467	3.437.440	645
39343	Bornstedt-Rottmers	82,4	90,0	2.300	AN BONUS	11/2003	384.083	439.558	334.775	235.960	247.824	170.722	95.391	204.817	145.320	234.629	213.106	610.081	3.316.266	622
39343	Bornstedt-Rottmers	82,4	90,0	2.300	AN BONUS	12/2003	380.199	419.371	357.471	236.108	248.277	171.557	106.070	213.606	140.243	242.263	202.195	607.730	3.325.090	624
39343	Bornstedt-Rottmers	82,4	90,0	2.300	AN BONUS	09/2004	380.889	439.819	326.355	220.019	245.885	152.470	98.895	216.735	138.884	238.695	211.545	597.596	3.267.787	613
39343	Bornstedt-Rottmers	82,4	90,0	2.300	AN BONUS	09/2004	362.423	407.355	326.485	232.212	246.521	160.983	103.266	196.870	144.620	215.908	198.913	590.271	3.185.827	597
39343	Bornstedt-Rottmers	82,4	90,0	2.300	AN BONUS	09/2004	392.829	444.986	330.527	228.420	250.683	149.873	99.050	220.523	144.535	245.428	237.914	611.688	3.356.456	629
39343	Bornstedt-Rottmers	82,4	90,0	2.300	AN BONUS	12/2003	364.469	385.712	319.409	212.516	233.332	140.062	79.396	197.916	130.592	229.020	198.410	532.189	3.023.023	567
39343	Bornstedt-Rottmers	82,4	90,0	2.300	AN BONUS	09/2004	363.452	391.118	312.551	229.224	229.494	154.791	99.127	177.220	136.447	212.651	196.624	552.968	3.055.667	573
39343	Bornstedt-Rottmers	82,4	90,0	2.300	AN BONUS	12/2003	336.510	354.265	301.665	214.756	217.646	141.659	94.633	175.255	133.197	198.267	193.111	550.339	2.911.303	546
39343	Bornstedt-Rottmers	82,4	90,0	2.300	AN BONUS	10/2004	329.113	327.969	317.193	221.472	218.449	137.661	101.603	163.311	134.997	191.422	199.359	503.137	2.845.686	534
39343	Bornstedt-Rottmers	82,4	90,0	2.300	AN BONUS	10/2004	323.253	322.760	316.908	233.494	235.543	166.899	116.903	159.501	149.075	189.571	217.359	518.722	2.949.988	553
39343	Bornstedt-Rottmers	82,4	90,0	2.300	AN BONUS	10/2004	331.856	322.722	305.579	218.031	242.297	150.855	105.004	174.818	149.758	190.041	206.890	520.763	2.918.614	547
39343	Bornstedt-Rottmers	82,4	90,0	2.300	AN BONUS	10/2004	333.834	324.792	303.478	253.890	276.054	187.730	129.831	198.419	167.891	206.594	221.063	586.876	3.190.452	598
39343	Bornstedt-Rottmers	82,4	90,0	2.300	AN BONUS	10/2004	314.225	313.144	333.891	256.467	277.193	196.190	125.823	192.205	169.816	188.879	189.168	591.259	3.148.260	590
39343	Eimersleben	82,0	100,0	2.000	REpower	06/2006	337.866	351.116	323.234	240.637	244.841	164.404	117.022	170.197	164.781	203.816	270.886	517.314	3.106.114	588
39343	Eimersleben	82,0	100,0	2.000	REpower	06/2006	378.865	394.619	345.451	249.252	267.246	176.609	107.975	224.707	170.962	222.026	278.410	583.109	3.399.231	644
39343	Hakenstedt	80,0	95,0	2.000	Vestas	11/2006	443.252	462.771	359.111	266.337	270.525	180.340	91.286	220.609	176.944	260.946	261.655	586.781	3.580.557	712
39343	Hakenstedt	80,0	95,0	2.000	Vestas	11/2006	434.986	436.615	364.831	256.693	250.303	168.610	89.896	204.777	174.085	262.206	273.945	571.765	3.488.712	694
39343	Hakenstedt	80,0	95,0	2.000	Vestas	11/2006	439.789	454.531	349.398	238.130	248.240	148.046	103.888	201.975	159.208	252.457	267.408	568.618	3.431.688	683
39343	Hakenstedt	80,0	95,0	2.000	Vestas	11/2006	351.561	351.017	321.629	228.552	249.322	156.893	103.858	213.565	157.544	196.134	210.756	573.290	3.114.121	620
39343	Hakenstedt	80,0	95,0	2.000	Vestas	12/2006	431.505	451.117	359.179	256.356	270.746	192.557	117.134	198.228	176.431	257.859	263.502	569.081	3.543.695	705
39343	Hakenstedt	80,0	95,0	2.000	Vestas	12/2006	357.747	352.699	332.966	229.726	247.589	159.908	100.385	216.560	165.037	201.574		562.465	2.926.656	582
39343	Hakenstedt	80,0	95,0	2.000	Vestas	12/2006	371.738	379.150	331.150	228.304	249.283	140.263	108.763	205.675	160.101	222.169	215.751	417.449	3.029.796	603
39343	Hakenstedt	80,0	95,0	2.000	Vestas	12/2006	363.853	356.295	334.106	232.630	262.535	171.785	114.916	194.307	152.332	212.685	219.320	538.435	3.153.199	627
39343	Hakenstedt	80,0	95,0	2.000	Vestas	12/2006	429.625	466.343	352.236	253.879	279.335	187.377	112.732	204.220	182.643	256.853	279.297	577.392	3.581.932	713
39343	Hakenstedt	80,0	95,0	2.000	Vestas	12/2006	344.398	350.212	313.014	229.459	245.193	158.367	87.859	208.983	157.795	174.683	201.508	403.961	2.875.432	572
39343	Schackensleben	80,0	95,0	2.000	Vestas	11/2006	343.167	374.071	287.977	191.968	222.253	138.837	95.047	164.615	123.968	186.848	153.741	540.434	2.822.926	562
39343	Schackensleben	80,0	95,0	2.000	Vestas	11/2006	401.745	474.425	290.898	204.416	235.260	126.687	101.906	211.438	131.583	245.518	190.236	585.556	3.199.668	637
39343	Schackensleben	80,0	95,0	2.000	Vestas	11/2006	316.589	284.475	276.047	165.914	186.568	138.077	91.694	161.924	125.604	175.631		524.688	2.447.211	487
39343	Schackensleben	80,0	95,0	2.000	Vestas	11/2006	366.030	429.539	278.855	192.936	224.788	118.720	89.791	174.252	114.300	209.848	169.702	523.089	2.891.850	575
39343	Erxleben II	80,0	95,0	2.000	Vestas	01/2008	327.565	328.804	334.719	244.616	252.714	197.463	110.030	209.362	162.757	198.963	199.661	576.757	3.143.411	625
39343	Erxleben II	80,0	95,0	2.000	Vestas	01/2008	299.380	285.885	325.171	249.125	213.087	199.907	117.724	178.100	163.616	183.811	182.499	534.845	2.933.150	584
39343	Erxleben II	80,0	95,0	2.000	Vestas	01/2008	283.325	276.789	300.460	218.029	223.501	169.496	109.871	173.599	145.450	165.252	164.701	540.844	2.771.317	551
39343	Erxleben II	80,0	95,0	2.000	Vestas	01/2008	283.907	269.368	296.514	225.929	213.765	179.394	119.850	162.797	152.429	158.615	168.812	510.584	2.741.964	545
39343	Hakenstedt III	80,0	95,0	2.000	Vestas	02/2008	373.430	366.976	323.545	237.898	239.692	171.096	105.734	225.454	167.984	221.242	234.552	581.354	3.248.957	646
39343	Hakenstedt III	80,0	95,0	2.000	Vestas	02/2008	406.917	373.739	340.981	247.693	216.975	171.845	102.433	201.373	173.228	236.315	270.335	547.170	3.289.004	654
39343	Hakenstedt III	80,0	95,0	2.000	Vestas	02/2008	410.416	398.696	338.909	234.776	221.019	165.306	105.002	205.644	163.815	235.470	240.848	537.513	3.257.414	648
39343	Hakenstedt III	80,0	95,0	2.000	Vestas	02/2008	413.714	407.529	348.105	243.634	230.162	140.584	110.624	191.000	159.287	234.767	291.122	540.857	3.311.385	659
39343	Hakenstedt III	80,0	95,0	2.000	Vestas	02/2008	354.562	366.801	332.820	238.277	251.406	177.384	122.151	221.913	166.609	228.656	226.389	576.812	3.263.780	649
39343	Santersleben	70,5	100,0	1.500	Tacke	06/2000	k.A	k.A	k.A	194.152	247.937	143.527	99.364	186.280	130.825	187.005	139.300	486.009	1.814.399	465
39343	Hakenstedt	62,0	69,0	1.300	Nordex	03/2001	151.001	168.889	138.458	108.820	118.159	64.568	50.915	104.834	59.611	78.497	49.489	211.268	1.304.509	432
39356	Siestedt	71,0	98,0	2.000	Enercon	12/2007	338.356	355.029	321.427	248.350	248.785	187.865	129.685	169.472	94.727	193.397	201.215	613.634	3.101.942	783
39356	Siestedt	71,0	98,0	2.000	Enercon	12/2007	299.792	312.111	302.400	228.227	254.750	179.880	120.713	156.803	88.206	171.334	183.608	586.109	2.883.933	728
39356	Siestedt	71,0	98,0	2.000	Enercon	03/2008	339.854	337.083	305.740	233.870	250.849	170.581	123.630	161.951	90.276	173.368	190.422	595.432	2.973.056	751
39356	Siestedt	71,0	98,0	2.000	Enercon	03/2008	360.478	369.763	315.225	228.694	262.420	180.848	120.055	226.758	162.612	211.681	190.305	594.145	3.222.984	814
39356	Siestedt	71,0	98,0	2.000	Enercon	03/2008	308.452	315.136	288.120	210.383	238.605	170.248	114.843	195.594	141.889	164.833	152.804	538.757	2.839.664	717
39356	Siestedt	71,0	98,0	2.000	Enercon	04/2008	307.418	309.899	295.996	208.273	241.279	168.423	107.919	218.095	139.711	195.702	148.591	577.357	2.918.663	737
39356	Siestedt	71,0	98,0	2.000	Enercon	04/2008	351.451	354.669	310.710	230.890	238.051	175.800	114.597	216.641	154.899	200.025	195.443	582.029	3.125.205	789
39356	Siestedt	71,0	98,0	2.000	Enercon	04/2008	303.905	295.960	271.927	149.117	232.977	136.168	109.910	192.464	133.624	179.509	179.440	532.212	2.717.213	686
39356	Siestedt	71,0	98,0	2.000	Enercon	04/2008	313.040	326.408	282.285	199.003	214.135	131.122	107.996	182.708	128.499	177.814	187.806	513.265	2.764.081	698
39365	Wormsdorf	80,0	95,0	2.000	Vestas	01/2002	366.521	350.006	329.808	k.A	k.A	165.836	102.336	232.556	174.592	332.576	261.328	621.272	2.936.831	584
39365	Wormsdorf	80,0	95,0	2.000	Vestas	01/2002	356.320	376.033	211.589	k.A	k.A	125.248	115.132	228.368	174.484	347.176	258.884	632.412	2.825.646	562
39365	Wormsdorf	80,0	95,0	2.000	Vestas	08/2002	368.265	346.674	335.594	k.A	k.A	161.224	84.880	241.280	169.228	377.652	261.404	394.448	2.740.649	545
39365	Wormsdorf	80,0	95,0	2.000	Vestas	08/2002	379.433	394.210	366.592	k.A	k.A	175.908	147.492	227.320	155.480	352.040	283.020	631.732	3.113.227	619
39365	Wormsdorf	80,0	95,0	2.000	Vestas	09/2002	330.055	388.753	359.758	k.A	k.A	166.596	142.440	192.736	182.404	324.656	269.164	605.580	2.962.142	589
39365	Wormsdorf	80,0	95,0	2.000	Vestas	10/2003	352.886	388.753	352.081	k.A	k.A	173.368	137.648	248.540	146.656	357.648	247.896	632.808	3.038.284	604
39365	Wormsdorf	80,0	95,0	2.000	Vestas	06/2004	363.720	344.427	350.374	k.A	k.A	153.320	122.560	220.872	163.176	343.400	231.556	611.660	2.905.065	578
39365	Eilsleben-Ovelgönn	80,0	95,0	2.000	Vestas	11/2006	391.021	413.156	351.143	248.192	283.935	190.580	120.383	258.802	176.684	253.813	k.A	641.634	3.329.343	662
39365	Eilsleben-Ovelgönn	80,0	95,0	2.000	Vestas	11/2006	383.591	416.537	349.713	262.898	267.896	213.727	122.957	263.812	193.626	249.306	195.230	667.747	3.587.040	714
39365	Eilsleben-Ovelgönn	80,0	95,0	2.000	Vestas	11/2006	364.425	387.204	332.620	239.211	286.340	193.538	120.234	244.596	170.402	226.154	183.782	617.687	3.366.193	670
39365	Eilsleben-Ovelgönn	80,0	95,0	2.000	Vestas	11/2006	341.580	352.224	315.333	224.618	262.921	170.421	114.003	215.702	159.133	221.617	191.078	586.427	3.155.057	628
39365	Eilsleben-Ovelgönn	80,0	95,0	2.000	Vestas	11/2006	301.426	273.572	286.224	206.323	197.355	154.128	85.778	156.656	144.416	169.350	175.188	492.808	2.643.224	526
39365	Eilsleben-Ovelgönn	80,0	95,0	2.000	Vestas	11/2006	350.645	361.965	315.944	221.700	231.260	162.325	98.721	182.208	148.474	205.212	206.653	549.936	3.035.043	604
39365	Eilsleben-Ovelgönn	80,0	95,0	2.000	Vestas	12/2006	318.479	296.773	269.106	186.570	173.074	121.247	k.A	134.921	k.A	152.000	168.838	458.453	2.279.461	453

PLZ	Ort	Duchmesser	Nabenhöhe	Leistung	Hersteller	Inbetrieb-nahme	Januar	Februar	März	April	Mai	Juni	Juli	August	September	Oktober	November	Dezember	Jahresertrag	kWh je m² Rotorfläche
SACHSEN-ANHALT																				
39365	Eilsleben-Ovelgönn	80,0	95,0	2.000	Vestas	12/2006	355.762	335.967	287.977	205.693	214.818	133.008	k.A	162.339	k.A	190.225	189.702	510.666	2.586.157	514
39365	Eilsleben-Ovelgönn	80,0	95,0	2.000	Vestas	12/2006	357.542	333.293	310.793	225.665	213.181	168.021	87.361	156.789	155.696	196.073	220.032	493.066	2.917.512	580
39365	Eilsleben-Ovelgönn	80,0	95,0	2.000	Vestas	12/2006	356.871	350.591	316.048	227.374	233.194	174.447	100.498	200.776	165.067	209.573	200.892	567.248	3.102.579	617
39365	Eilsleben-Ovelgünn	60,0	69,0	1.300	Nordex	08/1999	179.765	189.607	162.964	120.592	k.A	k.A	55.234	115.908	83.881	115.582	110.081	270.249	1.403.863	497
39365	Eilsleben-Ovelgünn	60,0	69,0	1.300	Nordex	09/1999	188.679	198.108	186.734	119.295	k.A	k.A	61.747	115.939	92.709	126.255	114.734	332.037	1.536.237	543
39393	Badeleben	60,0	69,0	1.300	Nordex	03/1999	193.068	205.053	188.624		k.A	96.780	64.208	123.388	91.694	117.430	139.268	308.816	1.528.329	541
39397	Gröningen	71,0	113,0	2.000	Enercon	08/2007	342.131	363.599	310.009	249.759	257.698	181.746	134.511	210.117	170.342	272.747	225.044	575.704	3.293.407	832
39397	Gröningen	71,0	113,0	2.000	Enercon	08/2007	308.008	326.692	287.503	245.888	258.894	193.296	126.906	198.027	173.018	248.918	202.464	558.177	3.127.791	790
39398	Groß Germersleben	71,0	98,0	2.000	Enercon	06/2005	318.766	302.134	321.525	248.155	267.879	186.503	142.400	198.844	165.216	209.217	216.455	573.473	3.150.567	796
39398	Groß Germersleben	71,0	98,0	2.000	Enercon	06/2005	298.944	287.989	294.285	249.846	264.787	186.217	141.233	200.867	184.010	206.900	220.442	491.185	3.026.705	764
39398	Groß Germersleben	71,0	98,0	2.000	Enercon	06/2005	289.496	283.664	331.711	247.922	263.966	186.087	139.409	197.119	183.128	200.467	209.682	560.839	3.093.490	781
39398	Groß Germersleben	71,0	98,0	2.000	Enercon	06/2005	264.491	260.152	311.509	238.393	251.199	177.162	130.636	180.333	169.588	181.102	199.807	547.959	2.912.331	736
39398	Groß Germersleben	71,0	98,0	2.000	Enercon	06/2005	256.998	235.466	299.107	234.418	238.247	172.911	128.354	171.379	166.013	170.447	177.907	519.234	2.770.481	700
39398	Groß Germersleben	71,0	98,0	2.000	Enercon	06/2005	247.737	262.765	279.209	188.397	186.930	145.445	102.332	142.298	137.089	158.363	160.034	489.378	2.499.977	631
39398	Groß Germersleben	71,0	98,0	2.000	Enercon	07/2005	250.462	246.516	268.980	194.393	196.433	146.237	100.460	139.182	133.909	141.583	158.114	461.952	2.438.221	616
39398	Groß Germersleben	71,0	98,0	2.000	Enercon	07/2005	269.199	259.584	298.909	225.446	229.789	174.433	110.054	166.717	156.356	170.104	178.283	507.203	2.746.077	694
39398	Groß Germersleben	71,0	98,0	2.000	Enercon	07/2005	273.044	277.115	300.135	220.739	221.289	171.364	110.562	159.995	145.388	164.630	171.976	519.856	2.736.093	691
39398	Groß Germersleben	71,0	98,0	2.000	Enercon	07/2005	305.435	324.476	309.261	212.321	227.683	159.771	101.510	179.174	149.549	195.432	178.948	546.500	2.890.060	730
39398	Groß Germersleben	71,0	98,0	2.000	Enercon	07/2005	291.155	297.352	294.723	216.978	240.582	163.842	106.818	180.837	153.180	190.351	165.998	553.549	2.855.365	721
39398	Groß Germersleben	71,0	98,0	2.000	Enercon	07/2005	294.989	307.690	297.758	211.215	229.769	160.555	98.301	175.106	147.666	185.781	171.941	549.168	2.829.939	715
39398	Groß Germersleben	71,0	98,0	2.000	Enercon	07/2005	286.398	292.150	287.048	212.258	225.323	169.683	105.509	166.466	149.575	178.601	173.564	533.724	2.780.299	702
39398	Groß Germersleben	71,0	98,0	2.000	Enercon	07/2005	287.076	290.838	281.694	211.812	215.451	134.502	122.802	135.525	146.346	176.470	224.357	461.387	2.688.260	679
39398	Groß Germersleben	71,0	98,0	2.000	Enercon	08/2005	254.380	249.885	275.006	208.791	210.460	134.883	116.909	131.228	133.065	157.255	204.911	439.038	2.515.811	635
39398	Groß Germersleben	71,0	98,0	2.000	Enercon	08/2005	251.795	250.068	274.673	199.651	210.936	141.976	122.372	131.886	145.581	148.498	207.695	443.107	2.528.238	639
39398	Groß Germersleben	71,0	98,0	2.000	Enercon	08/2005	291.595	291.808	289.642	210.424	204.294	134.240	113.698	136.587	142.360	172.088	219.186	461.703	2.667.625	674
39398	Groß Germersleben	71,0	98,0	2.000	Enercon	08/2005	257.991	248.005	270.517	202.560	195.417	134.101	100.681	131.532	133.945	154.250	197.189	452.605	2.478.793	626
39398	Groß Germersleben	71,0	98,0	2.000	Enercon	08/2005	256.860	244.355	231.405	180.516	183.501	135.377	105.474	133.560	136.420	154.067	189.662	463.309	2.414.506	610
39398	Groß Germersleben	71,0	98,0	2.000	Enercon	08/2005	242.378	247.171	260.811	190.399	202.165	126.076	106.967	133.402	127.045	143.181	168.560	464.641	2.412.796	609
39398	Groß Germersleben	71,0	98,0	2.000	Enercon	08/2005	243.783	235.816	265.206	188.121	196.138	123.033	107.919	128.157	109.323	128.938	163.598	454.206	2.344.238	592
39398	Groß Germersleben	71,0	98,0	2.000	Enercon	08/2005	236.245	227.182	257.285	195.142	195.421	131.784	109.394	127.468	122.706	138.394	165.233	457.213	2.363.467	597
39398	Groß Germersleben	71,0	98,0	2.000	Enercon	08/2005	247.054	236.036	287.933	214.699	220.635	154.684	123.044	147.982	149.418	159.271	187.034	463.893	2.591.683	655
39398	Groß Germersleben	71,0	98,0	2.000	Enercon	08/2005	239.693	240.645	268.479	202.519	199.616	129.164	106.284	139.155	131.600	159.929	188.153	457.221	2.462.458	622
39398	Groß Germersleben	71,0	98,0	2.000	Enercon	09/2005	241.480	253.965	272.446	197.721	207.003	124.917	110.906	142.066	132.629	162.488	164.264	474.502	2.484.387	627
39398	Groß Germersleben	71,0	98,0	2.000	Enercon	09/2005	260.935	275.521	291.763	216.800	238.067	171.419	105.882	174.244	155.916	171.465	164.969	513.256	2.740.237	692
39398	Groß Germersleben	71,0	98,0	2.000	Enercon	09/2005	308.138	308.126	288.815	208.030	206.997	132.793	106.600	156.530	137.470	177.481	213.145	506.849	2.750.974	695
39398	Groß Germersleben	71,0	98,0	2.000	Enercon	09/2005	282.616	277.831	272.756	195.188	187.808	134.225	97.572	145.807	135.585	163.370	200.734	478.786	2.572.278	650
39398	Groß Germersleben	71,0	98,0	2.000	Enercon	09/2005	250.183	259.747	270.403	184.859	186.311	131.738	93.622	143.337	124.639	160.634	176.531	461.383	2.443.387	617
39398	Groß Germersleben	71,0	98,0	2.000	Enercon	09/2005	251.385	252.439	236.365	179.009	170.098	125.813	87.683	129.592	117.080	130.555	161.687	335.425	2.177.131	550
39398	Groß Germersleben	71,0	98,0	2.000	Enercon	09/2005	309.721	310.945	293.652	204.577	211.387	156.670	97.412	167.809	138.049	178.687	178.670	518.634	2.766.213	699
39398	Groß Germersleben	71,0	98,0	2.000	Enercon	09/2005	266.953	266.131	272.433	187.004	193.444	136.653	88.165	150.670	122.929	161.777	155.944	499.315	2.501.418	632
39398	Groß Germersleben	71,0	98,0	2.000	Enercon	10/2005	316.325	323.202	290.169	194.638	198.261	138.010	92.568	164.733	125.580	192.848	201.917	492.238	2.730.489	690
39435	Borne	80,0	95,0	2.000	Vestas	10/2004	322.592	305.116	210.084	229.909	215.874	141.446	121.058	158.328	153.997	223.904	252.665	479.553	2.814.526	560
39435	Borne IV	90,0	105,0	3.000	Vestas	12/2004	413.566	345.121	284.166	336.524	267.710	230.006	171.727	201.759	234.221	272.301	319.033	645.370	3.721.504	585
39435	Egeln	82,0	108,0	2.300	Enercon	06/2011	412.978	460.534	365.380	266.162	297.846	199.873	147.455	231.113	156.366	249.391	272.401	574.129	3.633.628	688
39435	Egeln	82,0	108,0	2.300	Enercon	06/2011	380.157	429.943	373.061	260.069	303.788	206.939	144.963	231.810	160.764	269.099	216.194	658.729	3.635.516	688
39435	Egeln	82,0	108,0	2.300	Enercon	06/2011	401.252	429.901	408.721	313.893	346.716	280.741	161.744	281.358	212.187	282.793	220.184	602.229	3.941.719	746
39435	Egeln	82,0	108,0	2.300	Enercon	07/2011	438.979	496.477	407.839	317.111	358.556	292.018	159.901	291.619	210.469	317.111	251.333	732.815	4.274.228	809
39435	Egeln	82,0	108,0	2.300	Enercon	07/2011	439.852	497.816	382.289	272.131	310.787	190.648	135.209	266.817	151.912	302.668	274.098	685.077	3.909.304	740
39435	Egeln	82,0	108,0	2.300	Enercon	07/2011	427.331	486.685	372.902	272.312	311.780	207.492	144.153	268.684	160.555	305.934	225.365	617.868	3.801.061	720
39435	Egeln	82,0	108,0	2.300	Enercon	08/2011	387.718	425.657	365.165	275.752	311.451	209.597	144.160	243.914	169.861	275.530	207.844	635.530	3.652.179	692
39435	Borne	82,0	138,0	2.300	Enercon	12/2011	372.881	369.524	280.324	288.193	274.955	211.140	166.117	229.164	212.842	278.694	297.527	546.792	3.528.153	668
39435	Borne	82,0	138,0	2.300	Enercon	01/2012	421.995	453.885	387.470	289.249	319.051	215.121	168.935	240.115	238.615	291.885	298.255	697.993	4.022.569	762
39435	Borne	82,0	138,0	2.300	Enercon	01/2012	345.432	325.907	232.001	272.414	274.687	210.308	155.791	218.335	221.215	251.338	269.175	579.439	3.356.042	635
39435	Borne	82,0	138,0	2.300	Enercon	02/2012	469.581	519.863	407.395	307.066	331.238	219.003	168.594	263.508	228.461	321.525	310.093	718.964	4.265.291	808
39435	Borne	82,0	138,0	2.300	Enercon	02/2012	480.230	479.419	307.334	313.218	337.177	217.377	199.270	267.629	257.180	339.282	392.822	681.324	4.272.262	809
39435	Borne	82,0	138,0	2.300	Enercon	03/2012	476.990	457.067	319.683	300.460	304.438	218.851	186.403	252.231	254.884	331.048	375.054	570.289	4.047.398	766
39435	Borne	82,0	138,0	2.300	Enercon	03/2012	500.204	503.345	331.601	333.973	381.480	297.924	203.117	312.411	282.814	356.860	300.053	587.692	4.391.474	832
39443	Förderst/Hohe Wuhn	92,5	100,0	2.000	REpower	06/2007	413.037	438.248	279.289	307.847	332.969	237.200	169.604	238.714	199.675	267.567	287.935	649.344	3.821.429	569
39443	Förderst/Hohe Wuhn	92,5	100,0	2.000	REpower	06/2007	404.095	437.068	274.494	284.771	313.826	207.245	157.226	229.524	223.685	260.594	256.452	618.886	3.667.866	546
39443	Förderst/Hohe Wuhn	92,5	100,0	2.000	REpower	06/2007	410.108	415.650	277.208	287.232	319.239	250.797	153.735	230.598	230.740	252.405	241.665	631.279	3.700.656	551
39443	Förderst/Hohe Wuhn	92,5	100,0	2.000	REpower	06/2007	364.080	446.284	301.777	309.112	331.844	267.293	167.458	241.259	253.621	283.251	249.911	370.857	3.586.747	534
39443	Förderst/Hohe Wuhn	92,5	100,0	2.000	REpower	06/2007	417.327	428.940	310.382	301.522	333.556	253.246	176.589	247.561	259.481	272.207	283.276	671.874	3.955.961	589
39443	Förderst/Hohe Wuhn	92,5	100,0	2.000	REpower	07/2007	367.798	384.603	279.862	298.422	323.759	239.255	162.509	228.901	239.134	249.450	267.441	637.052	3.678.186	547
39443	Förderst/Hohe Wuhn	92,5	100,0	2.000	REpower	07/2007	383.696	405.926	275.176	301.244	309.260	244.895	165.263	215.278	242.208	243.294	274.634	615.471	3.676.345	547
39443	Förderstedt	90,0	100,0	2.500	Nordex	12/2010	k.A	k.A	270.416	286.227	261.633	161.141	67.752	k.A	168.996	257.026	268.801	623.511	2.365.503	372
39443	Förderstedt	90,0	100,0	2.500	Nordex	12/2010	k.A	k.A	313.017	322.188	355.703	277.651	156.643	262.759	249.646	313.485	241.490	738.111	3.230.693	508
39443	Förderstedt	90,0	100,0	2.500	Nordex	12/2010	k.A	k.A	283.636	286.837	280.082	223.766	126.523	216.001	62.775	269.961	254.260	664.640	2.668.481	419
39443	Förderstedt	90,0	100,0	2.500	Nordex	12/2010	k.A	k.A	275.379	279.883	310.022	201.464	150.635	210.650	217.867	273.675	294.412	654.961	2.868.948	451
39443	Förderstedt	90,0	100,0	2.500	Nordex	01/2011	k.A	k.A	248.315	296.085	326.420	256.350	149.673	253.710	234.134	279.297	266.402	664.102	2.974.488	468
39443	Förderstedt	60,0	85,0	1.300	Nordex	06/2000	156.384	183.937	146.996	115.440	119.278	87.320	61.107	95.678	81.213	111.395	k.A	268.365	1.427.113	505

Betriebsergebnisse 2014

PLZ	Ort	Duchmesser	Nabenhöhe	Leistung	Hersteller	Inbetrieb-nahme	Januar	Februar	März	April	Mai	Juni	Juli	August	September	Oktober	November	Dezember	Jahresertrag	kWh je m² Rotorfläche
SACHSEN-ANHALT																				
39448	Unseburg-Etgersleb	80,0	95,0	2.000	Vestas	10/2009	271.412	235.393	277.400	228.775	234.065	174.660	105.919	151.054	144.252	161.135	160.645	485.564	2.630.274	523
39448	Westeregeln	54,0	70,0	1.000	AN BONUS	10/1998	77.908	80.372	85.801	64.682	54.098	56.182	26.005	52.602	38.413	48.725	46.025	143.772	774.585	338
39448	Etgersleben	77,0	85,0	1.500	Fuhrländer	07/2009	216.643	208.458	230.487	185.588	194.234	153.680	95.325	142.536	135.673	138.401	128.391	391.702	2.221.118	477
39524	Fischbeck (Elbe)	77,0	66,4	1.500	GE	11/2002	225.368	187.606	180.066	150.971	148.555	100.449	77.191	105.756	87.314	94.193	121.470	357.489	1.836.428	394
39524	Fischbeck (Elbe)	77,0	66,4	1.500	GE	12/2002	219.913	188.733	193.023	141.374	150.914	117.240	78.838	99.841	104.063	84.492	113.284	344.676	1.836.391	394
39606	Dobberkau	90,0	80,0	2.000	Vestas	12/2006	420.824	374.083	302.697	264.384	233.803	165.259	131.016	191.109	154.404	185.093	215.898	495.842	3.134.412	493
39606	Dobberkau	90,0	105,0	2.000	Vestas	12/2006	514.225	465.923	344.500	286.546	315.139	198.190	161.543	252.759	192.645	250.076	272.253	580.345	3.834.144	603
39606	Dobberkau	90,0	105,0	2.000	Vestas	12/2006	531.390	494.418	351.570	296.104	309.085	201.393	172.929	231.138	191.097	278.205	293.808	531.907	3.883.044	610
39606	Dobberkau	90,0	105,0	2.000	Vestas	12/2006	474.684	462.504	366.065	302.813	321.849	233.908	179.584	245.067	206.847	241.535	247.279	568.858	3.850.993	605
39606	Dobberkau	90,0	105,0	2.000	Vestas	12/2006	531.674	467.588	353.993	286.955	320.029	231.787	168.255	253.177	193.821	254.353	276.205	585.508	3.923.345	617
39606	Dobberkau	90,0	105,0	2.000	Vestas	12/2006	505.062	478.726	374.018	297.591	339.898	241.353	187.233	304.784	215.559	269.304	259.822	634.729	4.108.079	646
39606	Dobberkau	90,0	95,0	2.000	Vestas	01/2007	545.380	486.205	354.717	278.820	269.308	178.854	154.572	239.117	174.196	260.074	295.726	549.770	3.786.739	595
39606	Dobberkau I	90,0	80,0	2.000	Vestas	11/2007	415.714	357.733	277.305	250.410	241.575	164.961	123.946	188.433	141.521	189.898	224.949	446.245	3.022.690	475
39606	Dobberkau I	90,0	80,0	2.000	Vestas	11/2007	492.690	453.784	340.622	256.670	258.420	160.920	128.647	245.990	159.290	230.658	243.622	541.412	3.512.725	552
39606	Dobberkau I	90,0	80,0	2.000	Vestas	12/2007	464.730	457.932	358.931	240.395	261.334	189.423	128.882	247.786	152.287	233.290	203.175	579.235	3.517.400	553
39606	Dobberkau I	90,0	80,0	2.000	Vestas	12/2007	469.581	452.761	328.262	230.591	247.891	155.479	130.965	244.526	144.330	229.537	206.704	553.547	3.394.174	534
39606	Dobberkau I	90,0	80,0	2.000	Vestas	12/2007	423.740	383.595	302.616	275.897	256.028	181.429	145.712	186.576	153.828	180.412	244.762	495.734	3.230.329	508
39606	Dobberkau I	90,0	80,0	2.000	Vestas	12/2007	458.579	452.947	313.949	196.264	k.A	154.374	122.433	234.374	139.580	223.755	212.700	528.955	3.037.910	478
39606	Dobberkau I	90,0	80,0	2.000	Vestas	12/2007	335.354	415.346	316.628	232.443	256.653	188.383	133.049	230.304	164.349	212.953	208.882	552.345	3.246.689	510
39624	Brunau	71,0	98,0	2.000	Enercon	07/2006	299.952	339.176	301.053	236.070	228.732	164.011	126.180	194.318	153.587	201.457	230.656	419.161	2.894.353	731
39624	Brunau	71,0	98,0	2.000	Enercon	07/2006	340.804	325.200	297.411	224.031	229.017	164.832	127.315	205.124	159.032	199.712	225.748	452.579	2.950.805	745
39624	Brunau	71,0	98,0	2.000	Enercon	07/2006	346.616	312.516	313.583	226.830	220.404	149.268	127.175	197.947	155.418	193.294	232.779	446.221	2.922.051	738
39624	Brunau	71,0	98,0	2.000	Enercon	07/2006	306.312	302.579	285.884	189.804	206.134	146.213	113.587	196.042	128.489	189.009	172.189	426.370	2.662.612	673
39624	Brunau	71,0	98,0	2.000	Enercon	07/2006	393.759	388.211	334.603	234.454	231.405	179.960	129.559	170.631	166.788	207.170	169.084	435.900	3.041.524	768
39624	Brunau	71,0	98,0	2.000	Enercon	07/2006	398.325	394.852	340.075	260.647	262.920	163.137	156.172	228.315	169.463	229.279	246.426	479.698	3.329.309	841
39624	Brunau	71,0	98,0	2.000	Enercon	08/2006	374.916	380.586	313.864	215.593	231.534	178.541	131.135	225.181	162.584	216.402	223.547	481.262	3.135.145	792
39624	Brunau	71,0	98,0	2.000	Enercon	08/2006	379.964	383.374	323.546	213.115	234.575	175.010	114.616	233.570	157.758	221.229	216.560	493.673	3.146.990	795
39624	Brunau	71,0	98,0	2.000	Enercon	08/2006	360.639	355.331	305.360	222.692	216.650	172.013	134.279	226.038	150.613	202.761	187.947	490.505	3.024.828	764
39624	Brunau	71,0	98,0	2.000	Enercon	08/2006	148.984	279.102	278.160	203.838	209.361	172.656	117.441	194.236	158.515	177.062	214.295	431.312	2.584.962	653
39624	Brunau	71,0	98,0	2.000	Enercon	08/2006	389.460	353.759	318.313	223.319	207.123	137.883	126.056	186.001	155.974	201.729	261.780	414.007	2.975.404	752
39624	Brunau	71,0	98,0	2.000	Enercon	08/2006	252.208	267.596	272.847	194.381	209.901	132.297	115.178	185.903	123.999	164.632	170.286	400.274	2.489.502	629
39624	Brunau	71,0	98,0	2.000	Enercon	08/2006	367.664	317.505	308.381	232.933	230.152	162.917	137.502	204.124	162.063	194.798	243.669	432.141	2.993.849	756
39624	Brunau	71,0	98,0	2.000	Enercon	08/2006	333.841	297.087	286.707	238.546	231.189	176.581	135.822	206.776	164.795	178.829	203.001	440.778	2.893.952	731
39624	Brunau	71,0	98,0	2.000	Enercon	08/2006	349.750	350.760	288.716	213.368	194.658	130.402	126.520	164.855	145.397	190.716	244.882	391.327	2.791.351	705
39624	Brunau	71,0	98,0	2.000	Enercon	09/2006	327.332	308.837	286.869	228.926	213.417	145.708	133.621	171.413	152.254	180.410	230.394	404.975	2.784.156	703
39624	Jeetze	112,0	140,0	3.000	Vestas	11/2013	772.997	1.129.941	799.180	647.896	761.030	514.847	455.343	666.137	494.739	635.716	706.280	1.330.038	8.914.144	905
39624	Jeetze	112,0	140,0	3.000	Vestas	11/2013	940.467	1.137.225	846.374	635.041	634.657	470.713	437.918	658.636	519.217	799.884	804.938	1.326.058	9.211.128	935
39624	Jeetze	112,0	140,0	3.000	Vestas	12/2013	953.472	997.447	743.078	675.872	619.626	485.274	442.156	557.256	479.416	663.976	685.615	1.147.461	8.450.649	858
39624	Jeetze	112,0	140,0	3.000	Vestas	12/2013	886.487	1.090.274	753.621	625.158	704.320	454.168	428.042	579.667	471.627	708.990	754.067	1.147.891	8.604.312	873
39624	Jeetze	112,0	140,0	3.000	Vestas	12/2013	394.462	941.397	818.148	689.455	691.466	478.592	412.888	613.067	497.093	736.163	659.094	1.251.139	8.182.964	831
SACHSEN																				
02829	Zodel	93,0	103,0	2.300	Siemens	04/2006	527.728	529.132	318.768	272.752	295.352	196.168	137.456	139.984	180.448	303.956	204.548	696.100	3.802.392	560
02829	Zodel	93,0	103,0	2.300	Siemens	04/2006	562.604	610.092	314.756	257.932	308.792	190.876	144.088	144.176	167.840	412.000	218.488	691.406	4.023.050	592
02829	Zodel	93,0	103,0	2.300	Siemens	04/2006	555.148	600.460	373.092	256.196	306.404	159.008	138.320	140.712	231.516	400.356	236.000	691.468	4.088.680	602
02829	Zodel/Görlitz	77,0	100,0	1.500	GE	02/2003	286.649	319.286	211.839	147.089	167.833	98.986	76.189	102.235	101.968	156.007	160.253	371.433	2.199.767	472
02829	Zodel/Görlitz	77,0	100,0	1.500	GE	02/2003	283.927	290.075	196.792	126.971	163.939	90.409	72.270	97.900	102.881	138.045	121.472	358.174	2.042.855	439
02829	Zodel/Görlitz	77,0	100,0	1.500	GE	02/2003	269.291	293.184	202.985	128.528	166.943	86.801	73.359	101.085	106.303	159.706	122.377	361.038	2.071.600	445
02829	Zodel/Görlitz	77,0	100,0	1.500	GE	02/2003	314.716	313.143	217.585	141.841	170.701	103.133	80.966	110.553	117.245	194.502	123.204	375.918	2.263.507	486
02829	Zodel/Görlitz	77,0	100,0	1.500	GE	02/2003	330.493	346.776	214.114	134.156	172.388	97.404	80.578	110.916	114.447	190.067	167.970	396.386	2.355.695	506
02829	Zodel/Görlitz	77,0	100,0	1.500	GE	02/2003	340.246	371.837	208.373	139.915	173.635	95.739	75.642	97.544	109.319	205.421	160.521	390.935	2.369.127	509
02829	Zodel/Görlitz	77,0	100,0	1.500	GE	01/2003	351.667	372.132	214.738	145.340	150.333	95.140	70.630	97.058	116.062	192.309	148.278	386.192	2.339.879	502
02829	Zodel/Görlitz	77,0	100,0	1.500	GE	01/2003	39.675	299.556	221.249	140.169	185.609	106.360	75.609	124.330	119.589	180.463	116.303	396.140	2.005.052	431
02979	Spreewitz	82,0	138,0	2.000	Enercon	11/2009	435.948	491.090	394.610	295.217	329.014	212.427	167.373	217.409	254.989	289.712	300.512	593.078	3.981.379	754
04349	Leipzig	100,0	140,0	2.500	Nordex	05/2013	555.351	693.327	519.896	441.018	557.983	317.299	277.526	320.522	375.448	504.990	494.079	903.481	5.960.920	759
04349	Leipzig	100,0	140,0	2.500	Nordex	05/2013	482.741	671.597	502.498	426.600	520.142	316.462	263.625	384.035	342.016	488.140	473.680	881.897	5.753.433	733
04349	Leipzig	100,0	140,0	2.500	Nordex	05/2013	536.382	707.626	512.652	345.636	519.666	312.705	262.623	383.282	357.034	482.661	495.028	852.057	5.767.352	734
04349	Leipzig	100,0	140,0	2.500	Nordex	05/2013	543.237	727.694	515.240	321.711	547.263	302.736	266.047	386.794	371.171	486.051	516.923	853.328	5.838.195	743
04523	Pegau	71,0	113,0	2.300	Enercon	06/2009	296.181	356.463	322.660	228.652	251.545	148.889	115.362	197.771	163.136	223.352	148.322	618.164	3.070.497	776
04523	Pegau	71,0	113,0	2.300	Enercon	06/2009	306.238	372.062	312.272	217.867	242.180	140.194	110.257	180.701	154.302	221.654	154.634	591.005	3.003.366	759
04539	Groitzsch	101,0	99,5	2.300	Siemens	12/2010	538.911	599.531	413.780	301.991	358.861	184.642	148.158	236.110	181.088	312.794	236.924	771.071	4.283.861	535
04539	Groitzsch	101,0	99,5	2.300	Siemens	12/2010	511.127	522.116	382.436	289.277	333.430	172.013	134.250	226.324	167.127	315.405	222.440	667.116	3.943.061	492
04539	Groitzsch	101,0	99,5	2.300	Siemens	12/2010	493.546	527.670	388.087	284.436	326.503	166.428	118.212	188.888	163.789	280.044	201.492	735.990	3.875.085	484
04703	Bockelwitz/Sitten	90,0	125,0	2.000	Vestas	07/2009	616.237	603.377	452.978	320.299	396.964	206.597	200.829	310.758	274.884	347.613	403.654	793.943	4.928.133	775
08233	Pfaffengrün	77,0	90,0	1.500	REpower	12/2003	341.975	359.457	183.815	108.315	167.151	74.041	79.713	156.593	91.752	241.453	149.643	337.587	2.291.495	492
08233	Pfaffengrün	77,0	90,0	1.500	REpower	01/2004	340.452	304.695	164.983	113.207	166.515	56.492	81.129	160.898	86.060	237.903	143.500	356.172	2.212.006	475
09111	Chemnitz	62,0	68,5	1.000	DeWind	06/2001	140.113	157.548	112.559	72.404	76.814	43.270	39.583	79.173	53.144	91.274	62.542	228.251	1.156.675	383
09111	Chemnitz	62,0	68,5	1.000	DeWind	06/2001	143.865	163.248	119.665	80.317	98.580	49.489	35.319	79.827	57.130	89.830	58.623	231.926	1.207.819	400
09306	Methau Zettlitz	114,0	93,0	3.200	REpower	10/2013	k.A	994.486	608.265	439.978	522.917	306.743	235.692	460.848	349.006	184.359	422.673	487.332	5.012.299	491
09306	Methau Zettlitz	114,0	93,0	3.200	REpower	10/2013	k.A	1.053.289	651.723	441.067	516.472	290.758	242.021	463.119	341.710	204.182	465.354	468.292	5.137.987	503
09322	Wernsdorf	82,0	108,0	2.000	Enercon	06/2008	452.373	491.057	352.742	255.675	316.531	172.070	158.868	275.965	204.397	320.432	224.681	696.656	3.921.447	743

Betriebsergebnisse 2014

PLZ	Ort	Duchmesser	Nabenhöhe	Leistung	Hersteller	Inbetrieb-nahme	Januar	Februar	März	April	Mai	Juni	Juli	August	September	Oktober	November	Dezember	Jahresertrag	kWh je m² Rotorfläche
SACHSEN																				
09328	Elsdorf	82,0	98,0	2.300	Enercon	08/2012	405.881	512.304	383.276	239.509	307.199	146.434	153.003	265.110	182.963	293.378	222.173	749.235	3.860.465	731
09600	Berthelsdorf	70,5	65,0	1.500	Enron Wind	03/2002	264.439	323.501	220.156	137.993	178.682	101.014	64.248	125.760	114.872	198.072	167.811	331.825	2.228.373	571
09600	Berthelsdorf	70,5	65,0	1.500	Enron Wind	03/2002	242.401	297.950	209.376	128.633	158.246	73.383	65.610	121.882	105.835	183.270	162.170	341.382	2.090.138	535
09600	Berthelsdorf	70,5	65,0	1.500	Enron Wind	03/2002	261.743	324.169	220.073	133.514	174.819	98.342	61.073	123.253	117.784	198.616	170.139	341.992	2.225.517	570
09638	Weigmannsdorf	82,0	98,0	2.000	Enercon	03/2010	k.A	510.349	379.928	252.677	338.010	175.147	114.513	244.302	216.125	314.715	272.820	550.070	3.368.656	638
09638	Weigmannsdorf	82,0	98,0	2.000	Enercon	04/2010	k.A	475.875	366.591	241.321	310.286	187.281	129.003	193.935	210.635	313.250	275.162	504.683	3.208.022	607
09648	Mittweida/Seifersb	70,0	65,0	1.500	SÜDWIND	12/2001	216.488	273.800	193.948	120.562	132.960	71.424	59.722	110.012	89.159	150.194	133.679	311.876	1.863.824	484
09648	Mittweida/Seifersb	70,0	65,0	1.500	SÜDWIND	12/2001	162.524	256.073	176.451	78.565	59.179	64.583	51.462	98.734	75.633	137.490	114.784	329.882	1.605.360	417
09669	Frankenberg	70,0	65,0	1.500	SÜDWIND	09/2002	226.929	320.491	169.364	106.921	119.650	72.804	39.932	88.720	87.952	132.518	155.561	288.524	1.809.366	470
SAARLAND																				
66606	St. Wendel	90,0	105,0	2.000	Vestas	11/2011	424.077	491.913	359.459	222.221	287.980	k.A	213.611	229.101	186.581	231.333	306.267	542.765	3.495.308	549
66606	St. Wendel/Schleif	90,0	105,0	2.000	Vestas	12/2011	346.947	391.011	286.211	184.104	239.151	k.A	37.527	193.847	150.452	189.260	238.736	490.994	2.748.240	432
66606	St. Wendel/Schleif	90,0	105,0	2.000	Vestas	04/2013	367.978	428.538	320.928	203.202	260.679	k.A	184.120	207.783	168.469	204.249	268.090	510.676	3.124.712	491
66629	Schwarzerden	90,0	100,0	2.500	Nordex	05/2010	328.207	433.739	288.519	180.140	319.104	135.724	157.565	177.159	118.176	196.443	177.321	462.390	2.974.487	468
66629	Schwarzerden	90,0	100,0	2.500	Nordex	05/2010	312.147	412.979	275.509	167.351	272.129	125.113	135.257	162.308	117.823	188.128	205.434	217.140	2.591.318	407
66640	Namborn	82,0	138,0	2.000	Enercon	09/2010	459.484	522.588	306.937	232.519	324.538	201.643	206.397	201.928	166.313	247.664	231.900	373.310	3.475.221	658
66646	Marpingen	77,0	85,0	1.500	GE	12/2004	219.452	258.290	207.003	129.433	194.225	98.589	104.180	107.342	92.825	117.578	182.764	323.652	2.035.333	437
66646	Marpingen	77,0	85,0	1.500	GE	12/2004	201.731	238.198	171.767	116.394	177.260	90.544	88.730	83.629	69.674	75.445	140.998	283.660	1.738.030	373
66646	Marpingen	77,0	85,0	1.500	GE	12/2004	235.028	281.150	196.685	128.997	188.386	107.173	92.847	107.392	95.109	103.222	173.947	326.133	2.036.069	437
66679	Losheim	77,0	85,0	1.500	GE	11/2004	k.A	195.293	144.108	119.958	165.534	88.740	89.813	95.245	82.323	102.113	122.520	234.492	1.440.139	309
66679	Losheim	77,0	85,0	1.500	GE	12/2004	k.A	217.533	163.483	115.965	172.209	93.996	86.808	98.644	84.246	101.042	125.251	254.646	1.513.823	325
66679	Losheim	77,0	85,0	1.500	GE	12/2004	k.A	226.222	155.756	108.730	161.173	88.282	83.259	91.738	72.852	101.331	118.756	236.664	1.444.763	310
SCHLESWIG-HOLSTEIN																				
23738	Lensahn	70,0	65,0	1.501	REpower	08/2001	305.250	241.155	215.793	204.162	189.298	107.859	167.461	155.991	139.496	150.302	217.147	281.859	2.375.773	617
23815	Geschendorf	60,0	70,0	1.000	NEG Micon	06/2000	226.548	188.006	39.110	146.825	133.159	95.528	113.674	122.841	93.395	106.193	114.464	268.755	1.648.498	583
24217	Fiefbergen	66,0	67,0	1.650	Vestas	05/1999	427.608	331.473	275.208	238.839	198.004	119.297	168.413	198.898	169.525	200.177	222.151	455.342	3.004.935	878
24363	Holtsee I	114,0	123,0	3.200	REpower	11/2012	1.306.557	1.252.221	903.572	828.043	702.754	505.044	622.621	710.112	514.405	770.508	751.259	984.027	9.851.123	965
24363	Holtsee I	114,0	123,0	3.200	REpower	11/2012	1.131.557	963.675	799.791	754.856	655.408	381.413	523.295	592.506	449.347	565.435	703.755	977.595	8.498.633	833
24363	Holtsee II	114,0	93,0	3.200	REpower	11/2012	1.211.624	935.305	793.987	763.449	672.861	378.392	597.095	598.009	544.464	652.681	725.383	1.012.236	8.885.486	871
24363	Holtsee-Altenhof I	114,0	93,0	3.200	REpower	12/2013	16.585	1.004.078	759.756	674.425	419.372	376.854	380.261	547.256	375.248	606.679	670.356	970.431	6.801.301	666
24363	Holtsee-Altenhof I	114,0	93,0	3.200	REpower	12/2013	16.134	835.921	704.921	605.566	463.234	315.230	407.571	461.562	360.968	563.070	639.420	820.242	6.193.839	607
24616	Hasenkrug	82,0	108,0	2.300	Enercon	08/2013	687.956	635.626	389.520	363.920	329.113	234.135	275.706	357.237	234.878	341.741	359.791	727.333	4.936.956	935
24616	Hasenkrug	82,0	108,0	2.300	Enercon	09/2013	k.A	288.945	404.970	323.775	327.293	258.641	223.908	332.176	216.219	332.158	351.968	673.751	3.733.804	707
24616	Hasenkrug	82,0	108,0	2.300	Enercon	09/2013	k.A	278.221	370.796	290.069	285.052	203.940	216.102	287.204	194.485	276.083	305.632	628.832	3.336.416	632
24616	Hasenkrug	82,0	108,0	2.300	Enercon	09/2013	453.976	452.197	351.003	314.962	316.787	236.657	258.249	298.974	217.858	268.051	292.078	569.719	4.030.511	763
24616	Hasenkrug	82,0	108,0	2.300	Enercon	09/2013	656.188	568.408	356.606	311.573	284.252	237.370	204.928	326.383	225.500	312.557	347.903	662.262	4.493.930	851
24616	Hasenkrug	82,0	108,0	2.300	Enercon	09/2013	650.586	561.376	392.868	355.245	334.322	243.564	261.312	297.312	223.655	289.880	347.870	623.845	4.581.835	868
24616	Hasenkrug	82,0	108,0	2.300	Enercon	09/2013	613.938	557.392	391.766	349.932	312.532	234.043	255.699	273.849	241.982	290.012	338.402	600.345	4.459.892	845
24616	Hasenkrug	82,0	108,0	2.300	Enercon	10/2013	k.A	456.329	407.557	362.275	338.289	248.588	240.785	350.404	259.741	321.505	303.980	749.831	4.039.284	765
24616	Hasenkrug	82,0	108,0	2.300	Enercon	10/2013	k.A	235.111	363.987	358.089	329.916	258.292	274.483	293.230	261.899	303.276	317.868	653.506	3.649.657	691
24616	Hasenkrug	82,0	108,0	2.300	Enercon	10/2013	k.A	231.931	386.309	351.910	324.534	259.508	268.032	291.341	240.022	276.030	288.323	692.336	3.610.276	684
24616	Hasenkrug	82,0	108,0	2.300	Enercon	11/2013	k.A	322.439	406.009	322.572	327.632	252.381	232.385	353.452	226.429	303.105	259.025	723.045	3.728.474	706
24616	Hasenkrug	82,0	108,0	2.300	Enercon	11/2013	k.A	260.745	407.348	330.309	317.499	260.973	219.444	372.201	244.302	354.613	368.939	745.190	3.881.563	735
24649	Wiemersdorf	100,0	100,0	2.500	Nordex	05/2010	742.096	732.368	498.209	485.976	442.349	305.351	367.888	437.197	330.793	431.101	471.918	667.969	5.913.215	753
24649	Wiemersdorf	100,0	100,0	2.500	Nordex	05/2010	813.324	805.911	399.901	470.666	437.927	336.113	326.332	434.816	322.750	449.393	477.846	944.688	6.219.667	792
24649	Wiemersdorf	100,0	100,0	2.500	Nordex	05/2010	811.128	687.449	503.702	475.764	438.615	283.741	329.563	439.534	322.860	419.869	479.985	848.696	6.040.906	769
24649	Wiemersdorf	100,0	100,0	2.500	Nordex	06/2010	798.524	809.888	519.847	473.449	465.656	340.576	357.647	476.017	257.277	363.729	404.475	953.419	6.220.504	792
24649	Wiemersdorf	100,0	100,0	2.500	Nordex	06/2010	730.880	734.290	496.508	460.730	451.241	328.423	365.799	445.140	307.069	402.274	427.003	895.664	6.045.021	770
24649	Wiemersdorf	100,0	100,0	2.500	Nordex	06/2010	820.387	710.368	474.668	515.411	474.320	339.991	396.072	458.778	342.067	435.056	465.902	916.618	6.349.638	808
24649	Wiemersdorf	100,0	100,0	2.500	Nordex	06/2010	797.888	765.969	519.433	471.906	470.929	341.796	351.457	465.622	320.396	428.458	442.963	822.328	6.199.145	789
24649	Wiemersdorf	77,0	85,0	1.500	REpower	11/2003	364.711	318.428	227.894	215.776	200.365	146.153	138.734	188.691	129.280	172.044	192.780	378.507	2.673.363	574
24802	Bokel	112,0	94,0	3.000	Vestas	10/2013	954.778	823.730	580.130	487.343	414.832	402.121	319.443	447.350	328.893	440.475	506.001	917.436	6.622.532	672
24802	Bokel	112,0	94,0	3.000	Vestas	10/2013	1.131.694	822.968	648.794	546.201	486.763	442.877	383.080	568.011	347.372	577.522	610.436	1.008.457	7.574.175	769
24802	Bokel	112,0	94,0	3.000	Vestas	10/2013	628.228	585.774	653.478	554.243	504.846	361.389	433.085	532.082	359.875	562.307	588.226	968.000	6.731.533	683
24802	Bokel	112,0	94,0	3.000	Vestas	11/2013	897.002	756.698	618.622	543.771	483.408	417.842	367.773	464.679	367.633	429.968	485.724	969.387	6.802.507	690
24802	Bokel	112,0	94,0	3.000	Vestas	11/2013	901.302	786.578	598.333	554.392	479.487	391.530	427.423	415.899	328.931	479.432	534.169	858.021	6.755.497	686
24802	Bokel	112,0	94,0	3.000	Vestas	11/2013	919.084	915.118	637.478	509.087	450.034	421.743	395.590	532.083	295.459	541.731	512.949	993.782	7.124.138	723
24852	Eggebek	92,5	100,0	2.050	REpower	09/2013	925.523	493.826	453.740	445.132	417.211	278.695	415.354	384.667	386.170	393.572	375.308	859.723	5.828.921	867
24969	Schobüll/Gr.wiehe	82,0	98,0	2.000	Enercon	11/2008	902.405	628.895	528.576	533.031	349.674	348.893	284.041	399.787	336.693	449.138	497.812	632.971	5.891.916	1116
24969	Schobüll/Gr.wiehe	82,0	98,0	2.000	Enercon	11/2008	861.270	631.597	514.906	498.908	333.661	329.446	295.296	393.426	352.313	414.729	488.189	695.418	5.809.159	1100
24969	Schobüll/Gr.wiehe	82,0	98,0	2.000	Enercon	11/2008	844.614	621.391	496.287	460.558	335.973	346.122	300.295	378.751	352.049	440.639	500.746	706.236	5.783.661	1095
24969	Schobüll/Gr.wiehe	82,0	98,0	2.000	Enercon	12/2008	868.606	720.522	531.574	495.108	340.571	324.332	241.258	410.523	353.111	460.096	522.966	736.677	6.005.344	1137
24980	Meyn-Ost	70,0	65,0	1.500	SÜDWIND	02/2002	452.522	136.410	149.390	139.884	122.400	91.317	130.716	123.211	102.798	128.099	120.289	89.002	1.786.038	464
24980	Meyn-Ost	70,0	65,0	1.500	SÜDWIND	03/2002	405.372	190.783	139.311	149.547	105.407	76.634	115.324	110.570	95.560	136.071	107.311	61.324	1.693.214	440
24980	Nordhackstedt	70,0	65,0	1.500	SÜDWIND	11/2002	477.897	171.609	91.162	74.761	125.325	85.293	105.242	110.150	102.196	116.493	86.596	63.996	1.610.720	419
24980	Nordhackstedt	70,0	65,0	1.500	SÜDWIND	11/2002	407.381	134.824	111.450	142.822	114.191	89.600	120.086	85.005	99.621	106.873	110.029	50.129	1.572.011	408
24980	Meyn-West	70,0	65,0	1.500	SÜDWIND	10/2004	457.045	149.645	122.480	178.396	123.704	86.063	143.744	93.712	122.034	115.401	116.855	60.007	1.769.086	460
24980	Meyn-West	70,0	65,0	1.500	SÜDWIND	10/2004	441.572	158.719	123.482	166.930	92.809	76.313	134.137	100.096	112.970	92.361	109.084	55.178	1.663.651	432
24983	Handewitt	82,0	108,0	2.300	Enercon	08/2012	906.635	811.604	575.947	509.515	380.780	349.040	291.811	437.581	316.598	495.510	451.183	798.251	6.324.455	1198
24983	Handewitt	82,0	108,0	2.300	Enercon	08/2012	945.790	806.651	562.209	465.941	330.458	252.696	295.058	427.022	304.913	484.344	462.332	756.138	6.093.552	1154

Betriebsergebnisse 2014

PLZ	Ort	Duchmesser	Nabenhöhe	Leistung	Hersteller	Inbetrieb-nahme	Januar	Februar	März	April	Mai	Juni	Juli	August	September	Oktober	November	Dezember	Jahresertrag	kWh je m² Rotorfläche
SCHLESWIG-HOLSTEIN																				
24983	Handewitt	82,0	108,0	2.300	Enercon	08/2012	846.779	275.689	215.381	232.321	277.730	220.925	332.844	232.788	333.053	273.330	289.739	186.134	3.716.713	704
24983	Handewitt	82,0	108,0	2.300	Enercon	08/2012	794.726	240.456	225.432	350.178	210.241	156.971	309.207	197.912	297.918	262.592	252.723	189.553	3.487.909	660
24983	Handewitt	82,0	108,0	2.300	Enercon	08/2012	609.316	293.922	229.169	315.319	199.796	129.484	273.506	212.500	278.248	274.700	204.716	182.072	3.202.748	606
24983	Handewitt	82,0	108,0	2.300	Enercon	09/2012	703.713	292.792	258.402	342.380	254.481	188.430	274.397	224.339	292.377	288.002	184.575	209.904	3.513.792	665
24983	Handewitt	82,0	108,0	2.300	Enercon	09/2012	807.709	295.852	245.494	366.622	233.093	162.535	306.545	214.621	282.962	307.879	277.395	180.337	3.681.044	697
24983	Handewitt	82,0	108,0	2.300	Enercon	09/2012	867.511	717.399	543.407	475.645	351.185	337.546	267.785	419.455	306.786	451.717	431.643	777.926	5.948.005	1126
24983	Handewitt	82,0	108,0	2.300	Enercon	09/2012	881.428	636.797	507.573	461.679	306.017	294.500	283.106	355.067	322.989	400.546	467.153	708.594	5.625.449	1065
24983	Handewitt	82,0	108,0	2.300	Enercon	10/2012	688.382	278.887	265.197	369.101	257.722	203.453	302.693	229.068	326.420	299.488	197.712	225.874	3.643.997	690
24983	Handewitt	82,0	108,0	2.300	Enercon	10/2012	850.071	327.754	268.514	377.050	194.858	166.779	323.629	193.540	301.104	315.651	266.637	158.090	3.743.677	709
24983	Handewitt	82,0	108,0	2.300	Enercon	10/2012	1.082.051	823.787	589.774	552.032	364.558	294.241	341.642	436.463	349.675	526.984	584.012	774.818	6.720.037	1272
25335	Raa-Besenbek	70,5	85,0	1.500	Tacke	09/1999	394.319	391.352	265.569	226.702	207.398	156.234	142.437	202.134	158.923	215.743	229.916	390.167	2.980.894	764
25335	Raa-Besenbek	70,5	85,0	1.500	Tacke	09/1999	432.145	426.884	200.224	224.628	228.814	182.237	112.649	250.206	146.326	233.022	240.547	514.690	3.192.372	818
25376	Krempdorf	66,0	67,0	1.650	Vestas	10/2003	334.687	299.680	224.868	201.305	176.823	147.303	110.318	182.998	116.922	165.567	164.082	454.772	2.579.325	754
25541	Büttel	126,0	117,0	5.000	REpower	09/2007	1.823.992	1.592.277	651.549	k.A	270.454	727.875	633.419	734.981	597.707	843.307	889.630	1.816.723	10.581.914	849
25541	Büttel	126,0	117,0	5.000	REpower	09/2007	1.972.334	1.903.281	1.163.902	897.640	904.928	782.987	582.365	863.513	616.149	1.100.474	1.121.925	1.808.547	13.718.045	1100
25541	Büttel	126,0	117,0	5.000	REpower	09/2007	1.764.920	1.579.925	1.038.515	602.278	884.142	761.424	653.464	748.713	677.083	917.427	1.043.245	1.748.842	12.419.978	996
25541	Büttel	126,0	117,0	5.000	REpower	11/2007	1.840.783	1.821.263	1.144.731	1.010.177	911.345	529.179	495.207	962.175	580.247	821.047	1.053.066	1.910.096	13.079.316	1049
25541	Büttel	126,0	117,0	5.000	REpower	11/2007	1.970.258	1.705.326	135.715	510.371	790.102	633.529	628.620	810.374	666.418	1.074.199	1.135.734	1.667.052	11.727.698	941
25541	Brunsbüttel	82,0	98,0	2.000	Enercon	09/2010	754.405	705.743	406.064	396.687	361.960	181.954	313.599	426.223	291.256	497.610	507.577	560.231	5.403.309	1023
25541	Brunsbüttel	82,0	98,0	2.000	Enercon	09/2010	664.890	702.996	382.563	340.536	311.761	166.768	230.800	427.849	255.749	472.353	408.925	566.539	4.931.729	934
25541	Brunsbüttel	82,0	98,0	2.000	Enercon	09/2010	659.873	736.507	381.126	344.597	321.189	189.704	239.724	427.437	240.538	484.956	394.092	576.005	4.995.748	946
25541	Brunsbüttel	82,0	98,0	2.000	Enercon	09/2010	607.562	675.943	347.019	291.882	299.676	181.914	227.970	402.381	219.002	458.489	370.735	514.156	4.596.729	870
25541	Brunsbüttel	82,0	98,0	2.000	Enercon	10/2010	664.904	751.619	365.424	333.283	320.845	207.695	222.837	435.093	224.023	496.274	391.747	568.241	4.981.985	943
25541	Brunsbüttel	82,0	98,0	2.000	Enercon	10/2010	636.506	750.878	384.786	336.769	366.218	288.471	242.198	460.651	251.400	495.206	380.344	588.742	5.182.169	981
25541	Brunsbüttel	82,0	98,0	2.000	Enercon	10/2010	800.798	561.476	431.274	421.910	356.462	203.906	280.291	315.779	265.672	383.946	421.956	701.569	5.145.039	974
25541	Brunsbüttel	82,0	98,0	2.300	Enercon	11/2010	711.292	532.897	386.125	367.446	319.029	206.697	239.806	297.929	245.301	330.226	345.360	691.279	4.673.387	885
25541	Brunsbüttel	82,0	98,0	2.300	Enercon	11/2010	667.082	518.367	382.142	351.556	320.438	225.446	236.015	286.204	229.103	316.207	316.120	694.636	4.543.316	860
25541	Brunsbüttel	82,0	98,0	2.300	Enercon	11/2010	489.684	504.651	275.890	280.759	274.339	194.886	197.609	304.231	206.438	315.518	297.253	433.854	3.775.112	715
25541	Brunsbüttel	82,0	98,0	2.300	Enercon	11/2010	470.473	502.539	274.734	290.747	259.793	194.278	176.258	304.261	209.630	327.825	300.714	449.113	3.760.365	712
25541	Brunsbüttel	82,0	98,0	2.300	Enercon	11/2010	466.168	490.789	272.968	287.149	303.235	271.144	196.135	330.282	235.552	326.831	288.834	428.323	3.897.410	738
25541	Brunsbüttel	82,0	98,0	2.300	Enercon	11/2010	739.875	542.813	416.759	410.368	361.486	237.176	285.140	287.461	278.885	369.003	426.126	628.275	4.983.367	944
25541	Brunsbüttel	82,0	98,0	2.000	Enercon	12/2010	639.285	473.724	372.509	399.652	345.032	253.653	258.656	270.156	268.821	304.775	321.145	616.748	4.524.156	857
25541	Brunsbüttel	82,0	98,0	2.000	Enercon	12/2010	505.509	419.515	260.264	331.068	299.878	190.694	267.653	270.557	244.383	305.715	315.346	362.828	3.773.410	715
25541	Brunsbüttel	82,0	98,0	2.000	Enercon	12/2010	472.063	367.214	268.860	335.518	296.863	199.824	266.534	267.322	244.598	297.524	285.064	371.277	3.672.661	695
25541	Brunsbüttel	82,0	98,0	2.000	Enercon	01/2011	473.058	391.824	267.664	349.565	323.083	268.066	274.699	285.979	272.143	280.845	267.183	389.479	3.843.588	728
25541	Brunsbüttel	82,0	98,0	2.000	Enercon	01/2011	537.222	622.788	355.540	333.886	374.997	289.972	286.350	432.120	272.728	446.913	359.473	545.067	4.857.056	920
25554	Dammfleth 6	60,0	69,0	1.300	Nordex	11/2001	298.595	236.917	199.379	177.050	150.907	78.587	98.817	145.210	113.533	132.359	155.325	328.838	2.115.517	748
25554	Dammfleth 12	60,0	69,0	1.300	Nordex	11/2001	308.955	273.644	191.862	177.137	148.898	78.964	113.188	151.879	113.837	149.149	163.122	330.279	2.200.914	778
25557	Beldorf	70,0	65,0	1.800	Enercon	11/2001	366.741	339.896	275.027	249.065	206.962	141.633	k.A	176.509	131.345	186.372	178.297	474.296	2.726.143	708
25560	Puls	66,0	67,0	1.650	Vestas	07/1999	98.902	k.A	183.229	172.575	147.985	110.672	95.939	143.433	92.422	136.130	131.583	326.868	1.639.738	479
25563	Quarnstedt	90,0	105,0	2.000	Vestas	05/2011	552.745	498.073	353.776	374.566	295.920	176.303	220.905	311.055	218.477	297.524	306.241	650.503	4.256.088	669
25563	Quarnstedt	90,0	105,0	2.000	Vestas	05/2011	422.659	415.687	291.497	257.306	250.430	197.543	159.761	234.747	160.065	238.435	205.398	557.351	3.390.879	533
25563	Quarnstedt	80,0	100,0	2.000	Vestas	06/2011	636.248	588.158	394.314	368.933	332.355	235.719	271.728	216.307	223.914	351.158	363.513	662.673	4.645.020	924
25563	Quarnstedt	80,0	100,0	2.000	Vestas	06/2011	628.980	579.004	398.399	357.648	234.011	236.198	238.968	353.182	216.092	354.266	361.762	704.051	4.662.561	928
25563	Quarnstedt	90,0	105,0	2.000	Vestas	06/2011	448.389	359.490	278.523	269.409	244.467	142.487	186.914	228.023	151.528	202.321	227.811	503.722	3.243.084	510
25563	Quarnstedt	62,0	68,0	1.300	AN BONUS	06/2001	208.897	208.868	136.890	132.049	114.383	86.458	75.172	119.122	78.215	105.224	104.891	278.081	1.648.250	546
25563	Quarnstedt	62,0	68,0	1.300	AN BONUS	06/2001	188.647	180.424	132.195	121.982	110.127	82.263	70.208	111.428	72.701	96.860	100.224	255.264	1.522.323	504
25563	Quarnstedt	62,0	68,0	1.300	AN BONUS	06/2001	157.582	145.098	130.629	117.315	96.261	80.309	76.202	95.227	63.490	77.726	k.A	255.741	1.295.580	429
25572	Landscheide	64,0	68,0	1.500	NEG Micon	04/2001	452.632	378.767	260.249	241.153	213.519	146.205	140.727	207.788	140.255	211.442	233.640	463.459	3.089.836	960
25572	Landscheide	64,0	68,0	1.500	NEG Micon	05/2001	380.315	282.092	243.300	224.188	200.429	134.519	114.653	194.422	135.793	175.843	209.429	443.841	2.738.824	851
25572	Sankt Margarethen	62,0	68,0	1.300	AN BONUS	09/2001	363.981	348.137	233.739	206.902	167.902	121.889	107.966	196.851	124.823	190.918	188.147	426.353	2.677.608	887
25572	Sankt Margarethen	62,0	68,0	1.300	AN BONUS	10/2001	401.855	351.871	229.091	200.827	169.195	103.898	110.782	195.735	120.496	191.797	204.399	415.675	2.695.621	893
25572	Landscheide	70,0	65,0	1.800	Enercon	01/2002	434.500	360.800	289.900	245.900	213.400	171.400	132.400	200.800	151.000	199.900	222.100	516.900	3.139.000	816
25572	Landscheide	70,0	65,0	1.800	Enercon	01/2002	445.300	380.700	294.100	242.400	208.000	160.600	30.800	138.000	153.300	209.300	229.100	527.100	3.018.700	784
25582	Looft	66,0	67,0	1.650	Vestas	10/2001	282.031	261.494	199.803	120.863	144.267	97.133	97.547	141.246	87.306	141.629	120.763	372.640	2.066.722	604
25582	Looft	66,0	67,0	1.650	Vestas	10/2001	265.098	267.087	202.100	134.772	150.263	116.583	103.496	144.950	93.102	140.572	125.061	339.482	2.082.566	609
25584	Besdorf	57,0	70,0	1.050	HSW	08/1999	208.707	174.643	90.735	k.A	k.A	k.A	53.102	115.293	65.533	106.953	91.606	254.451	1.161.023	455
25584	Besdorf	57,0	70,0	1.050	HSW	08/1999	96.407	151.124	104.592	115.152	108.213	79.254	88.986	111.446	81.047	100.784	91.416	246.467	1.374.888	539
25584	Besdorf	57,0	70,0	1.050	HSW	08/1999	251.335	198.850	123.348	128.888	117.172	87.289	96.938	131.655	91.121	126.561	120.687	282.647	1.756.491	688
25584	Besdorf	57,0	70,0	1.050	REpower	02/2003	223.779	206.664	105.538	118.790	110.751	74.746	71.058	110.516	68.299	99.166	89.240	253.095	1.531.642	600
25588	Huje	66,0	67,0	1.650	Vestas	02/2000	258.891	176.262	176.497	122.302	137.265	103.658	84.627	113.695	80.065	108.438	121.794	322.123	1.805.617	528
25588	Huje	66,0	67,0	1.650	Vestas	04/2000	324.366	247.710	207.341	185.633	147.282	123.762	102.708	87.248	105.536	140.928	174.444	336.196	2.183.154	638
25693	Kattrepel	104,0	80,0	3.370	REpower	03/2013	1.183.099	811.780	581.673	553.794	513.500	360.632	223.881	521.698	428.591	637.806	627.296	1.289.527	7.733.277	910
25693	Kattrepel	104,0	80,0	3.370	REpower	03/2013	1.169.370	824.335	600.452	584.325	521.455	335.612	232.201	497.748	460.091	600.934	610.759	1.229.095	7.666.377	902
25693	Kattrepel	104,0	80,0	3.370	REpower	03/2013	1.202.399	774.128	537.718	526.984	517.558	358.743	237.057	530.411	375.762	590.310	578.274	1.173.504	7.402.848	871
25693	Kattrepel	104,0	80,0	3.370	REpower	03/2013	1.100.876	746.884	540.066	551.483	535.141	341.096	327.305	478.815	443.732	541.322	525.482	1.235.592	7.367.794	867
25693	Kattrepel	104,0	80,0	3.370	REpower	03/2013	1.067.380	820.657	592.701	532.590	554.333	400.895	339.813	480.544	431.047	636.610	549.248	1.350.183	7.756.001	913
25693	Kattrepel	104,0	80,0	3.370	REpower	03/2013	1.069.657	662.241	540.959	583.196	554.887	411.858	376.527	485.126	499.470	529.060	569.853	1.218.890	7.501.724	883
25693	Trennewurth 5	66,0	67,0	1.650	Vestas	09/2001	326.339	296.535	224.228	201.270	151.327	182.256	95.933	174.500	122.584	152.631	164.579	328.990	2.421.172	708
25693	Trennewurth 6	66,0	67,0	1.650	Vestas	09/2001	437.291	311.676	274.942	255.395	222.184	224.486	149.067	207.870	163.785	205.106	215.018	415.426	3.082.246	901

Betriebsergebnisse 2014

PLZ	Ort	Duchmesser	Nabenhöhe	Leistung	Hersteller	Inbetriebnahme	Januar	Februar	März	April	Mai	Juni	Juli	August	September	Oktober	November	Dezember	Jahresertrag	kWh je m² Rotorfläche
SCHLESWIG-HOLSTEIN																				
25709	Kaiser-Wilhelm-Koog	82,0	80,0	2.000	REpower	07/2003	773.685	700.906	497.232	451.884	377.811	354.013	282.694	451.489	241.885	461.935	410.108	798.149	5.801.791	1099
25709	Kronprinzenkoog	82,0	85,0	2.300	Enercon	11/2011	993.238	857.780	542.566	503.707	465.288	395.291	293.862	470.699	323.438	517.642	562.269	994.372	6.920.152	1310
25727	Süderhastedt	71,0	85,0	2.300	Enercon	12/2011	487.688	390.153	358.493	311.135	271.126	196.864	198.166	200.624	185.394	222.120	198.009	641.110	3.660.882	925
25764	Oesterwurth	70,0	65,0	1.800	Enercon	03/2003	483.884	399.886	311.726	299.990	250.418	194.431	177.041	185.332	170.205	245.756	222.659	446.366	3.387.694	880
25821	Vollstedt Bulack 2	70,0	65,0	1.501	REpower	09/2003	439.911	284.217	250.264	246.822	170.918	136.578	126.928	96.207	109.866	148.196	143.450	336.771	2.490.128	647
25873	Rantrum	66,0	60,0	1.650	Vestas	12/1998	438.837	376.158	278.721	246.990	178.604	160.142	129.076	180.248	108.778	208.355	190.815	440.243	2.936.967	858
25873	Rantrum	66,0	60,0	1.650	Vestas	12/1998	145.104	292.715	254.929	257.070	185.953	162.656	140.026	181.916	131.463	182.899	161.529	414.941	2.511.201	734
25884	Norstedt	82,0	80,0	2.000	REpower	11/2003	752.466	628.856	226.300	458.583	322.150	274.276	265.550	310.603	281.616	366.954	389.020	419.725	4.696.099	889
25884	Norstedt	82,0	80,0	2.000	REpower	12/2003	742.863	631.830	469.867	429.742	294.106	271.542	262.759	294.635	262.509	356.734	387.919	524.964	4.929.470	933
25884	Norstedt	82,0	80,0	2.000	REpower	12/2003	747.222	522.782	410.046	472.891	324.515	263.102	287.816	242.616	288.673	252.646	342.093	485.998	4.640.400	879
25899	Marienkoog	107,0	80,0	3.600	Siemens	11/2006	1.710.112	1.472.960	892.288	647.472	681.760	686.776	592.440	750.472	560.328	1.043.264	724.232	777.256	10.539.360	1172
25899	Marienkoog	107,0	80,0	3.600	Siemens	11/2006	1.708.524	1.269.232	800.984	717.672	468.664	678.072	579.896	563.496	600.048	751.592	819.152	643.336	9.600.668	1068
25899	Marienkoog	107,0	80,0	3.600	Siemens	12/2006	1.716.088	1.405.884	838.500	702.944	566.432	591.928	555.936	557.264	560.472	911.064	795.896	493.240	9.695.648	1078
25899	Marienkoog	107,0	80,0	3.600	Siemens	12/2006	1.773.636	1.498.248	393.096	728.888	585.496	491.608	530.528	540.936	555.688	965.920	818.096	683.720	9.565.860	1064
25899	Marienkoog	107,0	80,0	3.600	Siemens	12/2006	1.318.064	1.359.856	842.320	838.600	632.128	598.928	649.400	807.208	596.749	855.576	775.544	759.960	10.034.333	1116
25899	Marienkoog	107,0	80,0	3.600	Siemens	12/2006	1.502.496	1.368.768	952.480	699.328	616.376	601.432	601.848	781.456	464.176	977.536	706.544	712.376	9.984.816	1110
25899	Marienkoog	107,0	80,0	3.600	Siemens	12/2006	1.448.152	1.383.296	927.496	691.280	566.832	493.144	565.392	786.944	504.744	877.904	697.072	696.136	9.638.392	1072
25899	Marienkoog	120,0	89,5	3.600	Siemens	12/2011	1.976.652	1.616.808	1.015.440	872.956	763.900	714.362	806.752	819.966	727.212	1.075.276	1.156.552	877.552	12.423.428	1098
25899	Galmsbüll	93,0	80,0	2.300	AN BONUS	03/2007	1.151.312	886.104	502.632	575.540	312.132	326.788	355.880	346.628	334.676	557.260	507.880	351.384	6.208.216	914
25899	Galmsbüll	93,0	80,0	2.300	AN BONUS	03/2007	1.230.428	972.968	576.936	640.052	367.124	227.748	409.272	447.776	402.448	665.672	585.400	441.392	6.967.216	1026
25899	Galmsbüll	93,0	80,0	2.300	AN BONUS	03/2007	662.360	628.900	475.873	742.008	361.920	413.532	374.244	348.372	387.108	544.328	457.176	368.892	5.764.713	849
25899	Galmsbüll	93,0	80,0	2.300	AN BONUS	03/2007	1.102.706	890.236	488.910	621.232	410.776	436.574	392.434	434.796	416.316	544.840	424.912	408.068	6.571.800	967
25899	Galmsbüll	93,0	80,0	2.300	AN BONUS	03/2007	1.097.584	926.836	529.020	592.828	313.656	310.628	361.712	398.568	369.776	617.144	510.780	422.104	6.450.636	950
25899	Galmsbüll	93,0	80,0	2.300	AN BONUS	04/2007	1.041.748	945.076	526.880	538.208	400.860	440.472	351.680	452.024	345.312	643.192	496.072	438.788	6.620.312	975
25899	Galmsbüll	93,0	80,0	2.300	AN BONUS	04/2007	1.020.964	955.728	515.096	547.616	324.420	350.464	331.848	393.348	331.524	637.760	481.128	366.432	6.256.328	921
25899	Galmsbüll	104,0	80,0	3.300	REpower	02/2009	1.546.267	1.367.022	840.724	846.809	478.926	592.490	537.721	673.936	542.536	864.534	668.500	557.411	9.516.876	1120
25899	Galmsbüll	104,0	104,0	3.300	REpower	09/2009	1.520.843	1.571.280	919.034	910.170	583.299	573.115	562.237	723.722	533.898	934.477	630.751	626.770	10.089.596	1188
25899	Galmsbüll	104,0	104,0	3.300	REpower	09/2009	1.079.286	1.404.151	894.939	882.757	524.281	515.931	548.736	570.656	517.915	814.514	787.260	599.182	9.139.608	1076
THÜRINGEN																				
04617	Rositz	70,0	65,0	1.500	SÜDWIND	02/2003	184.872	202.748	137.711	91.664	96.773	47.030	40.976	84.450	58.268	99.625	75.884	266.964	1.386.965	360
07580	Kleinfalka	77,0	85,0	1.500	REpower	09/2003	330.973	404.046	226.362	155.990	215.092	106.753	99.335	174.865	110.272	230.918	170.798	435.967	2.661.371	572
07580	Kleinfalka	77,0	85,0	1.500	REpower	09/2003	231.262	318.046	203.541	130.769	196.847	89.745	89.052	152.314	101.195	172.323	120.131	408.325	2.213.550	475
07580	Kleinfalka	77,0	85,0	1.500	REpower	09/2003	290.109	385.487	209.664	136.284	191.476	92.198	87.064	165.477	105.350	200.081	145.918	404.130	2.413.238	518
07751	Coppanz	70,0	85,0	1.501	REpower	08/2002	144.091	120.746	155.770	93.728	160.512	78.162	64.821	116.574	39.628	0	74.911	312.424	1.361.367	354
99610	Kleinbrembach	90,0	105,0	2.000	Vestas	11/2006	406.862	509.509	366.688	266.938	352.015	164.248	150.787	301.126	189.636	270.243	196.845	748.621	3.923.518	617
99610	Kleinbrembach	90,0	105,0	2.000	Vestas	11/2006	359.759	468.935	340.281	237.017	336.870	148.505	148.886	263.829	178.493	256.271	168.639	729.998	3.637.483	572
99610	Kleinbrembach	90,0	105,0	2.000	Vestas	12/2006	420.321	535.113	332.930	252.422	349.634	168.038	152.544	299.247	154.960	278.117	180.210	724.276	3.847.812	605
99610	Kleinbrembach	90,0	105,0	2.000	Vestas	12/2006	446.609	552.554	360.681	272.453	337.312	176.773	168.501	326.549	220.601	298.175	212.882	759.806	4.132.896	650
99610	Vogelsberg	90,0	105,0	2.000	Vestas	03/2009	442.301	527.051	361.581	273.530	360.409	193.627	159.087	326.535	216.707	287.250	208.906	746.044	4.103.028	645
99610	Vogelsberg	90,0	105,0	2.000	Vestas	03/2009	397.281	521.357	346.138	257.867	342.899	179.690	147.870	309.638	195.576	277.142	193.528	700.078	3.869.064	608
99610	Vogelsberg	90,0	105,0	2.000	Vestas	03/2009	436.325	514.983	352.201	281.817	339.854	192.228	154.200	277.382	204.211	260.565	205.784	704.999	3.924.549	617
99636	Rastenberg I	112,0	119,0	3.000	Vestas	10/2013	k.A	618.201	552.383	338.379	540.457	253.482	252.924	473.173	320.322	319.699	259.511	1.002.665	4.931.196	501
99636	Rastenberg I	112,0	119,0	3.000	Vestas	10/2013	k.A	621.399	581.209	324.156	567.539	283.983	244.095	495.438	347.636	335.463	246.301	982.987	5.030.206	511
99636	Rastenberg I	90,0	125,0	2.000	Vestas	11/2013	k.A	350.971	348.090	189.070	320.636	138.449	171.203	263.335	193.649	202.132	179.099	584.353	2.940.987	462
99636	Rastenberg I	90,0	125,0	2.000	Vestas	11/2013	k.A	435.712	312.516	214.908	345.676	158.111	164.158	258.719	197.990	199.557	177.184	591.759	3.056.290	480
99636	Rastenberg I	90,0	125,0	2.000	Vestas	12/2013	k.A	376.110	359.048	222.989	327.161	145.562	179.517	232.199	195.498	215.246	197.789	573.748	3.024.867	475
99636	Rastenberg I	90,0	125,0	2.000	Vestas	12/2013	k.A	362.560	380.652	227.699	323.380	148.067	189.010	247.229	203.591	230.933	215.834	591.505	3.120.460	491
99636	Rastenberg I	90,0	125,0	2.000	Vestas	12/2013	k.A	290.051	323.037	197.356	331.935	149.224	158.984	273.441	210.193	194.762	184.768	574.587	2.888.338	454
99636	Rastenberg I	90,0	125,0	2.000	Vestas	12/2013	k.A	297.555	340.427	229.136	285.556	190.987	182.567	267.538	237.182	192.465	162.506	404.941	2.790.860	439
99636	Rastenberg I	90,0	125,0	2.000	Vestas	12/2013	k.A	398.053	363.594	204.865	306.251	144.716	151.509	245.703	174.332	203.265	170.532	557.158	2.919.978	459
99636	Rastenberg I	90,0	125,0	2.000	Vestas	12/2013	k.A	426.721	263.349	192.826	275.961	129.812	160.324	275.759	149.508	224.268	203.176	560.532	2.862.236	450
99636	Rastenberg I	90,0	125,0	2.000	Vestas	12/2013	k.A	346.640	378.545	242.000	340.317	156.318	189.193	256.900	222.727	219.649	205.115	593.065	3.150.469	495
99636	Rastenberg I	90,0	125,0	2.000	Vestas	12/2013	k.A	344.482	354.147	206.640	324.351	153.302	182.651	234.372	207.558	208.031	204.987	551.471	2.971.992	467
99636	Rastenberg I	90,0	125,0	2.000	Vestas	01/2014	k.A	0	333.841	215.832	331.024	158.175	159.307	266.981	197.254	237.106	182.228	575.295	2.657.043	418
99636	Rastenberg I	90,0	125,0	2.000	Vestas	01/2014	k.A	0	336.346	243.271	317.132	172.223	178.639	217.422	195.787	204.039	186.914	569.010	2.620.783	412
99636	Rastenberg I	112,0	119,0	3.000	Vestas	11/2013	k.A	512.764	552.282	335.264	440.528	211.089	283.033	363.915	317.800	320.355	291.520	865.673	4.494.223	456
99713	Großberndten II	82,0	108,0	2.300	Enercon	08/2010	352.525	493.720	381.928	295.309	327.871	210.512	203.532	212.531	202.879	263.281	226.072	650.745	3.820.905	724
99713	Großberndten II	82,0	108,0	2.300	Enercon	08/2010	339.826	491.036	363.669	268.836	322.384	206.046	192.787	225.052	191.647	259.114	217.011	645.751	3.723.159	705
99713	Großberndten II	82,0	108,0	2.300	Enercon	09/2010	329.398	461.024	330.907	241.881	301.397	188.617	170.309	217.294	168.246	246.948	194.745	603.489	3.454.255	654
99718	Großenehrich	80,0	100,0	2.000	Vestas	06/2004	286.353	362.734	117.929	221.575	294.614	163.063	152.946	201.531	67.583	224.518	169.836	573.465	2.836.147	564
99718	Großenehrich	80,0	100,0	2.000	Vestas	06/2004	299.548	359.496	318.094	232.957	286.224	152.684	132.732	232.750	167.660	231.672	193.996	657.883	3.265.696	650
99718	Großenehrich	80,0	100,0	2.000	Vestas	06/2004	284.116	345.390	299.206	214.324	289.971	154.290	150.519	229.935	173.402	231.380	159.949	643.666	3.176.148	632
99718	Großenehrich	80,0	100,0	2.000	Vestas	06/2004	293.816	383.125	280.123	199.183	277.791	151.983	133.372	220.601	156.075	221.605	173.930	621.122	3.112.726	619
99718	Großenehrich	80,0	100,0	2.000	Vestas	06/2004	284.867	367.152	287.091	202.058	275.249	141.439	112.494	217.235	142.724	215.408	138.422	583.735	2.967.874	590
99718	Großenehrich	80,0	100,0	2.000	Vestas	06/2004	283.005	291.092	291.198	218.698	276.665	158.215	132.434	225.854	151.397	215.406	144.917	610.544	2.999.425	597
99718	Großenehrich	80,0	100,0	2.000	Vestas	07/2004	247.437	359.194	302.386	204.367	289.962	149.854	140.319	229.938	157.933	205.657	141.715	631.376	3.060.138	609
99718	Großenehrich	80,0	100,0	2.000	Vestas	07/2004	316.797	397.582	321.199	218.398	314.982	159.876	164.603	240.380	183.819	197.636	169.800	656.198	3.341.270	665
99718	Großenehrich	80,0	100,0	2.000	Vestas	07/2004	233.552	295.482	275.749	200.395	234.173	140.170	128.419	161.619	158.363	184.817	146.793	515.296	2.674.828	532
99718	Großenehrich	80,0	100,0	2.000	Vestas	07/2004	293.115	360.829	294.042	219.811	288.344	136.505	129.986	233.598	156.888	231.202	187.056	625.352	3.156.728	628
99718	Großenehrich	80,0	100,0	2.000	Vestas	07/2004	267.636	308.928	236.607	165.682	253.972	115.104	110.481	210.333	154.912	203.093	172.315	607.372	2.806.435	558

Betriebsergebnisse 2014

PLZ	Ort	Durchmesser	Nabenhöhe	Leistung	Hersteller	Inbetrieb-nahme	Januar	Februar	März	April	Mai	Juni	Juli	August	September	Oktober	November	Dezember	Jahresertrag	kWh je m² Rotorfläche
THÜRINGEN																				
99869	Hochheim	70,5	64,7	1.500	Tacke	09/1999	126.137	188.477	114.578	83.456	117.593	53.321	49.712	57.696	54.389	87.744	45.746	342.478	1.321.327	338
99869	Hochheim	70,5	64,7	1.500	Tacke	09/1999	178.036	256.216	150.379	99.873	149.331	60.086	54.119	137.532	50.886	114.119	52.371	343.160	1.646.108	422
99869	Hochheim	70,5	64,7	1.500	Tacke	09/1999	152.125	225.222	142.231	92.185	120.390	57.093	49.029	116.115	46.608	102.097	56.885	364.602	1.524.582	391
99869	Hochheim	70,5	65,0	1.500	Tacke	10/1999	163.663	244.363	136.597	98.746	146.815	58.666	49.682	125.771	48.935	107.540	54.133	381.816	1.616.727	414
99869	Hochheim	70,5	65,0	1.500	Tacke	12/1999	139.187	235.362	124.784	66.065	137.491	45.893	46.794	106.160	41.976	101.016	58.832	332.435	1.435.995	368
99869	Gotha-Schwabhausen	62,0	68,0	1.300	AN BONUS	06/2000	130.222	172.905	128.593	90.977	113.079	56.400	51.937	94.895	53.290	91.193	42.282	120.308	1.146.081	380
99869	Gotha-Schwabhausen	62,0	68,0	1.300	AN BONUS	06/2000	147.928	193.927	122.693	89.039	110.223	56.886	48.726	100.497	44.423	105.422	42.342	282.725	1.344.831	445
99958	Großvargula	77,0	100,0	1.500	REpower	10/2001	k.A	256.630	241.766	175.368	245.257	133.004	113.075	208.180	135.132	174.753	102.197	533.939	2.319.301	498
99958	Großvargula	77,0	100,0	1.500	REpower	10/2001	214.408	246.180	198.420	162.055	161.056	117.740	101.143	203.918	119.322	167.817	65.029	514.102	2.271.190	488
99958	Großvargula	77,0	100,0	1.500	REpower	02/2002	140.157	184.287	193.009	143.247	186.835	89.031	93.673	19.386	k.A	138.449	94.332	450.761	1.733.167	372
99958	Großvargula	77,0	100,0	1.500	REpower	03/2002	211.667	243.677	228.552	188.855	221.971	130.698	105.587	185.795	126.975	153.206	85.604	495.820	2.378.407	511
99958	Großvargula	77,0	100,0	1.500	REpower	03/2002	175.477	232.532	196.893	162.978	189.643	104.900	89.436	168.219	105.177	138.924	91.450	400.944	2.056.573	442
99958	Großvargula	77,0	100,0	1.500	REpower	05/2002	172.126	207.357	206.285	170.425	197.697	107.973	92.816	148.437	117.729	136.259	101.616	450.601	2.109.321	453

ADRESSVERZEICHNIS

Hersteller von Windenergieanlagen

AREVA Wind GmbH
Am Lunedeich 156
27572 Bremerhaven, Deutschland
Tel.: +49 (0)471 8004-0
Fax: +49 (0)471 8004-100
info.AREVAWIND@areva.com
www.arevawind.com

AREVA Wind ist Hersteller von Windenergieanlagen für Offshore-Projekte. Das Unternehmen entwickelt und fertigt die 5-MW-Offshore-Anlage M5000 in Bremerhaven in Deutschland

AVANTIS Europe GmbH
An der Alster 22/23
20099 Hamburg, Deutschland
Tel.: +49 (0)40 361663-30
Fax: +49 (0)40 361663-32
info@avantis-europe.com
www.avantis-energy.com

Avantis Asia Limited
40-44 Wyndham Street Central
Unit 902-3 Wyndham P Hong Kong, China
Tel.: +852 2111 33647
Fax: +852 3583 1837
info@avantis-energy.com
www.avantis-energy.com

eno energy systems GmbH
Am Strande 2 e
18055 Rostock, Deutschland
Tel.: +49 (0)381 203792-0
Fax: +49 (0)381 203792-101
info@eno-energy.com
www.eno-energy.com

Hersteller von Windenergieanlagen, Projektplanung, Betrieb und Vertrieb von Windparks, Turn-key-Errichtung von Windparks, Betriebsführung

ENERCON GmbH
Dreekamp 5
26605 Aurich, Deutschland
Tel.: +49 (0)4941 927667
Fax: +49 (0)4941 927669
vertrieb@enercon.de
www.enercon.de

Hersteller von Windenergieanlagen

GE imagination at work

GE Wind Energy GmbH
Holsterfeld 16
48499 Salzbergen, Deutschland
Tel.: +49 (0)5971 980-0
Fax: +49 (0)5971 980-1999
karin.Funkerapp@ge.com
www.ge-energy.com/wind

GE Energy Canada
555 Boul. Frederick Phillips, 3rd. Floor
H4M 2X4 Montréal, Québec,
Kanada
Tel.: +1 905 858-5110
Fax: +1 905 858-5390
www.ge-energy.com/wind

GE Energy China
18/F Kerry Center, No. 1 Guang Hua Road
100020 Chaoyan District - Beijing,
China
Tel.: +86 10 5822-3700
Fax: +86 10 6561-1566
www.ge-energy.com/wind

GE Energy Frankreich
1321, Chemin des Cailloux
69390 Charly, Frankreich
Tel.: +33 72 317-737
Fax: +33 72 317-654
www.ge-energy.com/wind

GE Energy Italien
c/o Nuovo Tignone, Via Felilce Matteucci, 2
50127 Florence, Italien
Tel.: +39 55 4263 4541
Fax: +39 55 4263 2800
www.ge-energy.com/wind

GE Energy Spain
Juan Bravo 3C, 8° Planta
28006 Madrid, Spanien
Tel.: +34 91 587 0500
Fax: +34 91 587 0665
www.ge-energy.com/wind

GE Energy UK
The Arena, Downshire Way
RG12 1 PU Bracknell - Berkshire,
Großbritannien
Tel.: +44 1344 460-500
Fax: +44 1344 460-567
www.ge-energy.com/wind

GE Energy USA
1 River Road
NY 12345 Schenectady, USA
www.ge-energy.com/wind

KENERSYS KALYANI

KENERSYS GROUP
portAL 10 | Albersloher Weg 10
48155 Münster, Deutschland
Tel.: +49 (0)251 21099-0
Fax: +49 (0)251 21099-200
info@kenersys.com
www.kenersys.com

KENERSYS INDIA Pvt. Ltd.
Business Plaza next to Westin Hotel,
7th Floor, 36/3B, North Main Road,
Koregaon Park Annexe
411036 Pune, Indien
Tel.: +91 20 3047 3100
Fax: +91 20 3047 3130
info_india@kenersys.com
www.kenersys.com

LEITWIND

Leitwind AG/SPA
Brennerstraße 34
39049 Sterzing, Italien
Tel.: +39 472 722111
Fax: +39 472 722586
info@leitwind.com
www.leitwind.com

Leitwind GmbH
Perlhofgasse 2B
A-2372 Gießhuebl bei Wien, Österreich
Tel.: +43 2236 866 270
Fax: +43 2236 893 713 55
leitwind.austria@leitwind.com
www.leitwind.com

Nordex SE
Langenhorner Chausee 600
22419 Hamburg, Deutschland
Tel.: +49 (0)40 30030-1000
Fax: +49 (0)40 30030-1100
info@nordex-online.com
www.nordex.de

Senvion SE (Hauptsitz)
Überseering 10
D-22297 Hamburg, Deutschland
Tel.: +49 (0)40 5 55 50 90-0
Fax: +49 (0)40 5 55 50 90-39 99
info@senvion.com
www.senvion.com/de

Senvion Benelux BVBA
Esplanadestraat 1
8400 Oostende, Belgien
Tel.: +32 59 32 59 25
Fax: +32 59 32 57 25
info.benelux@senvion.com
www.senvion.com

Senvion Portugal S.A.
Rua Tristão da Cunha 263
4150-738 Porto, Portugal
Tel.: +351 22 0 12 70 70
Fax: +351 22 0 12 70 79
info.pt@senvion.com
www.senvion.com/pt

Senvion Polska Sp. z o.o.
ul. Rzymowskiego 53
02-697 Warschau, Polen
Tel.: +48 22 5480054
info@senvion.com
www.senvion.com

REpower USA Corp.
1600 Stout Street, Suite 2000
Denver, CO 80202 – USA
Tel.: +1 303 302-93 50

Senvion Australia Pty Ltd.
Level 29, 80 Collins Street
Melbourne, Victoria 3000, Australien
Tel.: +61 3 8660 6555
Fax: +61 3 8660 6500
au.info@senvion.com
www.senvion.com/au

Senvion Italia S.r.l.
Via Tiziano, 32
20145 Mailand, Italien
Tel.: +39 02 3 45 94 71
Fax: +39 02 34 59 47 37
info.it@senvion.com
www.senvion.com/it

Senvion France S.A.S.
10 avenue de l'Arche,
Immeuble le Colisée,
La Défense – Les Faubourgs de l'Arche,
92419 Courbevoie Cedex, Frankreich
Tel.: +33 1 41 38 93 - 93
Fax: +33 1 41 38 93 - 94
info.fr@senvion.com
www.senvion.com/fr

Senvion Scandinavia AB
Kopparbergsvägen 6
722 13 Västeras, Schweden
Tel.: +46 21 44 00 701
Fax: +46 708 204 621
info.scandinavia@senvion.com

Fax: +1 303 302-99 51
info.usa@senvion.com
www.senvion.com

REpower Wind Systems Trading (Beijing) Co., Ltd.
Office, Suite C1038 Chaowai SOHO,
6B Chaowai Street, Chao Yang District,
Beijing 100020, China
Tel.: +86 10 58 69 94 -32
Fax: +86 10 58 69 94 -33

REpower Wind Systems Trading Co., Ltd.
Company Number 00431, of Changqian Road; Qingshan District, Baotou Inner Mongolia, China
Tel.: +86 472 3 38 45 27
Fax: +86 472 3 38 45 26

Senvion Canada Inc.
1250, boulevard René-Lévesque Ouest,
bureau 3610
Montreal, Quebec – Canada H3B 4W8
Tel.: +1 514 935 45-95 Fax: -68
info.canada(at)senvion.com
www.senvion.com/ca

REpower UK Ltd
10 Waterloo Place, Edinburgh
EH1 3EG, Großbritannien
Tel.: +44 131 6239286
Fax: +44 131 6239284
info.uk@senvion.com
www.senvion.com/uk

Hersteller von Windenergieanlagen

SIEMENS

Siemens AG
Lindenplatz 2
20099 Hamburg, Deutschland
Tel.: +49 (0)40 2889-0
Fax: +49 (0)40 2889-2599
support.energy@siemens.com
www.siemens.de/windpower

Siemens Wind Power
Lindenplatz 2
20099 Hamburg, Deutschland
Tel.: +49 (0)40 2889-0
Fax: +49 (0)40 2889-2599
support.energy@siemens.com
www.siemens.com/wind

Siemens Wind Power A/S
Borupvej 16
7330 Brande, Dänemark
Tel.: +45 9942-2222
Fax: +45 9999-2222
support.energy@siemens.com
www.siemens.com/wind

Siemens Wind Power Americas
4400 Alafaya Trail, MC UCC3-01E
FL 32826-2399 Orlando, USA
Tel.: +1 407-736-2000
support.energy@siemens.com
www.siemens.com/wind

Siemens Wind Power - Asia-Pacific
Siemens Center Shang
Shanghai, P.R. China
Tel.: +86 21 38893889
support.energy@siemens.com
www.siemens.com.cn

Siemens Wind Power Service Europe
Cuxhavener Straße 10 a
28217 Bremen, Deutschland
Tel.: +49 (0)421 69458-0
Fax: +49 (0)421 642283
support.energy@siemens.com
www.siemens.com/wind

VENSYS

VENSYS Energy AG
Im Langental 6
66539 Neunkirchen, Deutschland
Tel.: +49 (0)6821 9517-0
Fax: +49 (0)6821 9517-111
info@vensys.de
www.vensys.de

Vestas

Wind. It means the world to us.

Vestas Central Europe Hamburg
Christoph-Probst-Weg 2
20251 Hamburg, Deutschland
Tel.: +49 (0)40 694545-0
Fax: +49 (0)40 694545-50
vestas-centraleurope@vestas.com
www.vestas.com

Vestas Central Europe Osnabrück
Eduard-Pestel-Straße 2
49080 Osnabrück, Deutschland
Tel.: +49 (0)541 3353-20
Fax: +49 (0)541 3353-219
vestas-centraleurope@vestas.com
www.vestas.com

Vestas Central Europe
Otto-Hahn-Straße 2-4
25813 Husum, Deutschland
Tel.: +49 (0)4841 971-0
Fax: +49 (0)4841 971-360
vestas-centraleurope@vestas.com
www.vestas.de

Vestas Americas
1881 SW Naito Parkway, Suite 100
OR 97201 Portland, USA
Tel.: +1 503 327-2000
Fax: +1 503 327-2001
vestas-americas@vestas.com
www.vestas.com

Vestas Asia Pacific
1 HarbourFront Place, HarbourFront Tower One #09-01
098633 Singapur, Singapur
Tel.: +65 6303 6500
Fax: +65 6278 6500
vestas-asiapacific@vestas.com
www.vestas.com

Vestas Benelux B.V.
Dr. Langemeijerweg 1a
NL-6990 AB Rheden, Niederlande
Tel.: +31 264 971-500
Fax: +31 264 971-555
vestas-centraleurope@vestas.com
www.vestas.com

Vestas Mediterranean
Edificio Sarrià Forum B Planta 4a,
Can Rabia 3-5
08017 Barcelona, Spanien
Tel.: +34 932 4198-00
Fax: +34 932 4140-80
vestas-mediterranean@vestas.com
www.vestas.com

Vestas Northern Europe
Herningvej 5-7
6920 Videbæk, Dänemark
Tel.: +45 97 30-0000
Fax: +45 97 30-2273
vestas-northerneurope@vestas.com
www.vestas.com

Vestas Österreich GmbH
Concorde Business Park B4/29
2320 Schwechat, Österreich
Tel.: +43 170 13800
Fax: +43 170 13813
vestas-centraleurope@vestas.com
www.vestas.com